全国高等农业院校教材
全国高等农业院校教材指导委员会审定

农　药　概　论

韩熹莱　主编

农药专业用

中国农业大学出版社
·北京·

主　编　韩熹莱
副主编　张文吉

责任编辑　朱长玉
封面设计　郑　川

前　言

“农药概论”即“农用药剂学概论”。先师黄瑞纶教授于1947年在原北京大学农学院农业化学系首先开设此课程，初名“杀虫药剂学”，并于1956年出版专著《杀虫药剂学》。1962年改课程名为“农药概论”，在授课的同时分段编写讲义，誊写油印后供学生使用。进入70年代后，农药科学迅速发展，品种更新，科研信息量几倍增长，先师曾几度表示要撰写新教材，并已开始筹备；遗憾的是老师过早地辞世了，宿愿未能实现。

1980年北京农业大学农药专业恢复招生，农药概论又重新开课，1983年由尚鹤言教授和我讲授并合编讲义，油印成册，经数年试用，效果不错；以后又编印了补充教材。根据国家教委的决定，“八五”期间在原讲义的基础上再补充修改，编写成教材正式出版；由我和张文吉教授执笔。

农药概论主要是比较全面地论述有关农药学科的基本概念和理论，对国内外重要农药品种的性能也概略介绍。内容尽可能多地从化学角度综合和分析，我们希望这会对读者在今后工作中的创造性思考有所帮助。由于农药学是涉及多种学科的综合性学科，内容极为丰富，而且多年以来发展神速，资料浩瀚；本书却限于篇幅，不可能对各领域作更为详尽的叙述，可喜的是各相关课程均有专门教材配套出版以供读者参考。

本书包括绪论、总论和各论三部分共九章，第二、八章及第三章第三节除草剂作用机理，由张文吉教授编写。书稿写成后，承蒙钱传范教授认真审阅，使本书减少了不少错误，特此致谢。本书在取材和内容编排上做了些新的尝试，但由于编者水平所限难免有缺点和不当之处，恳请广大读者指出，以便我们有机会再版时修正。

北京农业大学农业应用化学系
韩熹莱
1994.5

目　　录

各　论

绪　论

在全世界范围内，人口、粮食、能源和环境是四大突出问题，现在全世界人口近50亿，每年还要增加大约8 000万人。根据现有的粮食供应情况，约有15亿人是营养不良的，5亿人仍然吃不饱，这主要是在占人口72%的第三世界国家。所以提高粮食产量是当前和今后世界范围内的首要问题。

建国以来，我国的农业有了很大发展。农业是国民经济的基础愈来愈为人们深刻认识。改革开放政策，大大地调动了各方面的积极性，农业生产有了很大发展。但是我国有11亿人口，人均占有的农产品数量仍然不多，所以必须进一步提高单位面积产量，利用各种新的有效科学技术成就，在有限的耕地上，提供更多的农副产品以满足社会需要，为实现四个现代化创造条件。

做好植物保护工作是保证单位面积稳产、增产的重要方面之一，因为由于病、虫、草、鼠而使农作物遭受的损失是十分惊人的。由于作物的种类、地区不同，为害损失的估计差别很大。一般估计平均损失占总农作物产量的30%以上，如果不进行防治，将有总产量的1/3～1/4不能到手。

我国的植保方针是"预防为主，综合防治"，对综合防治的正确理解应该是从生态学观点出发，综合利用一切有效的防治措施，物理、机械的，农业栽培、耕作的以及生物防治和化学防治，并且使它们协调起来。这与70年代国外提出的"害物综合治理"(IPM)没有本质上的不同。应该强调的是要根据不同作物、不同病虫害而灵活运用各种防治手段，避免单纯依赖某一种措施来解决植保问题。防治的目的是不造成危害，因此，对防治的要求压低到病虫害不致造成经济上损失为度。要求彻底消灭，既是不可能的，从生态学观点看也是不必要的，甚至是有害的。在综合防治体系中，使用农药进行化学防治占有重要地位，不仅防治病虫害是如此，在消灭杂草方面尤其是如此。在世界范围内，化学除草剂占全部农药的比例，70年代以来有了很大增长，就充分说明了这一点。化学防治有其自己的优点，一般表现为效果迅速而经济效益大。根据作物的不同，每投资1元农药可挽回数元至十余元的损失。我国过去几十年的经验证明，农药的使用对农业增产起了重要的积极作用。目前以及可预见到的将来，化学防治仍然是综合防治中的主要措施，农业生产上不可缺少的增产手段。

但是，任何事物都是一分为二的，农药的使用也有产生不良副作用的一面。尤其是在大量不合理使用或滥用的情况下，有可能造成严重不良后果，对此决不能掉以轻心。大量事实证明，使用中可能产生的问题主要有以下几个方面：

(1)使用时的危害，主要是人畜中毒及对植物产生的药害；

(2)防治对象抗药性的发展；

(3)对非防治对象的影响，生态平衡的破坏，病虫草害的再度猖獗；

(4)对环境的污染及食品中的农药残留，对人的潜在性慢性毒害。

由于对上述问题的重视，广泛进行了研究，70年代以来农药科学在广度和深度上，都有了很大进展，近代微量分析技术的广泛应用，数学模拟方法的渗入，使农药科学领域中逐渐形成了一些新学科分枝。农药已经是涉及多种化学及生物学分枝学科各领域的综合性科学。

在我国虽然使用农药的历史记载,可追溯到二千多年以前,但真正现代化学农药的生产和发展是在中华人民共和国成立以后。1950 年开始研制有机合成农药,1952 年开始陆续投产了有机氯杀虫剂、有机磷剂的若干品种,40 多年以来品种数量和总产量不断增加,近几年年产原药达 20 多万吨,品种已达数百个,但是在品种结构上还不合理,杀虫剂所占比例太大。此外,也缺乏我国自己创制的品种。如何进一步调整品种结构和创制高效、低毒、低残留农药;研究应用技术使农药的使用更安全、合理和经济,这是我国农药当前和今后的主要研究课题。

近几年来,国外新的高效、无污染的农药品种有了很大发展,例如杀虫剂中的拟除虫菊酯类,杀菌剂中的麦角甾醇合成抑制剂,除草剂中的磺酰脲类等等。这些药剂的生物活性极高,所以田间用量很少;在环境中易分解而无积累和扩散,因此大大减少了不良副作用发生的可能性。尽管对农药的要求愈来愈严格,新品种的开发受到种种限制,但事实证明,农药的发展仍然有着广阔的前景。

总　论

第一章　有关农药学的基本概念和认识

一、农药的定义、发展史

1. 农药的定义　什么是农药？其含义和范围究竟是什么？应该有一个明确的界定，但是由于历史原因，农药似乎仍然有广义和狭义两种解释。前者包括所有在农业上使用的化学品，例如日本早期（1948 年）公布的"农药管理法"就有这种解释，英美至今仍有沿用"agricultural chemicals"这一名词的，事实上这一名词也包括化学肥料在内。狭义的解释一般是指用于防治农、林有害生物（病、虫、草、鼠等）的化学药剂，以及为改善其理化性状而用的辅助剂。在农药的概念中还包括植物生长调节剂，虽然它与病虫害防治药剂使用的目的不同，仍然包括在农药范围之内。目前在国际交流中，已能用"pesticide"（农药）其含义和范围也大体是一致的。

农药广泛用于农、林业生产的产前和产后，事实上其应用远远超出了农、林业的范围，有的品种同时也是工业品的防蛀、防腐以及卫生防疫上常用的药剂。就绝大多数品种来说，主要是由化学工业生产而用于农、林业的化工产品，是农业生产不可缺少的生产资料之一。用农药防治农业病虫草害等有害生物称为"化学保护"或"化学防治"；用于植物的生长发育调节则称为"化学控制"。

2. 农药的起源与发展　农药的使用历史应该从公元前 1000～2000 年算起，不过，最初人们只是根据直观经验，使用一些天然矿物性物质或有毒植物，零散地对一些有害生物进行自发防除。中国是民间使用药物防除农作物病虫害很早的国家。古代的民间传说和著名著作，例如明朝万历年间李时珍的《本草纲目》（1596 年）；明朝崇祯年间宋应星的《天工开物》（1637 年）中，都有砒、汞、铅、铜等防病治虫的记载。但是，在长达几千年的历史过程中并未形成农药的概念。就世界范围看，初期农药概念还是从欧洲开始形成的。大约 19 世纪中期，三大杀虫植物除虫菊、鱼藤和烟草作为世界性商品开始在市场销售。随后的砷酸铅、砷酸钙以及硫酸烟碱的工业化生产，标志着农药不仅已成为商品，并且已进入化工产品行列之中。19 世纪末期，由石硫合剂的广泛使用到法国科学家米拉德（A. Millardt）发现波尔多液，表明农药已开始进入科学发展阶段。不过直到 20 世纪 40 年代以前，农药商品种类少，主要是无机物和天然植物，应用面也只限于果树、蔬菜等的病虫害防治。

1938 年瑞士科学家米勒（P. Müller）发现了滴滴涕的杀虫活性以后，有机合成农药迅速发展。由于滴滴涕对病媒昆虫的突出效果，使千百万人免于恶性传染病的致命灾难。因此，米勒于 1948 年被授予诺贝尔医学奖。滴滴涕对许多农林害虫的药效，也都超过了已有的无机和天然杀虫剂。二次世界大战期间，德国的施拉德（G. Schrader）对有机磷、氟化合物进行了大量研究,开辟了有机磷药剂这个新领域。人们普遍认为有机合成药剂存在很大潜力。在化学家和生物学家密切合作下,又不断研制出多种有机氯、氨基甲酸酯杀虫剂;在杀菌剂中二硫代氨基甲酸盐等保护剂的应用;2,4-滴特殊生理效应的发现,使有机合成农药得到了全面而又迅速的发展。

由于有机农药品种多、效果好、见效快、成本低和使用方便的突出优点,一时普遍认为似乎只有化学药剂才是解决植保问题的惟一有效办法。忽视了大量使用农药可能带来的多方面的不良影响。尤其是性质稳定,在自然界难于分解的有机氯、有机汞剂危害很大。1962年美国海洋生物学家卡逊女士(R. Carson)的《寂静的春天》一书出版,引起了很大震动。她根据一些调查资料,用夸张的手法描绘了无限制使用农药的悲惨前景。一些人开始怀疑农药的使用前途,少数人公开反对使用一切农药。这一世界性的争论,促进了农药科学向更广阔、更深入的方向发展。

农药的毒性(急性和慢性),对生态环境的影响以及抗药性,是须要认真解决的三大主要问题。为了根本解决上述问题,一些学者提出应该改变传统农药主要以杀死有害生物为目标的概念,有效药剂也可以是对有害生物的生理、行为有较长期的影响,使其不能继续繁衍为害,即所谓"非杀生性(non-biocidal)农药",另一类似提法为"软(soft)农药"。相对于"硬(hard)农药",其意即软农药的活性作用比较缓和。70年代开始,大力发展易在自然界降解的合成农药的同时,昆虫生长调节剂(内外激素、抗几丁质合成剂等)以及拒食剂都有了较大发展,出现不少实用化的品种。杀菌剂中利用生物体内广泛存在的固有化学物质,例如氨基酸、脂肪酸及糖类等防治植物病害也有了较大进展,对这些药剂人们有时称其为"无公害农药"。非杀生性农药的概念还扩大到了"生态化学物质"(ecochemicals)。因为生态化学物质不只限于昆虫间的信息传递,而且广泛存在于农作物、杂草、害虫、天敌以及微生物间。充分发掘这类生态化学物质并加以利用,可大大克服传统农药常有的缺点,使农药向品种多样化和理想化方面有更大的进步。

为了解决传统农药存在的缺点,70年代以来,在研制新型药剂及改进施药技术、加强法制管理等方面,都有了突出的进展,主要表现在:

(1) 毒效大幅度提高　光稳定性拟除虫菊酯的合成成功最具代表性。这类高效药剂对光稳定所以能广泛用于农业害虫的防治,开辟了菊酯使用的新领域,尤其是这类药剂的杀虫活性很高,使田间亩用量降低到以克计。杀菌剂中三唑酮等麦角甾醇合成抑制剂,有效成分的亩用量也由传统杀菌剂的100 g左右减少到10 g左右;磺酰脲类除草剂在有效成分亩用量1 g以下时,仍有很高活性。毒效大幅度提高,使田间用量大为降低,从而减少了环境污染以及残毒问题产生的可能性。

(2) 剂型和使用技术的发展提高　为了满足使用时的不同要求,包装、运输、贮藏和使用上的安全、方便,研制了许多新剂型,现在一种原药可加工成多达数十种不同规格、不同剂型的商品以适应需要。例如,研制成功可以控制有效成分释放速度的微囊加工技术,使微囊剂有所提高。正在研究的一种新剂型称为"空中微囊化剂",能使喷雾液形成雾滴后,在空中运动过程中实现微囊化(in-flight encapsulation),由于微囊是在到达靶标前刚刚形成,所以附着性增加了,减少了药液的流失。70年代开始研究并受到重视的静电喷雾也开始实用化。这种施药方法提高了雾滴趋向靶标的动能,不仅减少了飘移损失,而且植物叶片正反两面都能附着药剂,喷药质量大为提高。

（3）法制管理的加强　70年代以来，不少国家都制定或修定了农药管理法规。各国根据具体情况，颁布了诸如安全使用规程、安全使用间隔期等规定。但是对农药开发和研究工作影响最大的是登记注册制度管理的加强和完善。此外，以一些在环境中稳定不易分解的农药品种，采取了限用或禁用措施。在登记时普遍增加了有关安全性全面评价的资料内容，而且必须经有关部门对各种资料进行严格审查后，才决定是否批准生产销售、使用。日本、美国和德国的规定最为严格，除急、亚急性毒性试验数据外，70年代以来陆续增加了慢性毒性（包括致癌、致畸、致突变等）以及在多种生物体内的代谢和残留性资料。另外，对水生生物和其它经济动物（如蜜蜂、蚕等）的影响也必须提供试验资料。对农药这种严格的要求使新农药的开发成功率不断降低，开发周期大大延长，耗资也增多。管理的加强对农药的安全合理使用及减少对环境、生态的不良影响起了积极作用，而且也激发了农药科学向更深入更广阔的方向发展。

从农药品种的发展历史看，一般认为大体可分为三个时期。

a. 无机及天然物利用时期　三大天然杀虫植物除虫菊、鱼藤和烟草的强大杀虫作用，虽然早已被确认，但是真正作为杀虫剂商品在市场销售，开始于19世纪中期。1880年以后，石灰硫黄合剂广泛用于防治植物病害，1882年发现波尔多液，1892年美国使用砷素杀虫剂，1910年硫酸烟碱商品化标志着农药主要是无机及天然产物的利用时期。由于需要量不断增加，农药制造也开始成为化学工业的组成部分之一。

b. 有机合成农药时期　1938年滴滴涕杀虫活性被发现以后，农药即进入新的历史时期。人们看到了有机化合物作为农药存在着极大潜力，广泛开展了开发研究，陆续出现了六六六等有机氯杀虫剂，西维因等氨基甲酸酯杀虫剂以及代森类杀菌剂。战后不久，有机磷杀虫剂得到了迅速发展，很快成为杀虫剂中品种最多、应用最广的一类药剂，并且在杀菌剂和除草剂中都得到了发展。1944年美国发现了2,4－滴的特殊生理活性，此后除草剂和植物生长调节剂也得到了发展。第二次世界大战战后仅20余年，农药产量就较战前增加了至少40多倍，可见发展之快。各种类型有机合成农药品种和数量的迅速增长以及广泛使用，又促进了农药各方面研究工作的进一步开展。

c. 新型农药发展时期　为了克服农药的缺点，农药的开发研究更加注意发掘天然活性物质，进而人工模拟合成更高效安全的类似化合物，此外还注意研究筛选具有特异生理活性的物质。保幼激素、脱皮激素以及性外激素、抗几丁质合成药剂等，70年代以来都有了很大进展，不少药剂已开始在生产上试验应用。由于这类特异性药剂以及拟除虫菊酯等高效药剂的大量被开发应用，一般认为这标志着农药已进入了新的发展时期。有人还将这些特异性农药称为“第三代农药”。

二、农药学的研究领域

农药是以化学、化工和生物学各有关分支学科的理论和技术为基础，相互渗透、密切结合的综合性学科。一个实用化农药品种的开发，要综合运用各有关学科的理论和技术，经过农药本身的研制开发程序才能实现（见图1－1开发程序图）。

农药学科的研究领域一般划分如下：

1. 农药合成　以有机化学的基本理论和新技术，研究合成具有各种生理活性和化合物；再通过各项生物测定筛选出有开发前景的有效化合物。对可能进行实用化生产的化合物，还

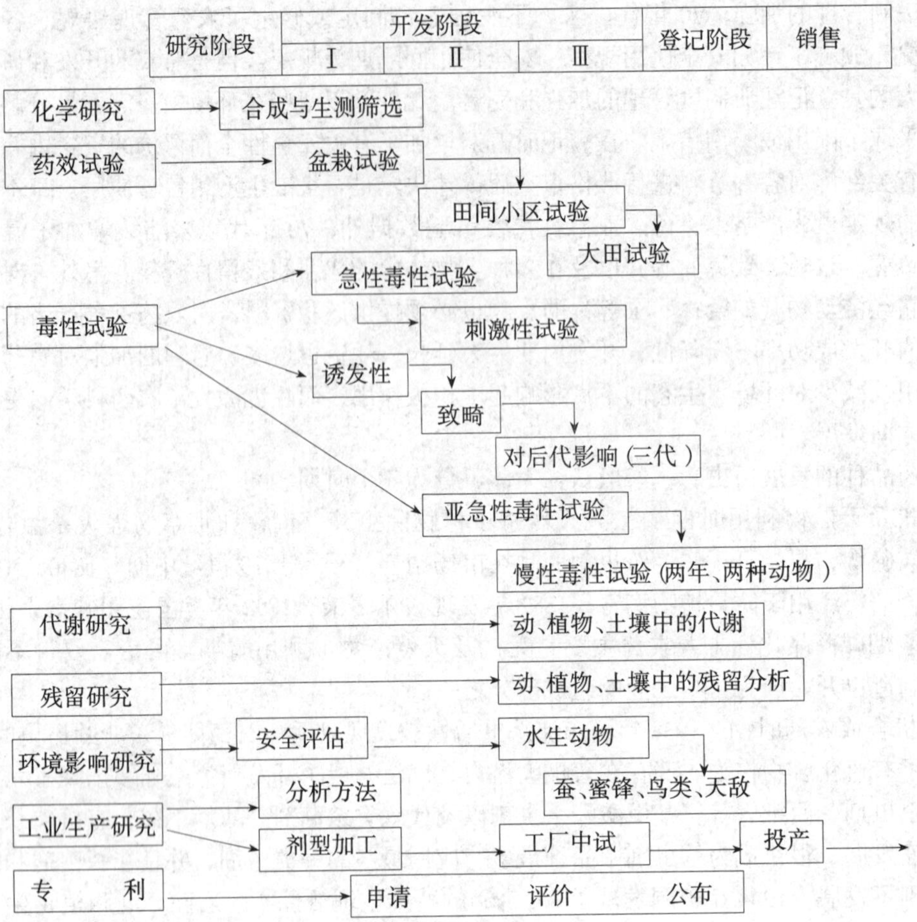

图 1-1　新农药开发过程

要研究其最佳合成路线，进行中间试验，为正式生产提供数据。以往合成的主要设计思路，一直是根据已知生物活性与化学结构关系的启示，合成大量系列化合物进行生物活性筛选。70 年代以来，由于对农药各方面性能要求愈来愈高，筛选成功率大幅度降低。因此，广泛探求生物源（动植物、微生物等）活性物质，确定活性骨架的化学结构，发掘先导化合物，进而合成筛选出最有效的化合物，就成为新型农药研制的重要途径。此外，新农药类型的发现也常受毒理机制、代谢等研究过程中偶然现象的启发而获成功。80 年代以来。利用酶催化拆分技术及不对称合成方法，合成高活性光学异构体的研究有了很大进展，使农药向精细化学品方向前进了一大步。

2. 农药剂型加工及应用技术　大多数农药的有效成分不能直接施用，必须进行加工制成各种剂型和制剂，以满足实际使用时的各种要求。农药的各种剂型也是农药商品销售、流通的主要形式。剂型的加工主要是应用物理化学原理，研究各种助剂的作用和性能，采用适当的方法，制成不同形式的制剂，以利在不同情况下充分发挥有效成分的作用。加工成的剂型要求贮藏稳定和对使用者安全。农药的加工与应用技术有密切关系，高效药剂必须配以优良的加工技术以及适当的施药方法，才能充分发挥有效成分的应有效果，减少不良副作用。现代化学农药的超高效性以及实用上的多样化要求，促进了剂型加工技术的发展和提高，也使理论研究进一步深化。

3. 农药分析及残留　应用化学定性、定量分析的基本原理和方法，对农药成分及理化性状进行分析，以检定农药质量或研究农药在动植物体内以及环境中的残留。由于仪器分析的发展和普及，气相色谱、液相色谱等精密分析方法不仅广泛用于残留分析和代谢、光解研究，也已用于产品质量控制。80 年代以来，高精度的色质联用仪以及专化性很强的酶联免疫法也都在残留分析中开始应用。

4. 生物测定和药效试验　农药的生物活性必须由供试生物对其产生的特定生理反应来决定。决定生物活性类型和大小的测试过程，称生物测定。传统农药一般是观察供试生物的死亡、抑制生长发育或发病程度等与剂量的关系，以确定生物活性的大小。另有一些特定测试方法用来明确药剂的作用方式。由于供试生物不同，测试方法也是多种多样的，但一般都是在控制的条件下进行，以便于对生物活性的比较。70 年代以来，由于具有各种特殊生理活性的化合物不断出现，生物测定方法也在不断发展。例如，研究利用昆虫神经电生理的方法，检测化合物对昆虫的拒食活性已取得了进展。杀菌剂生物测定也由传统的病原菌离体试验方法为主，转变成包括寄主植物在内的活体试验为主。因为不少杀菌剂通过寄主植物的作用，才能表现出对病菌的高活性。活体试验必须在温室培育大量寄主植物，繁琐费时，耗资较大。80 年代以来，介于活体与离体之间的植物组织培养生测方法的研究和探讨，受到了广泛的重视，很有可能发展成一类新的杀菌剂生物测定方法。药效试验是检验农药在实际使用条件下的综合效果。一般在田间进行以求符合实际。大面积示范或推广使用之前，都必须进行田间小区试验为实际应用提供依据。田间试验要采用正确的田间设计，以便于统计分析。

5. 农药毒性和毒理　以生物个体为对象研究农药对哺乳动物毒性、毒理及防治对象的作用机制。研究目的主要是为了人身的安全以及为研制高效、低毒新品种提供线索。近十几年以来，有害生物抗药性的严重发展，引起了广泛地注意。抗药性机理的研究，与代谢、毒理研究关系密切，起到了相互促进的作用。由于生物学、生理学和生物化学的最新进展，使作用机制的研究已由细胞水平进入到分子水平。在作用机制的研究中，一些偶然现象常成为新型农药研制的有益启示，乙烯利、除虫脲、水杨硫磷等的发现过程，就是最好的事例。最近对双环状磷酸酯的氧化代谢研究中，偶然发现该化合物对神经传导介质 r－氨基丁酸（GABA）有特殊作用，这一发现对研制新类型神经毒杀虫剂很有帮助。

6. 农药环境毒理　农药种类繁多，性质各异，用途和使用方法也不一样，因此在环境中的行为和对生态的影响是很复杂的。为了减少不良副作用，农药在大量推广使用以前，必须进行环境毒理学的有关研究。其主要内容包括两个方面。一是农药施用后在环境中的物理、化学变化和归趋；例如物理性迁移（飘移、沉降、挥发、吸附、淋溶、流失等）以及降解、代谢、光解等化学变化。其次是残留农药及代谢物在转移变化过程中，对环境和非靶标生物群体的影响。持久性的高残留农药，通过食物链在生物体内逐级富集，对处于高位的生物和人类会造成潜在的危害，因此农药的环境毒理受到重视，自 70 年代以来、一直是农药管理中重要的考察内容。

三、农药的分类

农药的品种很多，为了研究和使用上的方便，按不同角度须要把农药进行分类。

1. 杀虫剂（包括杀螨剂）　用于防治害虫的药剂称杀虫剂。许多杀虫剂兼有杀螨作用，所以一般兼有杀螨作用的杀虫剂也称杀虫杀螨剂。但是另有一类药剂只有杀螨作用而无杀虫作用，这类药剂即单独称为杀螨剂。大多数杀虫剂不能用于防治植物病害，但也有少数品种兼有杀虫和防病作用，例如，石硫合剂可杀螨又能防治白粉病；有机磷杀菌剂既能防治稻瘟病又能兼治飞虱、叶蝉。

按来源杀虫剂又可分为以下类别：

(1) 植物性杀虫剂　以野生植物或栽培植物为原料，经过加工而制成的杀虫剂。除虫菊、鱼藤、烟草是使用历史最悠久的三种杀虫植物，目前已很少使用。我国的野生植物能杀虫的很多，但有效成分含量很低，一般只能就地取材，就地利用，不宜长途运输进行大规模工厂加工。

(2) 微生物杀虫剂　利用能使害虫致病的微生物（真菌、细菌、病毒等）制成的杀虫剂。例如苏云金杆菌、白僵菌等。

(3) 无机杀虫剂（矿物性杀虫剂）　有效成分为无机化合物或利用天然矿物中的无机成分来杀虫的，统称为无机杀虫剂。例如砷酸铅、砷酸钙、白砒等。

(4) 有机杀虫剂　杀虫有效成分为有机化合物。又可分为：

a. 天然有机杀虫剂　直接利用天然产有机物，如矿物油、植物油乳剂，棉油皂，松脂合剂等。

b. 有机合成杀虫剂　现代杀虫剂以此类药剂为主，品种多，用途广，一般药效比较高，使用经济。

(a) 有机氯杀虫剂　含有多个氯原子的有机化合物，又可分为以苯为原料的和不以苯为原料的有机氯剂，前者如著名的品种滴滴涕、六六六，后者如狄氏剂、艾氏剂。这些药剂大都已被限用或禁用。

(b) 有机磷杀虫剂　含磷有机化合物，主要是磷酸酯和硫代磷酸酯化合物，如敌敌畏、对硫磷等。

(c) 有机氮杀虫剂　这一分类名词出现的比较晚，含义也比较笼统，许多化学类型不同，性质各异的杀虫剂都可包括在内，所以不仅包括氨基甲酸酯这类品种较多的杀虫剂，也包括像杀虫脒这样的脒类化合物。也有人并不把氨基甲酸酯归于有机氮杀虫剂中，而单列一类。

(d) 拟除虫菊酯类杀虫剂　简称菊酯类杀虫剂，为人工合成的除虫菊有效成分类似物，70年代以来发展较快，目前商品化的品种已有数十个。

为了研究和应用上的方便，杀虫剂还可按其作用方式作下列分类：

①胃毒剂　药剂通过害虫的口器及消化系统进入体内，引起害虫中毒死亡。例如砷酸类杀虫剂主要是胃毒作用杀虫，所以只能用于咀嚼口器的害虫，如蝗虫、蝼蛄、粘虫等。对刺吸口器害虫如蚜虫无效。

②触杀剂　药剂通过接触害虫体壁渗入休内，使害虫中毒死亡。目前大量应用的品种，无论是有机磷、有机氯或氨基甲酸酯，大都是以触杀作用为主兼有胃毒作用，适用于各种口器的害虫，对于体表具有较厚蜡层保护物的害虫，如介壳虫常常是效果不佳。

③熏蒸剂　药剂在常温常压下能气化或分解成有毒气体，通过害虫的呼吸系统进入虫体中毒死亡。例如溴甲烷、磷化铝、氢氰酸等。熏蒸剂一般应在密闭条件下使用，除非在特殊情况下，例如土壤熏蒸，否则在大田条件下使用效果不易得到保证。

④内吸杀虫剂　药剂通过植物的根、茎、叶或种子，被吸收进入植物体内，并在植物体

内输导。害虫为害植物时取食药物而中毒死亡。有的药剂仅能渗透植物表皮而不能在植物体内传导，则不能称为内吸性药剂。前者如内吸磷、乐果等为内吸剂，而后者如对硫磷则不是内吸剂。一般来说，内吸剂对刺吸口器害虫效果最好。

⑤特异性杀虫剂　这类药剂不是直接杀死害虫，而是通过药剂的特殊性能，干扰或破坏昆虫的正常生理活动和行为以达到杀死害虫的目的，或影响其后代的繁殖，或减少适应环境的能力以达到防治目的。这类药剂按其不同的生理作用又可分为以下数类：

a. 拒食剂　药剂被害虫取食后，影响其正常食欲，由于拒绝取食而致饿死。例如拒食胺。最近对多种楝科植物种子的提取物，研究证明多种成分都有拒食作用。

b. 诱致剂　引诱害虫前来再集中消灭的药剂。根据诱致作用的不同，又分为性诱致剂、食物诱致剂、产卵诱致剂等等。近几年来性诱致剂由于性外激素的研究进展较快，大量合成了性外激素的类似物。因此，性诱致剂除在预测预报得到应用外，有的也已在生产上为防治目的而使用。例如红铃虫性诱致剂等。

c. 不育剂　药剂进入虫体，破坏害虫的正常的生殖功能，使其不能正常繁殖后代，达到防治目的。化学不育剂主要作用于昆虫生殖系统，可造成雄性或雌性不育，或兼作用于两性，在一定条件下，对有性繁殖的昆虫可导致种群消灭。近些年来，化学不育剂的研究很多，已有数百种化合物进行过试验，但是实际应用的还没有，一个重要的原因是对人畜的安全问题。例如烃化剂（Alkylating agent）中的绝育磷，虽然有良好的不育效果，但对人畜的毒性也较大，很难广泛使用。最近由喜树（*Camptotheca acuminata*）中提出的生物碱（喜树碱），据说对家蝇有显著的不育效果，颇值得注意。

d. 昆虫生长调节剂　包括保幼激素、脱皮激素、抗保幼激素、抗几丁质合成剂等等。这类人工合成的激素类似物，可以破坏昆虫的正常的生理功能，如干扰变态、打破滞育等致使害虫死亡。这类药剂的研究发展很快，有的已在生产上广泛使用。

e. 驱避剂　药剂本身不具杀虫作用，仅能使害虫忌避，可减少害虫为害，在卫生防疫上用途较大，例如避蚊油。

以上是按杀虫作用方式分类，但许多杀虫药剂都具有多种作用，例如六六六不仅有胃毒作用，而且有强触杀作用和一定的熏蒸作用，有机磷剂的一些品种都兼有胃毒、触杀、内吸和熏蒸几种作用。很难归类。一般以其主要作用方式为分类标准。

2. 杀菌剂　杀菌剂主要是用来防治植物病害的药剂。由于植物病原微生物的不同，杀菌剂可按防治对象分为杀真菌剂（主要防治真菌病害）、杀细菌剂（主要防治细菌病害）；还可按使用方法分为种子处理剂（处理种子）、土壤消毒剂（土壤消毒处理）、喷洒剂（生长期植物喷布使用）等等；根据作用方式又可分为保护剂（主要用于病菌侵入植物以前），治疗剂（主要用于植物病菌已经侵染植物，施用药剂抑制病害发展）。目前使用较多的，实际上是内疗剂，即药剂通过内吸输导，在植物体内起治疗作用，另一类外部治疗剂与此不同，仅能消灭植物体表面的病原菌。内吸剂发展较晚，内吸作用即内疗作用，具有这种作用的杀菌剂通常称为内吸杀菌剂，内疗剂这一名词用的不多了。

杀菌剂根据其化学组成或来源而分类，类别比杀虫剂多，列举如下：

（1）无机杀菌剂　利用无机物或天然矿物制成的杀菌剂，又分为无机硫制剂，例如硫悬浮剂、石硫合剂等；铜制剂如硫酸铜、波尔多液等。

（2）有机合成杀菌剂　人工合成的具有杀菌作用的有机化合物。按化合物类型又可分为：

a. 有机硫杀菌剂　如代森类、福美类、灭菌丹等；

b. 有机磷杀菌剂　如稻瘟净、克瘟散等；

c. 有机氯杀菌剂　如五氯硝基苯、六氯苯等；

d. 有机汞杀菌剂　如醋酸苯汞、氯化乙基汞等；

e. 有机砷杀菌剂　如稻脚青、田安等；

f. 有机锡杀菌剂　如三苯醋酸锡等；

g. 醌类杀菌剂　如二氯苯醌、菲醌等；

h. 有机铜杀菌剂及其它。

由于杀菌剂的品种类型较多，为了方便，有的把含品种较多的几种类型以外的品种，全部归于两大类，即取代苯类和杂环类。前者把可以看作是苯的衍生物的杀菌剂均包括在内，例如托布津类、敌克松、敌锈钠等。后者包括所有含杂环的化合物，品种类型较多。尤其近些年来内吸杀菌剂发展很快，这类药剂包括的品种愈来愈多；许多内吸杀菌剂都归于这类。

(3) 植物杀菌素和农用抗生素　植物杀菌素存在于高等植物，虽然研究较多，历史也较长，但真正大量实际使用的不多。大蒜素最具代表性，目前实际应用的是其合成的类似物。农用抗生素与杀菌素不同，它主要是微生物（放线菌）的代谢产物。农用抗生素是专为防治植物病害而筛选获得的，早期应用的农用抗生素也是医用抗生素，例如青霉素、链霉素等，只是产品纯度要求较低，以降低成本。井冈霉素、春雷霉素都是专门用于农业的抗生素。

3. 杀线虫剂　一类防治植物线虫的药剂。老的杀线虫剂多具熏蒸作用，近年来发展的杀线虫剂就不一定如此。例如呋喃丹，它既是内吸杀虫剂，也是内吸杀线虫剂。一些有机磷杀线虫剂如除线磷、除线特均为强触杀性药剂。

4. 除草剂　能防治杂草和有害植物的药剂称除草剂，也称杀草剂或除莠剂。根据用途可分为灭生性除草剂和选择性除草剂，前者对植物没有选择性，可消灭一切植物，主要用于非耕地，清除路边、场地、森林防火带的杂草、灌木等；后者只对某些科属植物有毒杀作用，对其它科属植物无毒或毒性较低。这是一类广泛使用而且品种很多的除草剂。如敌稗能杀死稗草但对水稻无害。

根据除草剂的作用方式可分为触杀型除草剂和内吸性除草剂。后者能内吸并在植物体内输导，破坏植物的正常生理机能，使植物死亡。例如2,4－滴等。前者不具内吸性，只是植物接触到的部分组织受到破坏而枯死。例如五氯酚钠等。

灭生性和选择性只是相对而言，根据用量和方法的不同，同一种药剂可以是选择性的，也可以是灭生性的。

除草剂按化学组成分为无机除草剂和有机除草剂。前者主要是无机化合物，例如氯酸钠、亚砷酸等。这类药剂一般都是灭生性的，在农业上很少应用。有机合成除草剂在除草剂中品种最多，用量也最大，化合物的类型也比较多，可作如下分类：

a. 苯氧羧酸类　如2,4－滴系列除草剂；

b. 醚类　如除草醚、草枯醚等；

c. 酚类　如五氯酚钠等；

d. 酰胺类　如敌稗等；

e. 氨基甲酸酯类　如杀草丹、灭草灵等；

f. 取代脲类　如利谷隆、灭草隆等；

g. 三氮苯类　如西玛津、阿特拉津等；

h. 其它（包括微生物除草剂鲁保一号）。

5. 杀鼠剂　毒杀鼠类的药剂。一般都是胃毒剂，可分为无机杀鼠剂和有机杀鼠剂。前者如磷化锌，后者如安妥、敌鼠等。按毒作用快慢可分为急性杀鼠剂和慢性杀鼠剂（抗血凝剂），前者如安妥，后者如杀鼠灵（Warfarin）。

6. 植物生长调节剂　可以促进或抑制植物的生长、发育，有的可以提高植物的蛋白质、糖类含量，有的可以增强植物的抗逆能力，效应多种多样。用法用量不同可得到完全不同的结果。一般根据用途不同可分为脱叶剂、催熟剂、催芽剂、抑芽剂、保鲜剂等。例如萘乙酸、赤霉素、缩节胺等。

7. 农药助剂　大多数农药的原药必须加工制成各种剂型和制剂才能使用，加工时一般要加入各种助剂，助剂本身一般没有生物活性。但它是改善农药制剂理化性状不可缺少的。按用途可分为：

a. 填料　用来稀释原药，使固体原药便于机械粉碎。增加原药的分散性以便使少量的有效成分均匀地喷布在大面积上。一般所谓填料主要指加工原药成粉剂和可湿性粉剂时所用的惰性粉，如粘土、高岭土、滑石粉、硅藻土等。

b. 溶剂　用于溶解原药便于加工成液体制剂，如二甲苯、溶剂油等有机溶剂。

c. 湿润剂或展布剂　是一类表面活性物质，用于可湿性粉剂，可以使药剂颗粒容易被水湿润而悬浮于水中。雾滴在植物、病虫体表容易湿润展布，减少流失，增加覆盖面积，提高防治效果。例如茶枯、皂角、纸浆废液、拉开粉及其它有机合成表面活性剂等。

d. 乳化剂　一类表面活性剂，可使互不相溶的两种液体，一种分散在另一种液中。原药加工成乳油时必须加入高效的乳化剂，使成稳定的透明油状液体。对水使用时，乳化剂可使药剂以极小的油滴分散在水中，形成稳定的乳状液。

e. 分散剂　具有防止粉剂絮结的助剂。

f. 固着剂　增加药剂对喷布表面附着能力的助剂，如大豆粉、树胶等。

g. 稳定剂　能防止各种加工制剂在贮藏中物理性状变坏、悬浮率降低或防止有机磷粉剂在贮藏中分解的助剂。

h. 增效剂　一般本身没有或仅有微弱的毒杀活性，但能使有效成分防治效果增强，称增效剂。例如芝麻素可作除虫菊制剂的增效剂。一些抗药性害虫也可以因加入增效醚而敏感性得到恢复。

四、农药的毒力、毒性和药效

农药所以对有害生物具有防治效果，除一些特异性杀虫剂外，基本上都是由于药剂对生物体具有毒效。表示农药毒效的大小，常称为毒力，严格地讲，毒力是指药剂本身对防治对象发生毒作用的性质和程度；药效则指在实际使用时，除药剂本身对生物体的作用外，也包括实际使用时其它各种条件对药剂发挥毒力的影响。例如，加工剂型的质量，施药方法的有效性以及各种气象条件，均对毒效的发挥有所影响。因此毒力和药效在概念上并不等同，但是在大多数情况下应该是一致的，即毒力大的药效也应该是高的。

在习惯上农药对高等动物的毒力称为毒性。以示对防治对象和保护对象的区别，现在完全可以作到一种药剂对防治对象毒力大，但对高等动物毒性小使用安全。

为了便于深入研究农药的毒力，以便比较和筛选，对药剂的毒力测定一般在室内控制条件下，进行较精密的毒力测定。药效试验则在田间或温室进行，一般应该包括寄主并尽量接近实际应用的条件。对高等动物的毒性，则用试验动物（大鼠、小鼠、狗、兔等）进行。关于这些测定的理论和具体操作方法，请参照其它有关书籍。以下仅对毒力反应曲线加以必要的解释。

一种药剂作用于生物体，不管其机理如何，生物体必然要产生相应的反应；在其它条件固定时，这种反应是与该药剂的剂量相关。严格地讲，剂量应该是生物个体或生物体单位体重所接受的有效成分的量。但由于种种原因，在一般毒力测定中不易得到真正的剂量，尤其是以生物群体为施药对象时，更是如此。在对高等动物的毒性试验中，多以动物个体为施药对象，比较容易得到准确剂量。有时生物测定中所用药剂的浓度和处理时间可笼统称为剂量，当处理时间固定时浓度即具有剂量的意义。在一定剂量下，病虫草所表现的中毒现象称为反应。例如杀虫剂以昆虫为对象，反应常以死亡百分率来表示。杀菌剂根据试验方法不同，反应可用孢子不萌发百分率或菌丝生长抑制百分率等来表示。

在进行毒力测定时，取样的供试生物种群中，各个体由于各种原因对药剂的反应是有差别的，实验证明有少数个体忍受力较强或很强，也有少数个体比较敏感或高度敏感。因此，用逐渐增加的系列不同剂量测定时，所得供试生物反应（例如死亡）的百分比应增加。如果以剂量数值为横轴，死亡百分率为纵轴，做成的曲线为非对称的“S”型曲线（图 1－2）。这是由于在生物群体中，个体对药剂敏感性的差别成常态分布，即大部分个体的敏感性趋向于接近群体内个体敏感性的平均值，但仍有小部分表现较高或较低的敏感性，所以供试生物群体得到的累积死亡数值或百分比，呈不对称的“S”型曲线。

如果将剂量数值换算成对数值，曲线则变成对称的“S”型曲线（图 1－3），如果再将死亡百分率换算成几率值（probit），则剂量反应曲线变成为直线，称剂量对数——几率值直线（图 1－4）。如果用几率值对数坐标纸，不用换算即可直接绘出直线。

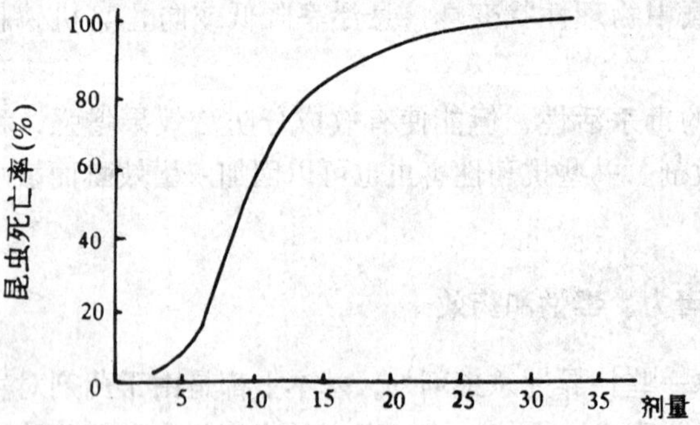

图 1－2

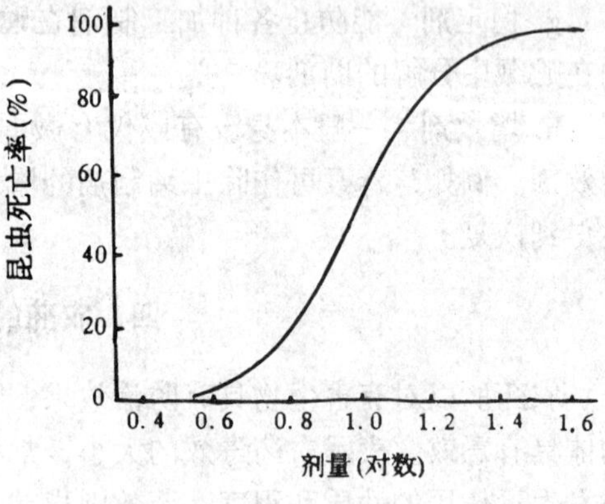

图 1－3

所谓几率值就是几率的单位，总共分为 10 个单位（1～10），其实质就是常态分布的平均值加减标准误所得的数值范围。剂量反应曲线绘成直线，是为了更准确地求出代表大多数生物个体对药剂反应的平均值，即致死中量（LD_{50}）。在比较药剂的毒力、毒性时，经常要采用致死中量，否则不能代表大多数生物个体的反应情况。如果用浓度表示剂量，则为致死中浓度（LC_{50}）。杀菌剂常以 EC_{50}或 ED_{50}来表示，即抑制 50%孢子萌发所需浓度或剂量。对鱼的急性毒性常用 48 h 的 *TIM* 值（median tolerancelimit）来表示，意即在一定时间内，50%的鱼能耐受的浓度。

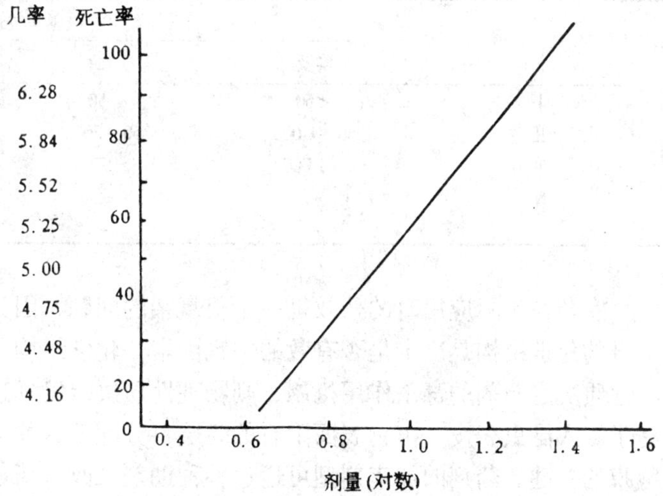

图 1－4

单独只用 LD_{50}或 EC_{50}比；比较毒力有时还是不够的，例如图 1－5情况，两条线代表两种药剂对同一供试生物群体的毒力，虽然 LD_{50}相同，但 LD_{75}或 LD_{25}有较大差别，这是因为直线的坡度不同。坡度反映供试生物群体对某药剂敏感性的分散程度，在害虫的抗药性研究中，常反映同性质程度的大小。所以有时除比较 LD_{50}外，还要比较 LD_{95}。

由于供试生物个体内在因素以及毒力测定时条件控制上的变化，有时会影响用致死中量来进行毒力比较，因此可用相对毒力指数来进行比较。即每次试验均设标准药剂处理，求出各次试验中各种药剂与标准药剂的比数，然后进行比较。毒力指数的计算公式如下：

$$T = \frac{B}{A} \times 100$$

T = 相对毒力指数；

B = 标准药剂的致死中量（或浓度）；

A = 供测药剂的致死中量（或浓度）。

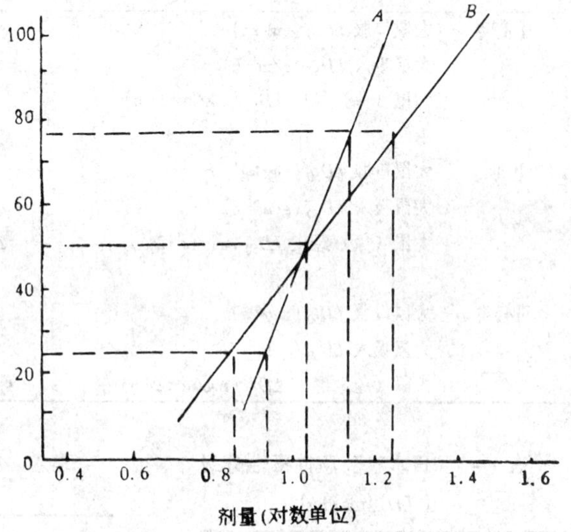

图 1－5

对农药的急性毒性，大多数国家采用大白鼠口服、吸入、皮肤接触的 LD_{50} 值来进行分级评定（表 1－1～1－4）。

仅仅以口服急性毒性来分级，实际上是不完备的，因为就生产性中毒而言，来自吸入或皮肤接触的可能性也很大，无论是工厂工人还是田间喷药操作人员都是如此。有的有机磷品种实际上口服急性毒性虽不小，但是，经皮接触毒性不大，田间喷药操作时还是比较安全，只要加强保管防止误食中毒等非生产性中毒，可以做到使用安全。

我国过去毒性分级不统一，卫生部门虽然颁布了毒性分级标准（表 1－4），但一些书刊有时还沿用过去分为五级或六级的办法。造成了不应有的混乱。以上只是指急性毒性而言，至于慢性毒性要求更为严格，前已述及在药剂登记时要进行严格的审查，具有慢性毒性的品种，一般不易被允许在市场出售，个别药剂后来发现问题，就及时被取消了登记。

表 1-1　一些国家的农药毒性分级（仅要求大鼠的口服毒性）

毒性分级	口服 LD_{50} (mg/kg)			
	埃及	意大利	瑞士	独联体
Ⅰ	<50	<50	<5	<50
Ⅱ	50~1 000	50~500	5~50	50~200
Ⅲ	>1 000	>500	50~500	200~1 000
Ⅳ	-	-	500~5 000	>1 000
Ⅴ	-	-	5 000~15 000	-

农药在实际应用时的药效是一个很复杂的问题，因为它受多种因素的影响。首先，药剂本身的化学结构是决定是否有效的关键因素，化学结构不同，物理性质也有差别。如果说化学性质决定药剂的毒杀作用机制，则物理性质决定发挥这种作用的条件。例如，脂溶性大则易于渗入昆虫表皮、植物表面附有的腊层，分配系数的适当与否常常是药剂是否容易渗透细胞膜的关键。药剂的加工剂型可通过种种助剂来改善药剂的附着、覆盖以及渗透到生物体内的性能，以提高药剂效果。

表 1-2　一些国家按口服、吸入、接触三方面标准的农药分级

毒性分级	给药途径	联合国推荐	美国	西德
Ⅰ高毒	大鼠口服 LD_{50} (mg/kg)	<50	<50	<50
	大鼠吸入 LD_{50} (g/m³·h)	<2	<2	<2
	大鼠（兔）经皮 LD_{50} (mg/kg·24 h)	<200	<200	<200
Ⅱ毒	大鼠口服 LD_{50} (mg/kg)	50~200	50~500	50~500
	大鼠吸入 LD_{50} (g/m³·h)	2~10	2~5	2~10
	大鼠（兔）经皮 LD_{50} (mg/m³·24 h)	200~1 000	200~2 000	200~1 000
Ⅲ轻毒	大鼠口服 LD_{50} (mg/kg)	200~2500	>500	500~3 000
	大鼠吸入 LD_{50} (g/m³· h)	>10	>5	10~100
	大鼠（兔）经皮 LD_{50} (mg/m³·24 h)	1 000~2 000	>200	1 000~3 000

表 1-3　日本农药急性毒性分级（LD_{50} mg/kg）

给药途径	高毒物	毒物	普通物
口　服	<30	<300	>300
皮下注射	<20	<200	>200
静脉注射	<10	<100	>100

表 1-4　我国农药急性毒性暂行分级标准（卫生部）

给药途径	Ⅰ(高毒)	Ⅱ(中毒)	Ⅲ(低毒)
大鼠口服 (mg/kg)	<50	50~500	>500
大鼠经皮 (mg/m³·24h)	<200	200~1 000	>1 000
大鼠吸入 (g/m³·h)	<2	2~10	>10

实际药效也与防治对象种的特性有关，不同种类害虫、病菌、植物或动物，由于生活方式和生理机能不同，接受药剂与中毒、解毒方式、程度的不同，对同一类或不同类型药剂的反应有很大差别。所以，对不同防治对象可以表现为毒效大或小，速效或迟效。许多药剂都有广泛的毒杀活性，能防治多种病虫害，一般称为广谱性药剂。但也有一些药剂仅对少数病虫害有效，其它则药效甚微或根本无效。三氯杀螨砜等杀螨剂只对螨类有效，对害虫无效，

这是比较典型的例子。有机磷杀虫剂的许多品种能对几十甚至几百种害虫都有效。究其原因虽然十分复杂，但防治对象种的特性是重要原因之一。

另外，影响药效的因素就是施药当时的环境条件，因为环境条件不同，除影响药剂的挥发、分解以及其它理化性状外，也影响生物体接受药剂和解毒、中毒过程。例如，有的药剂是所谓负温度系数药剂，即温度降低，药效反而提高。滴滴涕就十分典型。过去认为滴滴涕具有负温度系数的原因是由于低温时解毒作用减慢，已有试验证明；但近来的研究证明，这种解释是不完全的，还与作用点的敏感性有关。试验证明，滴滴涕处理后，发生的反复兴奋频率在不同温度下不同，低温频率高，高温频率相对低。由此可见，温度对昆虫的影响与药剂发挥作用是密切相关的。

同样，湿度、日照及其它环境条件也都可影响药剂本身药效的发挥。

因此，研究药剂的药效，除药剂本身和加工剂型外，防治对象的特性以及环境条件三者之间的相互影响也是非常重要的。

五、农药对作物的药害和刺激生长作用

农药施于农作物，如果使用得当，不致对农作物产生不良影响，但由于种种原因仍可造成药害，轻者减产，重者可使作物死亡。另外也有一些药剂，在正确使用的情况下，除起到防治病虫害的效果外，还有刺激作物生长的良好作用。

(1) 农药对作物的药害　农药施于作物后，可从植物的不同部位侵入植物体内，尤其是植物的叶部的气孔、水孔以及伤口，农药更容易侵入。在植物幼嫩时期施药也可从表皮侵入，施于土壤中的药剂，溶解的部分可自植物根部吸收，内吸药剂进入植物体的途径也大体相同，而且在体内还要进行输导。

农药是否产生药害，要由许多因素来决定，主要的是药剂本身的性质、植物的种类、生长发育阶段和生理状态以及施药后的环境条件。

a. 农药的性质　各种农药的化学组成不同，对植物的安全程度有时差别很大。一般说无机药剂较容易产生药害，现代有机合成药剂比无机药剂要安全的多，除非使用浓度和次数超出正常范围，一般不会产生药害，少数作物对某种或某类药剂特别敏感除外。至于来源于植物的农药或人工合成的类似物，一般对植物更安全。特异性杀虫剂、微生物农药基本上没有药害问题。

加工制剂或原药中的杂质有时是产生药害的主要原因，加工制剂质量不良或喷布不均匀也都可能造成植物的局部药害。农药对植物是否容易产生药害可用安全性指数 K 来表示：

$$K = \frac{\text{药剂防治病虫害所需的最低浓度}}{\text{植物对药剂能忍受的最高浓度}}$$

很明显 K 值越大，相对来说药剂对植物越不安全，容易产生药害；相反 K 值越小应用时越安全。当然药剂种类繁多，施用的作物也是多种多样的，不可能一一进行测定，但在不同药剂对同类作物间，或同种药剂对不同作物间，利用上式进行比较还是很有用的。

b. 植物的种类、生育阶段和生理状态　不同种类植物对药剂的敏感性不同，主要是由于其组织形态和生理的差别所致。例如叶面蜡层厚薄、茸毛多少以及气孔多少、开闭程度等

等，都与是否容易产生药害有关。例如，瓜类对有机氯剂较敏感，可能与表皮角质层、细胞壁较薄有关。一般来说，无机药剂不如有机药剂对植物安全，但也有少数药剂和植物例外。

以下列出了一些作物对常用药剂的敏感情况，可供参考。

c. 环境条件　药害的产生不仅与药剂和作物有关，也与施药的环境条件有关，主要是施药当时和以后一段时间的温度、湿度、露水等因素。一般情况是高温条件下较易产生药害，因为在高温下药剂的化学活性增强，植物的生理活动也加强，气孔开启的多而且大，有利于药剂的侵入而引起药害；湿度对无机药剂的影响较大，例如波尔多液喷布后如遇多湿、多露水或阴雨天气，则有利于波尔多液中的铜被溶出而产生药害，这是以往苹果产区常发生波尔多液药害的主要原因之一。

表 1-5　对农药敏感容易产生药害的作物

农药名称	易产生药害的作物	有可能产生药害的作物	备　注
六六六	瓜类	白菜、茄子、番茄、烟草、高粱	该药已禁用
滴滴涕	瓜类、番茄、大豆	梨树、大麦、小麦苗期	同上
毒杀芬	马铃薯、黄瓜、南瓜、李等		
对硫磷		苹果、瓜类幼苗、梨的某些品种	
敌百虫	高粱、大豆	西瓜、玉米	
敌敌畏	高粱	瓜类、玉米、豆类	
乐果		烟草、枣	
杀螟硫磷	高粱	十字花科蔬菜	高温时易受药害
磷胺	高粱、桃		
马拉硫磷	瓜类、梨、苹果的某些品种		
稻脚青	水稻孕穗后使用易生药害		
石硫合剂	黄瓜等蔬菜及多种果树	棉花	高温时极易受药害
除草醚		水稻芽期、棉花、大豆苗期	
敌稗		弱水稻秧苗	
2，4-滴类	棉花、大豆、油菜、瓜类等		
五氯酚钠	水稻、花生等发芽期		

d. 植物药害的症状　药害表现的症状可因作物、药剂不同，有种种复杂变化，在田间常常不易与其它为害区别（例如病虫的为害，风等造成的机械损伤等）。一般药害可分为急性药害和慢性药害两种。前者在喷药后短期内即可产生，甚至在喷药数小时后即可显现。症状一般是叶面产生各种斑点、穿孔，甚至灼焦枯萎、黄化、落叶等。果实上的药害主要是产生种种斑点或锈斑，影响果品的品质。

慢性药害出现较慢，常要经过较长时间或多次施药后才能出现。症状一般为叶片增厚、硬化发脆，容易穿孔破裂；叶片、果实畸形、植株矮化、根部肥大粗短等等。

药害有时还会表现为使农产品有不良气味，品质降低，尤其是茶园、根菜类，施用六六六后容易使产物产生异味。有机磷杀菌剂稻瘟净在日本和我国南方都产生过“异嗅米”问题。不过，异味的产生常常不是由于有效成分造成，而是由于杂质的存在。

(2) 农药对植物生长发育的刺激作用　农药施用的主要目的是防治农作物的病虫草害，如果使用不当，可能造成药害；但是，也有的药剂适当使用除防治病虫害外，对植物会有刺激生长发育的作用。这里所说的当然不是指植物生长调节剂，而是指一般病虫草害防治剂。例如，早就证明烟草对水稻有促进生长的作用；鱼藤可促进菜苗发根；波尔多液可使多种作物叶色浓绿生长旺盛。过去华北地区有用六六六拌种防治地下害虫的习惯，曾发现六六六对小麦有刺激生长、增加分蘖的现象。玉米用六六六拌种也有刺激生长作用。根据前苏联早期的报道，六六六拌小麦种子低剂量时有刺激作用提高产量，但如果用量过大，相反就会产生抑制生长作用。其它药剂也有类似情况，似乎药剂在低剂量使用时，一般都对植物有良好作用，用量加大到一定程度即质变为抑制作用，产生慢性药害甚至急性药害。不过这种刺激生长的良好作用，须要经过严密的比较研究才能确认，因为施药后作物生长良好、产量增加，也可能是由于病虫害得到防治所致。消除了为害，为植物的生长发育创造了良好条件，药剂本身可能并无什么明显的刺激作用。

六、农药的选择性

农药的选择性一般指的是选择毒性和毒力。这是一个相对的概念，例如从防治对象角度出发，与选择性相对的术语是广谱性。毒性的选择性主要指对高等动物毒性的大小，例如有机磷中的对硫磷（1605）是广谱性的杀虫剂，即能有效的防治多种害虫，但对高等动物毒性也很大，因此无论毒力和毒性，对硫磷的选择性都不强。但杀螟硫磷的毒力虽然是广谱的，其毒性却有一定的选择性，对高等动物的毒性较低。另外，对防治对象的毒力大小，也属于选择性。例如，杀菌剂中的波尔多液是广谱性杀菌剂，能有效的防治多种病害，而许多内吸性杀菌剂只对少数病害有效。绝大多数除草剂选择性更为明显，除对被保护的植物安全外，许多药剂只对双子叶杂草有效，另一些除草剂又只对一些单子叶杂草有效。选择性和广谱性只是相对程度上的差别，不能将二者绝对化。

早期农药选择性的研究重点是寻求对高等动物或被保护植物的安全，并且又有高度毒杀有害生物的效果，换言之，即在高等动物、植物和有害生物（昆虫、病菌、杂草等）之间寻求高度的选择性，使品种具有高效低毒的特点。近几年选择性的研究更进一步注重对防治对象以外生物（天敌、有益昆虫等）的安全，即对非防治目标伤害很小的药剂。

Albert（1976）曾给选择性下过一个较为严格的定义，即“在相互接近的生物种属中，对一些有毒害而对另一些全无损伤的，即为选择性”。显然这在研究上是相当困难的课题。早在 1951 年 Ripper 等曾把如何才能获得选择性，大体分为两大类，即生理的选择性和生态的选择性。

生理选择性可从以下几方面的差别中来获得：（1）药剂向体内渗透性的难易；（2）药剂的解毒或活化代谢；（3）药剂在组织内的蓄积和排出体外；（4）药剂对作用点的透过性。由于生物间生理上的差别，以上每一过程的受阻与否，都有可能产生一定程度的选择性。

生态选择性是利用害虫等的习性、行为的差异而获得的。另外也可以从药剂的加工和施用方法而获得，例如使用内吸剂进行深层施药时，直接为害植物的植食性昆虫被毒杀，而非植食性害虫天敌则很少受伤害。

杀菌剂、除草剂的选择性获得原理也大致相似。

参 考 文 献

[1] 华南农业大学主编．植物化学保护（第二版）．农业出版社，北京，1992

[2] 中国农业百科全书．农药卷．农业出版社，北京，1993

[3] Ware，G. W.，Pesticide－Theory and Application，W. H. Freeman and Company，San Francisco，U. S. A. 1983

第二章　农药剂型加工和应用

第一节　农药剂型加工的意义和农药分散度的概念

一、农药剂型加工的意义

由化工厂合成生产的农药有效成分称为原药。原药为固体的称为原粉，为液体的称为原油。通常原药是不能直接使用的，因为用量少，无法均匀地喷洒到大面积作物的植株上或地面上。把原药制成可以使用的农药形式的工艺过程称为农药加工，加工后的农药称为农药制剂。为适应使用的各种需要，又将农药加工成各种形态的制剂。由此可见，农药剂型加工是农药应用的前提，同时也推动着农药应用的发展。

农药剂型加工不仅可以使不能直接应用的原药变成可以使用的农药，同时还可以通过农药剂型加工提高药效，使高毒农药低毒化（高毒农药加工成颗粒剂、微胶囊剂等），减少环境污染和对生态平衡的破坏（做成颗粒剂，种衣剂局部施药），延缓抗药性发展，延长有效药剂使用寿命。也可以通过农药剂型加工提高使用农药的效率和扩大应用范围。

由于开发新农药的条件要求越来越苛刻，投资越来越大，新品种的出现越来越困难，也促使人们在农药加工方面做更多的工作，以满足社会对农药的需求。

二、农药分散度

农药被分散的程度称为农药分散度。在农药加工和使用中，分散度是衡量制剂质量或喷洒质量的主要指标之一；若把边长为 1 cm 的立方体分割成边长为 100 μm 的立方体，再分割成边长为 10 μm 的立方体，正像表 2－1 所示，其总体积没有变化，而其总表面积、颗粒的个数和覆盖面积均随着分割次数的增加而大幅度增加。这正是制剂加工和农药使用时所需要的。农药的分散度，通常用其分散颗粒的直径大小来表示，分散度越大，粒子越小。有时也用颗粒之总体积（V）与总面积（S）之比值（S/V）称“比面”来表示，比面越大粒子越小，个数越多，分散度越大。

表 2－1　边长 1 cm 立方体经两次分割后发生的变化

测定项目	分割前	第一次分割	第二次分割
颗粒的边长（cm）	1	10^{-2}	10^{-3}
颗粒个数（个）	1	10^6	10^9
总表面积（S，cm^2）	6	6×10^2	6×10^3
总覆盖面积（cm^2）	1	10^2	10^3
总体积（cm^2）	1	1	1
比面	6	6×10^2	6×10^3

提高药剂的分散度，可采用两种手段。一是加工手段，如将固体药剂粉碎，粉碎得越

细，分散度就越大，乳剂本身就是一种良好的液体分散体系；另一个是施药手段，液体药剂通过喷雾喷洒使用时进行分散，喷雾器的气压越大，喷头的雾化能力越强，分散度就越大。常用农药剂型，其分散度大小的顺序是：水溶剂（农药呈分子或离子状态，直径小于 0.001 μm）>胶体剂（农药呈胶体颗粒状，直径约 0.001～0.1 μm）>烟剂（农药呈烟粒状，直径约 0.1～2.0 μm）>乳剂（农药呈油球状，直径约 0.1～10 μm）>粉剂或可湿性粉剂（农药呈粉粒状，直径多在 10～74 μm）。

三、农药分散度对农药性能的影响

农药分散度的大小对农药性能及应用效果都产生一系列重要影响，总起来讲有以下几点：

（一）影响覆盖面积　农药的分散度越大，其覆盖面积越大。这对保护性杀菌剂和触杀型的除草剂防效的发挥特别重要。因为只有保护性杀菌剂全面覆盖植株，才能有效的防止气传病原菌的侵入，使药效得以充分发挥；如果分散度不够，不能全面覆盖植株，病原菌就可以在没有着药的地方侵入，使作物感病。触杀型的除草剂只有全面覆盖已长出的杂草或全面封闭土层，才能有效地防除杂草，否则效果就不好，所以也要求有很大的分散度。用触杀性杀虫剂防治体小或活动性不大的蚜虫、螨类及蚧类等，亦要求药剂有很好的分散度和覆盖密度才能奏效。胃毒杀虫剂更需要有大的分散度和良好的覆盖面，否则害虫无法吃到足够的药剂发挥药效。

（二）影响药剂的附着性　药剂颗粒在处理表面上的附着性受多种因素的影响，其中颗粒大小和重量是主要因素。颗粒越大，重量越大，则越容易从处理表面上滚落。适当提高分散度，有利于增加在处理表面上的药剂沉积量，从而使药效得以充分发挥。

（三）影响药剂颗粒的运动性能　不管是粉剂还是液体药剂被喷洒出去以后，由于其分散度不同，药剂形成的颗粒的运动轨迹也不同（如图 2－1 所示）。粗颗粒，由于重力大，很快向垂直方向沉落，在空间运行距离很短，不能到达保护作物表面或接触到作物表面，不能附着而坠落。比较细的颗粒，由于重力小，可以在空间作水平方向运动，接触到作物表面不坠落且分布均匀。更细的颗粒，当直径达 2 μm 以下时，则在空间形成烟雾，可长时间悬浮在空中；据 Gloscolw（1948）在空气不流动的静态下测定，直径 1 μm 的雾沉降速度为 0.003 cm/s，这样药剂雾粒可向作物枝叶茂密的深处扩散，不但可以沉积到作物枝叶的正面，也可以附着到作物枝叶的背面，有利于提高防治效果。但是，分散度很高的药剂，又受气流影响很大，特别是上升气流影响更大。在还没有沉积以前，常常被气流带走，使沉积量减少，影响药效。因此，药剂的分散度要以作物、防治对象和药剂本身的性质而定，又要在合适的条件下应用，才能发挥最好的药效。

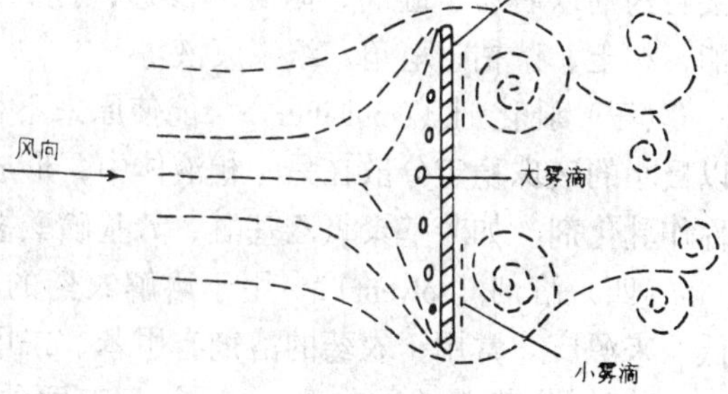

图 2－1　不同分散度的粉粒（雾滴）被气流送向固体表面时，沉积情况示意图
（引自《植物化学保护》，1980）

（四）影响药剂颗粒的表面能　药剂的表面能包括溶解能力、气化能力、化学反应能力及吸合能力。溶解能力、气化能力和化学反应能力的提高有利于药剂进入防治对象体内，有利于速效性的提高，但使持效时间变短。对药剂的贮藏，尤其是对低浓度粉剂的贮藏稳定性不利。所谓吸合能力是指颗粒之间吸引合并能力，以及颗粒在受药表面上的附着能力。药剂的表面能与分散度成正相关。

（五）影响悬浮液的悬浮率及乳状液的稳定性　可湿性粉剂对水成悬浮液使用，要求有较高的悬浮率；胶悬剂和各种悬浮制剂本身就要求药剂有很好的悬浮性，对水使用时才能有很高的悬浮率；乳油和乳剂对水使用时形成的乳状液以及乳剂本身都要求有较好的稳定性，以利于贮存和使用。分散度提高，药剂的颗粒变小，有利于悬浮液悬浮率的提高和乳状液的稳定性，也有利于药效发挥。

第二节　农药助剂

本身无活性，但可改善农药加工制剂的物理化学性状，便于加工、贮藏和使用，或者可以提高药效的物质统称农药辅助剂（adjuvant），简称为农药助剂，没有农药助剂的参与，农药就无法加工和应用。随着农药助剂的发展，也促使农药加工业的水平不断提高，农药制剂类型不断增加，从而使农药剂型的功能化水平和使用技术水平也随着提高。

一、农药助剂种类概述

（一）填充剂（solid diluent，carrier）　又称填料或载体。常用于制造粉剂、可湿性粉剂、颗粒剂等。稀释农药原药便于加工，改善理化性状便于使用的惰性物质。如粘土、陶土、高岭土、硅藻土、叶蜡石、滑石粉等。不同制剂对填料的性质要求不同，但作为填料的共同特性是与有效成分不起化学作用、来源广、成本低、易加工。

（二）湿展剂（Wetting agent）　又称湿润剂，一类能使农药很快被水润湿的物质。能降低水的表面张力，使水液易于湿润固体表面，并在固体表面展布，使作物、病菌、虫体表面接触药剂以后易于湿润、附着和渗透，提高防治效果。如磺化石油制剂、长链醇、脂肪酸酯，粘土、茶枯、皂角、纸浆废液等。

（三）乳化剂（emulsifier）　能使原来不相溶的两相液体（如水和油），使其中一相液体以极小的液珠稳定分散在另一相液体中，形成不透明或半透明乳浊液，具有这种特性的助剂称作乳化剂。如芳基聚氧乙基醚、芳基磺酸盐、烷基硫酸盐、烷基苯基磺酸盐等。

（四）溶剂（solvent）　用于溶解农药的液体有机物。一般要求毒性低、不易燃、成本低、来源广。常用于农药的溶剂有甲苯、二甲苯等。

（五）分散剂（dispersing agent）　有两种，一种为农药原药的分散剂，这种分散剂具有高粘度（5000～10 000Pa·s）特性。加到原药中以后，加热至熔融状态，通过机械搅拌作用可将原药分散成胶体颗粒，如废糖蜜浓缩物、纸浆废液浓缩物等；另一种分散剂是为防止粉剂絮结，使之在喷撒时能很好的分散的助剂。如硅藻土、二氧化硅等。

（六）粘着剂（adhesing agent）　能增强农药对植物病原菌、昆虫等生物体表面粘着能力的助剂，使药剂附着性提高，耐雨水冲洗，增加持效期，提高药效。如矿物油、淀粉糊、明胶等。

（七）稳定剂（stabilizer，stabilizing agent）　能防止农药在贮存过程中有效成分分解或物理性状变坏（如悬浮率降低，悬液制剂颗粒凝聚等）的助剂。防止有效成分分解的助剂又称防止分解剂或防解剂（antidecomposition agent）；防止制剂物理性状变坏的助剂又称抗凝剂。

（八）增效剂（synergist）　本身对有害生物没有活性，但与农药混用可以提高药效的助剂。如增效醚、增效敏、增效磷等。

（九）其它　用于改善制剂物理性状的助剂还有发泡剂、消泡剂、着色剂（使制剂染上某种警戒色，以防误用）、防冻剂（防止液状制剂在低温下贮存时发生药液冻结）等。

农药助剂的种类还会随着农药加工技术和使用技术的提高不断增加，以满足生产需要。

二、表面活性剂的作用、种类和应用

（一）表面活性剂的结构特点和作用

1. 表面活性剂的结构特点和性能　表面活性剂是由至少有两种以上极性或亲媒性显著不同的官能团所构成。如肥皂的分子，它是由非极性（亲油性或疏水性）原子团的长链烃基（R—）和极性强的亲水性原子团的阴离子羧基（－COOH）的钠盐所组成，因此也称双重亲媒结构（或双亲媒结构）。如图 2－2 所示。由于这种结构特点使表面活性剂具有以下两种基本性能：

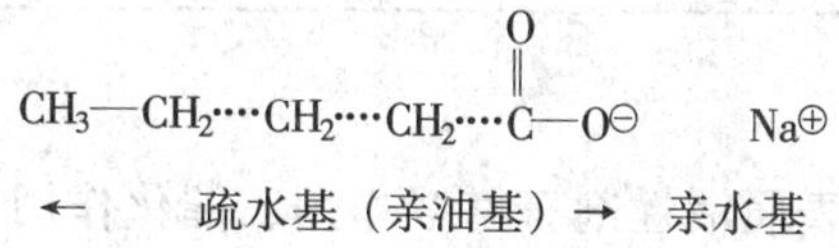

图 2－2　表面活性剂的结构特点

①虽然具有双亲媒性，但溶解度特别是以分子分散状态的浓度是较低的，在通常使用浓度下，大部分形成胶束（缔合体）而溶存。

②在溶液与它相连接的界面上，基于官能团的作用而产生选择性定向排列，使界面的状态或性质发生显著变化。如图 2－3 所示。

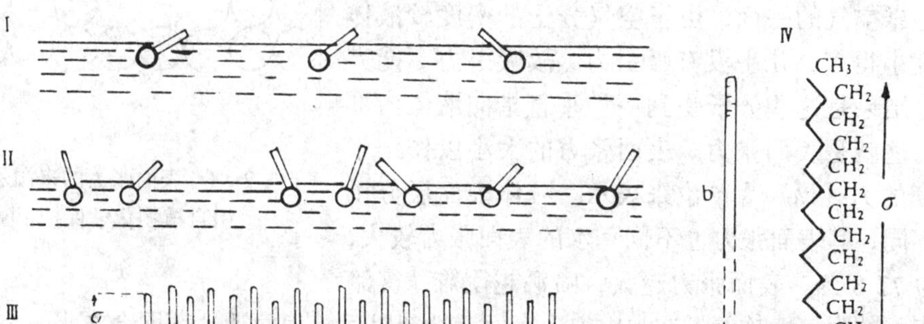

图 2－3　表面活性物质在液面上的单分子层（引自《植物化学保护》1980）

表面活性剂分子的亲油亲水特性，通常用 *HLB* 值（Hydrophile - Lipophile Balance）来表示。它是表面活性剂分子亲水基团和亲油基团的平衡值。*HLB* 值越大，说明这种表面活性剂的亲水基团大，亲水性强。*HLB* 值越小，则是亲油基团大，亲油性强，亲水性弱。由于石腊完全没有亲水基，它的 *HLB* 值定为零，完全亲水的聚乙二醇定为 20，所以表面活性剂的 *HLB* 值都为 0 ~ 20，具有不同 *HLB* 值的表面活性剂其作用是不同的，大致范围如表 2 - 2 所示。

从理论上讲，被乳化的对象最合适的乳化剂，是其 *HLB* 值相近的乳化剂。但实际应用起来，并不如此简单。因为分子大小、形状、结构等都影响着这一体系的乳化分散性。因此，针对某一特定农药选择乳化剂时，它们的 *HLB* 值只是一个参考因素，还要结合实践经验综合考虑，才能选出较理想的配方。

表 2 - 2　表面活性剂的 HLB 值及其作用

HLB 值	作　用	*HLB* 值	作　用
1 ~ 3	消泡	9 ~ 8	分散
3 ~ 6	乳化（w/o 型）	10 ~ 13	展着
3 ~ 8	增溶（w/o 型）	12 ~ 16	发泡
7 ~ 9	润湿	13 ~ 15	去污
7 ~ 18	乳化（o/w 型）	14 ~ 18	增溶（o/w 型）

2. 表面活性剂的作用　表面活性剂有增溶作用、催化作用、各种界面作用（包括表面和界面张力降低）等。表面活性剂降低表面和界面张力的作用，对液体状态使用的农药性能的改善，具有重要作用。所谓表面张力，即液体表面分子向心收缩的力。如图 2 - 4 所示。处在液体内部的分子间距离很小（A），因此吸力影响极大。使绝大多数的分子居留于液相之内，但这种吸引力在液相内部是彼此抵消了的。而在液相表面的分子（B）却没有被其它分子所完全包围。靠空气的一面，由于空气分子的密度较液体分子密度小得多，几乎没有吸引力。故吸引力不能完全抵消，结果是这些分子受到一种垂直指向液体内部的引力，这就是表面张力。表面张力的大小以作用于单位长度的力（Pa）为单位来表示。液体表面层分子的性质不同，其表面张力也不同，水的表面张力较大，20℃时为 72.8 Pa。表面张力越大，喷洒越困难，雾滴在物体表面的附着性越差。在水中加入表面活性剂以后，表面活性剂即会在水—空气界面形成一单分子层，极性基在水，非极性基在空气。使界面的水分子向水溶液内部收缩的力即表面张力降低。如含有 0.05% 油酸钠的水溶液，其表面张力仅为 2.7 Pa。表面张力降低可以减少喷洒过程作功，有利于液体状态药剂喷洒使用，同时也有利于药液雾滴在接触表面湿润展散，增加保护对象和防治对象的受药量，提高药效。

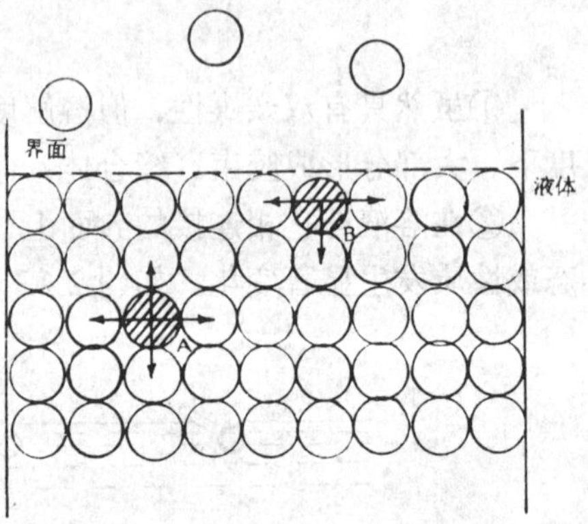

图 2 - 4　表面张力的来源示意图
（引自植物化学保护 1980）

（二）表面活性剂的种类

1. 阴离子型表面活性剂　在水中可以解离成阴离子和阳离子两部分，而以阴离子发挥降低表面张力作用的表面活性剂，一般是疏水性的阴离子与亲水性的阳离子形成的盐。如碱金属皂类、磺酸化烷或烷苯化合物类、磺酸化醇类、硫酸化脂肪酸类等。

（1）碱金属皂类　这一类表面活性剂的分子结构特征可用 R－COONa（K）表示，是动植物油与 NaOH 或 KOH 皂化而成。如棉籽油皂、蓖麻油皂、椰子油皂、松脂皂、猪油皂、牛油皂等。皂类表面活性剂不抗硬水，也不能与含碱土金属药剂如波尔多液等混用，因大多含游离碱，在水中呈碱性，所以不适于在碱性条件下易分解的农药加工使用。

（2）硫酸化脂肪酸类　这一类表面活性剂的结构可简写为 $R-OSO_3Na$，是脂肪酸的硫酸化产物。如土耳其红油，又称太古油、莫诺皂。是蓖麻油和浓硫酸（66°波美）在较低温度（20℃）下反应，再经 NaOH 中和成钠盐，即成土耳其红油产品。此过程的主要反应是硫酸与甘油三酸酯中蓖麻酸的 OH 化合。但反应不止于此，还可有双键之硫酸化及三酸酯之水解成二酸酯、一酸酯及自由酸及其相应的 Na 盐。例如产品中有相当多的硫酸化蓖麻酸盐：

$$CH_3(CH_2)_5\underset{\displaystyle OSO_3Na}{\underset{|}{CH}}CH_2CH=CH(CH_2)_7COONa$$

该产品有一定抗硬水能力，可作印染助剂及化学性质稳定的农药的乳化剂。但用量比较大。一般占乳油量的 14%～20%。

③磺酸化合物　磺酸化合物在离子型表面活性剂中占重要地位。种类多，用途广，可作湿润剂，有的品种可与非离子型乳化剂混合成高效能的复合乳化剂。这类化合物的结构通式是 $R-SO_3Na$（Ca）。主要品种有十二烷基苯磺酸钠、十二烷基苯磺酸钙、拉开粉－BX（Nekal BX）等。

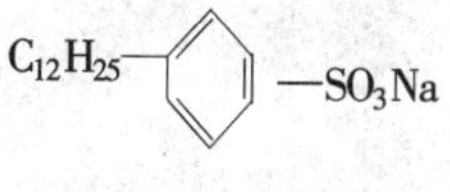

十二烷基苯磺酸钠

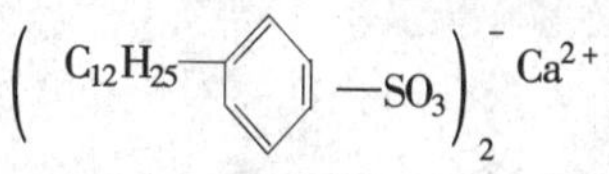

十二烷基磺苯酸钙

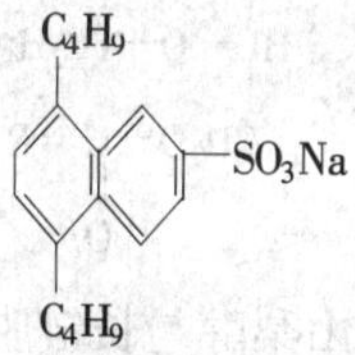

拉开粉－BX

2. 阳离子型表面活性剂　在水中可以解离，其阳离子部分为疏水基，也是发挥表面活性作用的部分。这类表面活性剂主要是季铵盐类。分子结构通式为：

$$\left[\begin{array}{c} R_1 \\ | \\ R-N-R_3 \\ | \\ R_2 \end{array}\right]^+ X^-$$

R 为长碳链烃基

R_1，R_2，R_3 为短碳链烃基

X^- 为亲水阴离子（Cl^- 或 Br^-）

主要品种有：

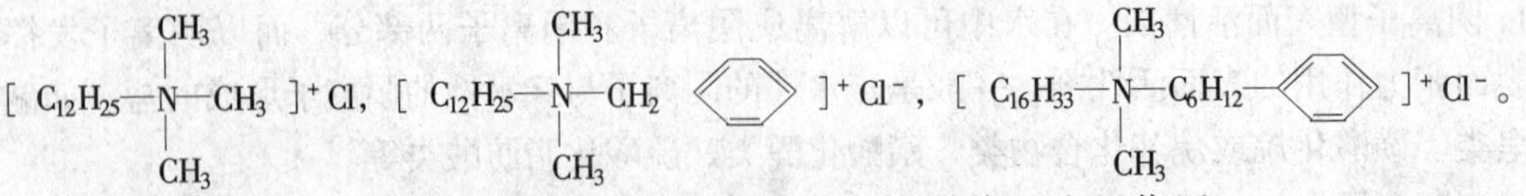

除有乳化润湿性能外，还有杀菌消毒作用。主要用于卫生消毒和去污作用。

3. 两性离子表面活性剂　此类表面活性剂的分子结构上同时带阴离子结构和阳离子结构。如：

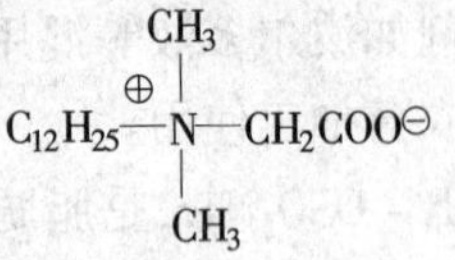

，主要用于洗涤剂、助染剂、柔软剂、防带静电等。在农药助剂上很少使用。

4. 非离子型表面活性剂　此类表面活性剂在水中不电离，性质稳定，中性反应，抗硬水，有良好的乳化、润湿、分散、助溶等性能，是农药加工使用的主要乳化剂。其主要品种化学结构有两大类，一类为酯类，另一类为醚类。

①酯类非离子型表面活性剂　为环氧乙烯、多元醇或糖与长链脂肪酸所形成的酯。

a. 聚氧乙基脂肪酸酯　其结构简式为：$RCOO(CH_2CH_2O)_nH$。脂肪酸部分为亲油部分，多为月桂酸、油酸、硬脂酸或蓖麻酸。聚氧乙基部分为亲水部分，其聚合的分子个数（n）越多，亲水性越强，可根据需要进行调整，一般为5~15个。

b. 聚氧乙基山梨醇油酸或硬脂酸酯其结构式为：

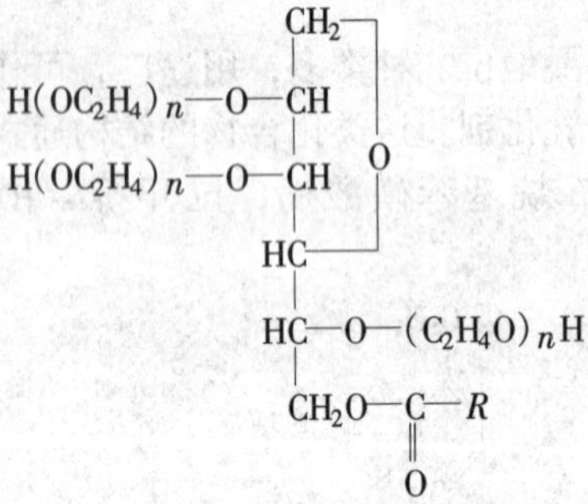

商品乳化剂吐温（Tween 40）为聚氧乙基山梨醇单棕榈酸酯；“Tween 60”为单硬脂酸酯；“Tween 80”为单油酸酯，都是比较好的乳化剂。

c. 脱水山梨醇与长链脂肪酸形成酯　山梨醇脱水形成两分子聚合物，然后与长链脂肪酸（RCOOH）形成酯。其结构类型有：

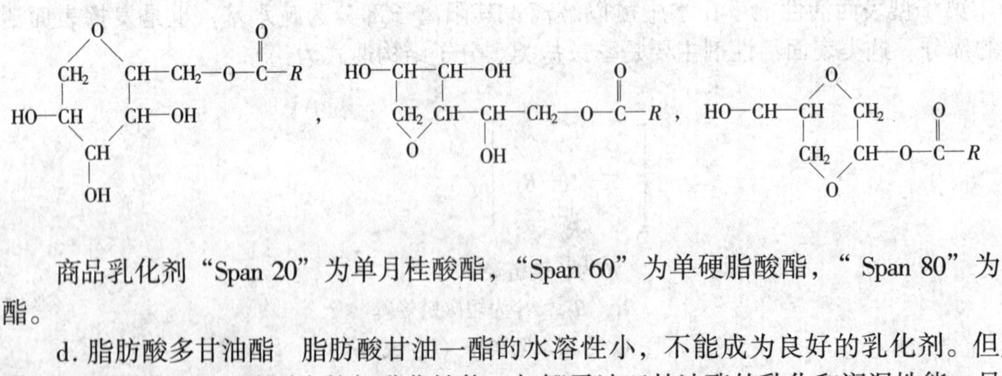

商品乳化剂“Span 20”为单月桂酸酯，“Span 60”为单硬脂酸酯，“ Span 80”为单油酸酯。

d. 脂肪酸多甘油酯　脂肪酸甘油一酯的水溶性小，不能成为良好的乳化剂。但脂肪酸的双甘油酯或多甘油酯则有较好乳化性能。如椰子油双甘油酯的乳化和润湿性能，虽不及聚氧乙基脂肪酸酯，但其材料易得，制备简单，也常作配制有机磷杀虫剂乳油的乳化剂。

e. 磷酸酯型乳化剂　这是一类由磷酸与油酸、蓖麻油酸、松香酸等聚氧乙基酯或单、双烷基酚聚氧乙基醇合成的酯；由于磷酸是三元酸，可生成单酯、双酯或三酯。其分子结构式可表示如下：

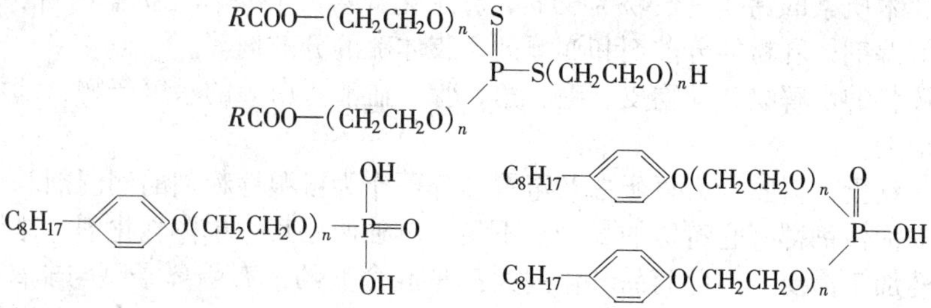

在酯结构和醚结构的基础上，引入磷酸酯的基团，使其表面活性作用得到进一步改善。常与十二烷基苯磺酸钙配成混合型乳化剂。

②醚类非离子型表面活性剂　这一类表面活性剂主要是由含 OH 基的疏水化合物，如醇或酚与环氧乙烷或环氧丙烷反应而得。这是一聚合反应，环氧乙烷或环氧丙烷的分子数可人为控制，从而控制这类表面活性剂的亲油亲水平衡。其主要品种类型有：

a. 烷基聚氧乙基醚　是长链脂肪醇（8 ~ 12 个碳）与环氧乙烷的缩合物，其通式为 $R-O\ (CH_2CH_2O)_nH$。具有很强的润湿性，也有一定乳化性，例如商品“Emolgen 106”。

b. 烷基芳基聚氧乙基醚　是烷基苯酚与环氧乙烷的缩合物。其通式为：

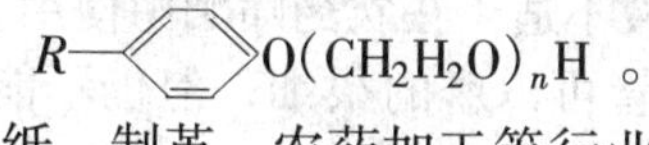

。是表面活性剂中一大类，有良好的乳化性。广泛用于印染、造纸、制革、农药加工等行业。农用乳化剂中如农乳 100 号、磷辛 10 号、OP 乳化剂均属此类。

c. 多芳核基聚氧乙基醚　是多芳核酚与环氧乙烷的聚合物，种类多，乳化性能好，是优良的农用乳化剂。农乳 300 号、400 号、600 号、700 号、BP 乳化剂均属此类。

农乳 600 号和 700 号的结构式是：

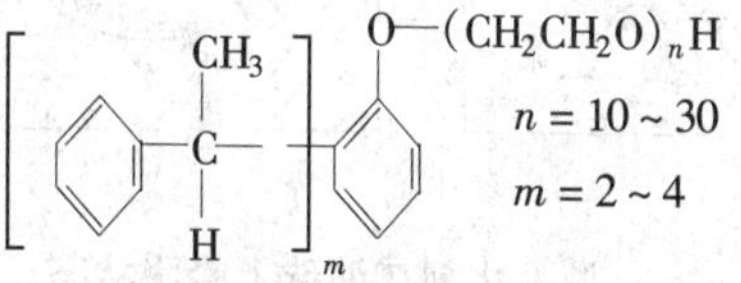

农乳 600 号

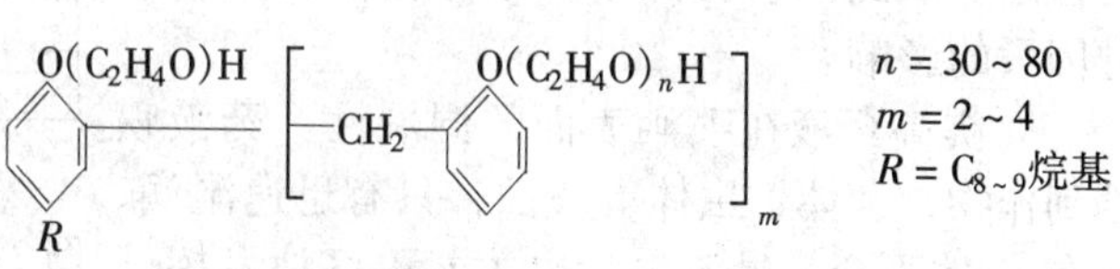

农乳 700 号

5. 天然物表面活性剂　自然界中很多动植物产品都有表面活性作用，如植物蛋白质、糖甙、多糖的半水解物、生物碱和动物蛋白、胶类等都有表面活性作用，由于动植物体组成复杂，不易分离出纯的单体，其表面活性作用的性质还不很清楚，所以又把这一类表面活性剂称为性质不明的表面活性剂。天然物表面活性剂主要用于加工可湿性粉剂。已大量应用的有以下几种：

①茶子饼　又称茶枯。是由茶树果实榨油后的残渣，我国西南各省产量很大，一般含皂素 13%左右，曾是我国加工 6%六六六可湿性粉剂的主要润湿剂之一。

②皂荚　又称角皂。皂荚的皮中含皂素 10%左右，在我国分布极广。可作可湿性粉剂

的润湿剂。

③无患子　又称肥皂果。为无患子树的种子，产于我国西南各省，四川所产无患子新鲜果实、果肉部分占果实重量的56.9%，含皂素达24.4%。亦可作可湿性粉剂的润湿剂使用。

④纸浆废液　造纸废液经蒸馏除去大部分水分，成高粘度浓缩液，固体物含量50%以上，其中磺化木质素的钙盐占55%~60%，碳水化合物占13%，无机盐约占5%。可作为可湿性粉剂的润湿剂，乳粉的分散剂和润湿剂，胶体硫的分散剂等。

⑤动物废料的水解物　动物皮、毛、角、骨、血清蛋白等的水解产物，都可作为农药的润湿剂和分散剂。

⑥其它　糖蜜、树胶、大豆蛋白乃至蚕砂都可作为可湿性粉剂的润湿剂。

各种表面活性剂都有它特殊的长处和不足，单独使用某一单体乳化剂，往往很难适应各种类型的农药加工需要，因此商品乳化剂大都是混合型的，有阴离子型与非离子型间混合，也有非离子型之间的混合。合理的混合，可兼备各类型表面活性剂的优点，降低乳化剂的用量，扩大适应范围。

三、表面活性剂在农药加工和农药应用中的作用

1. 乳化作用和乳状液　能溶解于有机溶剂但在水中不能溶解的原药，加适量的乳化剂和溶剂，就可在水中形成稳定的乳状液，这就是乳油加工过程中使用乳化剂的作用。乳化剂在油—水界面上形成一层定向排列的分子层，降低了界面张力，并对油水合并起屏障作用。如果乳化剂亲水性强，亲油性弱，就会形成水包油型（o/w型）乳浊液，如图2-5（a）。这是农用药剂加工成乳油使用时希望形成的乳浊液状态。如果乳化剂的亲油性强，亲水性弱，就会形成油包水（w/o型）的乳浊液。如图2-5（b）这种乳浊液不适于在农药喷洒中使用。

2. 湿润作用和水悬液　不溶解在水中的固体有机农药，尽管可以磨的很细，但仍不能对水喷雾使用，因为这些农药，疏水性很强，只有加入表面活性剂（润湿剂），降低水的表面张力，药粒才有可能被水湿润，形成水悬液。可湿性粉剂、水悬剂都是添加了特定的表面活性剂（湿润剂）加工而成的。当然水悬液的稳定性还受农药的粉粒大小，水介质的性质等多种因素的影响。

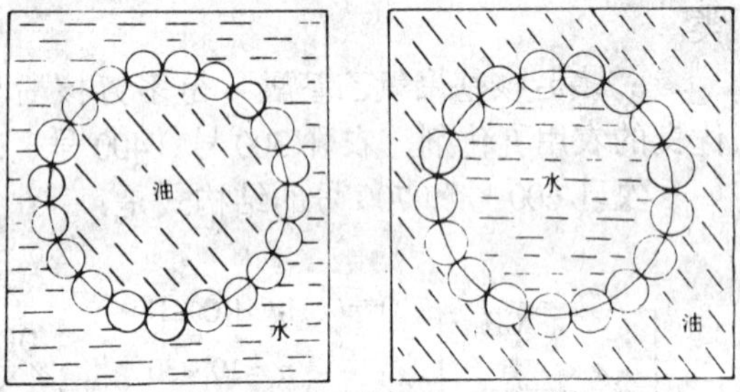

(a)　　(b)

图2-5　a. o/w型乳化剂在油珠上吸附状态
b. w/o型乳化剂在水珠上吸附状态
（引自《植物化学保护》1980）

3. 提高药液在喷洒表面的湿展性　药液喷洒到作物、菌体、虫体等表面，只有迅速湿润、展布，才不会大量流失，也才能更好地发挥药效。表面活性剂在药液中，通过降低表面张力，就能很好地起到这种作用。其原理是，当一滴药液落到受药的固体表面上静止后，就可能出现如图2-6所示的三种状态，即$\angle\theta > 90°$，$\angle\theta = 90°$或$\angle\theta < 90°$，若$\angle\theta > 90°$，则药液不能在此固体表面上湿润，因而很容易滚落，若$\angle\theta = 90°$，说明药液仅能湿润固体表面，但不能展布，此种状态也很不稳定。若$\angle\theta < 90°$，则药液不仅能湿润固体表面，而且可以展布到较大面积上。$\angle\theta$越小说明药液的湿展性越好，展布的面积越大。

药液在固体表面上形成接触角（$\angle\theta$）的大小，与其表面张力有密切关系。如图2-7所示，在液体、固体、空气三相交接的p点，有三个作用力，液—固界面张力（r_3）使液滴从

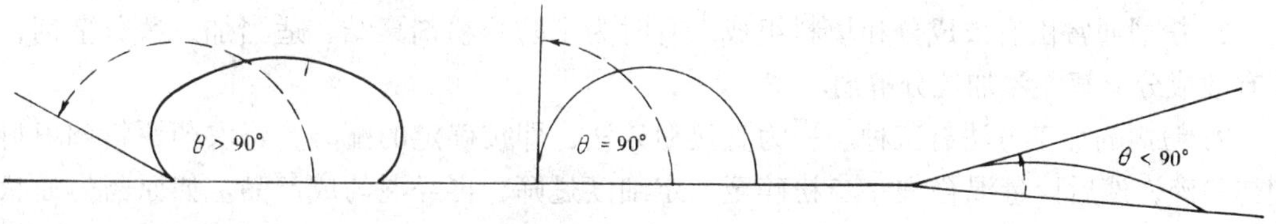

图 2－6　液体在固体表面上湿润展着情况

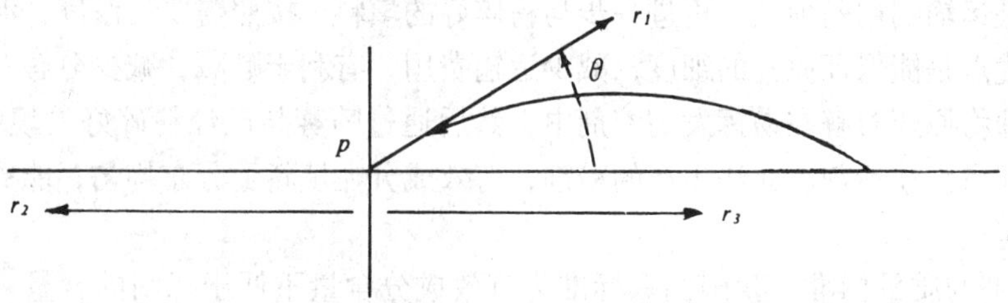

图 2－7　接触角的形成（均引自《植物化学保护》1980）

p 点向右移动，气—固界面张力（r_2）则使液滴从 p 点左向移动；而液—气界面张力（r_1）即液体的表面张力，则使液滴从 p 点沿液面切线方向移动。r_1 在 r_3 方向上的分力可用 $r_1\cos\theta$ 来表示。当液滴在固体表面上稳定不再展布时，力之间达到如下平衡：

$$r_2 = r_3 + r_1\cos\theta \qquad \cos\theta = \frac{r_2 - r_3}{r_1}$$

由以上关系式可见，降低 r_1 和 r_3 都可以使∠ θ 变小，也即有助于药液展布。表面活性剂可以降低药液的表面张力（r_1），也可能降低液体与固体之间的界面张力（r_3），因此可以提高药液在喷洒表面的湿展性。由于固体表面的性质和表面活性剂的性质不同，药液与固体之间的界面张力是否能降低，视具体情况而定。若固体表面蜡质层厚，表面活性剂的亲油性强，界面张力就会降低，从而有利于药液的湿展，相反则不利。因此，在制剂中表面活性剂一定的情况下，受药物体的表面性质就成了影响药液湿展性的主要因素了。

4. 其它作用　表面活性剂还有增溶、增渗、增加药剂稳定性的作用等。

第三节　主要农药剂型

一、粉　剂（dust）

粉剂是使用最早的农药加工剂型，使用方法简便，工效高，应用广，可用于大田、温室、果树、林木喷粉防治病虫，也可以撒粉或拌种防治土壤害虫和土壤病害，还可用粉剂配成毒饵用以防治害虫或害鼠。特别是在水源缺乏的山区、林区使用粉剂更为方便。因此曾经是最大吨位的剂型，80 年代初期在我国粉剂占农药各种制剂总吨位的 2/3。但这种制剂的缺点是喷粉时粉粒易于飘失，污染环境，粉粒不易附着在植物表面上，回收率低，持效期短，损失多。所以自 70 年代以来，世界粉剂的生产量逐年下降。

（一）粉剂的组成及加工方法

1. 粉剂通常由有效成分和填料组成。有时为了防止粉剂聚结，适当加一些分散剂，防止有效成分分解，添加抗分解剂。

2. 粉剂的加工方法有三种。一为直接粉碎法，即按确定的配方，将农药原料和填料分别初粉碎，然后计量混合进一步粉碎至一定细度过筛，再经混匀成产品。如原药为油状液体，也可以把填料单独粉碎至需要的细度，然后将原油喷雾与填料细粉均匀混拌而成产品；其次为母粉法，即先少加一些填料与原药粉碎制成高浓度粉剂——母粉。此母粉不能直接喷洒使用，而是运输到用药地区，再进一步与粉碎好的填料，按照需要的浓度，混拌均匀，出售使用，其优点是能保证原药的细度，减少运输费用，有利于贮藏，减少分解；第三种方法是浸渍法，即将原药溶解在易挥发的溶剂中，然后通过喷雾与已经粉碎好的填料混拌均匀，回收溶剂，即得浸渍粉剂。此法生产的粉剂，有效成分在填料上分布均匀，能更好的发挥药效。

（二）粉剂的质量标准　我国国家标准为有效成分含量不低于标明的含量，细度不小于95%通过200目筛（筛孔内径74 μm），水分含量不大于1.5%，pH值5~9。联合国粮农组织（FAO）的标准对有效成分含量的要求为标明含量在一定范围内变动。例如50 g/kg（±15%），而酸碱度是以 H_2SO_4%或NaOH%计，一般要求小于0.1%~0.2%，一些粉剂也规定pH值范围。关于细度要求与国内标准相同，但采用的是干筛法，留在筛上残留物中的有效成分含量要求低于标明含量的5%。

（三）粉粒细度的表示和测定方法　粉粒细度通常以能否通过某号筛目来表示。筛孔的大小有两种表示方法，一种是圆孔筛，筛孔的大小以直径表示；另一种是方孔筛，筛孔的大小是以筛号表示。普通方孔筛是以金属线编织的，制造较圆孔筛容易，为常用分析粉粒细度的工具。筛号越大表示筛孔越小。筛目号有两种标准，一种是以每英寸宽筛网的线数表示，如100号筛目，即每一英寸宽筛网有100条筛线，筛孔内径为149 μm。筛目号数与其筛孔内径的关系见表2-3；另一种是以每平方厘米面积的筛网上有的筛孔个数表示。我国采用第一种标准。粉粒细度超过325号筛目，即粉粒直径小于44 μm，统称为超筛目细度，实验证明，只有超筛目细度的药剂粉粒才能发挥杀虫作用。

表2-3　筛目号数与其筛孔内径对照表（美国泰勒标准筛）

筛目号数（筛号）	筛孔内径（μm）	筛目号数（筛号）	筛孔内径（μm）	筛目号数（筛号）	筛孔内径（μm）
10	1680	42	350	150	105
14	1190	48	297	170	88
20	840	60	250	200	74
24	710	65	210	250	63
28	600	80	177	270	53
32	500	100	149	325	44
35	420	115	125	400	37

（引自《植物化学保护》1980）

粉粒细度还可以用假密度（或称貌似密度）的大小及坡度角的大小来间接表示。即假密度越小，坡度角越小，粉粒的细度越细。

粉剂的测定方法有筛析法、镜检法、沉降法、空气透过法、氮吸附解吸法。

（四）影响粉剂药效的因素

1. 有效成分在粉剂中的均匀程度　直接使用的粉剂一般有效成分的含量都是比较低的，高效药剂甚至不足百分之一。在这种情况下，有效成分在粉剂中分布是否均匀，对药效影响极大。如分布不均匀，就会出现有的药量过大，造成污染或引起药害，有的药量过少而无效。

2. 有效成分的粉粒细度及超筛目细度的含量　粉粒细度是粉剂农药能否发挥药效的关键。对于杀虫剂粉剂来说，最有效的粒度范围是超筛目细度部分，尤其是直径小于 20 μm 的细药粒。当杀虫剂是触杀作用时，可增加药剂与虫体的接触面积；若为胃毒作用，则易被害虫吞食和吸收，从而使药剂的效果得以充分发挥。所以粉剂细度的好坏，不仅要看整体能通过的筛目号数。而且要看最有效的粒度范围内药剂粉粒占的比例。

3. 填料的种类和理化性质　填料的硬度、比重、吸附性、流动性、化学成分和酸碱度，都直接或间接地影响着粉剂的药效。粉剂填料硬度大，其附着于虫体时，可将其节间活动部分的腊质层擦伤，药剂易进入虫体，或造成虫体失水而死亡；用于飞机喷撒的粉剂，要求填料比重适当大一些，以利于提高沉积性，保证药效；作为熏蒸剂的粉剂，用吸附性能弱的填料，有利于药剂挥发提高药效；为增加持效期避免产生药害，利用吸附性强的填料，如用拌种防治棉蚜的甲拌磷粉剂，以吸附性强的活性炭作为填料，既可增加防治棉蚜的持效期，又可克服对棉花种苗的药害。填料的流动性好坏影响着喷粉的质量，并间接影响药效；填料的酸碱度和化学成分，对有效成分的分解率有重大影响，过酸或过碱的填料都能促进农药分解而失效。填料中含有 Fe_2O_3 和 Al_2O_3 等金属化合物也会使多种农药分解失效。

二、可湿性粉剂（Wettable powder，WP）

可湿性粉剂是易被水湿润、可分散和悬浮于水中供喷雾使用的粉状制剂。它较粉剂对防治对象和保护作物有更好的附着性、飘移少、环境污染轻、药效好。它的有效成分含量一般都比粉剂高，又不含有机溶剂，便于贮藏运输，也提高了安全性。所以可湿性粉剂是一类重要农药制剂。

（一）加工方法　可湿性粉剂在组成上较粉剂除多加用湿润剂外，其它都相同。

（二）质量标准　我国对可湿性粉剂的质量标准要求是：有效成分含量不低于标明的含量，悬浮率，老品种 40%左右，新品种 70%以上，平均粒径 15 μm；润湿时间，老品种 5～15min，新产品要求 1～2 min。水分含量要求小于 3.5%；pH 值，一般为中性，视具体药剂稳定性需要，可在 5～9 之间。热贮稳定性，54℃ ± 2℃贮存 14 天，有效成分分解率一般不大于 10%。

可湿性粉剂的质量标准除保证有效成分的含量稳定外，提高悬浮率是其关键。影响可湿性粉剂在水中悬浮的各因素间关系服从于Stoke’s 公式。

$$V = \frac{2}{9} \times \frac{D - d}{\rho} \times Gr^2$$

V – 颗粒沉降速度；D – 颗粒密度；r – 颗料半径；d – 介质密度；ρ – 介质粘度；G – 重力常数；2/9 – 常数。

从这个公式可以看出，颗粒在介质（水）中的沉降速度（ V ）与介质的粘度（ ρ ）和密度

（d）成反比，而与颗粒的密度（D）及半径（r）成正比。介质的粘度和密度可通过增加助剂而提高，但是很有限度；颗粒的密度是药剂固有的、无法改变的，只有提高颗粒细度才是提高可湿性粉剂悬浮率的关键。可湿性粉剂在贮存过程中，特别是在高温条件下贮存，悬浮率可能下降，也是可湿性粉剂加工过程中应该注意解决的问题。

三、乳油（emulsifiable concentrate，EC）

由农药原药、乳化剂和溶剂等制成的单相液体，在水中可形成稳定的乳状液，是一种很重要的农药加工剂型，具有有效成分含量高、药效好、使用方便、加工简单、耐贮存等优点。它的最大问题是要消耗大量的有机溶剂，这既是对化工原料的浪费，又加重了环境污染。由于有机溶剂的可燃性，也增加了贮存和运输的危险性。

（一）乳油的配制及质量标准

1. 乳油的配制　将定量的农药有效成分、乳化剂、溶剂、助溶剂、稳定剂等，根据有效成分的性质，在一定条件下，混合搅拌溶解成为稳定的单相液体。以各项质量标准检查符合标准即成乳油产品。配制过程，应根据药剂的性质和特点，确定设备要求和投料顺序。不能简单地理解为乳油配制很容易，将所需物料一次投下溶解即成。

2. 乳油的质量标准　我国对乳油的质量标准要求有以下几点：外观为单相液体；有效成分含量不少于标明含量；乳液稳定性，用 342 ml/L 标准硬水稀释一定倍数（200 倍，500 倍，1 000 倍）后，在 30℃静置 1 h，无浮油及沉淀物；水分含量一般不超过 0.2%；酸度或碱度，根据农药遇酸、碱的化学稳定性而定；冷、热贮稳定性合格。

（二）乳油的助剂

1. 溶剂　国内常用的溶剂有二甲苯、甲苯、苯、轻质柴油芳烃、石油烷烃等。二甲苯对很多有机合成农药的溶解度都比较大，燃点适度，惰性强，适合配制多种农药乳油；甲苯的燃点较低，安全性较二甲苯差一些，但其它性质尚好；苯的燃点低、毒性大、安全性差，应尽量避免使用；轻柴油芳烃是石油裂化物，馏程在 180～280℃，可做溶剂，但要注意对植物的安全性；石油烷烃如煤油、石蜡油等，对一般原药溶解度小，适合做有效成分含量较低、用于防治卫生害虫的油剂以及超低容量喷雾剂的溶剂。

2. 助溶剂　能帮助主要溶剂提高溶解度的溶剂。大多数极性比较强，如甲醇、乙醇、苯酚、混合甲酚、乙酸乙酯等。一般用量都比较少。

3. 乳化剂　因农药品种理化性质不同，对乳化剂的要求具有较强的专一性。有时一种乳化剂还不能满足要求，需要几种乳化剂搭配。一般用量为乳油全量的 3%～8%。

（三）乳油在水中的分布状态　乳油对水可呈现三种状态。一种是能自动分散，形成淡蓝色透明或半透明胶体溶液，油珠直径一般在 0.1 μm 以下。部分有效成分呈分子状态溶于水，这种乳浊液稳定性好。第二种是形成的乳浊液有蛋白光，呈淡蓝色。油珠直径一般在 0.1～1.0 μm，乳浊液的稳定性也好。第三种是形成像牛奶一样的乳状液，油球直径在 1.0～10μm。稳定性一般可以达到合格要求。如果油珠粒径大于 10 μm，则乳状液的稳定性比较差，达不到合格要求。

四、浓乳剂（Concentrated emulsion，CE）和微乳剂（micro－emulsion）

（一）浓乳剂　也称乳剂型悬浮剂（emulsion type flowable）。它是液体农药或固体农药与溶剂溶解制得的液体农药以微小液滴（20 μm 以下）分散于水中的制剂。该制剂以水为基质，不可燃，不易引起药害，刺激性和毒性都较乳油低，提高了对人畜和作物的安全性。而药效接近乳油。加工成浓乳剂的原药，要求水溶性小，在水中稳定。助剂有乳化剂、增稠剂、防冻剂等。

（二）微乳剂　又称水基质乳油、可溶化乳油。由原药、乳化剂、防冻剂、水组成。也是乳油的改进型。它以水为基质，有时加少量有机溶剂。乳化剂用量较大，一般在 20% 以上，形成的乳状液均匀透明或半透明。乳珠粒径极小，一般为 0.01～0.1 μm。其优点是不可燃、贮存、运输安全性好；与乳油相比其药效提高，刺激性、臭味减轻；贮存稳定性好；没有沉淀、结块以及粘度增大流动性差的缺点；对作物的安全性也提高了。

五、悬乳剂（suspension concentrate，SC）

悬浮剂是固体农药分散于水中的制剂。其组成除有效成分外，还有润湿剂、分散剂、增稠剂、消泡剂、防冻剂和水等。其特点是加工和使用时没有粉尘飞扬，对工人安全，使用方便，污染小；没有易燃性，加工、贮存、运输安全，不易产生药害；较可湿性粉剂药效好。有效成分不溶于水，并且在有水条件下化学性质稳定才可能加工成水悬浮剂。水悬浮剂的有效成分的分散粒径应在 5 μm 以下，长期贮存仍能很好地悬浮、分散、不结块、不分层、粘度尽可能低，便于使用易于分散。悬浮率不低于 70%。不溶于有机溶剂的固体农药，还可以做成以有机溶剂为基质的油悬浮剂，专供超低容量喷雾使用。

六、颗粒剂（granule）

颗粒剂简称粒剂，由原药、载体等助剂加工成的粒状制剂。该制剂的特点是，使用方便、沉降性好、飘移少，对环境污染小，特别是使用除草剂粒剂，对周围敏感性作物影响小，还可以使高毒品种低毒化，提高对人、畜等高等动物以及作物和有益生物的安全性，也可以控制农药释放速度，延长持效期。

（一）种类

1. 按粒径大小划分　我国尚未制定统一标准，按日本标准可分为微粒剂（粒径 105～279 μm，筛目为 150～48）、粒剂（粒径 297～1680 μm，筛目为 48～10），大粒剂（粒径 > 1680 μm，筛目 < 10）。

2. 按颗粒在水中的解体性划分　以颗粒剂遇水是否崩解分为两类，一类遇水后颗粒迅速崩解，称解体性颗粒剂。这一类颗粒剂速效性好，持效性差；而另一类颗粒剂遇水不崩解，颗粒仍保持原状，称不解体性颗粒剂。此类颗粒剂有较好的缓释作用，持效期长。

（二）加工方法

1. 捏合法　先将填料和有效成分粉碎成一定细度的粉剂混均，然后加一定量崩解剂和水捏合成可塑泥状，再经挤压成条，干燥，过振动筛即成一定粒度的颗粒剂。些颗粒剂为解体性颗粒剂，常用于水田防除杂草和虫害。

2. 包衣法　先选好粒度适宜的载体，然后将药剂均匀地附着在载体颗粒的表面上，再用包衣剂，如石腊、沥青、聚乙烯醇等，包在颗粒剂的表面上即成产品。此法生产比较简单。一般用细沙作载体，价线比较便宜。

3. 浸渍法　先选择加工好具有吸附能力、粒度范围符合要求的载体颗粒，然后将溶解在水或有机溶剂的农药喷施在载体颗粒上，水或溶剂挥发即成颗粒剂产品。该法生产的颗粒剂，有解体的，也有不解体的，视载体颗粒的性质而定。如粘土作的载体颗粒就会解体，而用碎砖粒、煤干石粒、木屑等作载体生产的颗粒剂则为非解体颗粒剂。用轻质材料制成的非解体性颗粒剂可漂浮于水面，对特殊的水田害虫，如象岬有良好防治效果，此种颗粒剂称漂浮颗粒剂（floating granule）。

4. 其它方法　还有喷雾造粒法、熔融造粒法、沸腾造粒法等。

七、油剂（Oil solutions）和超低容量喷雾剂（Ultra low volume formulations）

农药原药溶解于有机溶剂成单相油状液体，可直接喷雾使用的制剂称为油剂。浓度较高的油剂可用热力喷雾装制喷布防治仓库害虫和森林害虫。浓度较低的，溶剂对人无害的可用于室内卫生喷雾防治害虫。超低容量喷雾剂是专供超低容量喷雾直接喷雾使用的一种油剂。这种油剂要求有效成分为高效、低毒、低残留。对作物没有药害。要求溶剂对有效成分有良好的溶解度，挥发性低、粘度小，燃点高、没有药害等。以保证对人畜和作物的安全，及充分发挥油剂的杀虫作用。

八、烟　剂（Smokes）

烟剂是由原药、燃料（蔗糖、木粉、煤粉等）、助燃剂（氯酸钾、氯酸钠、硝酸钾等）、阻燃剂（陶土、氯化铵等）等，按一定比例混合加工成的粉状或锭状制剂，点燃可以燃烧，但无明火，农药受热气化在空气中凝结成固体微粒而成烟，粒径范围在 0.1 ~ 2 μm。由于烟剂成烟后粒径小，穿透性好，可使被保护作物的各个部分都能沉积附着一定的药剂，对害虫有良好的触杀和胃毒作用，同时也可以通过害虫的呼吸系统进入体内而起毒杀作用。因此在密闭条件下更能充分发挥其作用。常用于保护地、森林、仓库防治病虫害及室内防治卫生害虫。

九、缓释剂（controlled release formulations）

缓释剂是利用物理或化学方法，使农药贮存于制剂中，并能使其缓慢地、有控制地释放发挥其药效的一类农药制剂。此类制剂的优点是，可以延长药剂的持效期，降低对人畜、有益生物的毒性，减轻药害，减少环境污染等，是一类很有开发潜力的农药剂型。

（一）物理型缓释剂　主要利用包衣封闭与渗透，吸附与扩散，溶解与解析等基本原理加工制作的各种缓释剂。

1. 微胶囊剂（microcapsules）　将固体或液体农药微粒表面包上一层均匀而薄的聚合物经固化而形成微囊，粒径有 1 ~ 3 μm，30 ~ 50 μm 不等。农药释放速度取决于囊壁厚度、结构、材料及微胶囊内药剂的表面张力、透性、挥发性等。微胶囊剂可制成水悬浮剂和干悬浮剂对水喷雾使用。一般持效期较乳油可延长 2 ~ 3 倍。特别是易光解的农药，如辛硫磷，做成微胶囊使用其持效期的延长会更明显。

2. 塑料（橡胶）结合剂（plastic formulations）　是农药溶解或分散在塑料（或橡胶）母体中的一种缓释剂。可加工成粒状或条状使用。农药是通过或母体的化学或生物学降解而缓慢释放的。

3. 多层带剂（poly – stripe formulations）　是利用浸渍过农药的薄纸条和塑料膜一层层粘合在一起制成的缓释剂。用于防治卫生害虫。

4. 纤维片缓释剂（fibrous sheet formulations） 将纤维片、纸片等吸附药剂直接使用，或将吸附药剂的多层纤维片或纸片外面包一层塑料膜，保留一定面积不封闭，使农药释放。视药剂性质而定。挥发性强的应加一封闭，挥发性差的可以不封闭。

5. 吸附包衣型缓释剂（porous material formulations） 利用某些载体内表面大，吸附性强的特点，吸附药剂，然后再涂一层聚乙烯醇等包衣材料，使药剂缓慢释放的剂型。不少包衣颗粒剂都具有缓释作用。

（二）化学型缓释剂 化学型缓释剂的制造原理是使农药与没有生物活性的化学材料通过化学反应形成无活性或低活性的不很稳定的化合物或络合物，使用后农药又慢慢从新化合物或络合物中解析出来，恢复其生物活性。一般具有羟基、羧基、氨基等活性基团的农药才有可能做成化学型缓释剂。如乐果与2－叔丁基－4甲基苯酚等克分子混溶后，可生成新的化合物，水溶性变小，可延长持效期。又如敌敌畏与氯化钙制成络合物，可提高敌敌畏的稳定性。

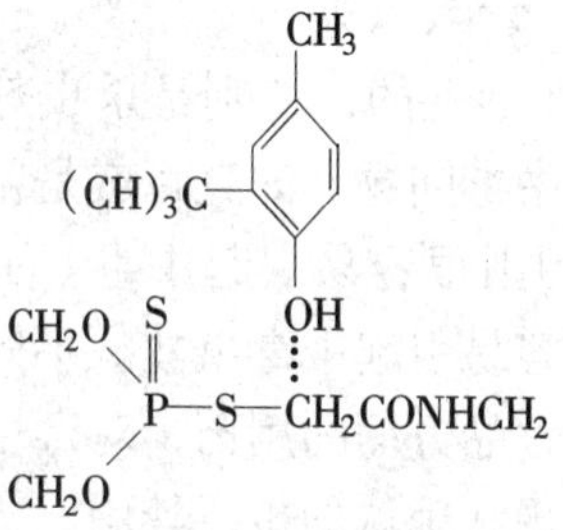

（乐果新化合物）

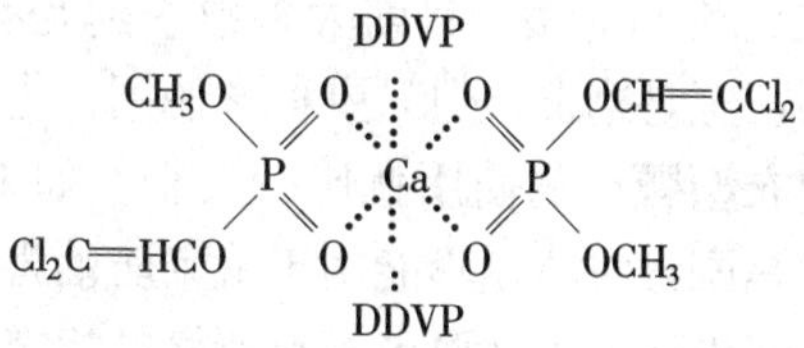

敌敌畏与氯化钙络合物

十、其它农药剂型

（一）可溶性粉剂（soluble powder） 是水溶性农药与水溶性填料混合粉碎制成的可溶于水的粉剂。对水喷雾使用。

（二）液（水）剂（aqueous solution） 农药原药的水溶液制剂。对水喷雾使用。不耐贮存。因不含表面活性剂，湿展性差。

（三）气雾剂（aerosol） 农药原药和在常温下为气体的低沸点发射剂（如二氟二氯甲烷）及少量溶剂（植物油或精炼机油）、增效剂等制成的溶液，贮于高压容器内，施用时打开阀门，药液即由容器中喷出，形成很细的雾状制剂，多用于防治卫生害虫。

第四节 农药的科学使用

农药的科学使用是建立在对农药特性、剂型特点、防治对象和保护对象的生物学特性以及环境条件的全面了解和科学分析的基础上，选定适当农药和剂型，确定合理使用方法和施药时期来实现的。科学使用农药，不仅能减少用药量提高防治效果，获得经济效益，而且可以减少人畜中毒，减轻环境污染，避免对有益生物的伤害，延缓抗药性的发展，而获得社会效益和环境效益。

一、农药科学使用的基础

（一）了解农药特性　农药的种类繁多，防治对象各异。必须对农药的理化性质、毒性和生物活性特点有一个全面的了解，才有可能做到科学使用。

1. 农药的物理性质与应用　与农药应用关系密切的物理性质有水溶性、脂溶性、挥发性等。水溶性强的农药易在土壤中被淋溶。毒性高的农药如涕灭威，则易引起地下水污染。土壤处理用的除草剂，则易产生药害。在雨水少的地点使用更合理。脂溶性强的除草剂土壤处理时，不易被水淋溶，可很好地封闭土表，控制杂草生长。在雨水多的地方使用更能发挥其药效而不至于产生药害。挥发性强的农药在密闭条件下使用更能发挥药效，否则药效差。

2. 农药的化学性质与应用　农药的化学稳定性与农药应用关系密切。辛硫磷易光解，如在大田使用，最好在阴天或傍晚施药，在不见光的仓库使用防治贮粮害虫或在土壤中使用防治地下害虫，则持效期会大大延长。农药没有一定的化学稳定性，就无法保证一定的持效性，很难实际应用；但稳定性太强，长期存在于自然环境中污染环境，甚至在生物体内富集，最终危害人体健康，所以也不应该使用，如滴滴涕、六六六等。

3. 农药的毒性与应用　目前大多数农药是有一定急性毒性的，特别是杀虫剂、杀鼠剂中的一些品种，甚至是剧毒，但只要科学使用，也不致出现中毒问题。如克百威是剧毒农药，做成低含量的包衣型颗粒剂使用就比较安全，如果喷雾使用则很容易引起中毒。甲胺磷、对硫磷、甲拌磷都是剧毒农药，不能用于蔬菜防治害虫，否则容易引起中毒事故。不同作物、不同生育期用药，对农药的毒性要求都有严格的规定。卫生、食品方面的用药，对毒性的要求更严格。有慢性毒性的农药，一般都不允许登记销售，事后发现和确认的也要禁用。

4. 农药的生物活性特点与应用　不同农药类型品种，其作用方式、毒理机制往往是不同的。因而使用方法和使用要求也有所不同。例如，具有胃毒作用的杀虫剂，必须使害虫取食到足够的药剂，因此必须喷饰均匀，充分覆盖保护的作物，使其宜于取食而致死；使用触杀作用的药剂，必须使害虫接触到足够的药剂，或直接喷洒到虫体，或充分覆盖保护的作物，才能得到良好的防治效果；使用内吸杀虫剂，则根据药剂的内吸特点，以根部吸收为主时可进行种子处理或根施，以茎叶吸收为主，可进行涂茎或茎叶喷雾。具有负温度系数的药剂如拟除虫菊酯，在温度较低的时候使用会更有效。具有杀卵作用的杀虫剂在卵盛期使用能充分发挥其药效，在幼虫期使用效果就差一些。杀菌剂和除草剂使用受其药剂生物活性特点的约束就更大。保护性杀菌剂只能在病原菌浸染前使用，且要求对保护作物全面覆盖。灭生性除草剂要在栽培作物田使用，必须有严格的选择性措施，使药剂与杂草接触而不伤及作物。即使是选择性除草剂，因其作用方式或作用部位不同，使用方法和使用时期也有严格区别。氟乐灵是选择性除草剂，但它是作用于杂草的幼芽和幼根，所以只能作芽前处理。敌稗易被幼稗茎叶吸收，因而在4叶期以前喷布，可获得良好杀稗草效果，做土壤处理则无效。

（二）掌握剂型特点　剂型是农药制剂的形态，它是根据药剂的特点和防治对象的需要，使其在特定的条件下能发挥最佳使用效果而加工的。因此全面掌握农药各剂型特点，根据需要，选择合适的剂型使用，是科学使用农药的重要组成部分。保护地出现病虫害，用烟剂或微粉剂防治可获得良好防治效果，但在大田使用不仅效果差，而且会污染环境。克百威因其毒性高，又具有内吸作用，做成颗粒剂使用，既可使高毒品种低毒化增加使用的安全性，又不防碍药效的发挥，还不伤害有益生物，用于防治棉蚜或线虫效果都很好。不可将克百威颗粒剂用水浸泡，取其浸泡液进行喷雾防治蚜虫。

（三）掌握防治对象的生物学特性及为害规律　全面掌握防治对象的生物学特性及为害规律，可为选择适当农药、制剂形态、使用方法和最佳施药时期提供依据。如棉铃虫各代在棉株上产卵的分布就有很大差异，第二代卵分布比较集中，主要在棉株上部的顶尖、嫩叶正面、叶柄、蕾、苞叶及嫩茎上，而以嫩叶正面为主，其卵量占总卵量的73.4%，这时用高浓度甲胺膦或久效磷点顶尖心叶，适时喷洒杀卵剂灭多威就会收到良好防治效果。而三代棉铃虫卵的分布比较分散，以蕾、花、铃上最多，占总卵量的45%，内叶正面占31.7%，群尖和茎秆占22%，且虫期不整齐，这时打药要全面周到，最好是杀卵剂和高效杀虫剂同时使用，才能控制棉铃虫为害。另外棉铃虫初孵时通常先吃掉大部或全部卵壳后转移到叶背栖息，当天不吃不动，第2天爬到生长点或果枝嫩头取食，这时食量很少，为害不明显。第3天时蜕皮长成2龄幼虫，食量增加为害加重，严重时受害棉株的果枝不能形成。3龄后幼虫多钻入蕾、花、铃中危害。食量大危害重，很难防治。从棉铃虫这种生物学特性看，要有效控制棉铃虫为害，必须将其消灭在2龄之前，不杀卵的药剂，都应在卵孵化盛期使用。

（四）与施药有关的环境因素

1. 风速　对田间施药的质量影响极大。尤其是对喷粉机和小雾滴喷雾影响更大。风速过大，农药喷布不均匀，飘失多，不仅药效差，还会造成环境污染。实践证明，风速在2m/s以下时，适于小雾滴喷雾和喷粉；风速小于3 m/s，适于大雾滴的常量喷雾及喷撒微粒剂和颗粒剂；风速小于1 m/s时，适于带有送风装置的超低容量喷雾机喷雾。而不带有送风装置的超低容量喷雾器，如手持电动超低容量喷雾器，则不易使用，因为超低容量喷雾为飘移喷雾，如无风，药雾分散不开，不能形成必要的有效喷幅；风速大于5 m/s时，不能进行农药喷撒。

2. 降雨　降雨影响药剂的附着量和在土壤中的溶解量和淋溶的程度，从而影响药效和药害。喷洒油剂最耐雨水冲刷，粉剂最不耐雨水冲刷。乳油、悬浮剂和可湿性粉剂介于两者之间。内吸性药剂及渗透性比较强的药剂，耐雨水冲刷。土壤处理剂，在降雨比较多时，一般药效可以提高，但药害也随之而加重，水溶性比较大毒性高的药剂还有可能随径流或渗透污染水源和环境。

3. 气温　当烈日辐射地表，地面气温高与上层空气温差大，就会产生空气对流，其对流的强度随温差的加大而加剧。这种对流的气象条件对喷洒药剂不利。所以一般在温差比较小的早晨和傍晚喷药才能保证质量。气温的高低还影响着有害生物的生命活动和药剂的生物活性，从而影响药效的发挥，昆虫的活动、代谢、呼吸、取食都在一定范围内，随温度的增高而增强，药效也随温度的增高而提高。有些药剂具有正温度系数，药效随温度升高而增加，如大多数有机磷杀虫剂，就是如此；有些药剂具有负温度系数，药效随温度降低而增加，如拟除虫菊酯类杀虫剂，熏蒸剂的药效一般随温度增加而提高。

4. 湿度和露水　湿度大有一定露水有利于粉剂在作物茎叶上附着和沉积，所以多在早晨湿度大和有露水时喷粉，但是露水大时，不宜进行低容量和超低容量喷雾，因为药液随露水流失。

5. 土壤性质　土壤的质地、有机质含量、酸碱度和微生物的种类对土壤处理的药剂特别是除草剂的药效影响极大（详见除草剂有关章节）。

（五）施药方法的选择　根据农药及制剂的特点，防治对象的生物学特性及为害规律，以及环境条件，选择最有效的施药方法也是科学使用农药必须考虑的问题。

二、农药的使用方法

（一）以液体状态使用的农药剂型及方法　以液体状态使用的农药剂型种类有对水使用的可湿性粉剂、可溶性粉剂、水剂、悬浮剂、糊剂、悬乳剂、浓乳剂、微乳剂、乳油等，及可直接喷雾使用的超低容量制剂、油剂、气雾剂等。使用方法中，使用最多的是喷雾，有时也用浸种、浇灌、涂抹、注射等施药方法。

（1）喷雾法　是把液态农药通过雾化而施用的方法。这是当前农药使用最为广泛的方法。从手动喷雾乃至飞机喷雾。喷雾粒径的大小、药液量的多少、药液浓度的高低、药液覆盖程度、喷雾方式等又各有差别（见表2-4）。因此，喷雾方法特别是不同容量的喷雾，使用的药剂、防治对象和使用场合是不同的。大容量喷雾，可使保护对象完全被药液覆盖，适用于保护性杀菌剂防治尚未侵染的病原菌、触杀剂防治不移动或移动性很小的害虫、害螨以及防治杂草等。中容量喷雾，可使保护对象大部分被药液覆盖，适用于内吸剂防治病虫、草害及触杀剂或胃毒剂防治有一定活动能力的害虫。低容量喷雾，仅使保护对象的小部分被药液覆盖，使用浓度高，适用于低毒性内吸剂防治病、虫、草害及低毒触杀剂防治活动性强的害虫。飞机喷雾，速度快，适用于大面积暴发性病虫害的防治，手动喷雾效率低，速度慢，适于局部或小面积病虫草害的防治。

表2-4　不同容量喷雾性能的特点

主要指标	大容量	中容量	小容量		
			低容量	很低容量	超低容量
喷药液量(L/亩)	740	10~40	1~10	0.33~1.0	<0.33
(常用量)	(50)	(20)	(2.5)	(0.5)	(0.1)
雾滴质量中径(μm)	>250	>200	150~250	150~250	70
药液浓度(%)	0.05~0.1	0.1~0.3	0.3~3.0	3~10	10~30
(常用浓度)			(1)	(5)	(25)
药液覆盖度	全部	大部分	小部分	很小部分	极小部分
载　体	水	水	水	水或油	油
喷雾方式	针对	针对	针对或飘移	飘移	飘移

机动喷雾效率高，速度比较快，适于大面积农田、果园、林木的病虫草害防治。

（2）其它方法　以液体状态使用的农药还可以用于种苗浸渍处理，消毒，防病治病、防治苗期病虫害、地下害虫或刺激植物生长等。也可用内吸剂药液涂茎或涂抹树干或注射树干，防治作物和果树林木的病虫害，还可用于土壤根灌等处理防治病虫害。

（二）以固体状态使用的农药剂型及方法　以固体状态使用的农药剂型种类有粉剂、颗粒剂、微粒剂、大粒剂、块粒剂、粉粒剂、烟剂等等。

使用方法有喷粉法、拌种法、撒粒法及毒饵法等。喷粉主要是利用风力把粉状药剂吹散沉降使其均匀分布在保护物体上，此种施药方法的技术关键是风力须达到一定的强度，使药粉均匀分散。最大的优点是不用水，可直接喷撒，最大的缺点是在空气中飘移严重，损失大且污染环境。但在保护地使用可发挥其优点而避免其不足；拌种、拌贮粮的施药方法是将粉剂与一定量的种子或贮粮混拌均匀以防治病虫害；撒粒法是将颗粒剂直接抛撒，也可以用撒粒机或飞机喷撒；熏烟法是将烟剂点燃，使农药成烟，弥漫空间，在保护地、仓库等密闭条件下使用，防治病虫效果好。毒饵法是将有效成分与防治对象喜食的饵料混拌在一起，使其取食而达到防治目的方法，多用于防治鼠类和地下害虫等。

（三）以气体状态使用的农药剂型及方法　以气体状态使用的农药通常是装在压缩容器内，在特殊条件下使药剂气体放出，用熏蒸的方法防治有害生物。如处理土壤、防治土壤病害。处理仓库防治贮粮害虫，在密闭条件处理苗木防治难防的病虫或用于检疫处理。

三、农药的混合使用

（一）农药混合使用的目的　将两种或两种以上农药或将农药与植物营养物质混配在一起施用，通常称农药混用。混用的农药品种可以是杀虫剂之间的混用，也可以杀虫剂与杀菌剂、杀虫剂与除草剂、杀虫剂与植物生长调节剂等混用。也可以是杀菌剂之间、除草剂之间、植物生长调节剂之间的混用等等。

农药混用的形式有两种，一种是根据农田有害生物发生的情况，选择适当的农药品种和剂型现混现用；另一种是根据生产需要，经最佳配比选择、室内毒力测定和配方研究后，再经工厂加工生产成一定剂型的混合制剂，投放市场，供用户直接使用。

农药混合使用的目的是随着防治有害生物的需要和农药品种类型的增加而发展的。早期的农药混用，大都为扩大防治范围，提高药效，减少防治次数，如砷酸铅和硫黄粉、砷酸钙和波尔多液混用，既可以杀虫，也可以防病。至今这方面的混用还在继续，并有很大发展。如杀虫剂方面，内吸剂与触杀剂，残效短的与残效长的，速效性强的和迟效性强的品种混用；在杀菌剂方面，治疗剂和保护剂混用；在除草剂中，为扩大杀草谱而混用的品种就更多了。60年代前后，农药的慢性毒性及其对环境的影响引起普遍关注。

为了减少高残毒农药品种对环境的污染，我国推广了低残留农药与高残留农药混用的品种，如“甲六”粉（甲基对硫磷与六六六混配），“乙六”粉（对硫磷与六六六混配），代替六六六粉防治稻螟等。70年代以来，有害生物的抗药性问题越来越突出，又出现了以防治抗性种群和延缓抗性发展为目的的混配制剂。这种混合使用，条件要求更高，必须经过严格的科学实验，不能任意混用。80年代以来，为发挥植物营养、植物生长调节剂和杀菌剂等对作物的综合作用，获得更高效益，植物营养剂（特别是微肥）与植物生长调节剂或杀菌剂混用也开始有产品出现。

（二）以延缓抗性发展为目的农药混用的基本原则

1. 混用农药各单剂有不同作用机制，没有交互抗性。有害生物对农药产生抗性的基本原因是单一连续使用一种农药，使有害生物群体中具有抗性的基因个体不断存活下来，并繁殖其后代，逐渐选择形成一个抗性群体。不同作用机制的农药，其选择的主导抗性机制有所不同，也就是选择的方向不同。如果混用，就可以起干扰单剂选择时的定向作用，从而使抗性发展受到延缓。

2. 混用农药各单剂之间有增效作用。有增效作用的农药混用，可以提高对有抗性基因杂合子的淘汰效果。从而抑制抗性基因频率的很快增长，起到延缓抗性发展的效果。

3. 混用农药各单剂之间比例适当，持效期相当。由于混用农药各单剂作用机制不同其选择方向也不同。只有混用农药各单剂之间的比例适当，保持相当的选择压力，才能有效地控制有害生物对混用药剂的抗性发展。从理论上讲，混用农药各单剂之间的重量比例，应为各单剂的毒力比值。毒力大的占的比例要小，毒力小的占的比例要大，从而使其毒力达到相对平衡。选择压力保持相同，混用药剂各单剂的持效期相近，可以使混用药剂的作用保持持久。否则持效期短的药剂失效后，就只剩下持效期长的药剂起作用，这样后期又成了单剂使用了。

4. 具有负交互抗性关系的农药混用，对延缓抗性最理想。从理论上讲这种混用不会产生抗药性。因为有害生物对其中一种农药产生抗性，对另外一种农药更敏感了，更容易被杀死。

（三）农药混合使用后的毒力表现　农药混合后对生物的作用是十分复杂的。但从毒力表现上看有三种情况：

1. 相加作用　即农药混用时对有害生物的毒力等于混用农药各单剂单独使用时毒力之和。例如甲萘威和灭杀威按 1:1 混合使用对黑尾叶蝉的毒力为 LD_{50} 51.6 μg/g，而单独用甲萘威和灭杀威对黑尾叶蝉的毒力分别为 LD_{50} 44.8 μg/g 和 59.0 μg/g。这是典型的相加作用，一般地讲，作用机制相同的农药混用，药剂之间互不发生影响，常表现为相加作用。作用机制不同，但药剂之间不发生毒理学上的相互影响，也可以表现为相加作用。农药混合后毒力表现为相加作用，即没有增效作用，是否有混合使用的价值，还要看药剂的速效性、持效性，对防治对象不同生育期的作用和防治对象的种类等方面的差异是否有互补性。如果有互补性，还是有使用价值的。

2. 增效作用　即农药混用时对有害生物的毒力大于各单剂单用时毒力的总和。例如马拉硫磷和残杀威按 1:1 混合使用对黑尾叶蝉的毒力为 LD_{50} 20 μg/g。而单独使用马拉硫磷和残杀威对黑尾叶蝉的毒力分别为 LD_{50} 288 μg/g 和 LD_{50} 263 μg/g。显然混用较单用毒力提高了很多。说明这两种药剂混用有显著增效作用。这是混用药剂希望选择到的理想配方。这种配方可提高药效减少成本，但值得注意的是，有些药剂混用，在增效的同时也有增毒作用。如增毒太大，使用不安全，亦不可取。

3. 拮抗作用　即农药混用时对有害生物的毒力低于各单剂单用时毒力的总和。例如，多氧霉素与灭瘟素混用，会降低多氧霉素防治水稻纹枯病的效果。禾草灵与 2，4－滴或 2 甲 4 氯混用会降低禾草灵对野燕麦的防治效果等等 。这种混用应该避免。

上已述及农药混合后对生物的作用是复杂的，可能出现毒力相加，毒力减少或毒力增加，为了科学地混合使用农药，必须对农药混合后的毒力进行测定。测定方法很多，最常用的方法是孙云沛等 1960 年提出的通过毒力指数计算混剂联合毒力的方法。首先以常规方法测得混剂及组成混剂的各单剂的毒力回归式并求出 LD_{50} 或 LC_{50} 值，再以一种单剂为标准计算各单剂的毒力指数（toxicity index，TI），混剂的实际毒力指数和理论毒力指数，最后计算其共毒系数（co－toxicity coefficient，CTC）。设混合药剂为 M，组成 M 的单剂为 A，B，C……，毒力指数为 K，百分含量为 P，以 A 为标准单剂则：

$$\text{A 的毒力指数}（K_A）=\frac{\text{A 的 } LD_{50}}{\text{A 的 } LD_{50}}\times 100=100 \tag{1}$$

$$\text{B 的毒力指数}（K_B）=\frac{\text{A 的 } LD_{50}}{\text{B 的 } LD_{50}}\times 100 \tag{2}$$

$$\text{C 的毒力指数}（K_C）=\frac{\text{A 的 } LD_{50}}{\text{C 的 } LD_{50}}\times 100 \tag{3}$$

$$M\text{的实际毒力指数}（K_M）=\frac{A\text{的}LD_{50}}{M\text{的}LD_{50}}\times 100 \quad (4)$$

$$M\text{的理论毒力指数}（K_M）=K_A\times P_A+K_B\times P_B+K_C\times P_C \quad (5)$$

$$\text{共毒系数}（CTC）=\frac{M\text{的实际}K_M}{M\text{的理论}K_M}\times 100 \quad (6)$$

将（1），（2），（3），（4），（5）代入（6）并简化得如下计算式。

$$\text{共毒系数}（CTC）=\frac{A\text{的}LD_{50}\times B\text{的}LD_{50}\times C\text{的}LD_{50}\times 100}{M\text{的}LD_{50}\times（P_A\times B\text{的}LD_{50}\times C\text{的}LD_{50}+P_B\times A\text{的}LD_{50}\times C\text{的}LD_{50}+P_C\times A\text{的}LD_{50}\times B\text{的}LD_{50}）}$$

如果是两种药剂混用，其共毒系数的计算为：

$$\text{共毒系数}（CTC）=\frac{A\text{的}LD_{50}\times B\text{的}LD_{50}\times 100}{M\text{的}LD_{50}\times（P_A\times B\text{的}LD_{50}+P_B\times A\text{的}LD_{50}）}$$

如果药剂与无毒力的增效剂混用，计算共毒系数时，可用以下简式：

$$\text{共毒系数}（CTC）=\frac{\text{药剂单用的}LD_{50}}{\text{与增效剂混用的}LD_{50}}\times 100$$

混剂的毒力测定如果共毒系数接近100表示相加作用，明显大于100表示增效作用。明显小于100表示拮抗作用。

四、农药混合使用可能出现的问题

1. 物理性状恶化　这种情况发生在不同制剂的现混现用时，如乳油与可湿性粉剂混用可能出现乳油破乳，悬浮粒子凝聚，使悬浮率降低。甚至絮结产生沉淀，使药效降低或产生药害。

2. 化学分解　各种农药都有它自身的化学性质，农药混合不当会出现化学分解，使药效降低，如有机磷农药大多数为磷酸酯。在碱性条件下不稳定，易分解成无生物活性的物质。所以都不能与碱性农药混用。与此相反八甲磷在碱性介质中稳定，在酸性介质中反而容易分解，因此不能与酸性农药混用。氨基甲酸酯类农药与有机磷农药相似，遇碱易分解失效，也不宜与碱性药剂混用等等。

3. 毒性增加　有些农药混用能增加对人畜的毒性，特别是作用机制不同的药剂混用，增毒严重，则使用更不安全，增加了治疗的困难。研究已经证明，苯硫磷、稻瘟净、异稻瘟净对于分解马拉硫磷使之解毒的羧酸酯酶有很高的抑制作用，因而能增加马拉硫磷对人畜的毒性。敌百虫和马拉硫磷混用也有显著增毒作用。

4. 产生药害　前已述及，农药混用后物理性状恶化，不但使药效降低而且常常会产生药害。混用后产生化学反应，亦可能产生药害。如石硫合剂与代森锌、代森锰等混用会使后者转变成溶解度较大的钙盐，容易产生药害。另外除草剂敌稗或灭草灵与有机磷或氨基甲酸酯类杀虫剂混用会加重对水稻的药害。地亚农与石硫合剂、灭螨猛和乳油类农药混用后对苹果树产生药害，敌菌丹和乳油类药剂混用对柑橘树产生药害。多果定与乳油类药剂混用后会加重对梨树的药害等。

5. 药剂浪费　农药混用不当或使用不当还会造成药剂浪费。为了兼治多种病虫而生产的混配制剂。由于各种病虫的发生和种群数量变化受多种条件和因素的影响，特别是气候条件变动很大，某些病虫未必同步发生，甚至可能不发生或其中一种病虫并未达到防治指标。这样使用混剂，就会使其中一种农药组分，完全不能发挥作用而浪费掉了。另外防治高抗性有害生物，如果用含有已经产生抗性的药剂组分的混剂，就不如用没有交互抗性的单剂更合理。还有生物农药与化学农药混用时，如果化学农药能杀死生物农药，这样的混用也是一种浪费。如杀真菌剂可以抑制白僵菌的生长发育而使其失去杀虫作用。化学农药也可能被微生物农药作为碳源而消耗。化学农药还可以通过阻止害虫取食或击倒作用很快，影响害虫接触或取食生物农药，也会使生物农药的作用不能正常发挥而浪费。如青虫菌、杀螟杆菌与速效性药剂混用等。

综上所述，农药混用后的作用是复杂的，如果混用的不合理，可能使药效降低，甚至完全失去活性；也可能使作物产生药害而减产；由于增毒使人畜中毒事故增加；或造成不必要的浪费等等。因此，必须提倡科学混用，混用前必须进行全面系统的试验，达到要求的才能推广使用。不能乱混乱用。

参 考 文 献

[1] 华南农业大学主编．植物化学保护（第二版），农业出版社，北京，1990

[2] 韩熹莱等．中国农业百科全书农药卷．农业出版社，北京，1993

[3] 屠予钦．农药使用技术原理．上海科学技术出版社，上海，1986

[4] Matthews G. A., Pesticide Application Methods, Longman, London and New York, 1992

第三章　农药的生物活性和作用机理

第一节　杀虫剂的作用机理

杀虫剂的作用机理研究，最初是为了发现杀虫剂化学结构中的毒性基团。因为任何优良杀虫剂的合成都必须考虑应该具有什么样的化学结构，才能表现出高度的杀虫活性，因此化学结构与杀虫活性的关系，就是最基本和十分必要的。近年来，杀虫作用机理的研究有了很大发展，已进入到分子毒理学水平，这对新杀虫剂类型的研制以及高度生理选择性药剂的发现，都很有帮助。

一种杀虫剂杀死害虫须要有一个过程，药剂进入虫体后常在体内经过一系列解毒、活化、累积以及与作用点发生反应，最后抑制靶子酶、干扰或破坏正常生理活动而造成死亡。现以神经性杀虫剂为例，其过程如图 3－1 所示。

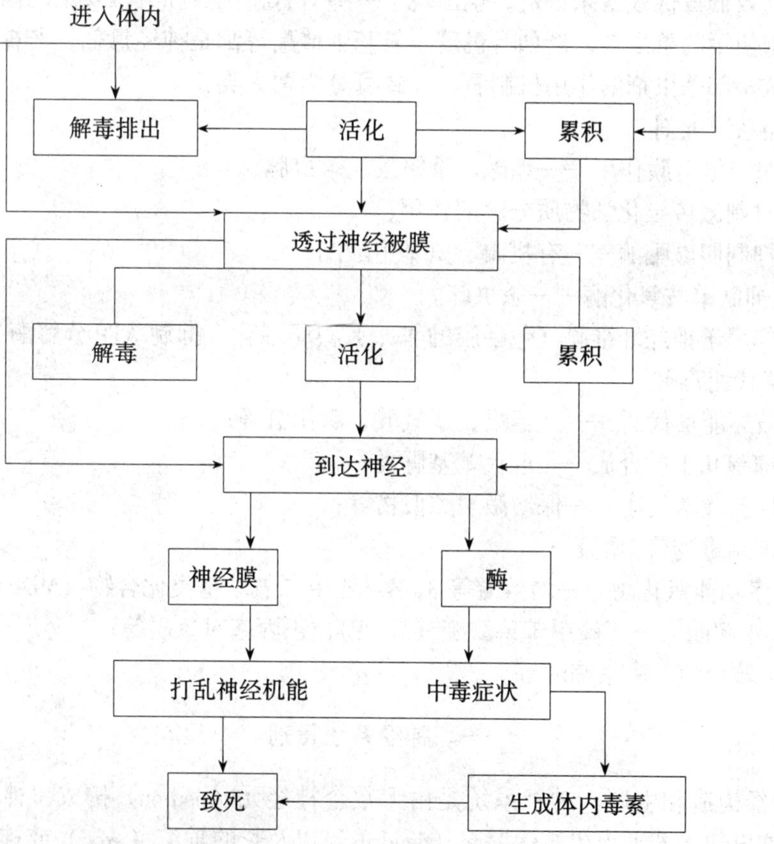

图 3-1　神经性杀虫剂的作用过程

研究中毒机理时，药剂的基本作用十分重要。所谓基本作用即药剂在体内通过复杂的过程，最终的关键生理作用。由于这种作用而使害虫的正常生理活动受到干扰或破坏而致死。基本作用的复杂生化过程，必须经过详尽的研究，才能明确。药剂的毒理作用除和毒性基团有关外，也与整个分子的化学结构有关。所以化学结构与生物活性的关系的研究，对创造新药，改进老药的化学结构使其更为有效是十分重要的。60 年代开始发展起来的“化学结构与生物活性的定量解析”（QSAR），根据化学结构和生物活性的若干重要参数，利用数学模拟方法，可以在一定化学结构范围内，优化分子设计，合成出高效化合物。但是，中毒作用机理由于各种生物的组织结构、生理生化的差异，十分复杂，所以，QSAR 只能在一定范围内，明确活性的基本骨架时才有用。新农药创制中，从天然源活性化合物中，找出先导化合物，合成系列类似物，进行生物筛选，仍然是创制新农药的重要方法。作用机理的研究，无疑会提供极有益的线索。尤其是抓住意外的某些毒理现象，常能导致新类型农药的发现，在农药的发展历史上，事例并不少见。

高效、低毒、低残留是现代优良杀虫剂的重要条件，利用高等动物与昆虫间生理上的差别，是研制低毒药剂的重要途径。目前绝大部分杀虫剂都是神经毒剂，所以对植物比较安全，但一些高效药剂对高等动物也常常高毒。如何利用高等动物和昆虫间生理上的差异，探求对高等动物安全的杀虫剂，必须借助于毒理机制的研究。50 年代以来，这方面成就突出，出现了不少高效低毒低残留杀虫剂，也出现了一些对有益昆虫和天敌安全的高选择性药剂。

目前大量使用的杀虫剂，例如有机磷、氨基甲酸酯等都是神经毒剂，非神经毒剂不占主要地位。但从全部杀虫剂的作用机制看，大致可分为两大类：

（1）神经系统毒剂

a. 对突触后膜作用——烟碱、杀螟丹、杀虫脒；

b. 对刺激传导化学物质分解酶作用；

（i）抑制胆碱酯酶——有机磷、氨基甲酸酯；

（ii）抑制单胺氧化酶——杀虫脒。

c. 作用于神经纤维膜（包括膜的 Na、K 离子活化，抑制 ATP 分解酶）。

（2）干扰代谢毒剂

a. 破坏能量代谢——鱼藤酮、氰氢酸、磷化氢等；

b. 抑制几丁质合成——取代苯基脲类；

c. 抑制激素代谢——保幼激素类似物等；

d. 抑制毒物代谢酶系；

（i）多功能氧化酶——增效醚等 3，4 - 亚甲二氧苯基类化合物（MDP）；

（ii）水解酶——三磷甲苯磷酸酯（TOCP），正丙基对氧磷等；

（iii）转移酶——杀螨醇等。

一、神经系统毒剂

（一）神经构造和生理　神经系统是由无数个神经元（neuron）构成，神经元是一个细胞单位，从这里伸出若干个树枝状突起（dendrite）以及长的轴突（axon）或神经纤维（nerve fiber），神经元之间的连接部位称突触（synapse），中枢神经（central nervous system）也是由复杂的神经突触连接，神经纤维和肌肉或功能器官间的连接点，称为神经肌肉联接部（neuromusculer junction)。这也是一种神经突触，由末梢神经的感觉细胞，经由中枢神经和运动神经达到组织器官，以构成反射弧。昆虫的神经概可分为三类，即感觉神经元、联系神经元和运动神经元，无自主神经系统。

神经元的膜为二层磷酯分子间夹有蛋白质或胆固醇类复杂物质构成，突触前神经元和后神经元之间，神经元和肌肉之间不连接，大约有 20～50nm 的间距。无脊椎动物的神经纤维均为无髓神经，脊椎动物则有髓和无髓都有。有髓神经上有很厚的神经髓鞘，并每隔 1～2mm 就分节断开。

神经元和肌肉细胞膜，膜内膜外带有相反电荷，内负外正；这种电位差称为膜电位（membrane potential），通常其值在 －50 mV～－100 mV 之间。细胞由于刺激而兴奋时，膜电位就瞬间向相反方向变动而产生动作电位（action potential），即所谓“冲动”。这个过程极快，通常只有 1～10 ms 左右。与此动作电位相反的静止期，称为静止电位（resting potential）。已知这种膜电位是细胞内外离子浓度梯度受膜的离子渗透选择性限制而产生的。一般情况下 K 离子浓度在细胞内高，细胞外低；Na 离子则相反，在静止时，膜可以允许 K 离子透过，而 Na 离子则不易透过，由于选择渗透性的原因，K 离子在细胞内外浓度梯度的不同就产生了膜的静止电位。如果受到刺激，神经膜对 Na 离子的渗透性就急剧升高，但很快下降，K 离子的渗透性又开始上升。动作电位上升，主要是由于 Na 离子渗入而引起，动作电位下降，主要是由于 K 离子流出引起。为了使膜电位恢复到原来状态，离子泵开始发挥作用，其能量由 ATP 供给。

高等动物与昆虫的神经系统存在若干差别，这是产生高效而低毒农药的根据之一。两者的主要差别在于：a 神经系统的构成不同；b 神经末端的构造不同；c 突触处的传导物质不同。与高等动物比较，昆虫的神经系统特征有以下几点：

1. 昆虫的末梢神经不存在乙酰胆碱作用的突触，全部存在于中枢神经系统；

2. 无明显的自主神经系统，有以激素调节的自主系统；

3. 末梢神经不存在神经节，均在中枢神经系统中；

4. 昆虫的中枢神经未发现除乙酰胆碱以外的化学传导物质，神经肌肉接合部已知存在有胺类传导物质。此外，从形态学上昆虫还有以下不同：

1. 昆虫神经系统无髓鞘；

2. 昆虫的神经轴突包有强固的纤维鞘，这与髓鞘是不同的；

3. 昆虫的轴突有若干分枝，仅刺激一根肌肉纤维，与高等动物支配全体肌肉纤维不同；

4. 昆虫的神经由气管中的氧气扩散而直接提供氧。

根据以上所述，昆虫的神经系统和高等动物比较，相似的地方比不同的地方还是多的，因此，既高效又对高等动物低毒这方面的选择性，就有一定的局限性。

（二）神经细胞的兴奋传导（conduction）　从外界来的刺激，不管是机械的、化学的，还是光的，树枝突起接受后，细胞膜即发生脱极化作用（depolarization），与此同时引起膜的渗透性改变，膜内处 K、Na 离子的改变，使膜内外的电位差发生变化。由脱极化作用产生的动作电位，像电波一样沿轴突传导以达到相应器官。图 3－2 是一个典型的冲动通过时轴突膜内外电位差的变化记录。

当刺激在某一点发生时，该部位由于脱极化作用变为活性区，Na 离子突然大量进入膜内，K 离子流出膜外，膜的该部位内侧电荷暂时成为内正外负（此时也称为 Na 平衡电位）。

由此形成由正到负的局部电流回路，瞬间之后，Na 由钠离子泵从膜内排出，K 离子自膜外进入，这一瞬间 K 离子进入膜内稍多，使比原浓度稍大，膜电位有少量降低，这就是正后电位的来源。然后 K 离子又从膜内向外排出电位开始上升，此时产生了后负电位。因为神经轴突周围包着胶质细胞，其孔隙很容易通过 K 离子的扩散，而且容量很大，所以负后电位在几个毫秒间即使电位恢复至原来的静止电位。电位的波动幅度一般在 - 80 mV ~ + 40 mV 之间，大的刺激仅仅是频率的增加。冲动一但通过后，该部位即变为不感应的区域，时间可以继续数毫秒，因此，冲动不能逆方向传导，永远沿一定方向前进。

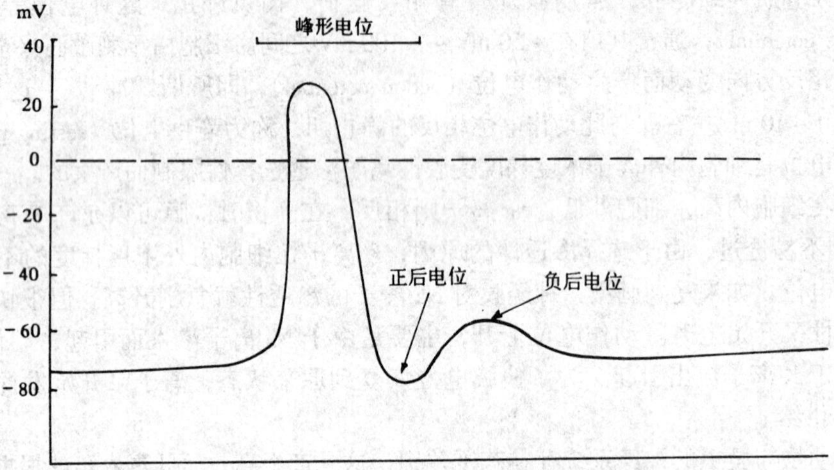

图 3-2　冲动通过时轴突膜内外电位差的变化（铃木直治，1976）

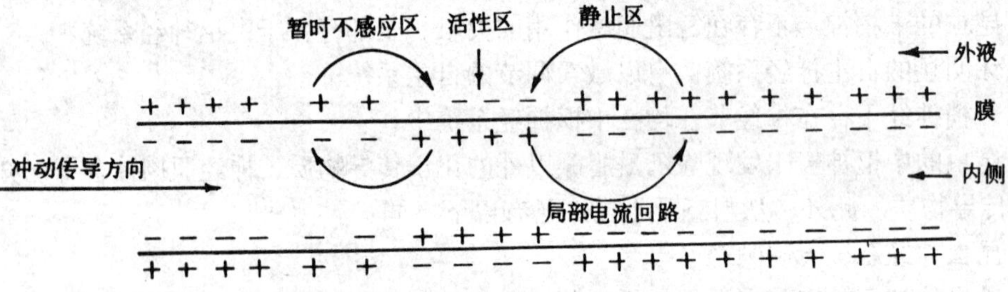

图 3-3　传导过程中膜内外电荷的变化（Narahashi，Treherne 等，1965）

（三）突触处冲动的传导（transmission）　冲动（或兴奋）通过轴突后，向另一轴突传导，此时传导与上述不同，须经过突触传导。突触处的传导主要是化学传导物质起作用。传导物质包含在突触小胞体内，由前膜放出，后膜上的感受器（receptor）接受，引起轴突膜的脱极化作用，冲动即可向前传导。

化学传导物质完成任务后立即被分解，在昆虫的神经中（主要是中枢神经）的传导物质主要是乙酰胆碱，神经和肌肉连接处为其它化学传导物质，可触是一种一元胺化合物。突触处冲动的通过也很快，一般只要 1 ~ 5 ms。

根据以上所述，神经系统冲动的传导主要有二种方式，即轴突上的传导和突触处的传导。滴滴涕、六六六以及环戊二烯类有机氯剂、拟除虫菊酯类主要是对前者的抑制；有机磷、氨基甲酸酯类杀虫剂主要是对后者的抑制。

（四）有机磷杀虫剂的作用机理　神经系统内的乙酰胆碱酯酶（AChE）或胆碱酯酶（ChE），和有机磷杀虫剂发生磷酸化反应，形成共价键的“磷酰化酶”是有机磷剂的主要作用机制。从水解胆碱酯类底物的专化性来看，至少可分为两大类：

a. 乙酰胆碱酯酶（AChE）：对乙酰胆碱的亲和力和水解能力比其它任何胆碱酯类都强，而且存在许多同功酶。

$$CH_3COOCH_2CH_2N^+(CH_3)_3 \xrightarrow[AChE]{H_2O} HO-CH_2CH_2N^+(CH_3)_3 + CH_3COOH$$

（乙酰胆碱）　（胆碱）　（乙酸）

b. 胆碱酯酶（ChE）：或称非专化性胆碱酯酶；与乙酰胆碱酯酶不同的是它不会被过高的底物浓度所抑制；而乙酰胆碱酯酶在适当的底物浓度，例如，在 4～7 mmol/l 的乙酰胆碱溶液中活性最强，超过此浓度活性反而降低。此外，胆碱酯酶对丁酰胆碱的亲和力和水解能力大于乙酰胆碱酯酶。

$$CH_3CH_2CH_2COOCH_2CH_2N^+(NH_3)_3 \xrightarrow[ChE]{H_2O} HOCH_2CH_2N^+(CH_3)_3 + CH_3CH_2CH_2COOH$$

（丁酰胆碱）　（胆碱）　（丁酸）

无脊椎动物（包括昆虫、螨类等）和脊椎动物的神经组织内，都含有高浓度的乙酰胆碱酯酶，人和哺乳动物的血红细胞中也含有 AChE，但大多数动物的血浆中含有胆碱酯酶（ChE）。有些动物和人的血浆中还含有不同量的脂肪酯酶（可以水解直链酯的酶）。此外，还有一些其它酶，例如存在于胰腺中的胰蛋白酶和糜蛋白酶，也可以被一些有机磷化合物抑制。也有一些有机磷化合物可被一些酶水解，使其失去毒性，因此，一种药剂进入昆虫或高等动物体内，可以产生不同的毒性效果，各种作用交织在一起，情况比较复杂。

1. 乙酰胆碱酯酶的活性和作用部位　最早研究电鳗的乙酰胆碱酯酶（AChE），到 1967 年才得到了该酶结晶，分子量很大；许多实验证明 AChE 表面有两个活性部位，一为阴离子部位（anionic site），一为酯解部位（ester atic site）。前者又称结合部位，后者又称催化部位。前者的作用是为了更好的和底物结合，发挥专化性的结合作用（binding），后者主要是对底物进行水解的催化作用。但是据 O' Brien（1976）的意见，认为在上述两个部位之外，另外还有两个活性部位一个是吲哚苯基结合部位，一个是电子复合体形成部位。这就使不含阴离子基团的多种酯，也可以水解，例如乙酸苯酯、乙酸吲哚酚酯等。近几年的研究证明，AChE 上可能还有疏水基部位，与烃基部分结合；硫氢基部位，这是半胱氨酸的残基；此外还有空间异构部位，这一部位被占领以后其它部位也会相应改变。

a. 阴离子部位带有负电荷，Krupka（1966）认为可能是由谷氨酸（glutamic acid）ω－羧酸基形成的，由于静电吸引作用，极易和带正电荷的基团结合，例如乙酰胆碱结构中，对 $-N(CH_3)_3^+$ 亲和力最强。但是，Wilson（1966）认为，不单纯是静电吸引，酶表面的非极性部分与烃基部分进行亲油性结合，这种亲和力比静电吸引还重要。

b. 酯解部位即和乙酰胆碱的酯结合的部位　此处有两个离子化倾向的基团，解离常数分别为：pKa = 6.5 和 10.5，后者是丝氨酸（serine）的 – OH 基和乙酰胆碱（ACh）亲质子的 ＞C = O 基碳结合。前者为组氨酸（histidine）咪唑基，具有帮助丝氨酸的 – OH 进行亲质子反应的作用。乙酰胆碱酯酶和乙酰胆碱的反应是酶与底物的亲质子结合，失去胆碱形成乙酸酶复合体；最后水解，生成乙酸和酶分离，酶复原。

c. 酯解部位的抑制　对酯解部位的抑制即对丝氨酸 – OH 基的 O 进行的攻击，有机磷剂、氨基甲酸酯类杀虫剂都有这种作用，有机磷为不可逆性抑制剂，其特征是与酶结合的磷酸在水存在的条件下，很难被水解使酶复原，这与酶和底物乙酰胆碱的结合不同，在有水的条件下，酶和乙酸的结合体只要几毫秒即可水解。所谓“不可逆抑制”也并非绝对不可逆，只是相对而言。

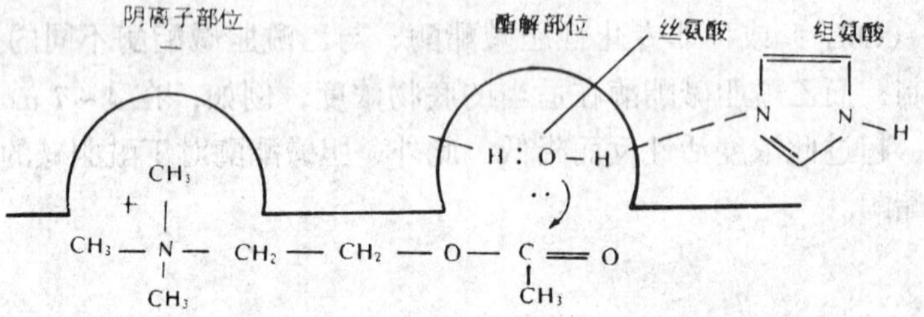

图 3 – 4　AChE 和 ACh 结合方式的模式图

（仿 Froede 和 Wilson，1971）

2. 有机磷化合物对 AChE 的抑制　一般凡具有下列通式的有机磷化合物都有对 AChE 酯解部位的抑制作用。

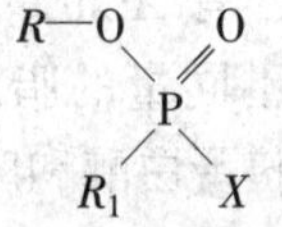

R 为烷基或烯丙基，R_1 为烯丙基、烷氧基、烷基或取代氨基。

X 为脱离基（leaving group），为了使抑制效果加强，*X* 基一般是对硝基苯基，– CN，F 或磷酸二酯等。下列药剂就是代表：

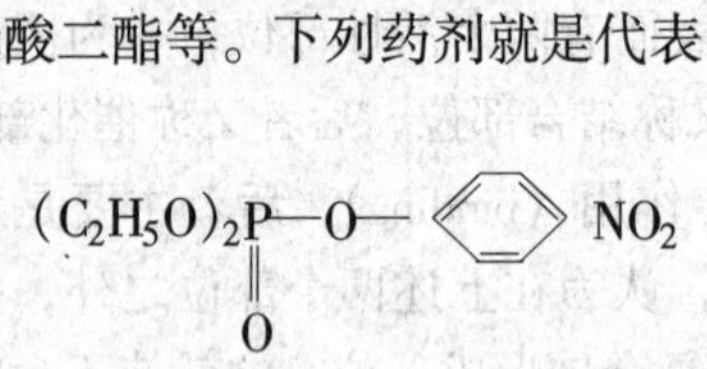

对氧磷（paraoxon）

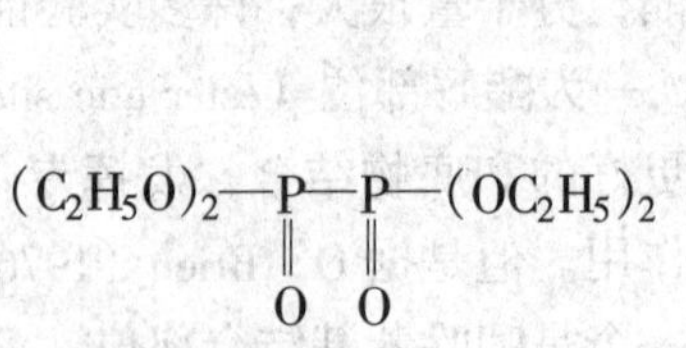

特普（TEPP）

这些化合物虽然都对昆虫的 AChE 有强抑制作用，但对人畜毒性也极大，故不能实际使用。现以对氧磷为例，与 AChE 反应过程如下：

AChE 在不同 pH 中，其酯解部位活性中心的离解度不同，在酸性条件下为 EH_2^+，中性时为 EH，碱性时为 E^- 型。

$$EH_2^+ \underset{H^+}{\rightleftharpoons} EH \underset{OH^-}{\rightleftharpoons} E^-$$

在 pH = 7 时活性最大，活性中心是丝氨酸的 - OH 基，氧原子上的游离电子对和 ACh 的碳或有机磷化合物的磷原子进行亲核反应，因此，碳和磷原子必须极度缺乏电子而呈电正，反应才能很好地进行，为此连接对硝基苯基，F，- CN 基就能满足这个条件，尤其 F 电负性最强，所以化合物 DFP 具有强大的抑制 AChE 的作用。

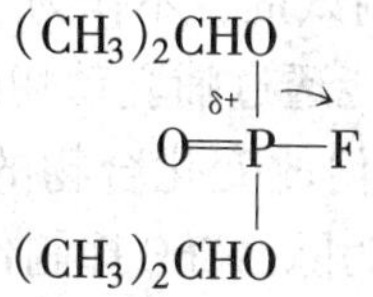

现将对氧磷、ACh 和 AChE 的反应图解如下图。

图右为对氧磷抑制 AChE 的过程，左为 AChE 分解 ACh 的过程，最后一步反应的快慢对抑制力有极重要的影响。式中 *X* 为对硝基苯基，EH 为活性型 AChE。

磷酰化 AChE 如果脱去磷酸则酶即复活；二乙氧基磷酰化酶的复活十分缓慢，例如对氧磷 500 min；而二甲氧基磷酰化酶要快的多，只有大约 80 min 即可复活，所以甲基对硫磷比乙基对硫磷的生物活性要小，不仅对高等动物如此，对昆虫也是如此。为了使用者的安全，甲基对硫磷常代替对硫磷使用。

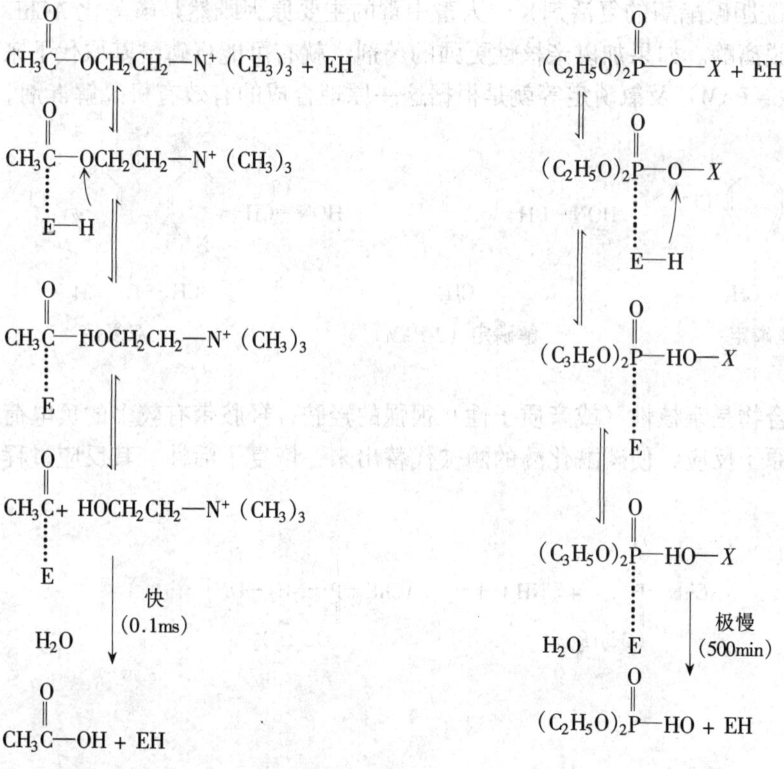

在抑制作用上阴离子部位也有很大关系，如果在化合物一端连有和 ACh 类似的取代基

则更容易和 AChE 结合而增强抑制作用。例如以下三个化合物均为强 AChE 抑制剂。

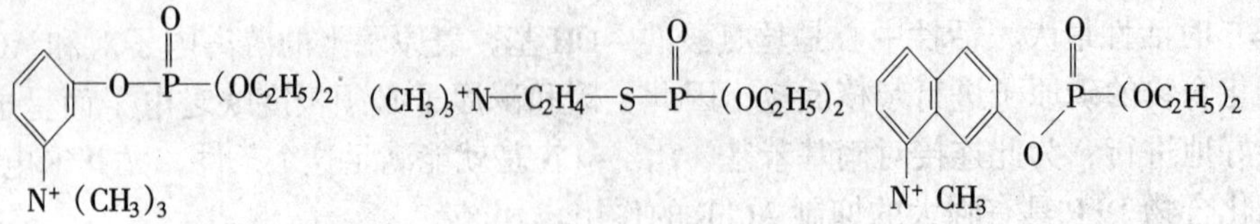

以上三个化合物常用作 AChE 抑制试剂，不作为农药在生产上使用，这是因为强极性化合物不易透过昆虫表皮和神经鞘，但能透过哺乳动物的皮肤和神经肌肉联点。

3. 对高等动物低毒化的线索　如何改变化合物的结构，使化合物既保持药效又对高等动物低毒，这是比较复杂的问题。因为除 AChE 抑制作用外，还与整个中毒过程中的种种变化有关。以对氧磷为例经过化学结构与生物活性关系的研究，可总结出以下几点：

a. >P=O 用 >P=S 取代则毒性降低，这是因为和体内的解毒与活化作用有关。

b. 甲氧基取代乙氧基，一般可降低毒性但也降低了对昆虫的毒力。这是因为这一改变与抑制反应中的最后一步即磷酸基的脱离有关。

c. 对硝基苯基—NO_2 代以—CN，—$SOCH_3$，—Cl 则毒性降低，这与 Hammett 取代基常数有关。

d. 在对硝基苯基的邻位代入一个 -CH_3 基，则毒性大为降低，这也与 Hammett 取代基常数有关。

4. 解毒剂（乙酰胆碱酯酶的复活剂）　人畜中毒的主要原因既然是磷酰化 AChE 不易复活，即磷酰基不易脱离酶。如果加以亲核性更强的药剂，就有可能将磷酰基取代下来，而使酶复活。解磷定（2-PAM）及氯磷定等就是根据这一原理合成的有效有机磷解毒剂。

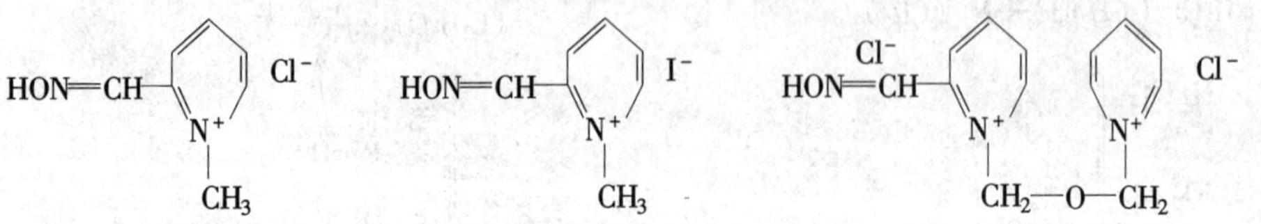

氯磷定　　解磷定（2-PAM）　　双复磷

最初研究的化合物是亲核性（或亲质子性）很强的羟胺；羟胺带有较多的负电荷极易和磷酰基中电正的磷原子反应，使磷酰化酶的酶被代替出来，恢复了活性。其反应过程如下：

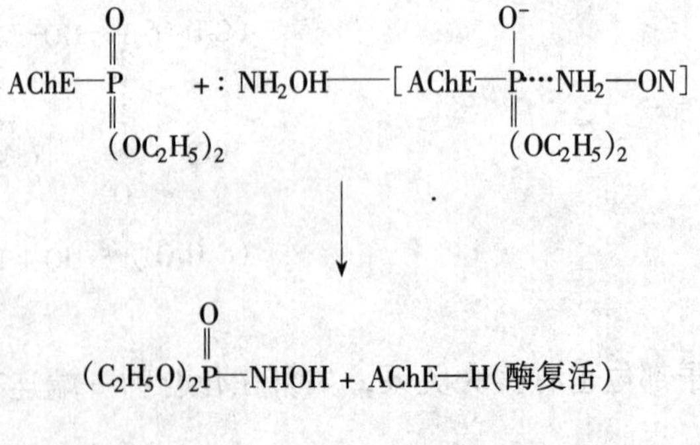

但是，羟胺实际上不是一个有效的解毒剂。因为一个有效的解毒剂分子中除有极强的亲核性基团外，还必须有一个带正电荷的季氨基团，才能使化合物更有效的被酶分子中阴离子部位所吸引发生反应，把酶取代出来；同时分子的大小也应和酶的阴离子、酯解部位相适应。但是，必须指出醛肟类化合物本身也是一种 AChE 抑制剂，使酶复活后产生的磷酸醛肟必须立即被分解才能有效的解毒，否则效果不良。

实际在临床上阿托品（Atropine）也多用于有机磷中毒的治疗；不过阿托品不能直接对酶的复活起作用，而是对付交感神经末端乙酰胆碱受器起封闭作用，使大量积累的乙酰胆碱不能发挥作用，因此症状得到缓解，AChE 逐渐得到恢复。

5. 磷酰化酶的“老化”（aging）和对酶活性恢复的影响　前已述及，有机磷的中毒机制是 AChE 或 ChE 被磷酰化，使酶失去活性；在酰的酯解部位存在有组氨酸的—H 和丝氨酸的—OH 两个基团。磷酰基究竟连接于哪个氨基酸则与“老化”有密切关系。

所谓“老化”即有机磷剂中毒后，如果立即用解毒剂解毒则酶很容易复活，但是，解毒剂的效果与酶和有机磷剂的作用时间有关，作用的时间愈长则解毒剂的效果愈差，甚至无效，这种现象称为磷酰化酶的“老化”。老化后的磷酰化酶即使用解磷定解毒，效果也很差。试验证明，不同有机磷剂的老化难易并不相同，一般与以下因素有关：

a. 分子中的烃氧基　试验证明，二乙氧基磷酸酯类（例如对氧磷）与 ChE 反应后，30 min 大约有 10% 老化，老化是很慢的，24 h 后才有 90% 以上老化。二甲氧基或二异丙氧基磷酸酯与酶作用后，老化都快的多；例如，二异丙氧基磷酰化酶的老化速度比二乙氧基磷酰化酶要快 8 倍。

b. 温度和 pH 值　低温时老化速度慢，接近于人体正常温度时老化很快（用 TEPP 和血红细胞 CHE 试验）在酸性溶液中老化较快，碱性溶液中老化较慢。

以上情况与实际有机磷剂中毒的抢救经验相符合。一些二乙基有机磷剂，例如对硫磷、内吸磷、甲拌磷等等，虽然对人毒性大，但中毒后如能及时使用解毒剂救治，疗效快而且效果好。有些二甲基有机磷剂，例如乐果、马拉硫磷等，对人的毒性小，在一般使用下不会中毒；但如果误食大量高浓度药液中毒后，常常发生不易救活的事例。敌敌畏、敌百虫等有机磷剂中毒后，解磷定等解毒剂疗效也很差，这可能就是因为二甲氧基磷酰化酶容易老化的缘故。

对老化作用的研究进一步明确了磷酰化作用的机制。根据试验结果，有人认为 ChE 分子中组氨酸咪唑环上的 N 原子首先与有机磷剂的 P 原子联结形成“磷酰化 ChE－Ⅰ型”的复合体。

经过一定时间后，磷酰化 ChE－Ⅰ型变成磷酰化－Ⅱ型，这个变化称磷酸转移反应，即烃氧基磷酰基由组氨酸转移至丝氨酸的－OH 基上，与丝氨酸联结形成磷酰化 ChE－Ⅱ型。Ⅱ型的联结比Ⅰ型牢固，解毒剂不能使 ChE 复活。

但是也有人认为“老化”是由于磷酰化酶发生了“去烃基反应”所致。因为用二异丙氧基氟磷酸酯处理 ChE 后，得到的是一异丙氧基磷酸酯和丝氨酸的结合体，而另一个异丙基已经脱去变成了羟基，因此认为有机磷剂首先和丝氨酸的—OH 反应形成Ⅰ型，然后脱去烃基形成Ⅱ型而老化。

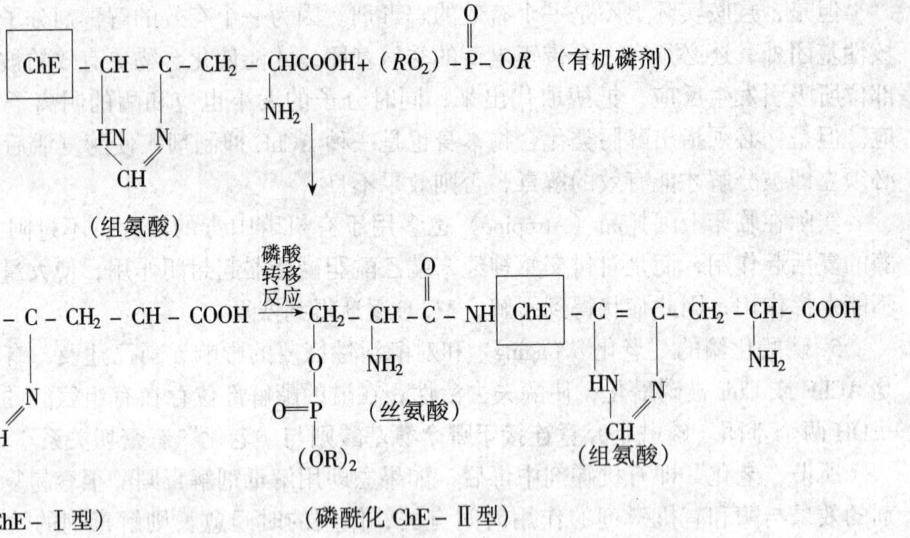

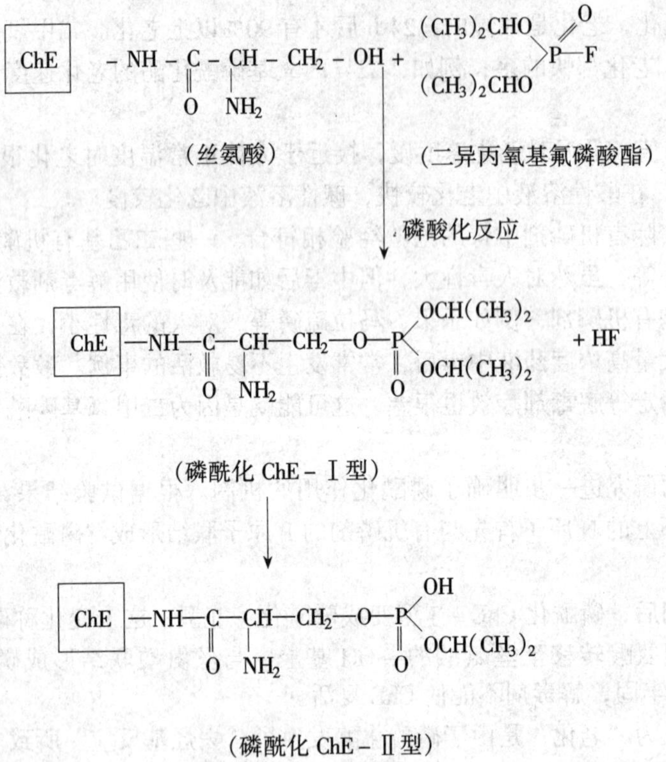

由于去烃基化作用的结果，磷原子的亲质子性减弱，使其不易和解毒剂反应，使酶复活，在昆虫体内的 ChE 被有机磷杀虫剂抑制后也有老化现象。例如家蝇脑的 ChE 被抑制后，24 h 内逐渐老化，老化的速率和有机磷化合物分子中烃基有关，顺序为：甲基＞乙基＞异丙基。例如：二甲氧基磷酰化 AChE 在 25 ℃ pH＝7.0 时，24 h 即可全部老化；二乙氧基磷酰化 AChE 37 ℃ pH = 7.4 时，40 h 后才有 50% 老化；二异丙氧基磷酰化 AChE 自主水解很快，约 2.5 h 即可有 50% 复活，因此最不易老化。

老化现象在高等动物中的产生是有机磷中毒急救中应注意的问题；而在昆虫体内老化现象却对药效十分有利，老化后的磷酰化酶，不再容易进行自主的水解作用使酶复活，所以常表现出良好的杀虫效果。

（五）有机磷杀虫剂在生物体内的代谢　一般有机合成农药无论在动物体内还是在昆虫或植物体，都要被生物体所代谢而发生种种变化，这是与毒理作用机制关系密切的一个复杂过程，所以应该是毒理的组成部分。研究代谢过程，不仅可以解释药剂的毒杀原理，毒性差别，而且以此为线索合成新的高效低毒化合物。此外，代谢过程也是全面评价“安全性”的重要依据之一，在国外代谢资料早已列为注册登记的必要数据资料。

关于农药的一般代谢及在环境中的降解，将在有关章节中进行专门讨论。这里只涉及有机磷杀虫剂与毒作用原理有关的几个问题。

1. 活化作用　许多有机磷杀虫剂，在离体条件下并不表现对 AChE 的强大抑制作用，但能在生物体内通过活化代谢，而变成一强抑制剂发挥毒杀作用，这就是活化作用。

a. 硫化磷酸酯的氧化脱硫作用（硫酮基的氧化）　现在广泛使用的有机磷杀虫剂，除一部分品种是磷酸酯外，大多数都是一硫代或二硫代磷酸酯，这些有机磷剂对 AChE 的抑制作用一般并不强大，但进入生物体（昆虫、高等动物、植物等）以后可被活化成强抑制剂，表现出较高的活性。现以马拉硫磷为例说明活化代谢的过程。

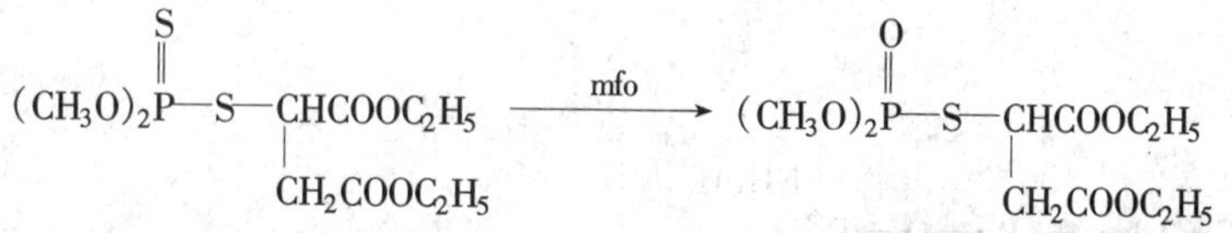

马拉硫磷　　马拉氧磷

pI_{50}AChE（M）2.9×10^{-3}　　pI_{50}AChE（M）7.0×10^{-7}

LD_{50} 大鼠 2600 mg/kg　　LD_{50} 大鼠 308 mg/kg

这种氧化活化作用带有普遍性，一般一硫代和二硫代磷酸酯都可进行这个反应，结果变成相应的磷酸酯（> P = S 变成 > P = O）。对 AChE 的抑制活性一般可提高 1 000 ~ 10 000 倍。这种氧化作用主要是由存在于细胞线粒体中的多功能氧化酶（mixed function oxidase，简称 mfo）来完成。

b. 硫醚氧化成亚砜和砜化合物　以甲拌磷为例，在生物体内可进行下列氧化反应，结果使对 AChE 的抑制活性增强。

硫醚氧化的同时也进行硫酮氧化变成磷酸酯亚砜和砜。在植物体内硫醚氧化成亚砜比硫酮的氧化容易发生，但由亚砜氧化成砜很慢。这一过程在内吸性有机磷杀虫剂中十分重要。

c. 氨基氧化　八甲磷对 AChE 几乎没有抑制活性，但氧化后活性可增加 10 万倍。但氧化产物未能确定究竟是氧化物还是羟基化合物；不管活性化合物为何，进一步脱去甲基又失去活性。

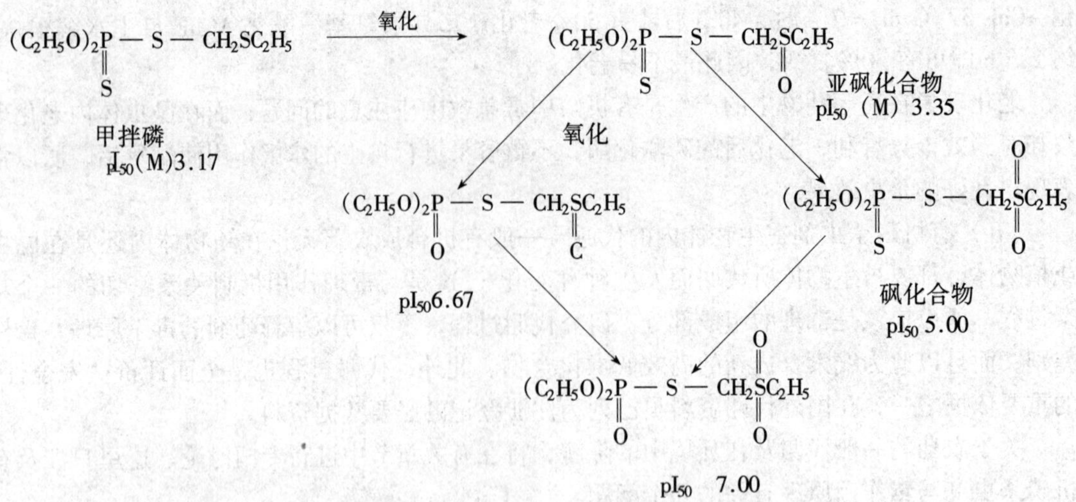

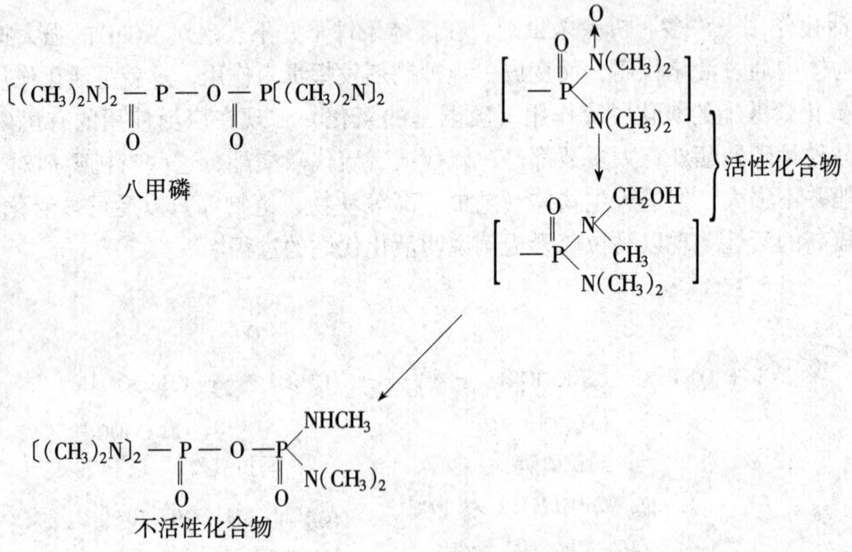

d. 苯环上烃基的氧化和环化　在有机磷化合物中苯环上的取代基，可以被 mfo 羟基化，再进一步脱氢形成活性化合物。例如下列有机磷化合物的变化，分子中苯环上烃基氧化变成 >C=O 基增强了 P 原子的电正性，因而反应性增加，表现出较高活性。

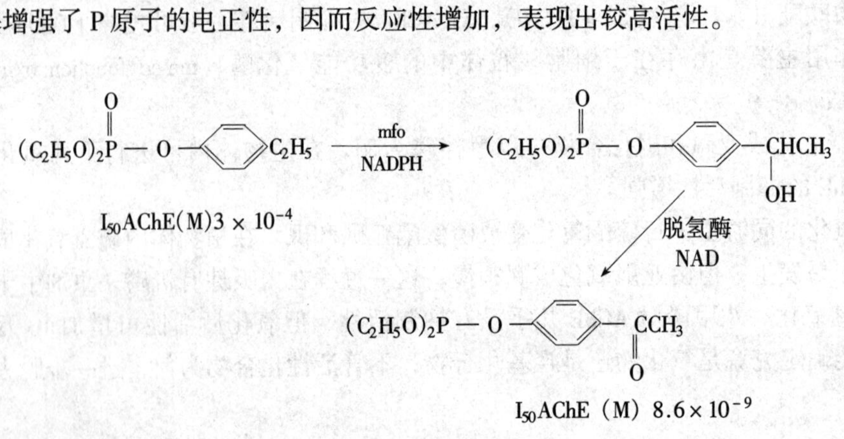

如果在苯环邻位上的烃基被羟基化生成 - OH 基，则由于 P 原子与此亲质子基反应而形成环结果仍然是被活化。

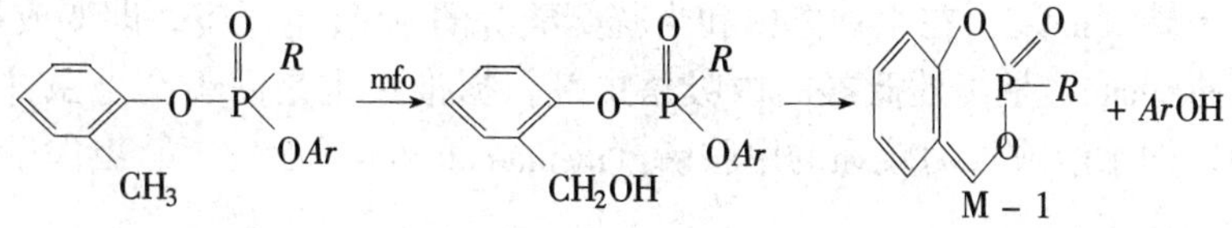

其中：*R* = 烃基、苯基、烃氧基、苯氧基、烷基氨等；

Ar = 苯基。

例如：三邻甲苯氧基磷酸酯（TOCP）可被 mfo 羟基化，然后自发进行分子内酯化反应形成 M - 1 活性代谢物。这个化合物对血浆中丁酰胆碱脂酶（BChE）的抑制活性可增加 1000 万倍。但这一化合物不能作为杀虫剂使用，因为对高等动物毒性也极大，然而却对后来发现能实用的水杨硫磷（salithioin）起了决定性的作用。

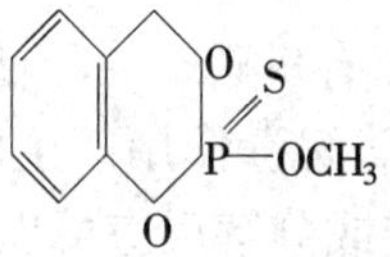

水杨硫磷

e. 非氧化的活化反应　不经过氧化反应而使有机磷化合物活化的例子还是不少的，这种活化对药剂的选择毒性十分重要。常用有机磷杀虫剂中的敌百虫，在生物体内变成敌敌畏就是一种活化反应，但并不是由于酶的代谢而产生的，主要是在自发的生理性 pH 中进行的。

如果将敌百虫分子中的—OH 基，用烷酰基保护起来，自发的活化则不能进行，结果化合物的毒性大为降低。

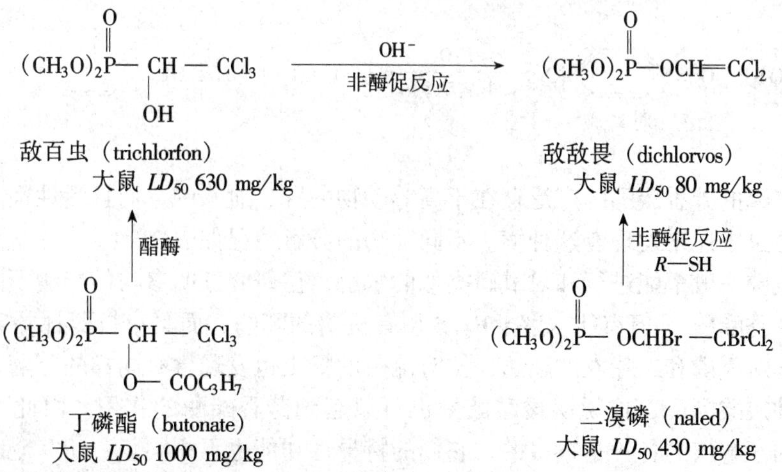

但是这种保护基可因酯酶的作用而除去，再次产生敌百虫。由于生物间种的不同，除去

保护基的能力有很大差别，因此可以发现选择毒性很强的化合物。Arthur 和 Casida（1958）合成功的丁磷酯（butonate），就是选择性很强的一种家庭用防治蚊蝇药剂，对人畜的毒性极小。

杀虫剂二溴磷（naled）在生物体内和半胱氨酸等的 - SH 基反应，即变成敌敌畏而活化。乙酰甲胺磷（acephate）是高效低毒的内吸杀虫剂，据推断也是由于在昆虫体内进行了非氧化的活化作用，即水解成毒力较强的甲胺磷（methamidophos）而发挥杀虫作用。

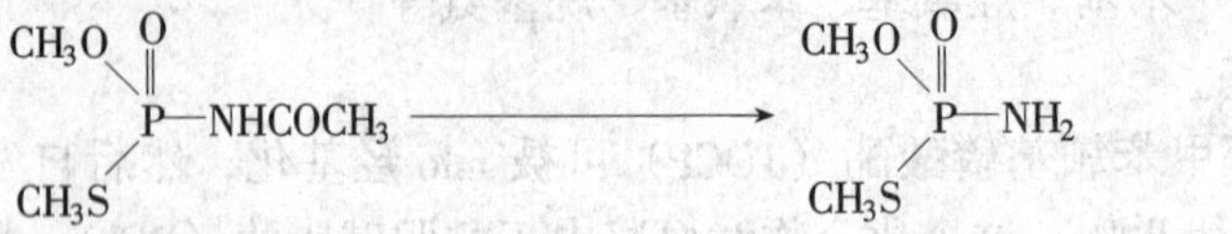

乙酰甲胺磷
家蝇 LD_{50}1.8 μg/g
大鼠 LD_{50}360 mg/g

甲胺磷
家蝇 LD_{50}1.3 μg/g
大鼠 LD_{50}27 mg/g

2. 解毒作用（失活作用）　在生物体内，有机磷剂由于酶的作用而发生种种化学变化：除上 述的活化反应外，还进行种种解毒代谢。解毒作用产生的化合物活性降低，或失去活性变为无毒化合物。解毒作用进行的降解反应或分解反应可以连续进行，直至变成磷酸而为生物所利用或变成其它化合物或排出体外。解毒作用因化合物的化学结构不同，参与降解的酶系不同，因而十分复杂。在不同的生物体内，产生不同的解毒代谢反应常常是药剂具有强选择性的基本原因之一。有机磷化合物一般的解毒代谢主要有以下反应：

（1）磷酸酯的水解　无论是磷酸酯还是一硫代或二硫代磷酸酯，在生物体内（动物、植物、昆虫等）均可进行水解反应而失去活性。裂解的部位因种种不同情况而有差异，参与水解的酶系也常有不同。酯水解酶因底物的不同可分为很多种，但主要的可分为两大类，分别水解不同的基团，即芳香族酯酶系和羧酸酯酶系。

例如：

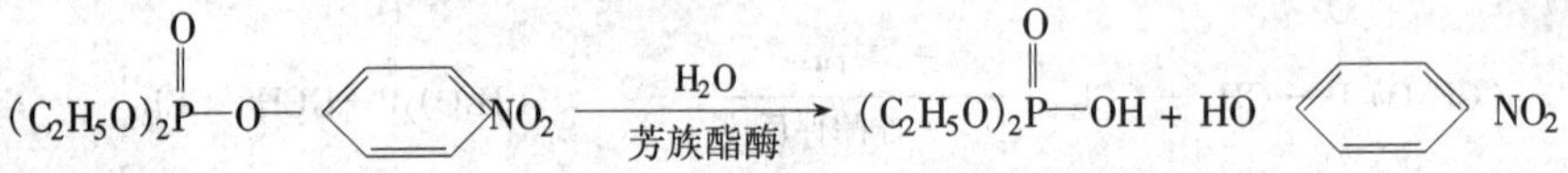

对氧磷

分解对氧磷的芳香族酯酶广泛存在于高等动物的肝、血浆中，而且活性很高；但在鸟和鱼中很少，昆虫中还未发现有这种酶。不同动物的分解情况如表 3 - 1。

其它有机磷一般都能进行和对氧磷类似的水解，但研究证明参与的酯酶不同。例如昆虫体内不存在芳香酯酶 ，但有能水解 > P = S 型有机磷的酯酶，而具有抗药性的家蝇的微粒体内发现有水解对氧磷和二嗪农的酯酶；抗对硫磷的蚜虫也发现含有同样的酯酶，但电泳分析证明是另一种羧酸酯酶，这说明羧酸酯酶也可以起到芳香酯酶的作用，由此可知昆虫、动物、植物中的水解酶的各种是很多的，它们的特异性功能也不相同。

表 3－1　各种动物中对氧磷的酯酶水解

动　物	分解量 nmol/g（组织）·min	
	肝微粒体	血浆
大鼠	212	195
兔	149	1893
鸡	0	0
马	37	74
鸽	0	1
家蝇（全虫体）	0	—
鲶	3	—

（2）羧酸酯的水解　马拉硫磷分子中含有两个羧酸酯结构，可由羧酸酯酶水解成马拉硫磷一酸。

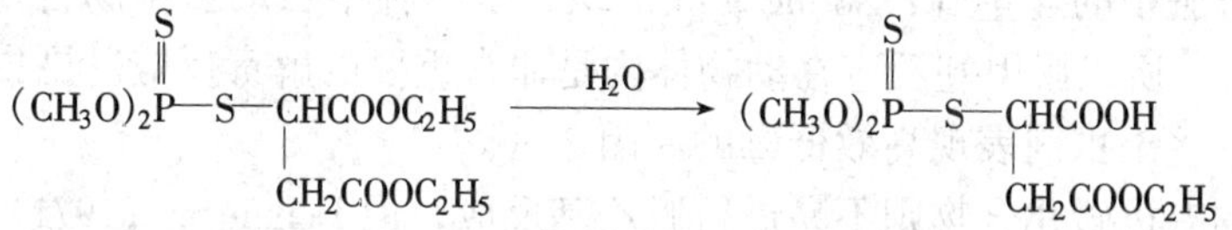

马拉硫磷　　　　　　　　　　马拉硫磷－酸

这种酶在哺乳动物的肝脏中最多，活性最强；在昆虫的腹部、消化管中发现也存在，但活性较低。马拉硫磷所以高效低毒主要原因就在于此。另外，许多研究证明，抗马拉硫磷的害虫也是由于羧酸酯酶的量和活性都加大了的缘故。因此，如果和羧酸酯酶抑制剂混用（例如，n－丙基对氧磷，TOCP 等），虽然对抗性害虫可恢复药效，但对高等动物的毒性也增加了。

（3）氧化分解　与对硫磷类似的一硫代磷酸酯，可以氧化成相应的磷酸酯被活化，已如前述；在氧化活化的同时还进行氧化分解，而且由同一个酶系担任。氧化分解和活化相反是一种解毒反应，分解后的化合物失去毒性。

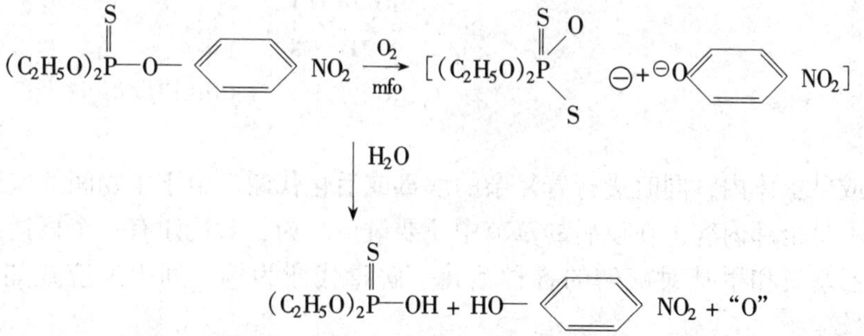

这个解毒反应除 mfo 外，还必须有 NADPH（还原型辅酶Ⅱ）和氧的存在才能进行。虽然两种反应一为活化，一为解毒，并且同时发生，但反应机制不同。用氧的同位素研究证明，分解后磷酸的—OH 基，其氧原子来源于水（H_2O）而不是氧的同位素，这就说明解毒的分解作用是有水解反应参加；而活化作用形成的活化产物对氧磷，其 > P = O 基上的氧原子却是氧的同位素，可见二种反应的机制不同，具体说就是先变成氧化的中间产物，然后一部分活化，另一部分进行非酶水解而解毒。一般认为马拉硫磷的氧化活化和酯解解毒也与此类似。

(4) 脱烃基反应　含二甲氧基的有机磷剂在动物体内可进行“脱甲基化作用”，即脱去一个甲基而解毒。例如甲基对硫磷、杀螟硫磷、乐果等都有这种反应。以通式表示如下；

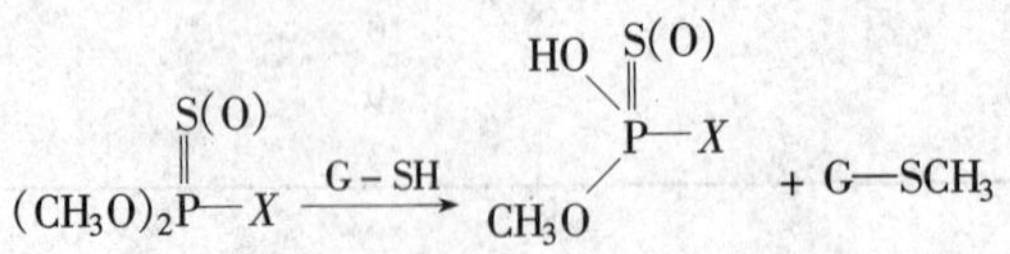

这个反应需要动物体内尤其是肝脏中存在的谷胱甘肽转移酶（G - SH）。由于这个酶含有活泼的 - SH 基，因此它是甲基的受体或转移体。在高等动物体内这种酶比昆虫体内多而活性强，例如鼠肝脏中的含量（2.88 mg/g 湿组织）是一种甲虫幼虫中肠含 量（0. 52 mg/g 湿组织）的 5.5 倍。所以脱甲基反应在动物体内是非常重要的解毒反应。昆虫中相反则进行的很少。这也是一些杀虫剂表现高效低毒的原因之一。

一般含乙基的有机磷化合物则不易进行脱乙基反应，但 Donninger（1971）发现乙基磷酸酯也可以进行脱乙基反应，并且认为这是含乙氧基 > P = O 型化合物的重要解毒机制。但硫酮型（ > P = S）一硫代磷酸酯却没有这个反应。此外这种脱乙基反应也不是由谷胱甘肽转移酶来完成的，而是一种氧化脱烃基作用，由多功能氧化酶（mfo）在 $NADPH_2$ 和 O_2 的存在下来完成的。反应式如下：

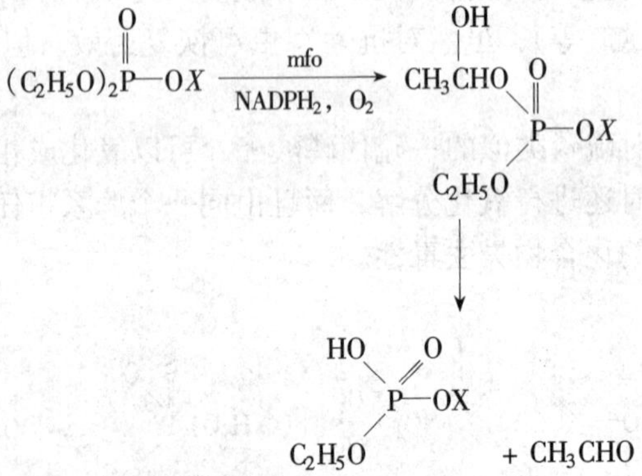

在动物或昆虫体内，同时进行着复杂的解毒或活化代谢，由于生物间的差异情况比较复杂。以上并不是全部内容，在以后的章节中还要讨论。为了对代谢有一个概括性的了解，现以对硫磷（乙基）和甲基对硫磷的各种活化、解毒代谢为例，列出反应式如图 3 - 5 和图 3 - 6，以便比较。

(六) 氨基甲酸酯杀虫剂的作用机理　哺乳动物的神经和肌肉连接部位是由乙酰胆碱传递神经冲动的，如果乙酰胆碱不足，就发生肌肉无力等症状。在医药方面为了抑制乙酰胆碱酯酶的分解，改善症状，常给以适量的 AChE 抑制剂。在研究非洲一种毒扁豆属（*Physostigma* sp）植物中所含的生物碱毒扁豆碱时，发现有这种作用，后来合成了毒扁豆碱的类似物普洛斯的民（prostigmine）作为临床医药使用。

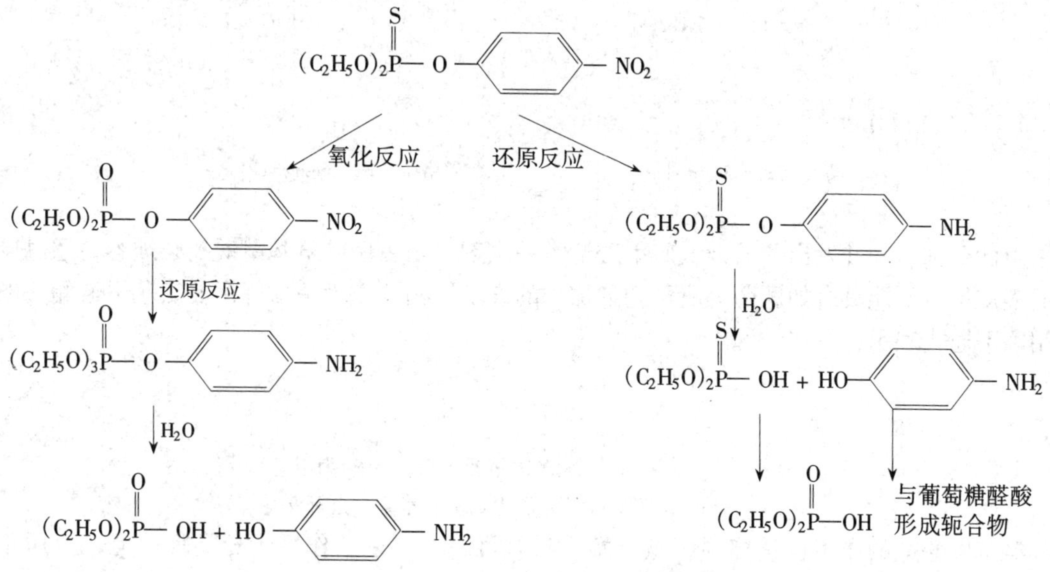

图 3-5　对硫磷在牛体内的代谢途径

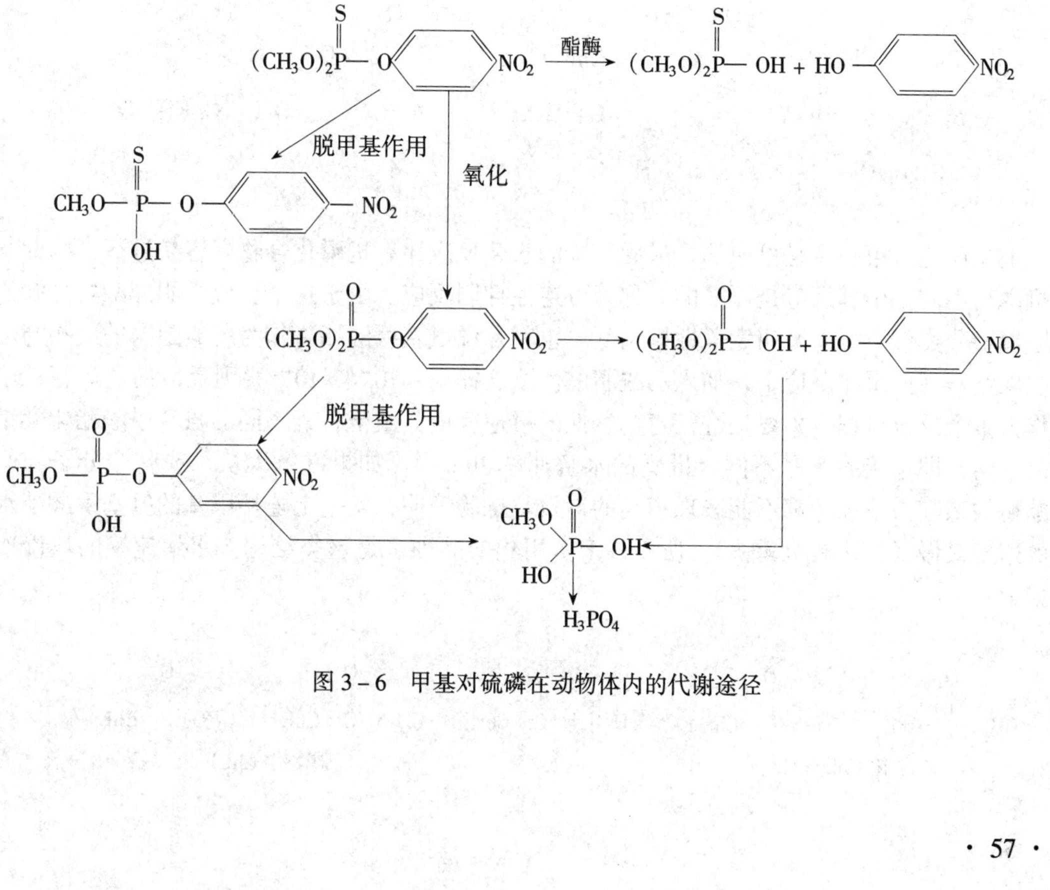

图 3-6　甲基对硫磷在动物体内的代谢途径

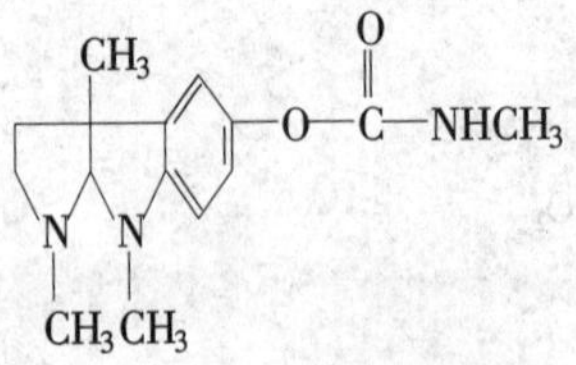

毒扁豆碱（phystigmine）

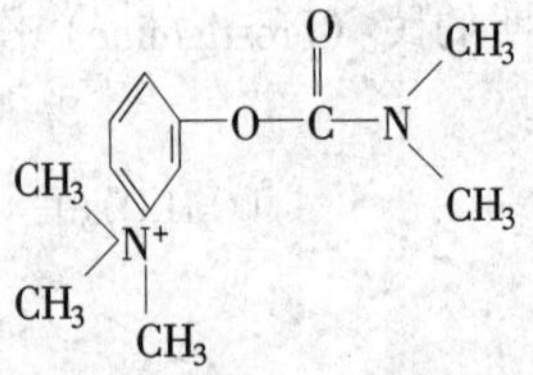

普洛斯的民（prostigmine）

由此受到启发开发出一系列氨基甲酸酯类杀虫剂。杀虫用的氨基甲酸酯必须容易透过昆虫的表皮层，不能具有如医药上所用药剂那样的离子结构。作为杀虫剂用的氨基甲酸酯一般可用以下通式表示：

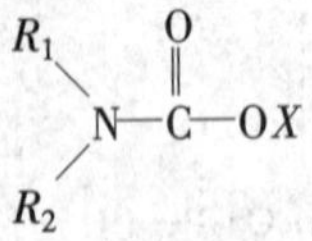

R_1 在大多数情况下为 H，R_2 为甲基；
X 可以为取代苯基、萘基、杂环基等。

氨基甲酸酯的作用也是抑制胆碱酯酶，与有机磷杀虫剂的作用十分类似，但也有所不同。抑制反应一般可用下列通用反应式来表示：

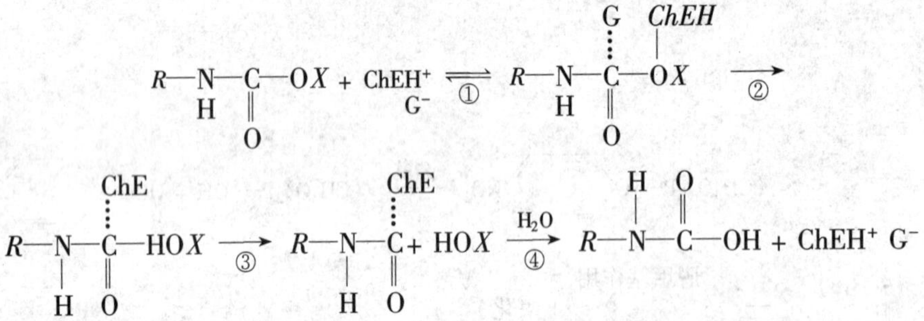

上式反应中第一步是可逆的，最后一步的水解反应比有机磷化合物更容易进行，因此与有机磷剂不同，全部反应是可逆的，称为可逆性抑制反应。由于这个反应与胆碱酯酶分解乙酰胆碱十分类似，所以又叫竞争性抑制剂。也就是说氨基甲酸酯可作为胆碱酯酶的底物与乙酰胆碱竞争，如果在反应中，加入乙酰胆碱使浓度提高（$10^{-4} \sim 10^{-3}$）则反应向左进行；所以作为整个反应过程，始终是进行着竞争性的可逆反应。由于各种不同的氨基甲酸酯化学结构的不同，即连接的 X 基不同，最后的水解速率也不同。如果水解太快，或整个分子与胆碱酯酶的亲和力不强，都不能表现较高的毒效。试验证明，氨基上连接甲基的氨基甲酸酯水解的速度最慢（但比有机磷快），所以许多实用化的品种多是这类结构。水解速率的快慢次序如下：

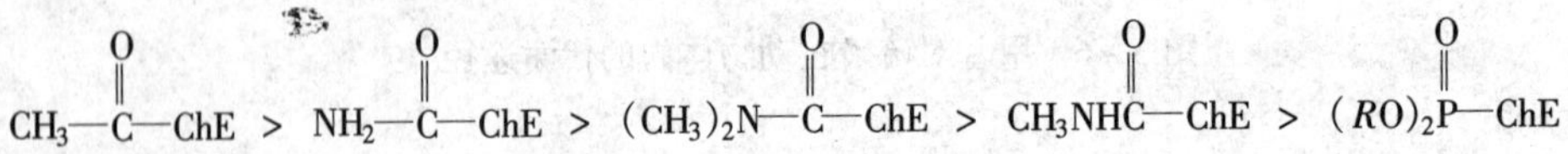

（乙酰化 ChE）　　　　（磷酰化 ChE）

氨基甲酸酯分子中的 *X* 也与反应速率有关，因为连结不同的 X 基团与整个分子的立体结构是否和 ChE 作用部位适合有关。如果结构适合与 ChE 的亲合性就大，易于与 ChE 结合，为反应顺利进行创造了条件。

形成的氨基甲酰化 ChE 的水解，可用氢氧化氨加以促进，但胆碱酯酶复活剂如解磷定等，只适用于有机磷剂，对氨基甲酰化 ChE 的复活不起作用，所以氨基甲酸酯杀虫剂中毒时不能用解磷定等药剂进行治疗。

（七）有机氯杀虫剂的作用机理　有机氯杀虫剂的主要品种为滴滴涕、六六六以及环戊二烯类杀虫剂，这类杀虫剂自从 70 年代以来，包括我国在内的许多国家都采取了禁用措施或限制使用，使这类药剂的用量逐渐减少，对这类药剂的毒理，研究的时间虽然很长、研究的学者也很多，但是作用机理至今并未彻底清楚。尤其是滴滴涕研究报道极多，各种学术观点各述已见，尽管它的用量已经很少，但是关于它的毒理机制仍在进一步研究。

1. 滴滴涕的杀虫作用机理

（1）昆虫的中毒症状　用滴滴涕处理昆虫，最先表现的中毒症状是运动失调，昆虫的步行和飞翔都发生困难，随即被击倒（knockdown），肌肉发生痉挛。运动失调及痉挛的时间由于昆虫种类不同，药剂处理的剂量不同有很大差别；可以由数小时甚至数天，最后中毒昆虫麻痹以至死亡。

（2）对神经的作用　滴滴涕对神经最明显的作用是产生反复兴奋，这种现象不仅产生于处理感觉神经细胞，也出现在处理中枢神经的时候。但用滴滴涕直接处理肌肉则不发生反复兴奋现象，不过也有人认为在极高浓度时，对于肌肉可直接引起收缩和痉挛。Welsh 等（1947）早期研究滴滴涕对神经的作用时，认为主要是增加了神经轴突的兴奋，使成为一系列连串的电冲动。用美洲蜚蠊及某些甲壳类昆虫的神经轴突试验，可以测到一系列的电冲动。一连串冲动的时间长短决定于处理时药剂的浓度。浓度高时轴突还能隔一时期放射出自发的连串冲动。由于连续兴奋的结果，使神经肌肉过度活动扰乱了正常的生理生化反应，结果发生乙酰胆碱的积聚和高能磷酸化合物的消失。也有人认为由于反复兴奋使神经中的某种有毒成分被释放出来，因而导致神经的麻痹最后死亡。在蜚蠊体内产生的毒素已被分离鉴定为芳香胺类化合物。但毒素的产生必须经过滴滴涕的长时间接触，有人证明在机械的或电的刺激下也同样产生这种毒素，显然以此来说明滴滴涕的主要作用是不适当的。不管怎么说有一点是比较肯定的，即滴滴涕主要是对神经系统发生作用。尤其是感觉神经、中枢神经及运动神经对滴滴涕的敏感性大。滴滴涕对神经的作用受温度影响大，是负温度系数的药剂，即在适当浓度下低温（15 ℃）发生反复兴奋，而在温度高时（30℃）则反复兴奋反而减少。

（3）作用机理　滴滴涕处理后的中毒昆虫，负后电位的增大是对神经产生作用最有力的证明，这种现象很多研究者都得到了证实。所以进一步解释负后电位的增大是解释滴滴涕作用机理的关键之一。

Matsumura 等（1966）认为负后电位的增大和延长是因为膜脱极化后离子泵不再起作用所致。前已述及，当冲动传导时大量 Na^+ 进入膜内产生峰形电位，复原开始时离子泵必须把 Na^+ 排出，但由于滴滴涕的作用使离子泵失去作用，K^+ 浓度的复原变为比正常时迟缓，因而产生增大的负后电位。经过进一步的研究证明，滴滴涕的主要作用是抑制了腺三磷分解酶（ATP 分解酶）。在哺乳动物的神经系统中，至少有三种 ATP 分解酶，其中 Na^+、K^+、Mg^{2+} 腺三磷酶和 Mg^{2+}，（Ca^{2+} 腺三磷酶，在神经中与离子泵有关，即 ATP 分解酶分解 ATP 以供

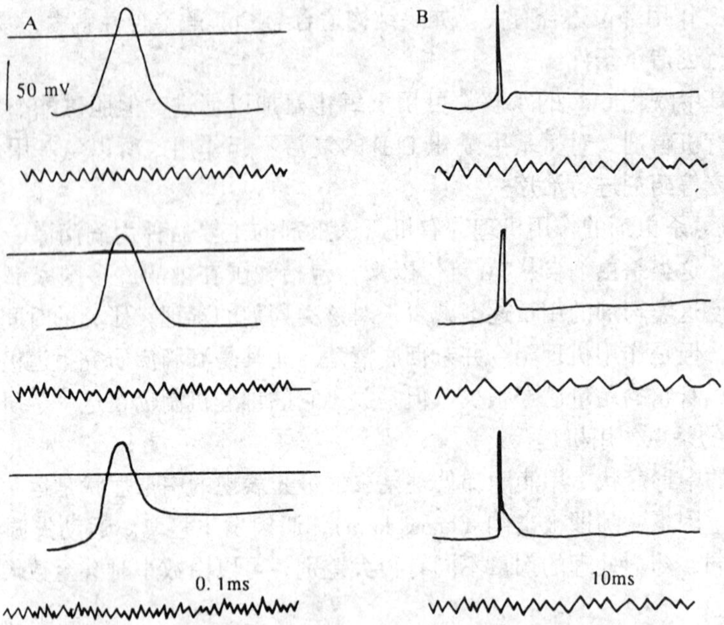

图 3-7　蜚蠊巨大神经纤维的动作电位及滴滴涕的影响

上：对照；中：10^{-4}M 滴滴涕处理，38 min；下：90 min。

A：示波器的快速扫描记录；B：示波器的慢速记录

给离子泵能量，所以也叫钠、钾离子活化三磷酸腺甙分解酶。很可能由于滴滴涕抑制了这类酶的作用，而使 Na^+、K^+ 的渗透发生不正常的改变，影响了冲动的正常传导。从鼠脑中分离的上述酶，试验证明滴滴涕对其有很强的抑制能力。相反无毒的类似物滴滴伊（DDE）则抑制作用很小，前者比后者强 1 000 倍。

另外，滴滴涕是负温度系数杀虫剂也可以得到进一步的解释。因为在低温情况下，滴滴涕对三磷酸腺甙的抑制作用大大增强，所以低温比高温毒力加大。过去的解释是由于在高温情况下解毒作用加强所致，显然是不全面的。试验证明，在高温情况下活虫体内未被分解的滴滴涕量比低温情况下的死虫还要多，这完全不能用解毒作用来解释。

自从 1969 年滴滴涕这种 ATP 分解酶抑制学说发表以来，许多学者都进行了研究，其中也不乏反对者，主要依据是对 ATP 分解酶有抑制作用的化合物与滴滴涕中毒的症状完全不同。看来还须要进一步深入研究。迄今为止，对于滴滴涕的作用机理曾有种种解释，除以上学说外，还有 Mullins（1955）提出的立体结构学说以及其它酶抑制学说等等。这些说法也都有所依据，但都难于全部解释主要事实，这也反映滴滴涕作用机理的复杂性。

2. 六六六的杀虫作用机理　工业六六六中含有多种立体异构体，目前至少已分离出 α，β，γ，δ，ε，η，θ 等 7 种。其中以 γ-异构体杀虫力最大，其它杀虫力很小或无杀虫力。六六六中毒后的昆虫，症状与滴滴涕类似，例如蜚蠊中毒后先是发生颤抖，随即行走困难，足部朝天，以至麻痹后死亡。但没有负温度系数效应。对神经的电位测定也发现和滴滴涕类似，但不如滴滴涕强烈，因此，可以肯定是与滴滴涕类似的神经性毒剂。

六六六的各种异构体均为立体异构体，它们的差别只是在空间上原子的排列不同。由于空间排列的不同而能导致毒力上如此大的差别，这在毒理学中也是很突出的，但是至今有效异构体的作用机制仍然不十分明了。

Mullins 的立体结构学说也曾用来解释 γ－异构体的毒性原理，其主要依据是 γ－异构体的三维直径都是 0.85 nm，其余异构体至少有一个直径大于此数值，按照 Lucy 的膜构造学说膜孔隙的直径最大恰好是 0.85 nm，这样 γ－异构体无论从正面或侧面都很容易进入孔隙，干扰膜的渗透性。其它异构体，由于直径较大难于进入孔隙，尽管解释是如此，但毕竟还缺乏有力的试验根据。

3. 环戊二烯类杀虫作用机理　这类药剂主要用于土壤作为杀虫剂使用，但在我国过去很少应用，今后也不会再发展这类药剂，因为其主要品种在国外也逐渐被限用或淘汰。环戊二烯类的主要品种是艾氏剂、狄氏剂、七氯、异狄氏剂等。昆虫的中毒症状与滴滴涕十分相似，不过，施药后至兴奋产生之间有一定时间的潜伏期，潜伏期的长短因药剂不同而异，短的 2 h，长的约 4 h。Wang 等（1971）认为潜伏期的存在是由于药剂进入体内后被活化成另一化合物，这个过程需要一定时间。例如，艾氏剂在体内先氧化成狄氏剂，然后再变成反式艾氏剂二醇，后者不仅活性提高，而且作用也十分迅速。分析证明，中毒的昆虫体内确有大量反式艾氏剂二醇存在。

因此，一直认为艾氏剂或狄氏剂本身毒力并不强，其强大活性主要是变成相应二醇的结果，但对二醇化合物的生化作用机制仍然知道甚少。

1977 年，Schroeder 等却得到完全不能用上述原理解释的试验结果。它们用蜚蠊腹部神经

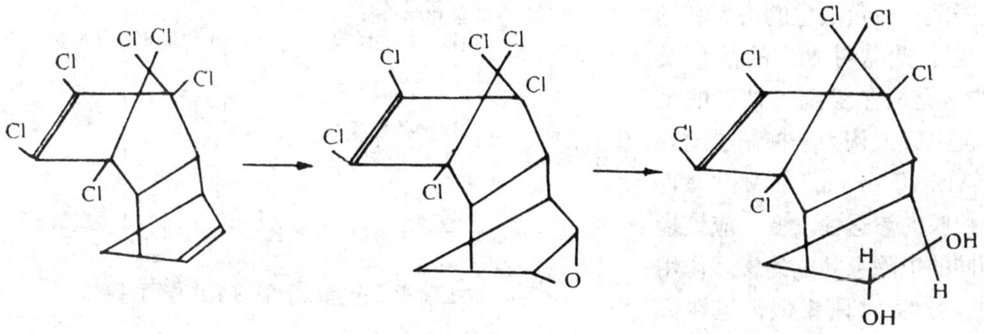

艾氏剂　　狄氏剂　　反式艾氏剂二醇

纤维、神经节进行试验，发现无论是顺式还是反式艾氏剂二醇都比狄氏剂活性小。用注射法施药也证明狄氏剂比其余二者毒力大；用色层法分析神经中枢中这些化合物的含量时，两种二醇化合物的含量都不如狄氏剂本身多，因此认为真正发挥作用的并不是二醇化合物，可能还是狄氏剂本身，二醇化合物不过是解毒代谢的产物而已。这一试验结果及解释完全推翻了以前的理论。因此环戊二烯类药剂的作用机理还有待于进一步深入研究。

（八）拟除虫菊酯的杀虫作用机理　拟除虫菊酯包括一系列人工合成的除虫菊素类似化合物，昆虫中毒后的表现与天然除虫菊有效成分除虫菊素十分相似。其主要特点是中毒后昆虫迅速麻痹，因此击倒（knock down）作用明显，击倒后的昆虫很快死亡，但也可能有部分昆虫会复苏。70 年代以来拟除虫菊酯的合成有很大突破，各种各样化学结构的农用拟除虫菊酯陆续研制成功，大大地扩大了使用面，使其很快成为杀虫剂中的主要类型之一。但是它们的毒理学作用机制至今仍然需要深入研究，才能彻底清楚。

许多试验证明，拟除虫菊酯类杀虫剂主要作用于神经突触和神经纤维。对丙烯菊酯

(allethrin) 神经电生理学的研究表明，主要是作用于神经突触的末梢，引起反复兴奋，促进了神经突触和肌肉间的传导。由于神经末端很细小，所以一般都采用巨大神经纤维细胞内电极法或膜电位法来进行研究。试验证明，拟除虫菊酯可引起膜电位的异常，主要是对膜的离子渗透性产生了影响。

例如，丙烯菊酯对蜚蠊巨大神经纤维的膜电位影响测定表明：①在低浓度处理时负后电位增大和延长，这和滴滴涕类似；②随温度增高出现了反复的兴奋；③如用高浓度处理则静止电位降低，同时动作电位也有所降低。以上这些现象产生的原因，主要是因为膜的离子透过性发生异常。根据 Na、K 电流的精密测量，证明丙烯菊酯主要是影响了 Na^+ 的活性机制，因此在瞬间 Na^+ 的流入受到部分抑制，动作电位降低。后负电位的增大和延长，也主要说明 Na^+ 的活化及 K^+ 的活化机制受到了抑制的结果。但也有人认为是抑制了膜外 Ca^{2+} ATP 酶或 Ca^{2+}、Mg^{2+} ATP 酶，使膜的渗透性改变。应该指出不同的拟除虫菊酯的毒理作用机制，虽然 大体相似，但在许多试验中都可看出存在某些差别，加之所用供试昆虫不同使结果难于一致，甚至相互矛盾。说明这类药剂作用机制的复杂性，还有许多问题难于下肯定的结论。迄今为止，拟除虫菊酯推测的作用点大约有 9 个部位之多，但一般都认为主要作用点是电位性钠离子通道。根据钠离子流入以及通道膜结合实验研究，证明拟除虫菊酯存在时，可推迟钠离子通道的关闭。和滴滴涕几乎在同一部位起作用，发挥生理活性。

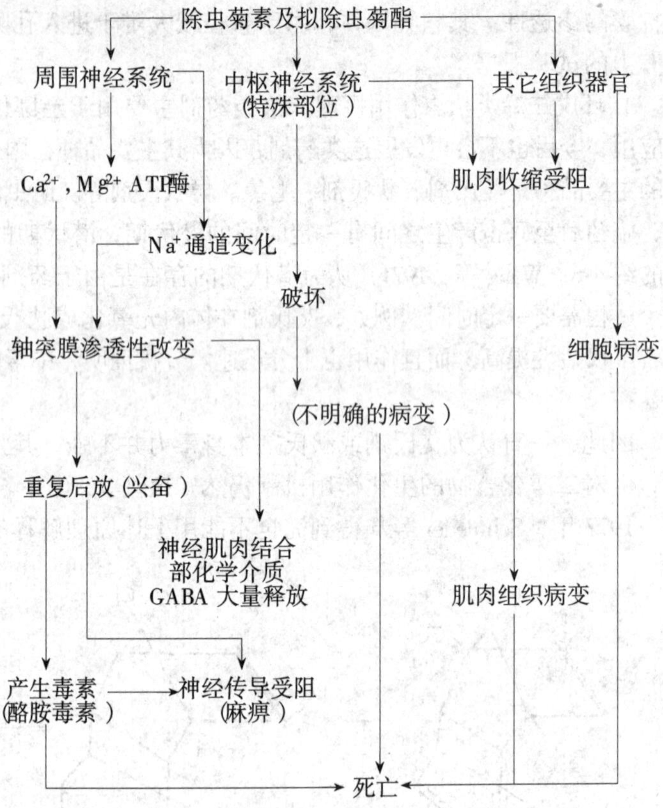

图 3-8 除虫菊素及拟除虫菊酯的杀虫作用机制

拟除虫菊酯中毒的昆虫，除神经系统的传导受到干扰和阻断外，许多研究发现还引起一些组织器官发生病变。例如神经细胞病变、肌肉组织病变，甚至其它一些如失水、泌尿等不正常生理生化现象。也有研究证明与滴滴涕一样，溴氰菊酯可引起神经系统产生酪胺毒素，不过这些现象大多产生于中毒后期，因此一般认为这些病变不是这类药的初级作用，可能是神经系统受到干扰或破坏以后的次级反应，促使昆虫死亡，所有这些都是造成昆虫死亡的因素（图 3–8)。

Narahashi (1982) 将拟除虫菊酯分为两个类型，即Ⅰ和Ⅱ型；后者一般含有 a–CN 基而前者不含。两种类型分别对神经作用引起不同反应，前者诱发突触前纤维反复兴奋，扰乱突触功能，例如丙烯菊酯、胺菊酯、氯菊酯等。后者使感觉神经元脱极化，然后在突触前纤维末端脱极化，扰乱突触机能引起过度兴奋、运动失调、麻痹、死亡。例如氰戊菊酯、氯氰菊酯、溴氰菊酯等。

拟除虫菊酯的许多品种也是负温度系数药剂，例如，丙烯菊酯对蜚蠊神经的作用，在较高浓度时对动作电位的抑制随温度的下降而增大，这也与离子的透过性有关。

（九）沙蚕毒素杀虫剂的作用机理　这类杀虫剂是沙蚕毒素（nereistoxin）的类似物，以杀螟丹、杀虫双为代表。沙蚕毒素具有神经毒性是很早就知道的，因为很早就发现蝇和蚂蚁接触沙蚕尸体时会发生麻痹现象。经过研究，沙蚕毒素对脊椎动物的作用部位是胆碱能突触。在昆虫中，突触集中的神经节对沙蚕毒素和杀螟丹有突出的亲和作用，所以一般认为在昆虫体内的作用部位在神经节。对胆碱能突触的作用方式可归纳如下：①沙蚕毒素在烟碱样胆碱能突触部位作用于突触后膜，与乙酰胆碱竞争；占领受体使受体失活，影响了离子通道，从而降低突触后膜对 ACh 的敏感性，最后降低了终板电位（EPP），使不能引起动作电位，去极化现象不再产生，突触传递被阻断；②作用于突触前膜上的受体，抑制 ACh 的释放。沙蚕毒素无论是阻断受体还是抑制释放，结果都是抑制突触的传递，这与其它类型杀虫剂不同；③对胆碱酯酶抑制作用的研究表明，沙蚕毒素及其类似物，也是一个微弱的、竞争性的、可逆的胆碱酯酶抑制剂。但由于其作用较弱，在低剂量时可能不是主要作用；④对毒蕈碱样胆碱能突触的作用与烟碱样胆碱能突触相反。前者是竞争性阻断作用，后者则是兴奋作用，产生去极化而阻断。这两种相反的作用可能在不同剂量水平时分别表现出来，并不矛盾。此外，沙蚕毒素还刺激温血动物的毒蕈碱受体也就是刺激消化管和子宫的运动，促进泪腺和唾液腺的分泌，并使瞳孔缩小。因此，沙蚕毒素本身不宜作为杀虫剂使用。经过对化学结构和活性关系的研究，明确了沙蚕毒素的化学结构中，双硫结构是毒作用的关键，因而开发出了杀螟丹、杀虫双等优良杀虫剂。在昆虫体内杀螟丹和杀虫双被转变成沙蚕毒素而起作用。

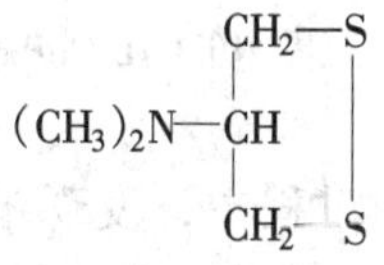

沙蚕毒素（Nereistoxin）

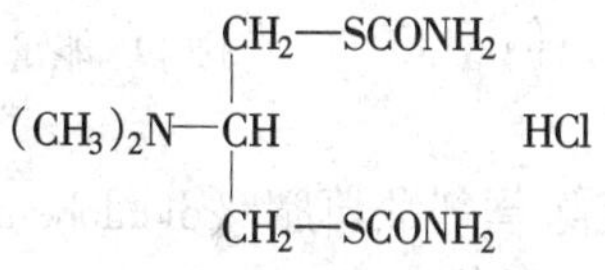

杀螟丹（Cartap）

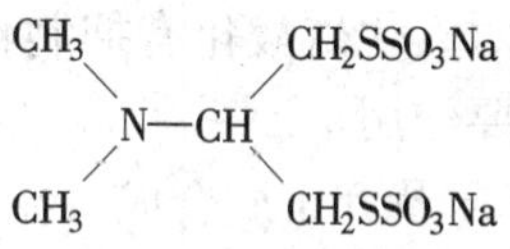

杀虫双

二、干扰代谢毒剂

（一）干扰能量代谢　昆虫的能量代谢主要是呼吸作用，一般是通过气门、气管进行气体交换，吸进氧排出二氧化碳。昆虫细胞内的呼吸代谢首先是糖、脂肪和蛋白质大部分转变为乙酰辅酶 A，然后进入三羧酸循环，通过电子转移及偶联进行氧化磷酸化作用，将营养中的能量转变为具有高能量的腺三磷（ATP）。ATP 分解放出化学能作为昆虫生命活动的能量来源（图 3－9）。

砷素杀虫剂、氟乙酰胺、鱼藤酮、熏蒸剂磷化氢、氢氰酸气、二硝基酚类杀虫剂以及有机锡杀虫剂等的作用机制，都是进入能量代谢中的三羧酸循环，影响电子传递系统和氧化磷酸化作用，致使昆虫死亡。不过，具体的作用点有所不同，从本质上看昆虫和高等动物的呼吸作用差别是很小的，因此，上述这些杀虫剂一般选择性差，对高等动物的毒性较大。

砷素杀虫剂包括三价砷的亚砷酸和五价砷的砷酸化合物，这类药剂在历史上起过作用，目前已很少应用。砷素剂的作用机制主要是抑制能量代谢中含 - SH 基的酶，例如，三价砷是丙酮酸去氢酶及 a - 酮戊二酸去氢酶的抑制剂，作用部位主要是结合在二硫辛酸乙酰转移酶上形成复合体，使酮酸去氢酶系失去作用。

鱼藤酮是豆科植物（*Derris elliptica*）根中含有的杀虫有效成分，50 年代以前是主要的植物性杀虫剂之一，目前用量已极少。它是一各线粒体呼吸作用的抑制剂，作用于电子传递系统，影响到 ATP 产生。作用点在 NADH 去氢酶与辅酶 Q 这间，使呼吸链被切断。

氰氢酸是一种气体熏蒸杀虫剂。它作用于呼吸链的电子传递系统，作用点是抑制细胞色素 C。另一种熏蒸剂磷化氢，经试验证实作用点也是在电子传递系统末端的细胞色素 C，从而影响了呼吸作用。但是应该指出，氰氢酸或磷化氢都不是专一的细胞色素氧化酶抑制剂，还有多种酶可以被其抑制，但对细胞色素氧化酶最为敏感。

此外，也有一些有机磷杀虫剂，例如杀螟硫磷等也能抑制线粒体的氧化磷酸化作用，所以也是能量代谢的抑制剂；根据报道滴滴涕也对氧化磷酸化有抑制作用，但不是它们的主要作用。

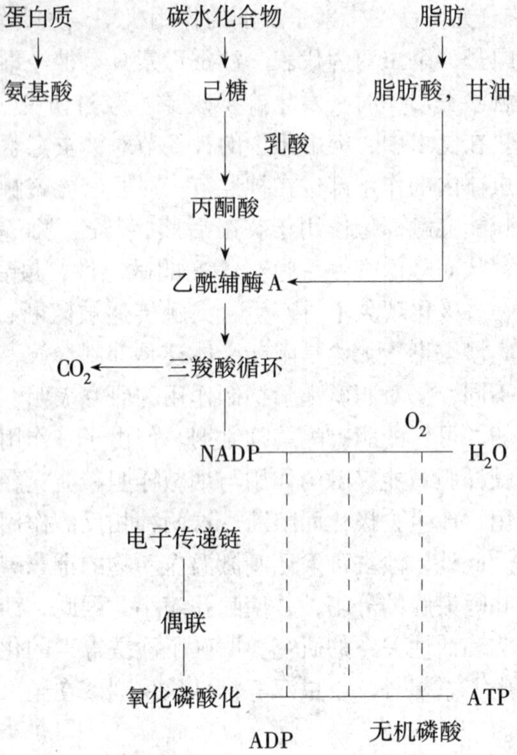

图 3-9　能量代谢示意图（仿 J. R. Corbett）

（二）干扰几丁质合成　在研究除草剂敌草腈（dichlobenil）的过程中，发现苯基苯甲酰脲类化合物有杀虫活性。以后研制出了伏虫脲（diflubenzuron）等一系列高活性化合物。它们的作用机制主要是抑制昆虫的几丁质合成，因此也叫几丁质合成抑制剂。这类药剂主要是胃毒剂，只对具咀嚼口器的害虫有效，所以是高度选择性杀虫剂。

当幼虫吃下伏虫脲后，影响正常脱皮的进行，幼虫不能脱皮而死亡，老熟幼虫不能脱皮化蛹，或变成畸形蛹，或羽化后成为畸形成虫。从组织学的观察结果来看，内表皮形成过程受到抑制，致使不能脱皮而导致死亡。昆虫的表皮是由几丁质和蛋白质形成的，伏虫脲抑制了几丁质前驱物尿苷二磷酸乙酰氨基葡糖（UDP - acetyl glucosamine）向几丁质转化。从而抑制了几丁质的生物合成，使新表皮变薄，不能硬化。此外，这类药剂还可对昆虫体产生多方面的作用，例如，破坏激素调节，影响细胞膜的透性和各种酶的活性等，但不是主要作用。

（三）抑制激素代谢　早在 1956 年，Williams 从天蚕雄虫腹部提取分离到保幼激素化合物（JH）以来，激素类似化合物作为杀虫药剂得到了很大发展。目前不只是昆虫激素类物质，一般对昆虫有生理活性、能干扰生理机能的化合物，都有可能被开发利用，这类药剂可统称为昆虫生长调节剂（Insect growth regulator，简称 IGR）由于它们的作用机制与一般杀虫剂不同，所以也是特异性杀虫剂的重要组成之一。

这类化合物包括保幼激素、抗保幼激素、脱皮激素等，与昆虫性外激素不同，为昆虫的内激素，它们的最大特点是有很高的选择性，并且活性很高，因此对人畜、野生生物、自然环境都没有不良影响。以下主要对保幼激素、抗保幼激素的作用机理进行简要介绍。脱皮激素及其类似物因亲水性大，难于通过昆虫表皮蜡质层，使用的剂量很高，所以很难实用化，本文从略。

1. 保幼激素（JH）　保幼激素的作用机制主要有二：一为抑制变态，一为抑制胚胎发育。当完全变态昆虫处于末龄幼虫时，正常情况下体内保幼激素的分泌减少以至消失，脱皮后变成蛹。如果在末龄幼虫时给以保幼激素类似物则会产生超龄幼虫，或介于幼虫和蛹之间的畸形虫，因而无法正常生活而导致死亡。完全变态的昆虫，经常是蛹形成阶段对这类药剂最敏感。抑制胚胎发育的机制很难和抑制变态分开，刚产下的卵或产卵前的雌成虫接触药剂，则抑制胚发育过程中的胚分化期，结果卵不能孵化。在幼虫后期或变态时期接触药剂则引起形态异常。这种现象产生的主要原因，是由于施加的保幼激素类似物，干扰了咽侧体正常分泌保幼激素的工作，使昆虫的变态激素失调。除以上主要作用外，也有报道 JH 类似物还有对雌虫的不育作用，施药于雄虫，虽与正常雌虫交尾也不育；由于昆虫滞育是受内激素调节的，因此，也有打破滞育的作用。

葡萄糖
↓
果糖 - 6- 磷酸脂
↓
D- 氨基葡糖
↓
N- 乙酰氨基葡糖 - 6- 磷酸酯
↓
N- 乙酰氨基葡糖 - 1- 磷酸酯
↓
尿苷二磷酸 - N- 乙酰氨基葡糖

生物膜 ________________

经膜运转※________________

尿苷二磷酸 - N- 乙酰氨基葡糖→几丁质
↑ ※
几丁质合成酶

图 3-10　几丁质合成过程示意图
※为可能的作用点

Bowers 等（1965）是抗保幼激素物质的最早发现者，他们在研究植物中生理活性物质时，从熊耳草（*Aqeratum houstonianum*）中发现两种抗保幼激素化合物，定名为早熟素Ⅰ和Ⅱ。

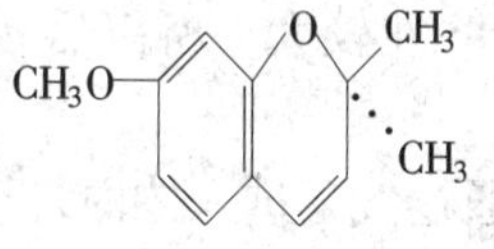

早熟素Ⅰ

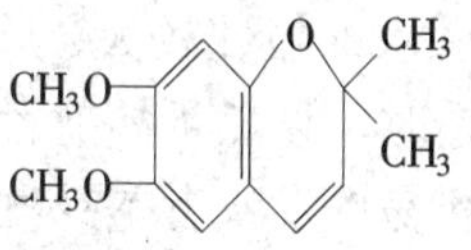

早熟素Ⅱ

用上述化合物处理长蝽的若虫，就能促进大龄若虫向成虫转变物质的形成，越过一些龄期而出现早熟状态。早熟素Ⅰ比早熟素Ⅱ的活性大 10 倍。对许多昆虫来说，早熟的雌成虫，卵巢的发育不良，无法产卵。对正常的雌虫给药，卵的成熟也受到抑制。早熟素的作用主要是影响咽侧体的机能，抑制 JH 的生物合成，所以早熟素的影响可通过给以 JH 类似物而得到恢复。在较高浓度下还可以有杀卵作用，但是上述化合物对完全变态的昆虫无效。

三、杀虫剂对昆虫皮肤的渗透

昆虫表皮和哺乳动物皮肤的构造、机能是不一样的。昆虫没有骨骼，所以皮肤又叫外骨骼。由表皮、真皮细胞和底膜构成，其表面常覆有鳞片、毛和很厚的蜡质层。昆虫的皮肤不仅因昆虫种类不同而异，就是同种昆虫其幼虫、蛹、成虫之间也有差别，虫体的各个部位的构造也不尽相同。表皮分为三层，即上表皮、外表皮和内表皮。上表皮又分三层，最外层是护蜡层，主要成分为类脂及柔化蛋白；其次是蜡层，最外层是角质精层，主要含柔化蛋白、类脂等物质。绝大多数陆栖昆虫表皮不易被水湿润，所以任何药剂如果从皮肤渗入，必先在虫体湿润展布，这样对药剂的理化性质就有了一定要求。

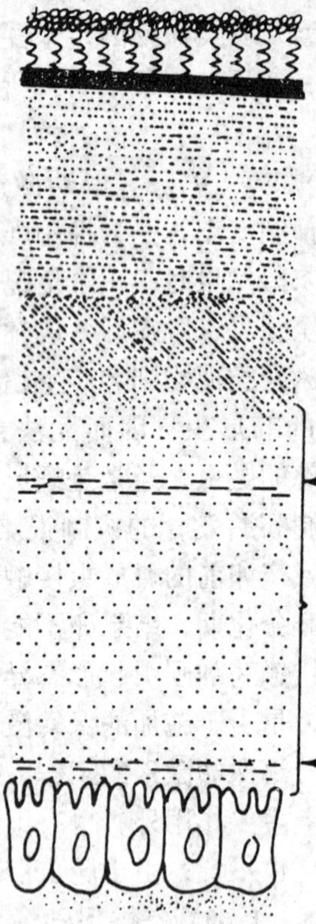

图 3-11　昆虫皮肤层次构造模式图
(H. Weber，1974)

昆虫皮肤的重要物理特征是坚硬并使物质不易透过。尤其是外表皮的蜡层，如果用氯仿等有机溶剂将蜡层除去，水等物质就容易透过。杀虫剂能否容易透过以及以什么方式透过，不只是对了解作用机制有重要意义，对新杀虫剂的开发以及新剂型的研制也很重要。

触杀性杀虫剂必须首先透过昆虫表皮才能发挥作用，透过蜡层以后再经过孔道或皮肤腺，才能侵入到昆虫体内，对药剂来说，渗透性与其分子的脂溶性和水溶性分配有关，绝大部分触杀性杀虫剂都有一定的脂溶性，所以一般能通过表皮向内层渗透，进入内层以后，化合物的油—水分配性就关系很大。例如，Burt 等（1968，1971）研究将分配系数不同的二嗪农和除虫菊素分别溶于丙酮中施于美洲大蠊中胸腹板，2h 后，前者的透过量是 75%，而后者只有 30%。由于二嗪农的极性较大，除虫菊素的蜡溶性较大，所以后者虽然容易通过蜡脂层，但在向内层渗透时，显然不如前者顺利。

有的药剂因为容易挥发或者本身就是气体，可通过气管进入体内，气管的内壁很薄，但从组织学观点看结构与皮肤十分类似，所以其渗透也和皮肤类似；当然，像油乳剂这样的药剂主要是闭塞气孔而致死昆虫的，不需要向体内渗透。

由于电子显微镜广泛使用，对昆虫皮肤的微细结构有了进一步的认识，精密仪器的分析，对各种皮肤成分的研究也有了进展。关于杀虫剂渗透性的研究也更深入，已经发现昆虫皮肤中存在着相当的间隙，使杀虫剂的渗透问题更复杂了。

第二节　杀菌剂作用机理

杀菌剂主要是防治植物病害，由于植物病原微生物与寄主植物间关系比昆虫密切得多，所以研制既要对病原菌有效而又对植物无药害的药剂，就更困难些，病原微生物种类繁多，对寄主植物的主要侵害部位多种多样，因此，杀菌剂化合物类型及品种都比较多，杀菌作用机理也比较复杂。为了达到防治植物病害的目的，不外乎以下两种途径，即药剂对植物产生影响，使其不利于病菌的生长、发育、侵染或者在植物体内繁殖、存活。这种途径的成功在于不严重影响寄主植物的正常生长发育，否则在病害得到防治的同时使植物也受到药害。另一途径即药剂对病菌产生种种生理生化干扰作用，或者直接杀死病菌以达到防治目的。

作为杀菌剂也可能同时具有上述两方面作用，但必须区别何者是主要的。如果以作用于病原菌为主，应该是保护性杀菌剂；内吸性杀菌剂显然复杂得多，如果一种内吸剂同时具有对寄主植物和病菌同样强度的干扰生理生化作用，这样的化合物将无法应用，至少是十分危险的药剂。

杀菌剂对病菌的直接作用从化学角度看，大体上可分为3种：①杀菌剂分子中的某些功能团与病菌体内的酶、原形质蛋白等产生非可逆性结合，抑制或破坏了生命活动中重要生理过程，杀死或抑制病菌生长、繁殖，一般这类作用称化学作用；②烃类或卤代烃类杀菌剂，具有极高的脂溶性，易溶于细胞膜的脂质蛋白，改变膜的正常功能，但它们的化学反应性较弱，不能形成牢固的化学键结合，因此中毒作用是可逆的。例如五氯硝基苯等对菌丝体有强抑制作用，但如果置于不含药剂的培养基中，抑菌作用又可逐渐消除，病菌又恢复生长，这类作用称为药剂的物理作用；③还有一些药剂其化学结构与病菌体内某些代谢中的基本物质类似，产生所谓“冒名顶替”，使代谢过程受到干扰。苯并咪唑类、抗生素类杀菌剂多为这种作用。目前常用的杀菌剂对病菌的具体生理生化影响中，最主要的还是以下三种：

1. 抑制能量代谢或干扰呼吸作用，阻止 ATP 的产生。

2. 干扰生物合成：干扰有机体生长和维持生命所需新细胞物质的产生过程。例如低分子量的氨基酸、嘌呤、嘧啶和维生素等（在细胞质中进行）；大分子的蛋白质合成（主要在核糖体上进行），DNA，RNA 的合成（主要在细胞核内进行）等等。

3. 破坏细胞结构，影响细胞膜的通透性而导致细胞内含物漏损等等。

但是，必须注意区分上述作用的相互影响，例如，干扰呼吸作用由于导致 ATP 供应不足，也会影响生物合成。又如细胞膜通透性增加，也可以导致呼吸作用受到抑制。杀菌剂毒理中的初级作用很重要，往往是次级反应的重要原因。

杀菌剂对植物产生影响以达到病害防治的目的，即所谓间接作用，近些年来受到广泛的重视，研究工作多集中于以下几方面：

1. 抑制病原菌产生的多糖分解酶　多数植物病原菌可以产生纤维素或果胶（pectin）分解酶，这些酶可以使病菌易于侵入植物的表皮组织，也易于在侵入后在细胞间隙蔓延。许多报道证明，不少植物品种间的抗病性差异，主要就与植物体内所含能抑制果胶分解酶的物质有关。由于这种酶受到抑制，使病菌难于侵染及在细胞间隙蔓延，从而减轻了病情。虽然目前还没有一种杀菌剂单纯是这种作用，但研究工作正在广泛地进行。

2. 使病原体产生的毒素失去活性　在低浓度下对植物有害的毒素物质，可以由病原体产生或由病原体与寄主相互作用而产生，这种毒素使寄主得病。如果一种化合物能对这种毒素的产生有抑制作用，或者使毒素失去活性，在理论上就可起到防治效果。例如，Jost（1965）报道，镰刀菌（*Fusarium* sp.）所致的的萎凋病，是因为产生了萎蔫酸（fusaric acid）毒素，但这种毒素在番茄体内被代谢成无毒化合物而解毒，如果用吲哚乙酸处理番茄，可使其抗萎凋病能力大大增强，原因是吲哚乙酸促进了分解毒素的能力。另外，也可能是药剂直接使毒素失去活性，即所谓中和毒素作用。也有一些毒素主要是对寄主植物正常代谢过程中某一点有抑制作用，使一些成分合成不足，在这种情况下，如果添加这种成分也可以减轻病情。这就是所谓补偿法。目前有关病菌产生毒素问题的研究，虽然有了很大进展，但还未出现具有这种机制的商品杀菌剂。尽管如此，不少人对此抱有很大希望。

3. 研究寄主自身的免疫物质　很早就知道植物的某些成分可以关系到植物的抗病性，例如施用氮肥多的水稻容易得稻瘟病，原因是水稻体内的谷氨酸和天冬氨酸增加，这些氨基酸恰好是稻瘟病最好的营养来源。另外有的植物容易致病是因为多施氮肥改变了植物的代谢，间接地使植物的抗病因素减少的缘故。早已知道植物体内普遍存在种种抗菌性物质，例如植物杀菌素等，含量的多少和种类与植物的抗病性直接有关。又如“植保素”或称“植物防御素”（phytoallexin）就有很长的研究历史。在一般情况下，抗病性植物受到病菌侵染时，体内酚类化合物成分迅速增加，这类化合物或其氧化产物都有抗菌能力，有时是这类化合物抑制了病菌产生的纤维分解酶或果胶分解酶的活性而使病菌失去了致病力。尤其是上述这些变化可因植物的营养条件，甚至环境的变化、外来刺激而受到影响；当然喷布杀菌剂也可能影响上述变化，这方面的研究报道是不少的。这实际上是起的间接作用，可见一种杀菌剂是否有防病效果，其作用原理是多方面的，并不一定是直接杀菌或抑菌，因为药剂的施用不仅涉及病菌，也必然涉及寄主植物 。由于病菌与寄主间的寄生关系十分密切，任何一方的变化都会直接或间接地表现出抗病性或致病性的改变。

研究一种杀菌剂的作用机理是要经过复杂的过程，所以一般毒理机制的彻底阐明都滞后于实际使用。有些药剂的作用机制至今仍然没有完全弄清楚 ，要彻底研究一个药剂的作用机制常需要很长时间。例如第一阶段，先一般观察新药剂的活性水平及杀菌谱，观察 pH 和培养基的组成对活性的影响，还要研究确定化合物作用于病菌生长发育的哪个阶段；研究病菌中毒后细胞形态学及细胞学的变化；真正杀菌物质是原化合物还是代谢物等等。已有的化学结构与活性关系的知识常会有帮助。第二阶段，证实经上述研究后得到的作用部位的推断，对某一特定酶系或细胞组分的特殊功能进行验证研究。第三阶段则进入到分子毒理学阶段，即在分子水平研究生化反应，这是新发展起来的研究领域，对杀菌剂来说资料还不充分。应该说明的是上述过程多在离体（in vitro）情况下进行，但是，很多高效杀菌剂是由寄主植物来活化的，因此研究作用机理时不能不涉及寄主植物，使作用机理的研究更为复杂。

现将杀菌剂在作用点上的主要作用机制分别叙述于下。

一、干扰呼吸作用（影响生物氧化）

生物体的生理活动所需要的能量由 ATP（三磷酸腺苷）供给，ATP 的消耗和再生是一个复杂的过程，主要是生物体内的糖、脂肪或蛋白质降解氧化，即所谓生物氧化。一般这个过程是在线粒体和细胞质中进行，尤其是线粒体；不管是多糖还是脂质，即使是蛋白质，大分子逐渐降解变成小分子最后由乙酰辅酶 A 进入三羧酸循环（TCA）循环，再连接呼吸链电子传递系统，与氧化磷酸化偶联生成 ATP。杀菌剂对生物氧化的影响可分为六种情况，即 a. 影响糖酵解；b. 影响脂肪 β 氧化；c. 影响三羧酸循环；d. 影响呼吸链电子传递；e. 干扰末端氧化；f. 解偶联作用。但是就目前实际应用的杀菌剂中，以—SH 基抑制剂、干扰电子传递系统药剂以及解偶联剂最为重要。

1. –SH 基抑制剂

(1) 重金属化合物　作为杀菌剂用的重金属化合物，主要是铜、汞、锡的化合物。金属的硫化物难解离、难溶于水，其顺序为：$Hg^{2+} \geqslant Ag^{+} > Cu^{2+} > Pb^{2+} > Cd^{2+} > Ni^{2+} > Co^{2+} > Zn^{2+} > Fe^{2+}$，这一顺序与对生物的毒性顺序基本一致，因此重金属的毒性是与生物体内含 –SH基的物质反应有关。铜剂虽然有多种，但其产生毒作用的主要是可溶性铜，铜离子与葡糖酸 –6–磷酸脱氢酶等多种含 –SH活性基的酶结合，使其受到抑制。另外，铜、汞杀菌剂都能破坏细胞膜，使 K^{+} 向细胞膜外渗透，使菌体内糖的酵解因磷酸果糖激酶，丙酮酸激酶不能活化而受阻。如果是有机铜、汞化全物，例如 8–羟基喹啉铜、醋酸苯汞等杀菌剂，由于增加了对膜的渗透性，使杀菌效果提高。

(2) 有机锡化合物既是含 –SH 基化合物的抑制剂，也对氧化磷酸化起抑制作用。因锡是四价，故通常有四种化合物，R_4Sn，R_3SnX，R_2SnX_2，$RSnX_3$，R_2SnX_2 起 –SH 基抑制作用，R_3SnX 起抑制氧化磷酸化作用。常用的杀菌剂主要是后者，在离体试验中，二乙基氯化锡和三价砷一样，选择性的与具有两个 –SH 基的二巯基丙醇反应，对含一个 –SH 基的谷胱苷肽无反应。而三丙基氯化锡则不同，主要作用于膜，破坏了 H^{+} 的梯度，使 ATP 的生成停止。另外，在离体鼠肝线粒体的试验证明，主要是抑制了氧化磷酸化，促进了阴离子和 –OH 的交换，抑制了 ATP 的生成。

(3) 二硫代氨基甲酸盐　用作杀菌剂用的主要是三类化合物，即福美系、代森系和福美双。福美系的铁盐、锌盐、镍盐都可以与生物体内的必要元素铜离子反应生成 1∶1 和 1∶2 的螯合化合物。

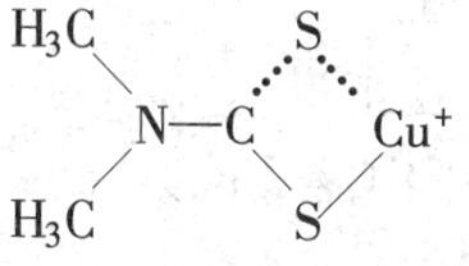

(1∶1 螯合物)

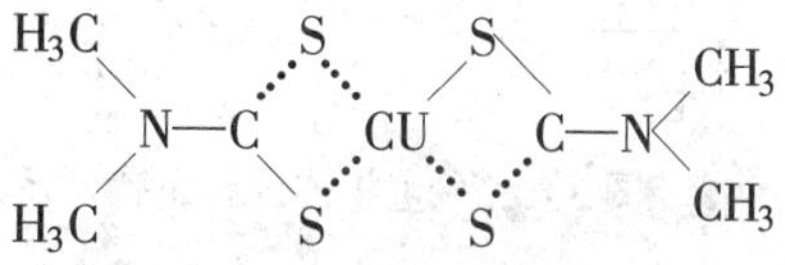

(1∶2 螯合物)

1∶1 螯合物是阳离子，它以原状态与含 –SH 的酶反应。1∶2 螯合物分解为阳离子和阴离子后，阳离子即与 –SH 进行同样反应。

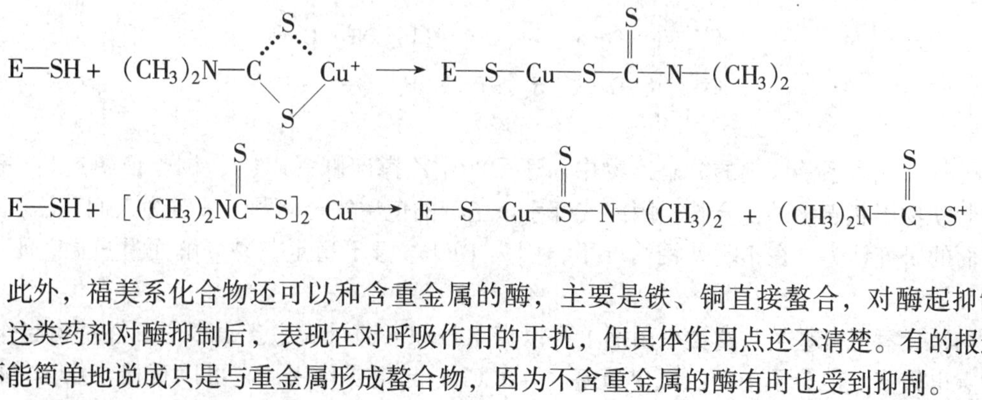

此外，福美系化合物还可以和含重金属的酶，主要是铁、铜直接螯合，对酶起抑制作用。这类药剂对酶抑制后，表现在对呼吸作用的干扰，但具体作用点还不清楚。有的报道认为不能简单地说成只是与重金属形成螯合物，因为不含重金属的酶有时也受到抑制。

福美双的作用点有许多处，但最重要的是与 –SH 的反应而被还原成二硫代氨基甲酸阴

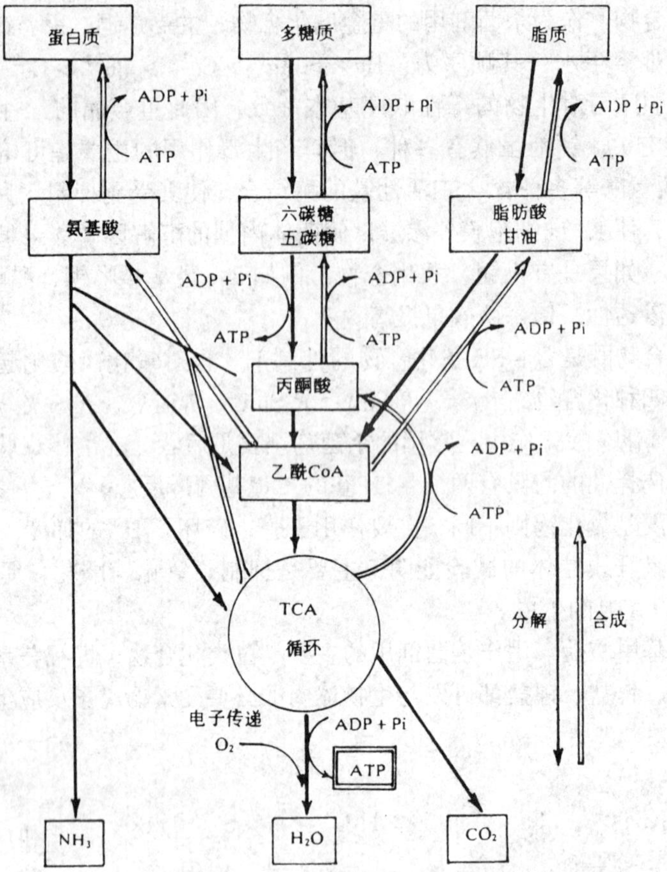

图 3-12 生物体内能量代谢示意图（铃木直治，1979）

离子。例如与辅酶 A 就是如此。

代森系药剂经放置或喷于植物上，可发生种种化学变化，有的化合物的杀菌力增强，例如乙撑双异硫氰酸化合物（EDIT）极易和 - SH 反应，使酶受到抑制。

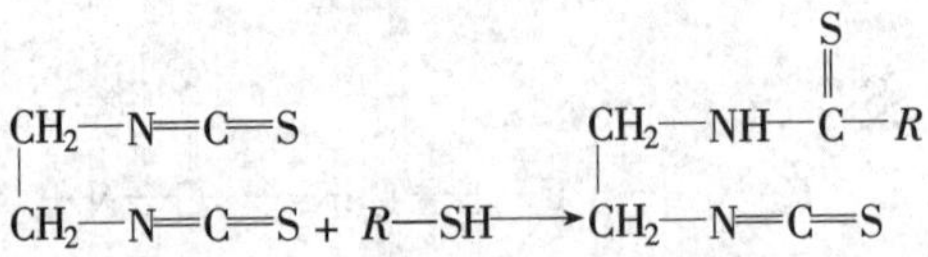

另外，代森系杀菌剂的分解产物中，还可产生乙撑硫脲（ETU），试验证明这是一种可以引起动物甲状腺瘤的化合物。因此代森系杀菌剂的使用安全问题，一时为人们关注。后经多方面的研究认为，在正确使用情况下，因为 ETU 本身不稳定，易分解而且量微，不会产生不良影响。

(4) 三氯甲硫基类　这类杀菌剂主要以克菌丹和灭菌丹为主。由多个毒性基团起作用，作用点也较多。但分子中的三氯甲硫基（ - $SCCl_3$）起主要作用，它可以直接与病菌体内多种酶的 - SH 基反应，也可以在转化成硫光气（$CSCl_2$）后再与 - SH 反应，抑制多种含 - SH

基酶的活性。

2. 干扰呼吸链电子传递系统药剂　杀菌剂中影响电子传递系统的药剂不是很多，主要品种有硫黄制剂、内吸剂萎锈灵以及抗霉素 A 等。

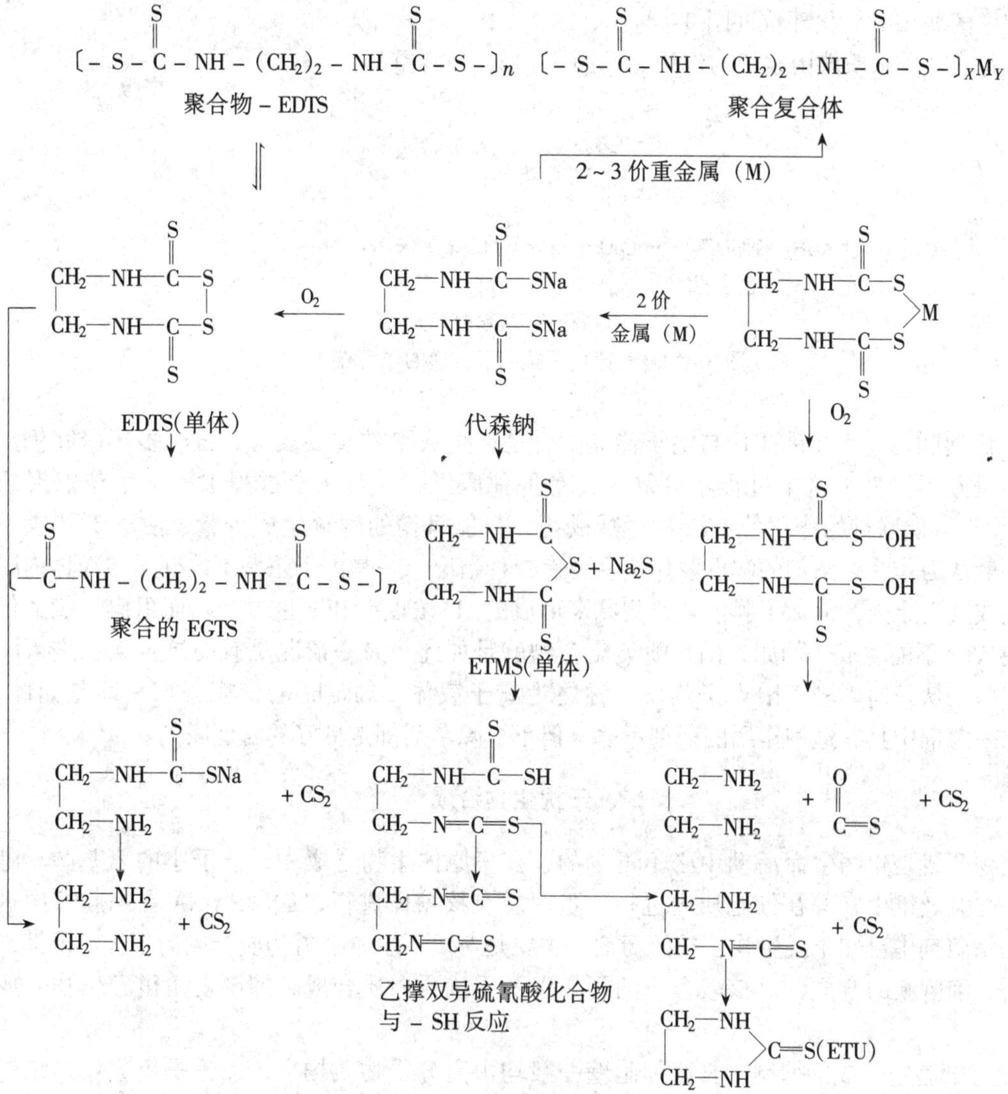

图 3 - 13　代森系杀菌剂的降解（Owens，1967）

（1）硫黄制剂　关于硫黄的作用机制从古至今说法很多，主要有以下几种：a. 还原生成硫化氢起作用；b. 氧化生连成五硫酸（$H_2S_5O_6$）起作用；c. 硫黄的直接作用。Tweedy 等（1966）经过进一步研究认为硫黄的直接作用是正确的。硫黄本身是 H^+ 的受体，中毒反应后生成 H_2S，而不是先生成 H_2S 而后中毒。具体作用点可能就在电子传递系统中的细胞色素 b 和细胞色素 c 之间。由于 S 接受了 H^+ 使细胞色素 c 的还原不可能，阻断了电子传递系统，实际上是一种与 O_2 的竞争性抑制作用。

但是也有人认为 Tweedy 等的试验，用的是经过透析的菌体均浆，如果不经透析，硫黄仍然可被谷胱苷肽、半胱氨酸等还原，生成硫化氢，因此硫黄的作用点不太可能只限于抑制细胞色素 c 的还原，很可能是多作用点。

(2) 萎锈灵类　萎锈灵和氧化萎锈灵都含有氧硫杂环已烯结构，其主要作用是非竞争性的抑制琥珀酸的氧化，所以用萎锈灵处理的菌体内可引起琥珀酸的蓄积，作用点即在电子传递系统中的琥珀酸氧化部位（图 3－4）。

抗霉素 A、杀粉蝶菌素等的作用点见图 3－14，不再重复。

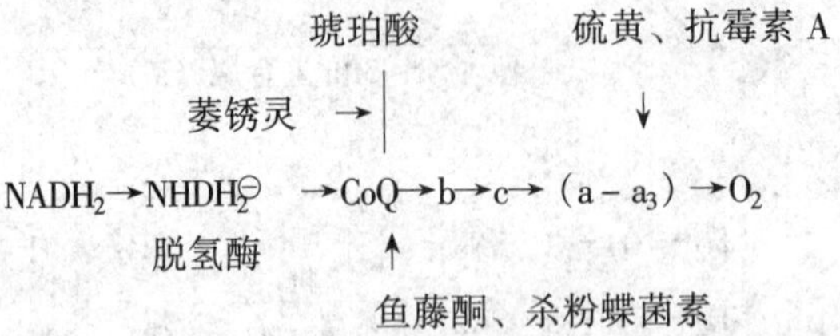

图 3－14　杀菌剂干扰电子传递的作用点

3. 解偶联剂　氧化磷酸化与电子传递配合是产生 ATP 的重要反应，虽经多年研究仍然有许多地方不清楚。这个过程十分复杂，有种种假说。一般在全过程中有三个位点形成 ATP；由于解偶联剂的作用使 ATP 的生成受阻，只能靠糖的酵解生成少量，使 ATP 严重不足。一般认为作为杀菌剂的解偶联作用主要有二种情况，一是由于杀菌剂改变了线粒体内膜的透性或其它原因，消除了膜内外两侧原来形成的 H^+ 浓度差和电位差，因而阻碍了能的供应，使 ATP 不能生成，例如二硝基酚类化合物就是如此。另一情况是有的抗生素在进入膜内过程中，从外向内输送阳离子物质，称之为离子载体（ionophore），痘斑霉素即是如此。不过在杀菌剂中具有这种作用的药剂不多，但不少除草剂都是良好的解偶联剂。

二、干扰生物合成

生物合成是生物生命活动中必不可少的，在病原体生物合成中，分子小的氨基酸、嘌呤、嘧啶碱及维生素等在细胞质内进行，蛋白质在核糖体进行，DNA，RNA 在细胞核中进行。在杀菌剂中已知干扰生物合成的药剂，主要是对以下生命必需物质合成的干扰。即抑制细胞壁、细胞膜的合成，对核酸合成的影响以及干扰蛋白质合成、抑制麦角甾醇生物合成等。

1. 对细胞壁合成的抑制　真菌细胞壁一般均由高分子物质构成，无论是组成还是结构都十分复杂。作为细胞壁的主要功能，即保持细胞一定形状和强度的是其中的几丁质成分。几丁质是一种含 N 的高聚糖类，单元是乙酰氨基葡糖主要通过 β－1，3 或 1，6 糖苷键结合而成，但也有 α－1，4，α－1，6，β－1，4 连接的。除几丁质外，细胞壁的组成还有纤维素类似物、色素、少量果胶、蛋白质、微量糖类和脂肪、矿物质。不同的真菌其成分有所不同。由于植物细胞壁的组成主要是纤维素类物质，因此对真菌细胞壁合成有抑制作用的杀菌剂，对植物较安全。细菌细胞膜的组成主要是多肽葡聚糖，与真菌的细胞壁组成又有不同，对真菌病害有效的药剂对细菌病害不一定有效。影响细胞壁合成的杀菌剂一般在植物、细菌、真菌间都有较强的选择性。细胞壁中主要成分几丁质的合成过程，其实是其组成单元即乙酰氨基葡糖的连续联结过程，其中有细胞壁合成酶参与，可以用示意图表示。

对细胞壁合成有抑制作用的杀菌剂主要有二类，即有机磷杀菌剂和一些抗生素。

（1）有机磷杀菌剂　有机磷化合物作为杀虫剂主要是抑制乙酰胆碱酯酶，前节已有详细

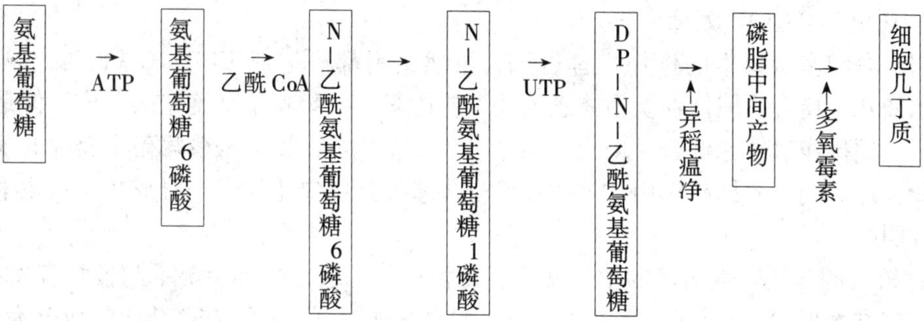

图 3-15　几丁质合成过程示意图（UDP：二磷酸脲核苷，　UTP：三磷酸脲核苷）（柿木等 1970）

叙述。作为杀菌剂的有机磷化合物不会再是这种作用，因为微生物不含这种酶。比较高效杀虫剂对硫磷和杀菌剂稻瘟净的化学结构，可以看出有两点不同，即分子内的 S 和 O 相互转换了位置，另外杀虫剂对硫磷中的吸电子基 NO_2，对于杀虫来说是必需的，但对于杀菌却是不需要的。根据多种类似物的生物测定表明，上述结构中 S 和 O 的位置互换对杀菌作用十分关键。

用 ^{14}C 标记的乙酰氨基葡糖加入于稻瘟病菌中进行试验；当加入稻温净时，提取后鉴定发现，其中细胞壁合成酶和乙酰氨基葡糖的结合体含量，处理比对照明显增多，因而认为稻瘟净主要是阻止了该结合体（UDP－GLCNAC）进入几丁质的聚合过程。但是其作用点过去一直是不明确的，Maeola 等（1970）认为，由于稻瘟净已证明对细胞壁合成酶不起作用，所以其作用点可能是影响细胞膜的透过性，使 UDP－GLCNAC 不能透过细胞膜而聚合成细胞壁几丁质。

（2）多氧霉素（polyoxins）　多氧霉素主要是为防治水稻纹枯病而筛选出的抗生素；有效成分为多种类似物的混合物，目前已分离出 13 种结构类似的化合物。研究多氧霉素与病菌的作用发现：①对病菌的呼吸作用以及核酸、蛋白质合成均无影响；只是 N－乙酰氨基葡糖进入细胞壁的聚合过程受阻。②细胞壁合成的前体物质 UDP－N－乙酰氨基葡糖大量累积。根据这些事实证明，多氧霉素的作用点应该是在 UDP－GLCNAC 形成以后（图 3－15）。多氧霉素的有效成分虽然很多，但大同小异，以多氧霉素 L 为例，其化学结构与 UDP－GLCNAC 十分相似（图 3－16）。从化学结构中可以看出，

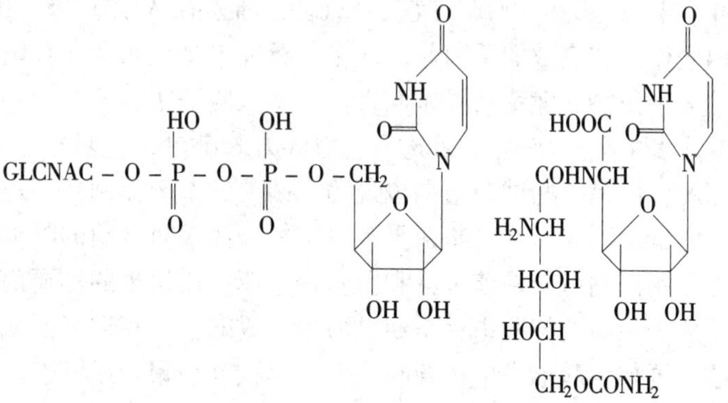

图 3－16　多氧霉素和 UDP—GLCNAC 的结构
（见里朝正，1972）

UDP－GLCNAC 结构中的脲核苷基（uridine）与多氧霉素的活性基团是相同的，整个主体结构二者也相似，因此，Hori 等（1974）认为多氧霉素的致毒机理是竞争性抑制作用，即在菌体内与 UDP－GLCNAC 竞争和几丁质合成酶的活性部位的结合，从而使几丁质的合成受到干扰，其结构 UDP－GLCNAC 大量累积。

比较稻瘟净和多氧霉素的作用机理可知，虽然两者都可造成 UDP－GLCNAC 的大量累积，使细胞壁几丁质合成前体物质不能进入几丁质的聚合，影响了细胞壁的形成，但是作用点并不相同。稻瘟净对细胞壁合成酶无抑制作用，而多氧霉素用从稻瘟病菌中提取的细胞壁合成酶试验，却有明显的抑制作用。因此结论是多氧霉素主要是作用于合成酶，从化学结构上也是十分明显的。

2. 干扰核酸的合成　生物体的生长发育、传种接代、遗传变异，莫不与核酸有关。“生命是蛋白体存在的形式”，而一切蛋白体的合成均由核酸控制。核酸按其化学组成分为两类，即脱氧核糖核酸（DNA）和核糖核酸（RNA）。DNA 主要存在于细胞核中，而 RNA 在细胞核和细胞质中都有。核酸是含磷的化合物，含有碱基和戊糖碱基主要是嘌呤和嘧啶两类含氮杂环化合物。RNA 的碱基共 4 种，即腺嘌呤（A）、鸟嘌呤（G）、胞嘧啶（C）和脲嘧啶（U）；DNA 的碱基除以胸腺嘧啶（T）取代脲嘧啶（U）外，其它碱基均相同。戊糖也有两种，RNA 为核糖，DNA 为脱氧核糖。碱基与戊糖连接成核苷，再和磷酸连接成核苷酸以构成核酸的基本单位。这样 RNA 就有 4 种核苷酸：腺嘌呤核苷酸（AMP），鸟嘌呤核苷酸（GMP），胞嘧啶核苷酸（CMP）以及脲嘧啶核苷酸（UMP）。DNA 除 dAMP，dGMP，dCMP 外还有胸腺嘧啶核苷酸（dTMP）。

核酸是一连串的核苷酸组成的大分子聚合物，这种几百甚至几百万个核苷酸长链还可能折叠或扭曲。DNA 通常是两条长链组成，是遗传信息的储存器，目前普遍承认 DNA 是双螺旋结构，碱基相互配对，G－C 配对，A－T 配对，这种固定的“互补链”对遗传信息的稳定和传递以及 DNA 的复制是十分重要的。

影响核酸合成的杀菌剂最主要的是苯并咪唑类杀菌剂，例如苯菌灵（benomyl），甲基托布津（thiophenate－M），多菌灵（Carbendazim，MBC）等。这类杀菌剂最大特点是具有植物的内吸作用和高效的杀菌作用。多菌灵和甲基托布津在我国有广泛的使用，除藻菌以外，能防治多种作物、蔬菜及果树病害。许多试验证明，苯菌灵和甲基托布津在植物体内通过代谢转变成多菌灵（MBC），因此一般均认为苯菌灵、甲基托布津是通过代谢成多菌灵而起杀菌作用的，但是一些试验结果也说明多菌灵的杀菌作用并不完全等于前两种药剂。例如，多菌灵对能量代谢无影响，苯菌灵和甲基托布津却对真菌的呼吸作用有部分抑制作用，所以多菌灵的作用机制可能是苯菌灵和甲基托布津作用机理的重要部分，但不一定是全部。

含嘧啶碱的核酸主要是通过酶来合成的，先将适当的氨基酸合成为嘧啶碱，然后与戊糖连结，再与磷酸形成单核苷酸，最后单核苷酸聚合成核酸。这是一个复杂的过程。在合成过程中，由于碱基顺序的排列不同，就可以合成多种多样的 DNA 或 RNA，细胞中的遗传信息就储存在 DNA 的碱基顺序排列之中，含嘌呤的核酸还有另外的合成途径，情况十分复杂。多菌灵对核酸合成的影响，主要是干扰碱基的结合。从多菌灵的化学结构来看与嘌呤碱、维生素 B_{12} 结构十分类似，因此可起到“冒名顶替”的作用，干扰了核苷酸的合成。

但是也有的认为苯菌灵的作用是影响 DNA 的复制，至少是与复制有关的核分裂到细胞分裂的进程受阻。Clemons 等（1971）试验，42μmol/L 的多菌灵处理玉米黑穗病菌，1h 后即

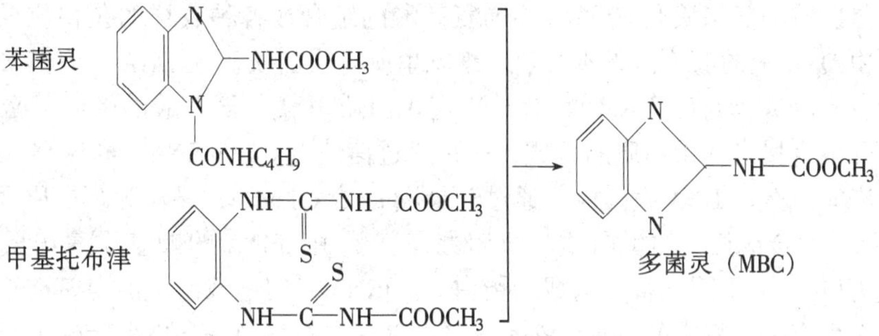

图 3－17　苯菌灵和甲基托布津转变成多菌灵

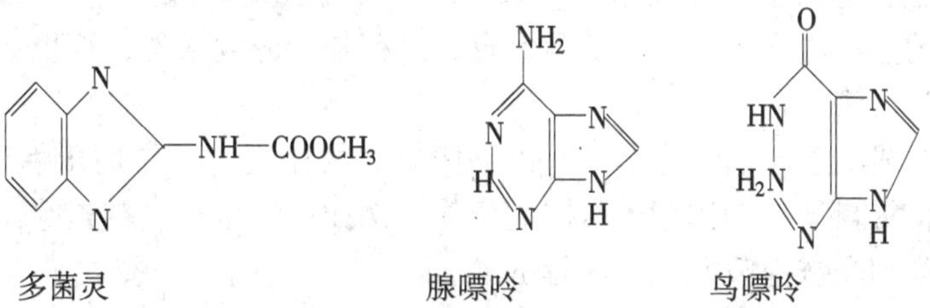

图 3－18　苯并咪唑杀菌剂与嘌呤碱的化学结构

可有 50%的分生孢子不能生成。另外也有证明对 RNA 和蛋白质的合成有抑制作用，但这是在 DNA 受到抑制以后才表现出来的。应该指出，苯并咪唑类杀菌剂的作用机理的研究进行的很多，许多说法同时存在，目前还难于取得一致。还有的试验说明这类药剂还有其它作用，例如一些试验证明，苯菌灵和甲基托布津甚至多菌灵的作用机制都不同，对一些重要酶系也有抑制作用，试验证明苯菌灵可分解产生异氰酸丁酯，这个化合物可以和－SH 基反应使一些酶受到抑制，也有试验证明这类药剂还可能干扰细胞壁、细胞膜的合成等等。由些看来，这类杀菌剂的作用机理可能十分复杂，具有多种生理活性机能。

除上述苯并咪唑类杀菌剂外，还有一些杀菌剂也是对核酸的合成有抑制作用的，但具体作用点不同。例如果绿定（glyodin）是咪唑环的衍生物，其结构与嘌呤苷或其前体类似，它的杀菌作用也可由于加入鸟嘌呤或黄嘌呤而消失，因此推断它是嘌呤的竞争性抑制剂。又如叶枯散（cellocidin）除对呼吸作用三羧酸循环中的 a－铜戊二酸至琥珀酸的过程有所抑制外，还证明对稻瘟病菌的 DNA 的合成也有明显的抑制作用，此种抑制可能是专化性的，具体作用点还不太清楚。

3. 干扰蛋白质的合成　对蛋白质合成有影响的杀菌剂，至今几乎全部是抗生素类药剂；灭瘟素（blasticidins）、春雷霉素（kasugamycin）等抗真菌剂，链霉素（streptomycin）、氯霉素等抗细菌剂就是代表。农业上用的最多的是抗真菌剂，但是对蛋白质合成抑制的机理研究最多的却是用细菌，尤其是大肠杆菌作材料来进行的，用真菌作为材料的研究相对较少。不过许多研究证明，大肠杆菌的蛋白质合成体系与真菌、高等植物的并没有很大不同。

蛋白质的合成是在核糖体上进行的，核糖体是由核酸和核蛋白组成的核糖核蛋白体。在细胞内核糖体是合成蛋白质的主要细胞器，不同生物核糖体的大小不同，常用沉降系数 s 来表示。至今已发现有三种核糖体，即 80s，70s，60s，主要是前两种；一个核糖体又分为两个亚单元，80s 由 40s 和 60s 组成，70s 由 30s 和 50s 组成，这些亚单元担负合成蛋白质的任务。组成蛋白质的氨基酸有20种，不同氨基酸的组合成各种各样的蛋白质或酶，合成何种蛋白质是由DNA上的遗传密码所决定，细胞里所有蛋白质都在DNA上有其决定氨基酸排列顺序的信息，DNA上每三个核苷酸就是决定蛋白质里某一氨基酸的密码。密码虽然在DNA上，但它并不直接参加蛋白质的合成，而是通过信使RNA（mRNA）和转移RNA（tRNA）在核糖体上来完成。以DNA为模板，通过转录成mRNA，mRNA又作为蛋白质合成的模板，由mRNA经翻译而合成相应的蛋白质。所谓翻译就是由mRNA的碱基顺序组成的密码被“解读”而成为以20种不同氨基酸构成的蛋白质。tRNA专门运载活化的氨基酸至核糖体，每一种氨基酸至少有一种特定的tRNA来运输它。它首先在氨酰基tRNA合成酶的帮助下与某一特定氨基酸结合，并携带此氨基酸至核糖体，根据mRNA的信息来合成特定的蛋白质，tRNA完成一次运输任务后，又从核糖体出来，重新再去运载氨基酸。

以上是简单的蛋白质合成过程。实际上合成过程是十分复杂的，这里不再详细叙述，可参看有关生物化学书籍。

影响蛋白质合成的杀菌剂，大体上有以下四方面的作用：①作用于蛋白质合成的起始，例如链霉素、春雷霉素等；②作用于肽链的延伸，例如灭瘟素、氯霉素等；③作用于蛋白质合成的终止，例如细交链孢菌酮酸（tenuazonic acid）等；④作用于蛋白质合成的全过程，例如放线菌酮等。

灭瘟素的作用机制是与细菌的70s脂质体的50s亚单元以1∶1摩尔比相结合；但也有报道认为灭瘟素是影响肽基－tRNA肽基的转位作用，但都是影响肽链的延伸，而且认为是由于灭瘟素的N－甲基胍基和胞嘧啶的氨基间相互发生了作用。

春雷霉素是高效的防治稻瘟病的抗生素，它的作用机制与灭瘟素不同，用大肠杆菌研究证明，它是与70s和30s小亚单元结合，阻止30s与氨酰基tRNA以及mRNA三者的结合以形成30s初始复合物（30s initiation complex），因而它是作用于蛋白质合成起始物质的药物。当蛋白质合成中，核糖体移动至终止密码子时，肽链的延伸便停止，新的蛋白质合成即告完成。因此，抑制肽链延伸的药剂大多数也都能起终止蛋白质合成的作用，至于放线菌酮这样的杀菌剂，其作用比较复杂，说法也不尽相同；有的认为它不仅抑制蛋白质合成，而且也抑制核酸的合成，对蛋白质合成的抑制主要在80s上专门作用于60s亚单元，显著地抑制肽链的延伸；另外也有人认为这类化合物可以影响从蛋白质合成起始直至终止的全过程。

4. 抑制麦角甾醇生物合成（EBIS）　近十几年来，陆续出现一类新型内吸杀菌剂，它们共同的作用机制与上述药剂不同，主要是抑制生物体内麦角甾醇（ergosterol）的合成。在商品化的品种中虽然化学结构各不相同，但都有一个杂环核心；尤其是含1，2，4－三唑的化合物，例如三唑酮、三唑醇等对锈病、白粉病、黑穗病等病害有特效的内吸剂。

（1）麦角甾醇的生物合成和生理功能　甾醇类化合物是生物维持生命及生长发育不可缺少的物质。不同生物所需要的甾醇化合物不同，真菌和细菌主要是合成麦角甾醇；它是构成细胞膜的主要成分，只知对细胞膜的渗透性起重要作用，但还不了解其全部生理功能。在动物体内胆甾醇（cholesterol）已知是甾类激素（steroid hormone）或胆汁酸（bile acid）的重要母体物质。有报道在某种真菌中类甾醇也起着激素的作用；不过对多数真菌来说是否如此还缺乏根据。

甾醇类化合物是含有环戊烷氢化菲骨架的复杂醇类化合物，无论动物、植物还是微生物，在合成甾醇类物质时，都必须先合成异戊间二烯单元，六个单元经过一系列的氧化、关环等复杂的生化反应而形成羊毛甾醇（lanosterol）。由羊毛甾醇再进一步变成各种甾醇化合物时，不同生物种类间有不同的途径。微生物体内合成麦角甾醇需要经过一系列的甲基化、脱甲基化、双键位移、脱氢及氢化等多种复杂反应，这一系列反应在细菌和真菌中也仍然有微小差别。这类药剂对合成过程任何步骤的抑制，都可使病菌死亡或不能生长，值得注意的是这类药剂的少数品种还具有植物生长调节剂的生物活性，对被处理的植物全身都起作用，尤其是形态学的改变最大，据认为是由于干扰了赤霉素生物合成的结果。

（2）作用机制　目前已开发出具有实用价值的品种约有 20 余个，其中有 7 种主要用于医药上，防治真菌和细菌疾病。从化学类型上看主要可分为 6 类，即哌嗪、吗啉、吡啶、嘧啶、咪唑和三唑衍生物。许多研究证实，哌嗪、嘧啶、咪唑和三唑衍生物，例如嗪氨灵、三唑酮等，大都对羊毛甾醇结构中 14 碳原子上的脱甲基反应有抑制作用。这一反应是由羊毛甾醇至麦角甾醇合成过程中十分重要的步骤之一，由细胞色素 P－450 来完成。受到抑制的结果使麦角甾醇的中间产物累积，最近的研究证明，这一中间产物主要是 14－α－甲基麦角甾烷－8，24（28）－二烯－3β6α－二醇。但是吗啉衍生物例如十三吗啉的作用点不同，可能是抑制双键移位反应步骤，也可能是影响一种还原酶的活性。

（3）三唑酮的代谢和选择杀菌活性　内吸剂在防治对象以及寄主植物体内的代谢，是影响药效和选择性的重要因素，而在一系列降解变化过程中，第一步反应是决定活性大小的重要步骤。1976 年 Buchenauer 等对三唑酮在豆类、大麦及土壤中的代谢进行过研究，发现三唑酮可被代谢为三唑醇，并证明后者具有杀菌活性，随即在 1977 年也开发为杀菌剂。以后又经多人研究证明，在一些真菌中三唑酮也转变成三唑醇，由于三唑酮的杀菌活性并不高，因此认为转变后的三唑醇才是表现高效的化合物。

三唑酮还原为三唑醇后，在分子中多了一个手征性碳原子。因此三唑酮的两个光学异构体（R 和 S）分别生成三唑醇的两对对映体（对映体Ⅰ，1R，2S，和 1S，2R，对映体Ⅱ，1R，2R 和 1S，2S）试验证明，不同异构体的活性不同，Ⅰ的两个对映体活性最大，杀菌力最强。但是也有的试验结果表明，这种活化代谢并不是发挥毒力的唯一因素。参与活化反应的酶，目前还不太清楚，多种脱氢酶都可能与此有关。在高等植物中，三唑酮的代谢与真菌中类似，不过不同的植物代谢的程度不同。例如在研究过的植物中以黄瓜最快。在植物体内代谢的最终产物是对氯苯酚，不过在多数情况下，都以轭合物的形式存在。

总之，微生物对药剂的酶解能力是巨大而复杂的，对麦角甾醇生物合成抑制剂来说，主要是氧化还原和水解反应，包括脱去分子中的氯原子。容易进行降解失活反应的病菌，则表现出较大的耐药性。如果对原化合物有活化作用，则代谢就成为有选择杀菌作用的重要因素。在高等植物体内，代谢的产物或原化合物都可生成各种轭合物。

第三节　除草剂的作用机理

除草剂的作用机理，包括除草剂的吸收、传导及毒杀杂草的部位和机制。深入了解除草剂的作用机理，对科学使用和开发新除草剂品种都有重要指导意义。

一、除草剂的吸收与传导

除草剂必须进入植物体才能发挥其除草效果，不同除草剂进入植物体的途径是不同的，有的通过叶，有的通过根，有的通过芽，还有的可以通过多种途径进入植物体。除草剂进入植物体的途径，决定着除草剂的有效使用方法，茎叶吸收的除草剂只能作茎叶处理。根、茎吸收的除草剂，只能作土壤处理。除草剂进入植物体内，有的不传导或传导能力很差，也有的可通过共质体、质外体或同时在两者之间进行传导。除草剂在植物体内是否传导，也影响着除草剂的药效及对杂草根除的程度。

（一）除草剂的吸收　1. 叶部吸收

除草剂可通过叶面表皮、气孔进入植物体。进入途径如图 3－19 所示。叶面表皮由多层组成，外层为蜡质层，内层为角质层，角质层与细胞壁相联接。除草剂完全靠渗透才进入叶片内部。由于药剂的亲水性与亲脂性的差别，渗入的部位也有差别。极性强的药剂只能在表皮蜡质层薄的地方渗入。而脂溶性药剂则易由蜡质层厚的部位或通道进入叶内。

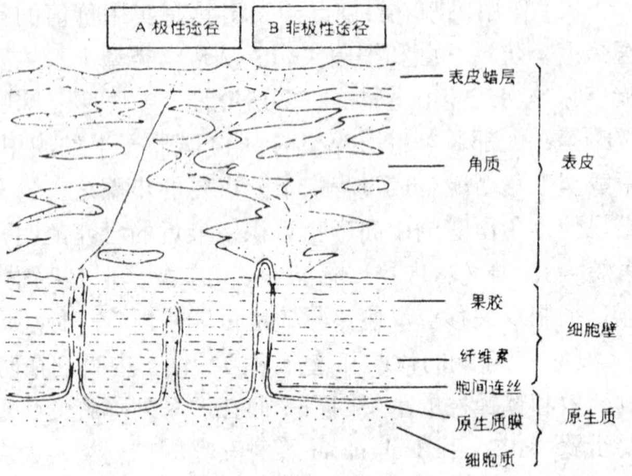

图 3－19　植物叶面吸收除草剂示意图

叶部吸收除草剂的程度，受药剂、作物和环境条件的影响。药剂因素，主要是它的极性和挥发性及使用的助剂的性质；植物因素主要是叶面形态，表皮构造、叶的老嫩；环境条件主要是气温高低、湿度大小等。

2. 根部吸收　植物根是吸收水分和营养的部分，表面缺乏蜡质和角质。对极性强的除草剂极易吸收，而对非极性除草剂吸收则较困难，除草剂从根部进入植物体内有三个途径，

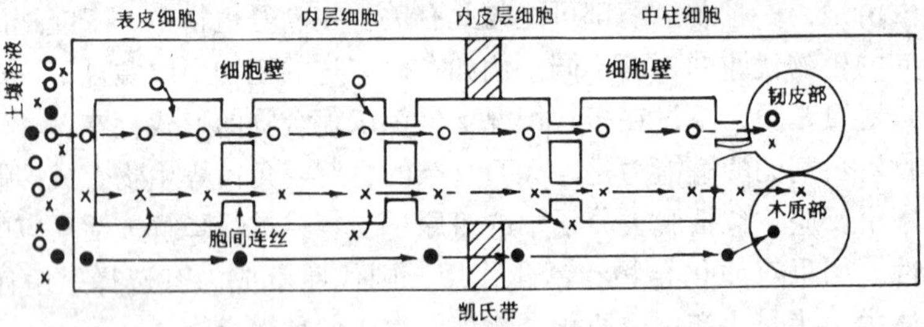

图 3－20　除草剂进入根部的示意图

○表示分子可能进入原生质（共质体系），细胞间通过胞间连丝而进入韧皮部；

●表示分子可能进入细胞壁（质外体系），扩散经凯氏带而进入木质部；

╳表示分子可能同时从细胞壁（质外体系）与原生质（共质体系），而进入木质部与韧皮部

即经质外体系、共质体系与质外—共质体系（见图 3－20）。经质外体系，主要是在细胞壁中移动，中间经过凯氏带而进入木质部；经共质体系，最初为穿过细胞壁，然后进入表皮层与皮层的细胞间连丝在细胞间移动，经内皮层、中柱而到达韧皮部。质外—共质体系是两者皆

有。影响植物根从土壤中吸收除草剂的主要因素是药剂的水溶性、土壤的质地、有机质含量和土壤含水量。药剂水溶性强、土壤沙性、含有机质少、含水量高，有利于植物根从土壤中吸收除草剂。

3. 芽部吸收　有些除草剂是在杂草种子萌动过程中，经胚芽鞘或幼芽吸收而发挥杀草作用的。例如氟乐灵、甲草胺都主要是通过芽部吸收，根部吸收的药量很少。

（二）除草剂在植物体内的传导　除草剂进入植物体内，如不传导，它只能杀死接触到的部分。作茎叶处理，则只能杀死杂草的地上部分，对于多年生宿根杂草不能根除。有传导作用的除草剂，特别是向下传导作用强的除草剂，就能根除宿根杂草，因此了解除草剂的植物体内是否传导，以及传导的途径和特点，对科学使用除草剂有重要意义。

1. 通过共质体系传导　除草剂在共质体传导的途径是在植物有生命的韧皮部随营养流进行，传导的方向是由“源”到“库”。“源”是指植物形成同化物的部分，特别是成熟的绿色叶片。处在生长阶段的新叶。虽然也有形成同化物质的作用，但没有过剩的同化物，就没有“源”的作用。植物叶片老化，虽仍然含有叶绿素，但已失去同化作用，这时它亦失去“源”的作用了。当贮存的碳水化合物流向生长部位时，这时贮藏器官如种子、腋芽、块根、块茎等也是“源”。“库”是指需要消耗碳水化合物的部位。所有不含或含少量叶绿素及不能制造碳水化合物的组织统称为“库”。像腋芽、根、果实和种子，还有分生组织，薄壁组织以及植物生长部位，只要它没有过剩的同化物，就称之为“库”。根组织如果是主动生长，它只能是“库”；停止生长就起不到“库”的作用了。生长中的新叶，虽然含有叶绿素，也能制造碳水化合物，但因处在主动生长阶段，不但没有过剩的同化物输出，还需要补充同化物，所以生长中的新叶，也只能是“库”了。

由于除草剂在共质体系传导，是在植物活组织中进行，因此当使用急性作用快的除草剂时，一次用药量偏大，会很快将传导除草剂的活组织杀死，使传导系统堵塞，除草剂的进一步输导受阻，因而对彻底杀死多年生宿根杂草造成不利影响。

影响除草剂在共质体系传导的因素很多，其中主要是除草剂的性质、用量，植物的生长发育阶段及光照，温湿度等环境条件。一般地讲植物生长旺盛阶段较衰老阶段传导除草剂能力更强。温度高，光照强有利于同化作用进行，也有利于在共质体系传导的除草剂的运转。

2. 通过质外体系传导　除草剂在质外体系的途径是在植物无生命的木质部随蒸腾流进行。传导的方向是沿水分移动的方向而运转。一般是通过根吸收进入木质部向上传导。特殊条件下，如土壤特别缺水，植物体内水分不足，除草剂也可能通过木质部向下移动。由于质外体系是植物的无生命部分，所以即使使用速效性的除草剂，一次用药量较大时，也不影响除草剂的输导。

除草剂的极性大小、土壤水分含量的多少、气温高低、湿度大小，光照强弱和植物生长旺盛程度，都影响着除草剂在质外体系的传导。除草剂极性大、土壤水分含量多、气温高、光照强、植物生长旺盛等，有利于除草剂在质外体系传导。

3. 通过质外—共质体系传导　有些除草剂不仅能在植物的共质体系传导，也能在植物的质外体系传导。传导的方向，可向上，亦可向下。对除草剂的药效发挥非常有利。

二、除草剂的作用机制

植物的正常生长发育，是其体内一系列生理生化反应与外界环境条件相协调统一的结果。这是一个非常复杂的生命过程和系统。除草剂之所以能够杀死杂草，是它干扰或者破坏了植物的正常生理生化反应的结果。由于除草剂的类型很多。品种庞杂，其作用机制也是十分复杂的。有些除草剂主要有一种作用机制，而多数除草剂则涉及多种作用机制。这里仅将除草剂的主要作用机制，做一简要介绍。

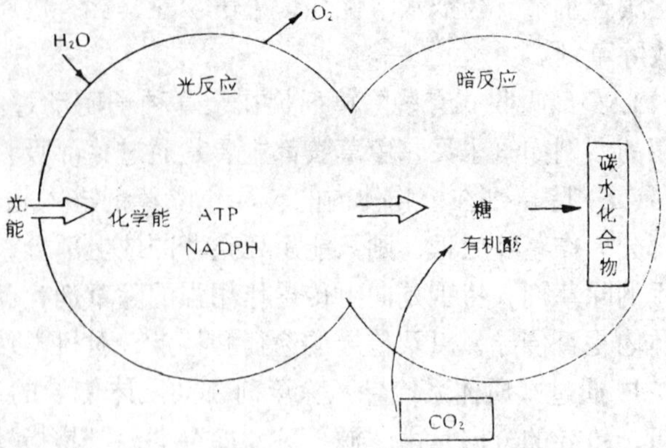

图 3-21 光合作用的光反应和暗反应（松中昭一，1979）

（一）抑制光合作用　光合作用是绿色植物特有的、赖以生存的关键生化反应。它的本质是将光能转变为化学能贮藏的过程，这一过程可分为两类反应，如图 3-21 所示，一是光能固定的过程，称之为光反应，形成还原辅酶Ⅱ（NADPH）和腺三磷（ATP）。另一类是 CO_2 的固定过程。称之为暗反应。形成碳水化合物。除草剂的作用主要表现在光反应过程。

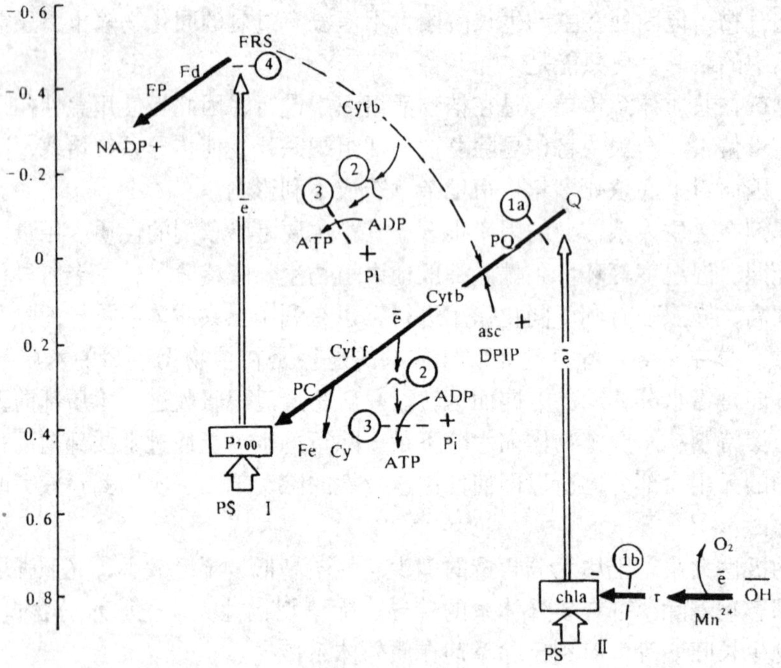

图 3-22 叶绿体中所发生的光合作用示意图（Moreland 等）

在光合作用中，光诱导电子传递与磷酸化反应过程如图 3-22 所示。水光解产生的电子流首先进入光系统Ⅱ（PSⅡ），叶绿素 a（chla）为光系统Ⅱ的中心，它通过吸收光量子使电子处于激发态。处于激发态的高能电子，首先被 Q 吸收，然后经过受体 B，质体醌（PQ），细胞色素 b（cytb），细胞色素 f（cytf），质体蓝素（PC）等一系列电子传递，进入光系统Ⅰ，在这个过程，至少产生一个分子的 ATP。P_{700}（系一种特殊叶绿素 a 分子）为光反应系统Ⅰ（PSⅠ）的作用中心。它捕捉光能，使电子再一次激发，并经过铁氧化还原蛋白—还原物质（FRS）结合体、铁氧化还原蛋白（Fd.）和黄素蛋白（Fp）电子受体到达辅酶Ⅱ（$NADP^+$），形成还原辅酶Ⅱ（NADPH）。从铁氧化还原蛋白——还原物质电子受体，还可以通过细胞色素 b，并产生一个 ATP，再进入靠近质体醌的主链，形成一个环状的旁路电子传递链。除草剂对光合作用的抑制，有三种类型：

1. 大部分除草剂作用于光系统Ⅱ、钝化电子传递中的载体。使光合作用的电子传递受到抑制。如取代脲、三氮苯类、脲嘧啶类、酰胺类、三嗪酮类、二苯醚类等的作用皆是如此。

2. 有些除草剂为抑制光和磷酸化反应。如苯氟磺胺（perfluidone）属解偶联剂，影响磷酸化作用，抑制 ATP 的形成。二硝基酚类，2，6－二硝基苯胺类（氟乐灵等），卤代苯腈类，与 N－苯基氨基甲酸类（灭草灵）等，它们兼有抑制磷酸化与电子传递的作用。除草醚等可直接抑制 ATP 的形成，称为能量转换抑制剂。

3. 有些除草剂可作为电子受体与植物体内电子受体竞争，使正常的电子传递受阻。季胺盐类除草剂中的敌草快和百草枯，可以与光反应系统Ⅰ中的电子受体铁氧化还原蛋白竞争，截获电子传递链中的电子而被还原，还原态的季胺盐除草剂，又可被 O_2 再氧化，形成过氧化物。这种有害物质可使生物膜受到损伤，同时由于电子传递受到影响，因而也抑制了辅酶Ⅱ的光还原。

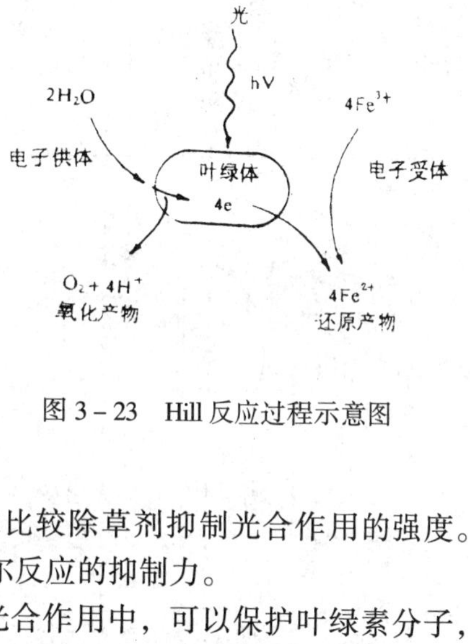

图 3－23　Hill 反应过程示意图

除草剂对光合作用的影响，经常用抑制希尔反应的强弱来表示。希尔反应如图 3－23 所示。即在光照条件下，叶绿体使水光解产生 H^+ 和电子，同时放出氧气，电子使电子受体（高铁氰化钾）还原为低铁氰化钾。通常用抑制 50%希尔反应的除草剂浓度（I_{50}），来比较除草剂抑制光合作用的强度。表 3－2，列举了一些抑制光合作用的重要除草剂，对希尔反应的抑制力。

（二）抑制类胡萝卜素的生物合成　类胡萝卜素在光合作用中，可以保护叶绿素分子，免受光氧化的破坏。有些除草剂可以抑制类胡萝卜素合成，从而使叶绿素遭到破坏，引起植物失绿死亡。如杀草强、三氯吡啶酚、二氯苄草酯、伏草隆、卤草定、哒草呋等，都是抑制类胡萝卜素生物合成的除草剂。

（三）破坏植物的呼吸作用　植物的呼吸作用是植物体内碳水化合物等基础物质的氧化过程，即通过糖酵解与三羧酸循环进行的一系列酶催化的有机酸氧化和氧化磷酸化反应，将产生的能变为腺三磷，以供生命的各种需要。

除草剂通常不影响植物的糖酵解与三羧酸循环的呼吸链。主要影响氧化磷酸化偶联反应，致使不能生成腺三磷，如图 3－24 所示。而使腺二磷积累，呼吸作用进一步加强，代谢失常，造成植物死亡。五氯酚钠、二硝酚、地乐酚、碘苯腈等除草剂，就是这种作用机制。

表 3-2　作用于光反应系统Ⅱ的一些重要除草剂及其对希尔反应的抑制力

除草剂类别	除草剂名称	抑制 50%希尔反应浓度（μmol/L）	除草剂类别	除草剂名称	抑制 50%希尔反应浓度（μmol/L）
取代脲类	敌草隆	0.03~0.18		非草隆	0.6~1.0
	氯溴隆	0.1		莠谷降	1.0
	草不隆	0.14		草完隆	1.6
	枯草隆	0.16		绿谷隆	2.0
	利谷隆	0.2		环莠隆	5.6
	灭草隆	0.5	均三氮苯类	扑草净	0.09
	绿麦隆	0.5		莠灭净	0.11
均三氯苯类	西草净	0.15		环草胺	0. 53
	敌草净	0.17		蔬草灭	1. 1
	莠去津	0.25		麦草光	5.0
	扑灭津	0.35~4.3	氨基甲酸酯类	苯敌草	0.15
	西玛津	0.4~8.4		灭草灵	3.8
	西玛通	0.5		氯苯胺灵	102
	Noragine	1.6~2.6	二苯醚类	消草醚	4.5
	草达津	270		除草醚	22
	莠去通	0.5	酚类	碘苯腈	0.5~10
脲嘧啶类	环草定	0.28~0.85		地乐酚	15
	特草定	0.37		溴苯腈	18
	除草定	0.49~2.0	其它	杀草敏	6~7
酰胺类	地快乐	0.20~0.37		苯达松	40
	敌　稗	0.16~0.78		2，4，5-涕	250
	克草尔	0.33			

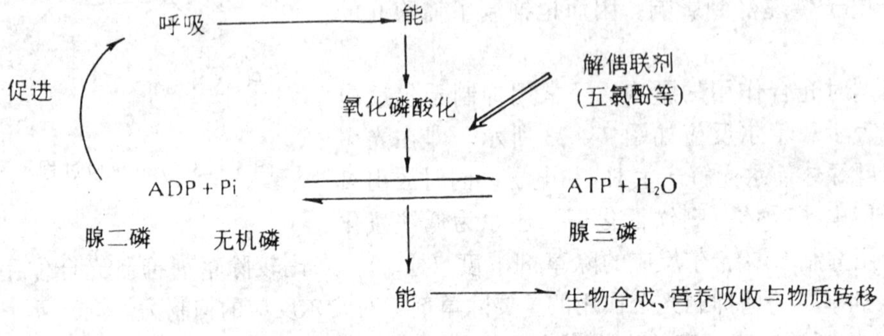

图 3-24　呼吸速度的控制机械及除草剂的作用部位（松中昭一，1979）

（四）干扰植物激素作用　植物体内含有多种激素，虽然量少，但作用很大，对协调植物生长、发育、开花、结果等都有重要作用。它们在植物不同组织中的含量和比例都有严格要求，否则植物就不能正常生长，甚至死亡。有些除草剂，如苯氧羧酸类、苯甲酸类等，都具有天然植物激素的作用，一旦进入植物体内，就会打破原有天然植物激素的平衡，使植物受害或者死亡。

（五）干扰核酸代谢和蛋白质合成　有些除草剂能干扰 DNA 和 RNA 倍数的增加以及蛋白质的合成。激素类除草剂，如2,4-滴，主要影响遗传信息的转录和蛋白质的合成。使 m-RNA的活性增强，也使蛋白质合成增加，并刺激细胞和组织的生长。由于核酸合成蛋白质合成的过度增长，使植物生长失衡，最终导致植物死亡。在双子叶植物的维管束形成层中，韧皮部组织被挤破，同化物通道被阻断，也可使植物死亡。

除草剂草烯安、氯苯胺灵、地乐酚、五氯酚等对蛋白质中亮氨酸的形成有抑制作用，毒草胺对蛋白质中氨基酸的形成有干扰作用。氯苯胺灵、敌稗、氯炔草灵、地乐酚以及五氯酚等抑制 ATP 的供给，从而抑制 RNA 和 DNA 的形成。磺酰尿类除草剂抑制缬氨酸与异亮氨酸的合成，绿磺隆能抑制玉米根部 DNA 的合成，草甘磷能降低亮氨酸结合入蛋白质内，从而抑制蛋白质的合成。

一些除草剂，如氨基甲酸酯类中的燕麦灵、苯胺灵、氯苯胺灵和磺草灵；二硝基苯胺类中的氟乐灵、地乐安、戊乐灵；磷酰胺类中的燕麦灵、苯胺灵、氯苯胺灵和磺草灵；二硝基苯胺类中的氟乐灵、地乐安、戊乐安；磷酰胺类中的甲基胺草膦、丁胺草膦；磺酰脲类中的绿磺隆等干扰 ATP 与 DNA 的合成，从而影响细胞分裂。

（六）除草剂对脂类合成的干扰　各种脂类包括脂肪酸、磷酸甘油脂与腊质等，分别是组成细胞膜、细胞器膜与植物角质层的重要成分对植物的代谢有着十分重要的意义。脂类结构的变化或者量的不足，对生物膜的渗透性和功能影响很大。硫代氨基甲酸酯类除草剂，如茵达灭、丁草特、禾大壮与灭草猛等，不仅抑制植物的腊质产生，也影响脂肪酸的合成，特别是影响超长链脂肪酸（含 18 个以上的脂肪酸）的合成。呋草黄（ethofumesate）可抑制叶面角质层中蜡质的形成。

参 考 文 献

[1] Fumio Mstsumura. Toxicology of Insecticides (2nd, Ed.), Plenum press, New York, 1984

[2] C.F. 威尔金逊，张宗炳等译．杀虫药剂的生物化学和生理学．科学出版社，北京，1985

[3] 山本出，深见顺一主编，尚尔才等译．农药设计与开发指南（第一册）农药的生物活性和作用机理及今后的农药．化学工业出版社，北京，1990

[4] 张宗炳．杀虫剂的分子毒理学．农业出版社，北京 1987

第四章　农药的降解及环境归趋

农药不论以何种剂型、何种方法施用，都是将外加化学物质撒布于环境之中，它们不可避免地在环境的各组成要素中迁移和转化。一些化学性质较稳定的农药还可在环境中远距离迁移，或通过食物链而富集。但是，不管是多么稳定的化合物，也都在转移过程中伴随着化学变化，包括一系列生物和非生物降解。这种降解由于化合物的类型、化学结构以及理化性质的不同而十分复杂，它是农药对环境影响的重要评价依据。新兴的农药环境毒理学所研究的内容，主要就是农药在整个环境生态系统中的分布、转移、代谢、变化、积累等，以及这些过程对目标和非目标生物和人类的影响。不仅研究农药施用后的变化和归趋，而且还要研究对各种生物种群的影响，因此它是环境科学和毒理学的结合。尤其是研究农药对非防治对象的影响方面有十分重要的意义。

第一节　农药在生物体内的代谢

无论是研究农药在动物（哺乳动物、节肢动物、鱼类、鸟类等）或植物以及在环境中的代谢，经常采用的方法是放射性同位素示踪法。用来标记化合物的同位素多用^{14}C, ^{32}P, ^{35}S, ^{36}Cl。由于放射性测定技术的提高，^{3}H 标记的化合物也开始使用。示踪法和各种色谱分析、质谱仪、红外光谱以及核磁共振等现代分析仪器配合，为农药代谢物质的分离、鉴定提供了有利条件，使代谢研究有了很大发展。

一、农药在哺乳动物体内的代谢

为了评价农药的安全性以及了解毒作用过程和机制。必须进行农药在动物体内代谢的研究。包括农药的吸收、排泄，体内分布、积累以及代谢物的定性　定量分析等内容。供试动物一般多用大鼠和小鼠，但也可用兔、狗等其它动物。供试化合物尽可能要纯度高的，最好用^{14}C 标记在化合物较稳定的部位。给药方式一般是以口服为主，一次给药或连续给药。供试动物最好选用与慢性毒性试验相同的品系。给以亚致死剂量，研究证明，给药量不同可以出现代谢途径和代谢速率的差别（表 4－1）。

表 4－1　两种有机磷化合物的给药量对小鼠体内代谢的影响

断裂部位	尿中代谢物（%）					
	甲基对硫磷量（mg/kg）		杀螟硫磷量（mg/kg）			
	3	17	3	17	200	850
P－O－甲基（A）	25.8	41.9	46.6	48.5	75.5	83.2
P－O－芳基（B）	68.8	44.8	45.0	41.7	14.5	9.6
$\frac{A}{B}$	0.38	0.96	1.0	1.2	5.2	8.7

（Hollingworth，1971）

两种药剂在小鼠体内均先转变成氧化同系物，但在水解时断裂的部位随给药量的增加而有所变化。原因是小鼠肝脏中谷胱甘肽－S－转移酶活性很高。整个试验的观察时间应该继续到95%药量被排泄为止，一些高累积性农药可大致进行7天左右。整个试验期间要对动物的呼气、血液、粪、尿定时进行观测，最后屠杀测定组织、脏器中^{14}C量以及分别测定有机溶剂提取物和残渣中的^{14}C量。对粪尿进行提取，对代谢产物进行定性、定量分析。有时还需要进行胆汁中代谢产物的定性、定量分析。如果有必要应进行羊、牛等反刍动物的代谢以及奶、肉中残留量的测定。

对哺乳动物来说，进行代谢最重要的是肝，因为肝中多功能氧化酶系（mfo）的活性最高，mfo是迄今已知酶系中对农药代谢最重要的酶系。大多数农药均有较高的脂溶性，在动物体内的代谢，一般都是趋向变成具有一定水溶性的代谢物以利排出体外。农药的化学结构不同代谢也因各种酶系的作用而产生不同的代谢产物，其中种属间差异十分明显。例如表4－2所示，不仅种属不同代谢途径有差异，而且性别不同也显示不同。

表4－2　不同动物体内杀螟硫磷的代谢（in vivo）

种属	性别	剂量	相当于剂量的%			
			代谢部位			
		口服（mg/kg）	P－O－CH_3	P－O－芳基	间－CH_3	对－NO_2
大鼠	雄	15	34.5	63.1	9.4	12.5
	雌	15	42.2	56.6	5.8	9.6
小鼠	雄	15	43.4	48.9	<0.1	<0.1
兔	雄	15	11.6	82.0	4.6	22.0
狗	雄	15	56.9	41.4	4.4	4.3
山羊	雌	0.5×7	16.6	75.7	<0.1	92.3
母鸡	雌	2×7	15.3	75.3	18.9	5.6

上表中最明显不同的是反刍动物山羊和其它动物不同，杀螟硫磷分子中的硝基大部分被还原成氨基，这在其它动物中较少见。原因是在反刍动物的胃内，有大量起还原作用的微生物。

二、农药在其它动物体内的代谢

除哺乳动物外，常还须要进行农药在鱼类体内的代谢，因为鱼类处于水生生物食物链的最高位置，不仅可以从水中直接摄取农药，而且还通过食物链摄取农药，尤其是代谢较难、较为稳定的化合物可以在体内富集，所以从环境毒理学考虑，应该对鱼类进行农药的吸收、代谢和排出的研究。鱼种常采用鲤、鲫等淡水鱼种。许多研究证明，鱼类摄取农药主要是通过鳃的呼吸，来源于食物的农药所占比例较少。在体内可进行种种代谢变化，最后将代谢物排出体外。例如Takimoto和Miyamoto研究了^{14}C杀螟硫磷在鱼体内的代谢，其过程是P＝S氧化成P＝O，P－O－芳基，P－O－甲基链断裂，生成的酚类化合物与葡糖醛酸形成轭合体（conjugate），另外的代谢物则迅速排出体外。

对昆虫及螨类的杀虫剂代谢研究，主要是为了进一步解释作用机理，选择性和抗药性机制。代谢的基本化学变化常常和哺乳动物体内的代谢类似，所不同的往往表现在不同代谢过程的速率和主要、次要方面。

三、农药在植物体内的代谢

研究农药在植物体内的代谢通常有两个目的，即确定代谢产物是否与动物体内的代谢相同，如果不同应该分析鉴定主要代谢产物并进行毒性研究；对植物内吸性药剂代谢过程的研究，则有助于解释毒理机制。另一目的是明确药剂在植物体内代谢物的消长，以便确定残留分析时应该分析的代谢产物。所以农药在植物体内的代谢也是农药安全性评价不可缺少的资料。内吸杀虫剂、内吸杀菌剂以及选择性除草剂有关在植物体内代谢资料的累积，对开发新的优良品种也有很大帮助。

四、土壤中微生物对农药的降解

农药无论直接施于土壤中或间接落入土壤中，除进行非生物降解外，绝大多数农药都可被各种微生物代谢而降解。许多试验都证明，灭菌土壤与不灭菌的土壤，农药的降解大不一样，一般后者比前者分解速度可大几倍，甚至大百倍。微生物代谢农药情况十分复杂，不仅与分解菌的种类有关，而且受土壤的多种条件所影响。例如在自然界难于分解的滴滴涕、六六六，在不同条件下的土壤中分解情况差别很大，许多试验证明，在水田情况下比旱田情况下分解要快的多，这是与分解这类药剂的嫌气性细菌的数量有关，目前已知能分解各种农药微生物不仅有细菌、真菌和放线菌，而且还有酵母和单细胞藻类等生物。这些微生物针对不同化学结构可进行氧化、还原、水解、缩合、脱 HCl、脱羧基及异构化等化学反应，最终将药剂降解为简单化合物。

第二节　农药代谢过程中的主要反应类型

农药的种类很多，化学结构千变万化，但由于代谢研究方法的发展和提高，尤其是放射性同位素示踪法的应用，对大多数药剂在生物体内或环境中的代谢、降解都有了某种程度的了解。综合代谢中的化学反应，主要有以下几种类型。这些反应一般都是专化性的酶或非专化性酶的催化反应。此外，不同生物种属或不同环境条件下反应的主次也不相同。

一、氧　　化

杀虫剂、杀菌剂和除草剂大多数是极性较小的化合物，在生物体内则常氧化成极性较大的水溶性代谢物。氧化过程是农药在生物体内最重要的代谢途径。一般是由多功能氧化酶系在辅酶Ⅱ（$NADPH_2$）和分子氧存在下进行的。这些酶在哺乳动物肝脏中以及昆虫消化管、脂肪体的细胞微粒体中广泛存在。最近的研究证明，也存在于植物及真菌、细菌等微生物中。这种氧化反应可用下列通式来表示：

$$S + O_2 + NADPH_2 \xrightarrow{\text{mfo}} SO + NADP + H_2O$$（S 代表氧化对象）

在农药中主要的氧化类型是①氧化脱硫反应；②硫醚氧化；③硫代磷酸酯的氧化裂解；④羟基化；⑤脱烃基反应等。

1. 氧化脱硫反应　硫代磷酸酯杀虫剂在生物体内可由 mfo 的作用，将 P＝S 结构氧化成 P＝O 结构，这种反应几乎在所有硫代磷酸酯中均得到证实。变成 P＝O 化合物后，生物活性大大增强，所以是一种活化性的氧化作用。例如对硫磷氧化变成对氧磷后，对胆碱酯酶的抑制作用增强近 1 000 倍。含有 ＞C＝S 基的化合物也可被氧化成 ＞C＝O 化合物。

2. 硫醚的氧化　含有硫醚结构（＞C－S－C＜）的农药顺次氧化成亚砜（＞S＝O）和砜

（$>SO_2$）。多种含这种结构的内吸杀虫剂在植物或动物体内进行这种氧化，结果不仅水溶性增加，生物活性也增强。除有机磷外氨基甲酸酯杀虫剂涕灭威、杀菌剂萎锈灵等以及一些硫代氨基甲酸酯类除草剂都有此反应。

3．芳基或侧链烃基的羟基化　农药化学结构中的芳基可由 mfo 作用被羟基化，除苯环、苯胺环外，萘基及许多杂环基都可被羟基化。这也是农药氧化代谢中被广泛研究的反应之一。例如，西维因在昆虫、微生物、动植物体内，萘环的 4 位或 5 位被羟基化变成 4 羟基或 5 羟基代谢产物，5 羟基代谢物的活性还有所增强。含有杂环的呋喃丹也可在呋喃环上羟基化，这在昆虫、动植物体内都可发生。苯氧乙酸类除草剂 2，4 – 滴等，苯环上的 4 位被羟基化，同时将 4 位上的氯原子转移至相邻的 3 位或 5 位上去。还有报道在微生物体内也可在 5 位羟基化。

此外，杀菌剂中的异稻瘟净，取代脲除草剂苯胺灵，以及天然杀虫剂烟碱　鱼藤酮都有环上被羟基化的报道。

侧链烃基的羟基化比芳香环上的羟基化容易，所以更为广泛地存在；先羟基化后还可再进一步氧化成羧基。例如许多有机磷杀虫剂、氨基甲酸酯以及一些人工合成拟除虫菊酯等均可在生物体内发生侧链的烃基化，而且有的羟基化产物具有比原化合物更强的生物活性。

4.O，N – 脱烃基化　这种反应在生物体内代谢中也是普遍存在的反应，其过程一般是先在 α – 碳原子上羟基化，产物不稳定容易游离出醛而形成醇或氨基。例如，西维因在动植物体内都发现有些变化 。

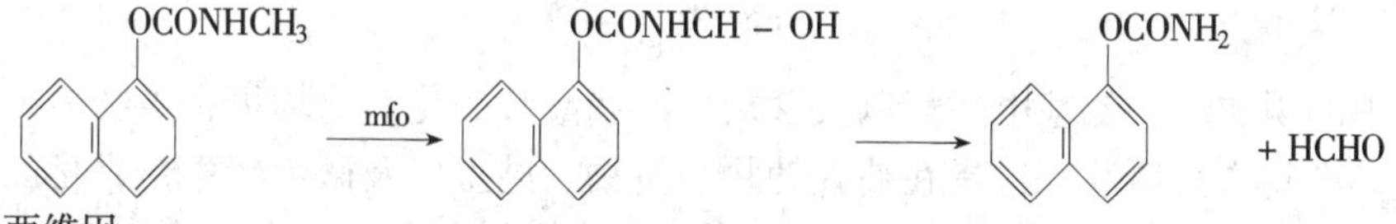

西维因

均三氮苯类除草剂扑灭通（prometone）在大鼠体内可同时进行 N – 脱烃基和 O – 脱烃基反应，生成的产物迅速从尿中排出。这类药剂的选择杀草作用，常常是与植物体内 N – 脱烃基化作用的多少有关。有机磷内吸杀虫剂百治磷（dicrotophos），N – 脱烃基化产物可使药剂的毒力大大增强。因此 O，N – 脱烃基化反应可以是活化作用也可以是解毒作用，因化学结构不同而异。

5. 其它　除上述氧化反应外，芳香环或脂肪族烃链的双键均可氧化形成环氧化合物。但生成物不稳定，可进一步水解形成二醇化合物。例如，西维因在昆虫、哺乳动物、植物体内的代谢产物之一，5，6 – 二氢，5，6 – 二羟基西维因就是环氧化物水解而生成的。但是并不是形成的环氧物都不稳定，环戊二烯类杀虫剂如艾氏剂、七氯经 mfo 氧化成极为稳定的环氧化物，不但保持原有的杀虫毒力，而且可以长期存留于动物脂肪组织中以及植物、土壤和微生物体内。

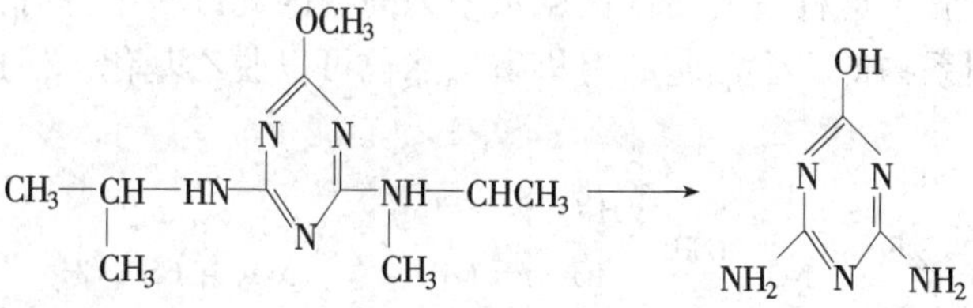

扑灭通　　　解毒

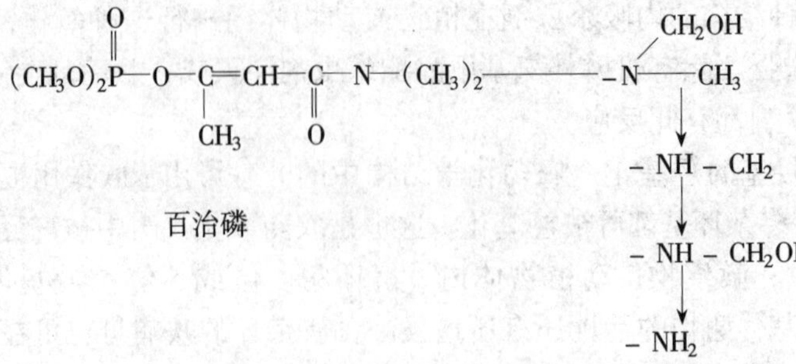

百治磷

毒力增强

二、还　　原

农药分子中含有的 $-NO_2$ 及偶氮基，在生物体内可被还原为相应的氨基化合物。这种还原作用哺乳动物主要在肝中进行，反刍动物胃中的多种嫌气性微生物，土壤中的根瘤菌、嫌气性及某些好气性细菌都进行这种还原作用。所以硝基还原为氨基是微生物的主要代谢途径之一，但在哺乳动物中却不是主要的。含有硝基的对硫磷、苯硫磷以及杀螟硫磷等杀虫剂，氟乐灵、二苯醚类除草剂都曾报道发生这种反应。反应生成的相应氨基化合物与原硝基化合物比，一般均失去活性，对哺乳动物几乎不再具有毒性，因此这是解毒反应。

三、水　　解

农药中的磷酸酯、氨基甲酸酯以及含羧酸酯和酰胺的化合物均可在生物体内由各种酯酶催化水解，产物失去活性，这是在哺乳动物、植物、昆虫以及微生物中最常见的解毒反应。

1. 磷酸酯水解　有机磷杀虫剂在动、植物、昆虫中的加水分解，主要是发生在磷酸酯化合物上，而硫代磷酸酯主要是前述的氧化裂解。例如，甲基对氧磷可由动物肝脏及血清中的芳香基酯酶加水分解成无毒的化合物，并且进一步由其它酯酶水解成磷酸。

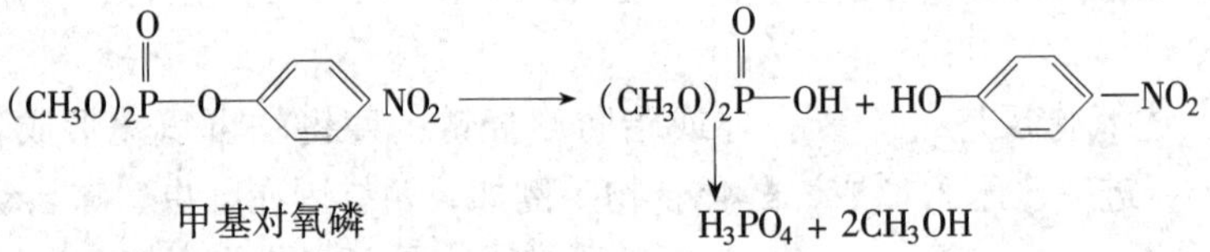

甲基对氧磷

许多含甲基的有机磷化合物在动物、植物、昆虫体内脱去一个甲基变成水溶性较大的脱甲基化合物，失去生理活性并排出体外，这种解毒方式是由谷胱甘肽 - S - 转移酶来完成的，一般在哺乳动物的肝脏中这种酶的活性比昆虫中为高，因此许多甲基有机磷杀虫剂对高等动物的毒性较其乙基同系物低，含乙基的有机磷虽然也可以脱乙基化，但速度要慢的多。

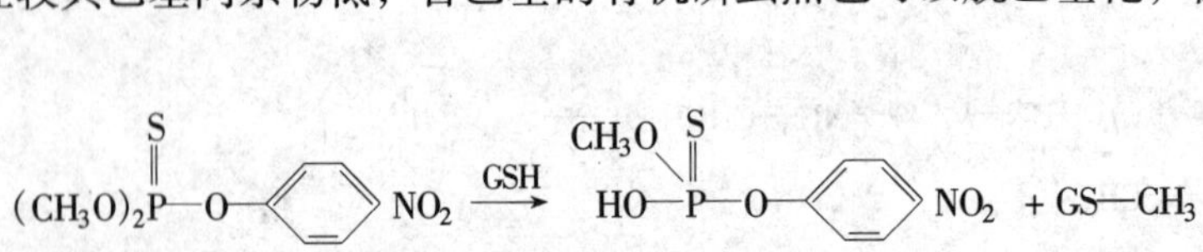

甲基对硫磷

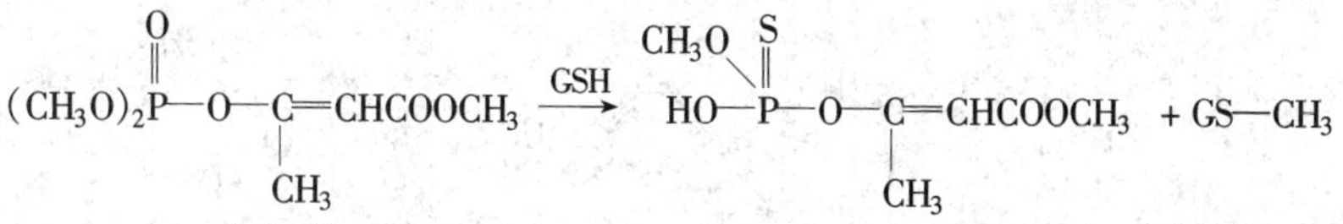

久效磷　　GSH 为还原型谷胱甘肽 - S - 转移酶

2. 羟酸酯水解　羧酸酯水解最典型的例子是马拉硫磷的羧酸酯基水解。这种水解要由羧酸酯酶进行，在哺乳动物的肝、肾、脾、肺及血清中广泛存在有这种酶。在生物体内含有多种酯酶，所以含有羧酸酯结构的化合物均能或多或少的进行水解。例如具高度选择毒性（高等动物与昆虫间的选择性）的拟除虫菊酯在哺乳动物体内极容易水解成无毒化合物，另外，氨基甲酸酯的酯键部分在动物体内比在昆虫体内分解也快。

3. 酰胺水解　含有酰胺结构的农药，在动物、植物、微生物体内可进行酰胺键加水分解。哺乳动物肝中酰胺酶的活性很高，例如乐果在动物体内酰胺水解是它的主要解毒代谢途径之一。这也是乐果对高等动物低毒的主要原因。

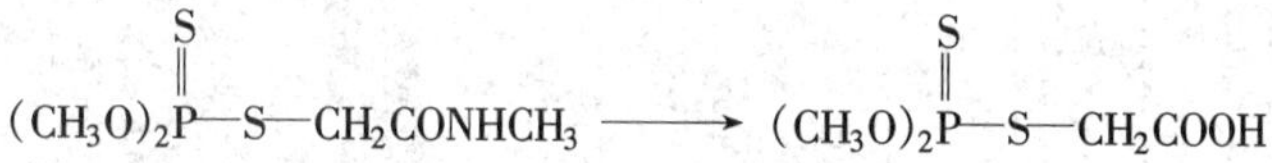

乐果

但是在一些杀虫剂中酰胺键水解也不一定发生，例如久效磷在昆虫和动物体内的代谢产物中，并未发现有酰胺水解反应发生。这也是久效磷具有高效但也同时高毒的原因之一。

除草剂中含有酰胺结构的品种很多，它们的选择活性常常是因为酰胺酶水解活性的高低所致。例如，敌稗之所以在水稻和稗草间有选择性，主要是由于稗草中缺少这种酰胺酶。

四、脱卤化反应及其它

农药中含有卤素的化合物很多，在生物体内脱去卤素的反应也非常普遍，例如滴滴涕已知在昆虫体内由脱氯化氢酶作用变成滴滴伊（DDE），后又证明在哺乳动物体内可变成滴滴滴（DDD）以及 DDA，在一些微生物体内滴滴涕也可脱去氯原子变为滴滴滴（DDD）。

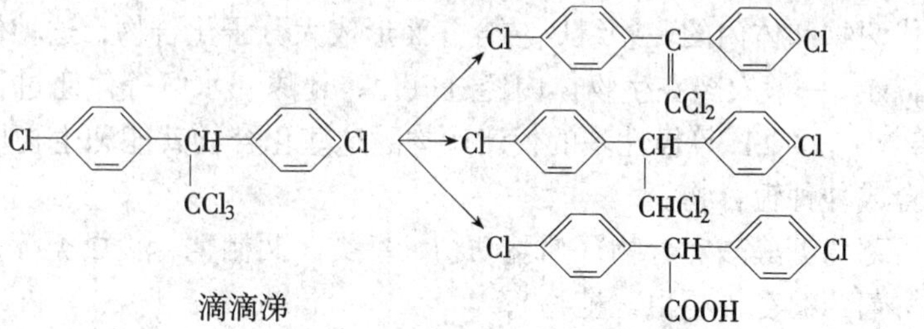

DDE

DDD

DDA

滴滴涕

γ - 六六六（林丹）在昆虫体内与哺乳动物体内可能进行不同的代谢途径，在家蝇中每一林丹分子可游离出 4 个或更多的氯离子，最终代谢产物为 2，4，及 2，5 - 苯硫酚。其过程是首先林丹分子与含 - SH 的酶反应（谷胱甘肽转移酶），然后脱去三分子的 HCl 而形成苯硫酚。

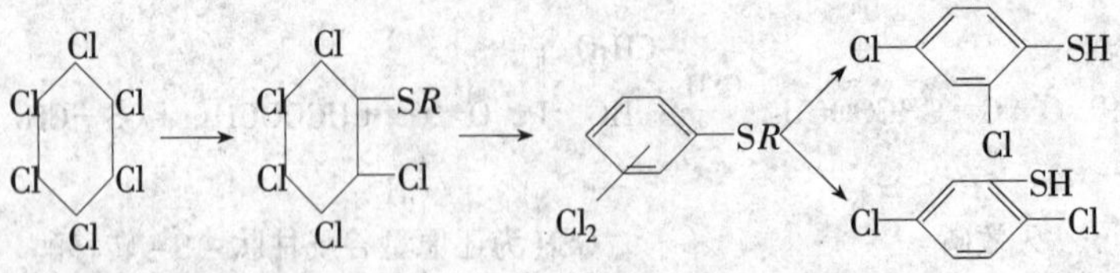

林丹　　　　R = 谷胱甘肽基

在哺乳动物体内逐步脱去三分子 HCl 形成三氯苯，再羟基化成为 2，3，5－及 2，4，5－三氯苯酚。例如在大鼠的尿中可检测到这类苯酚。

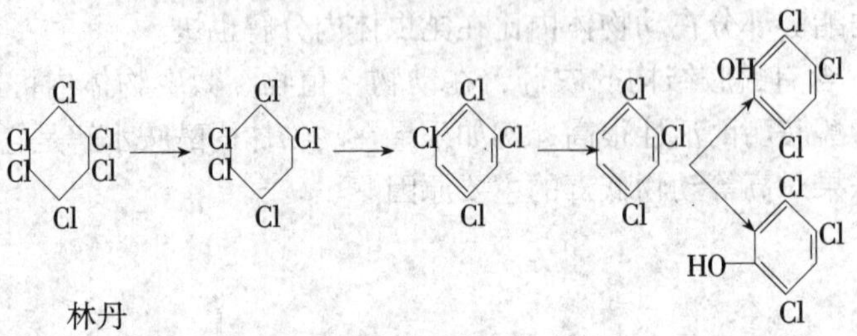

林丹

除草剂氟乐灵分子中的 3 个 F 原子，证明在植物根或土壤微生物中可进行类似滴滴涕变成 DDA 的代谢过程 。另外，敌百虫在生物体内可进行脱 HCl，并且分子重排形成敌敌畏而使生理活性大为增强，但是，有报道证明反应与滴滴涕不同，因为不需要脱氯化氢酶的参与。

研究证明在动、植物体内都具有使芳香环裂解的能力，尤其是微生物体内这种作用更强。所以散布到环境中的农药或产生的代谢产物，微生物常是主要或最后的净化者。它可以使复杂的化合物逐步降解为 CO_2 或其它简单化合物，然后进入天然的物质循环过程之中。不过除环裂解外，也可由开链化合物关环形成环化合物。例如托布津可在植物体内形成苯并咪唑化合物多菌灵、代森类杀菌剂能形成乙撑硫脲（ETU）等都是典型的例子。微生物中的关环作用也是很普遍的。

五、轭合物的形成

农药在生物体内经种种代谢过程产生代谢产物，这些代谢产物一部分可以其原型排出体外，但也常有部分代谢物和体内的一些组成结合，而形成大分子化合物，这种作用通常称为轭合作用（conjugation）。一般农药在生物体内经过氧化、还原、水解等代谢过程，多形成含－OH，－COOH，－NH_2，－SH 等极性基的代谢产物。这些化合物就能和生物体内的糖、氨基酸、硫化物等轭合成种种轭合物。

①和糖类反应：葡萄糖醛酸轭合物（哺乳动物、鸟类、两栖类、爬虫类等）；
葡萄糖苷（昆虫、植物）；
核糖苷。

②与氨基酸反应：甘氨酸轭合物 (哺乳动物)；
天冬氨酸轭合物（植物）；
半胱氨酸、鸟氨酸、谷酰胺轭合物等。

③与硫化物反应：甲基化、乙酰化 。

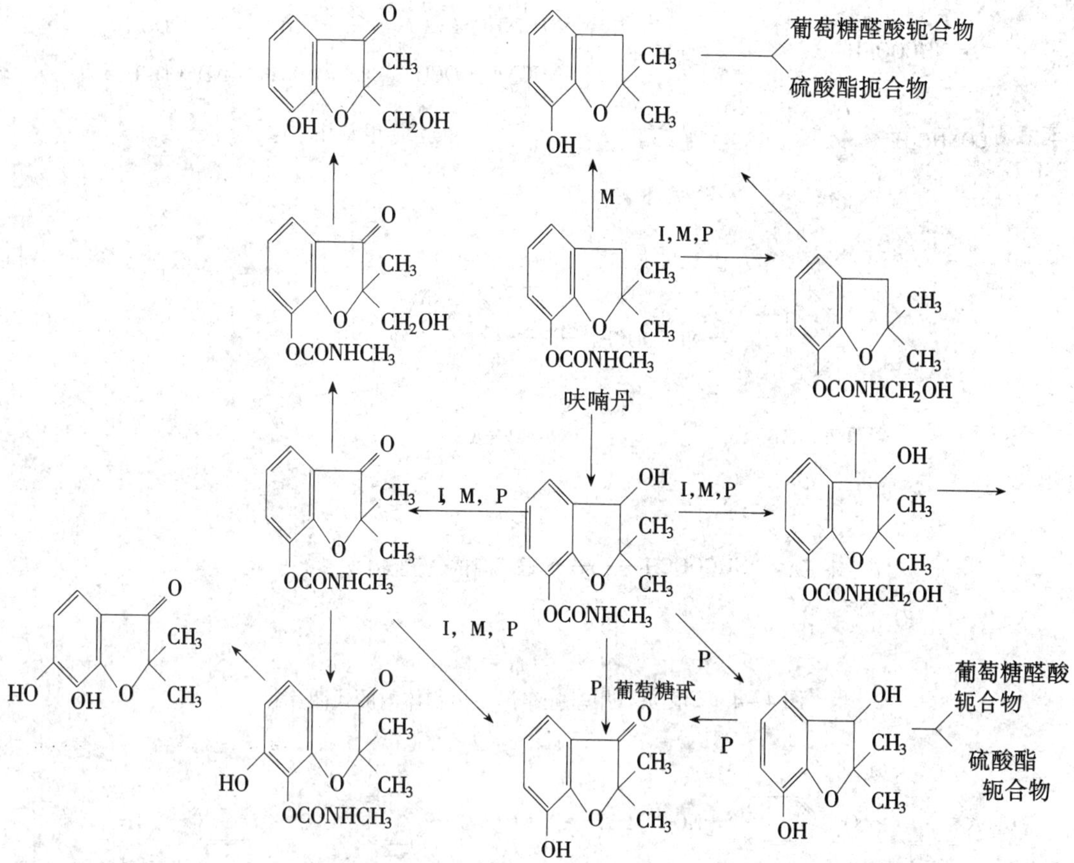

图 4－2　呋喃丹在动、植物、昆虫中的代谢途径
I＝昆虫，M＝动物，P＝植物

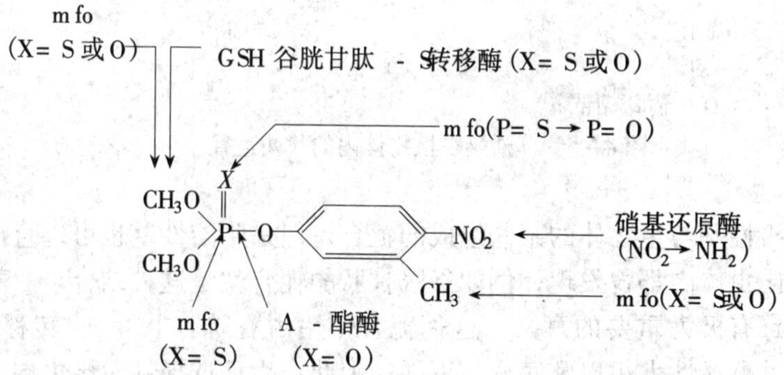

图 4－3　杀螟硫磷（$X=S$）杀螟氧磷（$X=O$）不同酶的代谢部位）

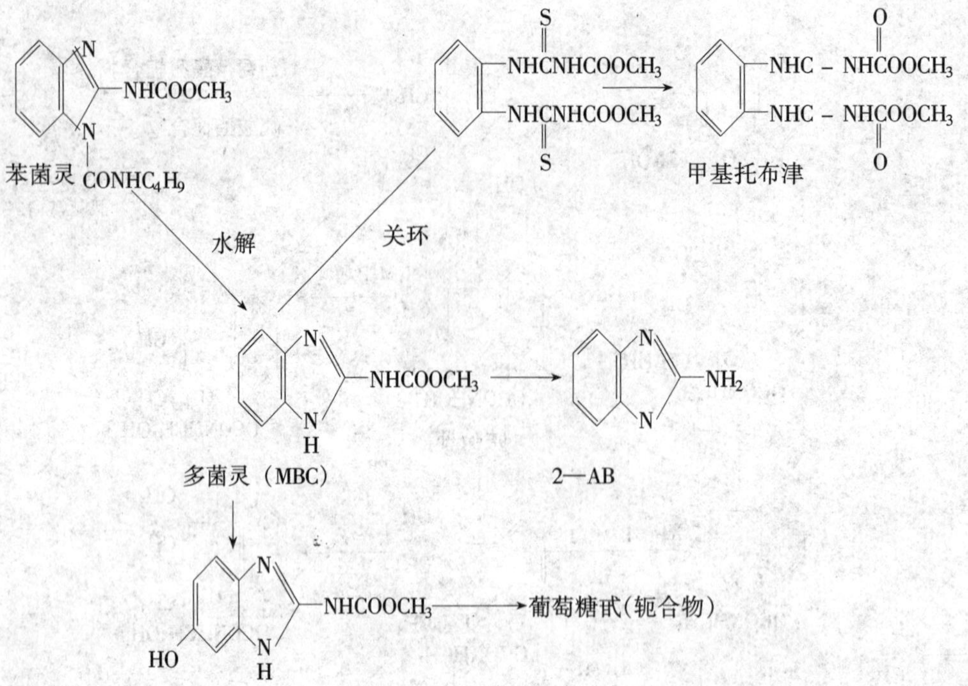

图 4－4　苯菌灵、甲基托布津在植物体内的代谢途径

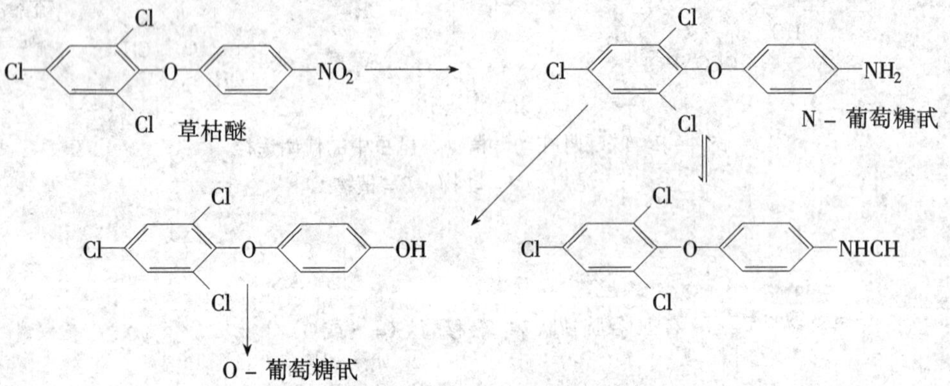

图 4－5　草枯醚在植物体内的代谢途径

以上轭合都是极性基与生物体的某些组成的轭合，但是脂溶性基也可以直接轭合，近些年来在动、植物、昆虫体内都曾发现，例如谷胱甘肽的轭合就是这种结合。一般认为这种轭合对药剂的直接解毒有极为重要的意义。这种轭合作用由谷胱甘肽－S－转移酶进行催化，由于不同生物间这种酶活性大小以及底物的不同，因此在生理选择性，昆虫抗药性机制等方面可能都与此有关。

农药所形成的轭合物是多种多样的，但总的来说都是解毒机制，形成的轭合物从尿中排出或存于体内，只有个别事例证明轭合作用是活化机制，例如，硫氰酸酯类化合物可由于谷胱甘肽－S－转移酶的轭合作用而游离出 HCN 产生毒效，这在昆虫和哺乳动物中都曾得到证实。图 4－2～图 4－5 表示了几种代表性的农药在不同生物体内的代谢途径。

第三节 农药的光分解

施用后的农药，除进行种种生物代谢、降解外，还要受环境中各种因素的影响而分解，这就是所谓的非生物分解。在环境因素中太阳光能是最强大的分解因素。虽然这一事实很早就知道，但真正的光分解研究还是近十余年才发展起来的，目前已成为环境毒理学的重要组成部分。农药在自然条件下的光分解是十分复杂的过程，这是因为不仅农药本身在环境中可受多种因子影响而变化，而且还可能与同时存在的各种化学物质相互作用。因此农药的光分解多数在室内人工控制条件下进行。研究农药的光分解，对农药的残留及安全性评价是十分重要的，此外对拟定更好的使用方法以及消除残留方面也有帮助。一般认为，农药的光分解产物基本上和生物体代谢产物是一致的，但光解产物中的杂质要少的多，比较容易分离和鉴定，因此可以为代谢研究提供有利的分解线索。光分解研究对一些类型农药的开发也有帮助。

一、农药光化学分解的条件

光化学反应的发生是由于化合物分子吸收光能而具有了过剩的能量，变成所谓的“激发状态”才开始的。这种过剩的能量可以通过多种途径释放出来。例如可以通过光（荧光、磷光）或热释放，使化合物回到原始状态。但也可以进行化学反应，这时就产生了光化学反应。光分解是光化学反应的一种，分解能直接或间接由光给予。

光能按下列公式随光波的波长变短而增大。

$$E(\mathrm{kcal/mol})=\frac{2.68\times10^{4}}{\lambda(\mathrm{nm})}$$

式中 E 为光能；λ 为光波长。

与光分解有关的光谱范围主要是紫外线部分。太阳光在到达地面以前，由于大气中臭氧等的存在，短波长部分被吸收或散射，因此地面上观测到的最短波长为 268 nm。一般说地面上与光分解有关的紫外线部分是 295 nm 以上波长的光线，它所激发的能量约为 98.6 kcal/mol，这个能量可引起有机化合物许多共价键基团的解离，而成为游离基。

二、光敏作用（photosensitization）和消光

光能除化合物分子直接吸收外，还可以由其它物质为媒介而得到，这就是光敏作用或称光敏化（photosensitization）。相反，如果已被激发的分子，其光能被其它物质夺走则称为消光。具有光敏作用的物质称光敏剂（photosensitizer），具相反作用的则称消光剂。某种需要较高能量光（短波长）才能直接引起的反应，如果有光敏物质存在，则可在较低能量光波下发生。因此，在日光下难于光解的农药，只要有光敏物质存在，就能很容易地引起分解。相反，如果消光剂存在，激发状态的分子也可以使分解受到抑制。在植物体、土壤及水中广泛存在有多种天然光敏物质。一些试验已经证实，这些物质在环境中参与了某些农药的光解。例如代森类有机硫杀菌剂在自然界可以产生致癌物质乙撑硫脲（ETU）。这种化合物对水解较为稳定，但对光解很敏感，如有光敏物质存在光解速度可大大提高。已知腐殖酸、色氨酸、酪氨酸等都是

有效的光敏物质。在天然水（例如灌溉水）中存在有多种类似的光敏物质，而且不因过滤、灭菌而消失。在天然光敏物质的作用下，乙撑硫脲极容易被光解成无毒化合物。

Casida 等曾选定多种农药和光敏物质，对它们之间的相互光敏化作用进行了详细研究。例如发现鱼藤酮对狄氏剂有极强的光敏作用，尤其在豆叶表面十分明显。一种农药对另一种农药能促进光化学反应，这种现象是很值得研究的课题。又如研究证明，滴滴涕在自然光条件下是可以分解的，但由于分子氧的消光作用使光解反而难于进行。

总之，光敏物质是广泛存在的，并且对农药的自然分解消除起着重要作用，但许多机理目前还不明了，有待于有机物光化学研究的进一步发展。

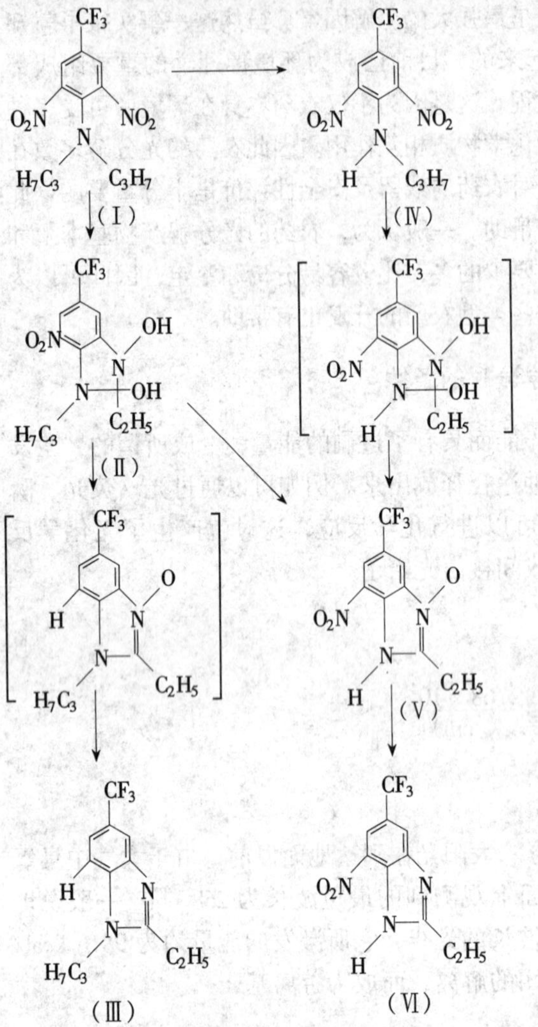

图 4-6　氟乐灵的光分解途径

三、农药光分解举例

有机磷药剂的光解研究较多，由于种类多光解情况也比较复杂。概括起来，主要有光氧化、光水解及光异构化等反应。这些反应也都可以在生物体代谢中发生。例如以紫外线照射对硫磷证明，P=S 结构可被光氧化成 P=O 化合物，也可以异构化产生 P-S-C型异构体。含有硫醚结构的甲拌磷、内吸磷，在紫外线照射下（丙酮溶液）可分别产生亚砜和砜化合物。有机磷的醚键也可因紫外线照射而分解。

另外，氨基甲酸酯，有机氯杀虫剂以及有机磷杀菌剂　有机硫杀菌剂等等都有不少关于光解的研究报道。本文不能一一列举。现仅将氟乐灵除草剂的研究简述于后。

早在氟乐灵被发现的初期（1966）就已知道它可进行光化学的脱烃基反应，但同时得到的多数分解产物，其化学结构并不清楚。1972 年前后，由于有机光化学方面的研究进展，得到了很大启发。1973 年 Leitis 和 Crosby 将氟乐灵在液相条件下进行光解，光解产物鉴定为一系列苯并咪唑化合物（图 4-6）。

另外，对氟乐灵在土壤中、微生物的代谢分解研究也证明能脱烃基、硝基被还原以及产生苯并咪唑衍生物，这与光解的过程十分类似。这一事实说明，过去一直未能得到鉴定的光解或代谢产物，在很短时间内就得到了明确的答案。这是由于有机光化学成就的启发，进一步研究其光解过程才得到解决的，同时对代谢的研究也起了一定的指导作用。

四、农药光解作用可能的实际应用

正如上述 Casida 等所做的工作，农药和光敏物质的作用对缩短稳定性农药的残留期，可能会起有益的作用。例如 Parmar 等（1976）报道，由于芳香基胺对滴滴涕有光敏作用，使用加有此种光敏剂的滴滴涕制剂，可以促进其加速分解。不过真正的实用例子目前还没有，还需要进一步研究。应该注意的是应用光敏物质时，对其分解产物的毒性必须加以研究，因为有些试验证明，光解产物中可能出现比其原化合物毒性更强的物质。

另一方面，有些农药极易受光分解而失去毒力，所以常因此不能发挥其应有的效果。有人研究加入抗光解物质（消光剂）以抑制光解。例如，Miskus 和 Andrews（1972）研究用紫外线吸收剂和矿物油加入拟除虫菊酯制剂中，起到了较好的抑制光解的效果。此外，也有报道，提出抑制苏云金杆菌孢子受光后失活的方法，不过所有这些都还未达到实际应用的阶段。

第四节　农药在土壤中的动态

农药无论以何种方式施用，都会直接或间接地进入土壤中。除大量的除草剂、杀菌剂　杀虫剂等直接施用土壤外，一般叶面喷布农药也至少有 50%以上落在土壤上。所以有人把土壤看成是农药的“仓库”，不仅是贮藏的场所，也是向大气挥散，向水、植物、动物体内转移的中心。土壤中农药的残留及动态，对土壤中无脊椎动物、植物、微生物的影响，都是关系到农药环境污染的重要问题。

农药在土壤中的动态，早在本世纪 40 年代后期就已经开始研究。但初期的重点主要集中在除草剂的杀草活性和残效性方面。60 年代以后，由于有机氯剂的污染问题开始受到重视，土壤中农药的动态才广泛地进行了研究。到 70 年代前后，农药在土壤中的动态已成为农药开发中必须研究的项目，列入了有关法规或规定中。

一、农药在土壤中的残留动态

农药施于土壤或落在土壤上，虽然有部分可以挥发进入大气中或在表面受光解作用而分解，但大部分迅速被土壤粒子所吸附；有时可随雨水、灌溉水向土壤深层渗透，或者为植物、土壤中无脊椎动物所摄取，并在体内进行代谢分解。尤其是土壤中存在的各种微生物，对农药的代谢分解起着非常重要的作用（图 4－7）。

农药在土壤中残留的时间长短，受许多因素的影响。残留期的长短常以农药本身的半衰期来表示。表 4－3 列出了一些农药在土壤中半衰期测定的结果。表列数据中室内容器试验所得半衰期，一般比田间实际要长，但是田间实测比较困难，因此多进行室内测定。由于土壤类型以及各种因素的影响，不同的测定结果差别很大，只能作为比较时的参考。以残留期最长的滴滴涕为例，过去许多数据均和表列数据相差很多。美国威斯康辛州旱田中的测定表明，施用 15 年后残留只有原来的 16%，加拿大则 15 年后残留仍高达 55%，这种现象并不是个别的，这说明测定的差异是很大的，不同地区由于条件不同，半衰期差别也很大。

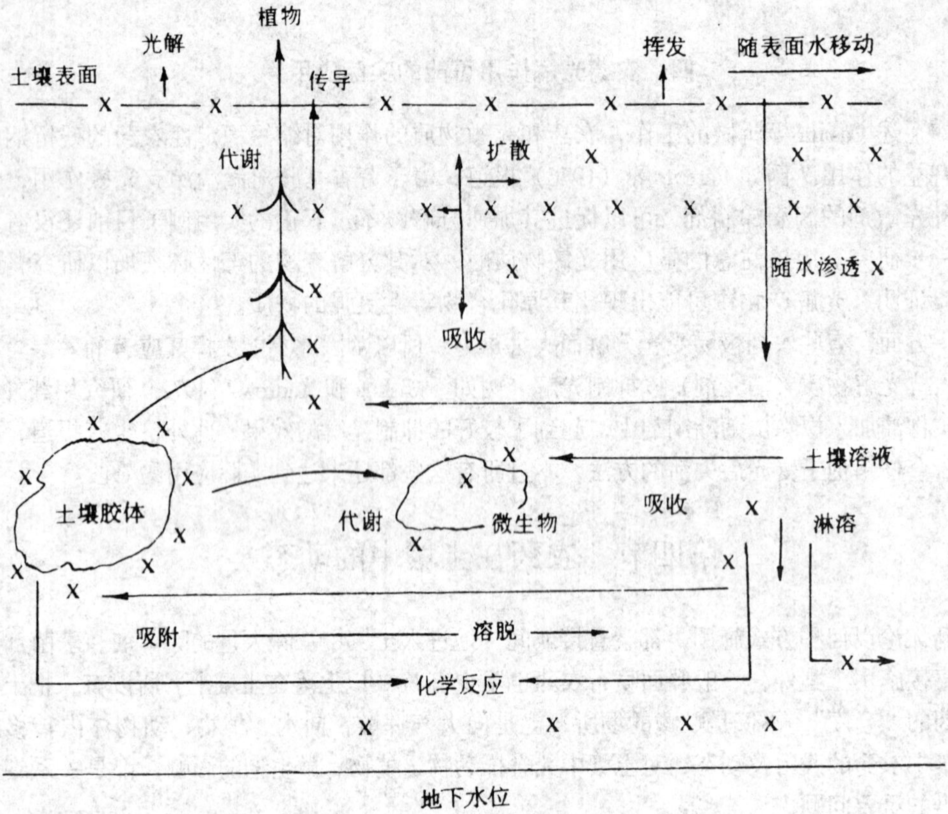

图 4-7　农药在土壤中的动态示意图

X = 农药分子

表 4-3　若干农药在土壤中的半衰期

药剂	土壤条件	半衰期	药剂	土壤条件	半衰期
γ-六六六	旱田 a	10 个月	异稻瘟净	旱田 a	7~10 天
	水田 a	10~20 天		水田 a	16 天
滴滴涕	旱田 a	14 月	克瘟散	旱田 a	2~6 天
	水田 a	7~45 天		水田 a	<1 天
狄氏剂	旱田 b	12 个月	代森锌	旱田 a	42 天
	水田 a	>3 个月		旱田 b	10~29 天
敌百虫	旱田 a	4 天，1 天	克菌丹	旱田 a	4~5 天
	水田 a	3~4 天		旱田 b	5 天
杀螟硫磷	水田 a	8~30 天	甲基托布津	旱田 a	18 天
	水田 a	4~6 天		旱田 b	10 天
乐果	旱田 a	10~23 天	五氯硝基苯	旱田 a	<80 天
	水田 a	10~20 天	2，4-滴	旱田 a	10~35 天
倍硫磷	旱田 a	2~4 天		水田 a	30~40 天
	水田 a	16~21 天	敌稗	旱田 a	<1 天
二嗪农	旱田 a	11~112 天		水田 a	1 天
	水田 b	6~7 天	草枯醚	水田 b	6~19 天
杀螟腈	旱田 a	20~30 天		水田 a	15 天
	水田 a	10 天	除草醚	水田 a	11 天
西维 因	旱田 b	8 天	氟乐灵	旱田 a	35~39 天
	水田 a	20~40 天	敌草快	旱田 a	>150 天
灭杀威	旱田 a	1~7 天	百草枯	旱田 a	>180 天
	水田 a	8~10 天			

a = 在室内容器中测定；b = 田间测定　　　　（摘自锹冢昭三，1979）

二、与农药分解有关的各种因素

1. 农药的性质　一种农药化合物的化学稳定性常常是残留期长短的根本原因。但化学稳定性并不一定与对微生物分解的稳定性相一致。由于在土壤中微生物分解常起主要作用，所以像苯甲醚类除草剂虽然化学性质稳定，但微生物极易对其进行脱甲基化、羟基化、环裂解而分解成脂肪酸。苯胺类药剂化学性质极不稳定，但在土壤中易被土壤粒子强烈吸附，使微生物的分解难于进行。最典型的例子是阳离子除草剂百草枯和敌草快，在土壤中可被强吸附，长期不被分解而残留在土壤中。

2. 农药的剂型、施用方法和施用量　农药的不同剂型对土壤中农药残留性影响很大，例如水剂、乳剂比粉剂更快接触土壤粒子而被吸附影响分解。颗粒剂一般都有较长的残留性。施用量和农药在土壤中消失速度的关系，Hamaker 曾做过数理分析。如果定期多次施用农药，在施药间隔期内残留率 γ 为一定时，施用量为 a，n 次施用后，残留量 $R(n)$ 可如下式表示：

$$R(n)=a\frac{\gamma(1-\gamma^{n})}{1-\gamma}\qquad(\gamma<1)$$

如果无限重复施药，则 $n\to\infty$，$\gamma^{n}\to0$

上式简化为
$$R(n\to\infty)=\frac{a\gamma}{1-\gamma}$$
根据以上公式可知，施药次数愈多，残留量 R 愈趋于一定值。

例如：某农药每年施用一次，其半衰期为一年，即一年后的残留率为50%(0.5)，代入上式，则：

$$R(n\to\infty)=\frac{0.5a}{1-0.5}=a$$

上式说明半衰期如果是一年的农药，反复施用多年后，土壤中的残留量将不会达到当年施用量的2倍。所以半衰期不到一年的大多数农药，不必担心残留量的大量增加。在我国六六六的使用曾有数十年的历史，不少单位也做过许多研究和测定，结果证明土壤中残留量的多少，主要是与当年施用的药量有关，与用药历史的长短并无相关性。旱田是如此，至于水田因分解快，半衰期较短，上述关系愈加明显。

许多直接施于土壤中的除草剂，例如草枯醚或其还原产物草枯醚胺体的田间调查证明，土壤中的分解速度在不断施用中是逐渐增加的。这是因为微生物对农药的分解过程也是微生物适应农药而繁殖增长的过程。因此多年施用某种农药的土壤中，均栖息有大量能分解该药剂的微生物优势菌生理群。我国南京土壤研究所对土壤中分解六六六的微生物的研究，充分证明了这一点。

3. 土壤的不同类型和性质　最明显的是水田土和旱田土壤农药的分解差别很大。旱田中灌水与不灌水其分解情况也不同。主要原因是分解菌的生活繁殖条件的不同，此外，有机质含量、重金属含量、粘土含量、pH 和矿物质种类、阳离子交换容量（C.E.C）等均有关系。尤其是有机质的含量多少对农药的分解关系最大，有机质含量多，微生物分解活性高农药则很快分解。但是在另一方面有机质含量多，也会使更多的农药被强烈吸附，使分解受到抑制。试验证明大多数农药在一定范围内，有机质含量愈多分解愈快，如果超过限度，结果反而使分解变慢。例如2，4-滴、抑草生、灭草隆等除草剂均有类似情况的报道。

土壤pH的影响视药剂本身的化学性质不同而异，另外也与分解菌要求的最适pH有关。阳离子交换容量大的土壤，对极性大的药剂有强吸附力，可使药剂分解缓慢。

4.其它因素　温度主要是影响微生物对农药的分解，例如六六六在14℃以下几乎不分解，25~37℃分解速度迅速增加，在微生物要求的最适温度分解最快。土壤中水分的影响也很大，在淹水条件下土壤为嫌气状态，例如六六六等农药分解加快，主要是嫌气菌活动的结果。旱田在干燥情况下，微生物停止活动，分解缓慢；适当增加水分时，例如含水量为30%，γ-六六六的分解明显加快，微生物数量增多。有的药剂在含水量达饱和时反而分解缓慢，因此，水分对农药分解的影响因药剂不同而异。大多数药剂在水分含量高时可加速分解。

三、农药在土壤中的迁移和吸附

除熏蒸剂和一部分有机酸农药外，大部分农药都可被土壤吸附。这种吸附不仅对农药的药效有关，而且对作物的药害也有关系。当然与农药的残留和残效都有一定关系，甚至对地下水的污染以及农药向大气中的挥散都有关系。此外，吸附也常是抑制微生物对农药分解的因素。因此对农药在土壤中的吸附作用进行了大量的研究工作。一般含有阳离子性的铵类化合物易于被土壤吸除，含酸基的药剂比较难于吸附，这是因为土壤粒子表面带有负电荷。例如取代脲类、三氮苯类及氨基甲酸酯类药剂很易吸附，因此这些农药较难迁移。但像2，4-滴、茅草枯这样的药剂就不易吸附而易于迁移。滴滴涕、六六六等脂溶性强的有机氯剂，因为疏水性强易为土壤有机质吸附，所以在土壤中几乎是不移动的。土壤吸附农药是比较复杂的问题，与土壤的各种因子都有关系。例如有机质含量，试验证明20种有机质含量不同的土壤对杀草丹的吸附有极高的正相关性，即有机质含量多的吸附也多。尤其是有机质中的腐殖酸所表现的吸附性几乎接近活性碳的吸附性。

四、土壤中农药的结合残留

由于放射性同位素示踪法的广泛使用，使农药的代谢、残留及环境归趋的研究大大加快了速度。但也发现在土壤中都或多或少地存在一些虽经多种溶剂提取仍残留在土壤中的药剂或其代谢物。这种不能被溶剂提取的部分，一般称为“结合残留”（bound residue）。由于不能被提取，过去对这部分残留是不重视的，研究结合残留在技术上也存在困难，因此许多问题目前还不很清楚。对待这部分残留现有两种不同的看法，一种认为结合残留是土壤自身消除农药污染的有效方法，由于结合残留的作用，使农药失去活性变为无害，所以是一种土壤自身的净化机制。例如百草枯、对草快进入土壤后很快变为结合残留而不再有生物效应。但是人们仍然怀疑这部分残留是否不再被生物利用，因此也有人认为这可能是一种“隐患”。在土壤条件因种种原因改变以后，它可能重新释放出来，再发挥其生物效应，或被植物吸收形成种种预想不到的不利影响。这种推测虽然尚未有实验证明，但是应该加以注意，尤其是那些活性强大的农药或其代谢物更应进行研究。

White（1976）认为：一种农药在土壤中是否形成结合残留在很大程度上依赖于该药剂和有极大表面积的土壤胶体粒子之间反应的性质和范围。土壤胶粒中的矿物质成分可与有机化合物形成稳定的复合体。这种结合可以是物理吸附或者是化学吸附，前者包括氢键结合和范得瓦尔斯力（Van der waal 's force），后者包括配价络合物、离子置换、质子化作用或电荷的转移。所以结合状态既依赖于化合物本身的特性，也依赖于土壤的组成和环境条件。结合的程度将影响化合物本身或其代谢物，是否容易被溶剂提取及残留持久性，甚至生物对它们的可利用性。

Lichtenstein（1977）根据对多种杀虫剂结合残留的研究，提出了值得考虑的问题。在过去几十年内，人们习惯于把农药分别归属于两大类，即“持久性的”（persistent）和“非持久性的”（nonpersistent）。前者一般是在施用长时间后，其残留仍可用适当方法从土壤或植物中提取出来，后者经过一定时间后即代谢或“消失”。例如有机氯剂一般认为是“持久性的”，而有机磷或氨基甲酸酯等则是“非持久性的”，显然这种概念是以原化合物（或主要代谢物）能否被溶剂提取为根据的。但是经过对一些放射性标记农药在土壤中结合残留的研究，却得出了另外的结果。例如 Katan（1976），Lichtenstein（1974）的研究结果如表 4－4 所示。

表 4－4　一些农药在土壤中的结合残留和非结合残留

	可提取（%）	结合残留（%）
^{14}C－甲基对硫磷	7^{a}	43
^{14}C－地虫磷（ronofos）	47	35
^{14}C－对硫磷	35	45
^{14}C－狄氏剂	95	6.5
^{14}C－pp’滴滴涕	72	25

$a = {}^{14}C\%$

根据表列数据可知。有机磷杀虫剂比有机氯剂更易在土壤中形成结合残留。进一步的研究证明，含硝基的对硫磷和甲基对硫磷是以其氨基代谢物形式结合，硝基被还原为氨基主要是土壤微生物的作用。所以在持久性问题上必须把结合残留情况考虑在内，否则将是不全面的。

第五节　农药的生物富集

施用到环境中的各种农药可通过种种途径迁移而分布到环境的各个组成中去。在这个过程中可被多种陆生生物或水生生物所摄取。如果是容易代谢分解的药剂，则逐渐被降解至简单化合物或被生物所利用，进一步参加到自然界物质循环的过程中去，但是有一些农药分解较慢，尤其是一些脂溶性强而稳定的化合物，在生物体内可较长期滞留。由于食物链的关系，在各类生物体内，农药逐渐被富集，这就是生物富集现象或称生物浓集（biological concentration，biological magnification ，biological accumulation）。生物富集的广泛定义是：“通过生物间的食物链，药剂在生物体内积蓄了比食饵更高的浓度；此外，植物从水或土壤中吸附或吸收农药使浓度提高也是生物富集。”生物富集现象在自然界广泛存在，因此这种现象不能不与农药的环境污染以及对生物以至于人类的潜在威胁有密切关系。Edwards（1973）曾以滴滴涕为例，按生物间的食物链关系，对生物富集现象进行了计算，结果如图 4－8。

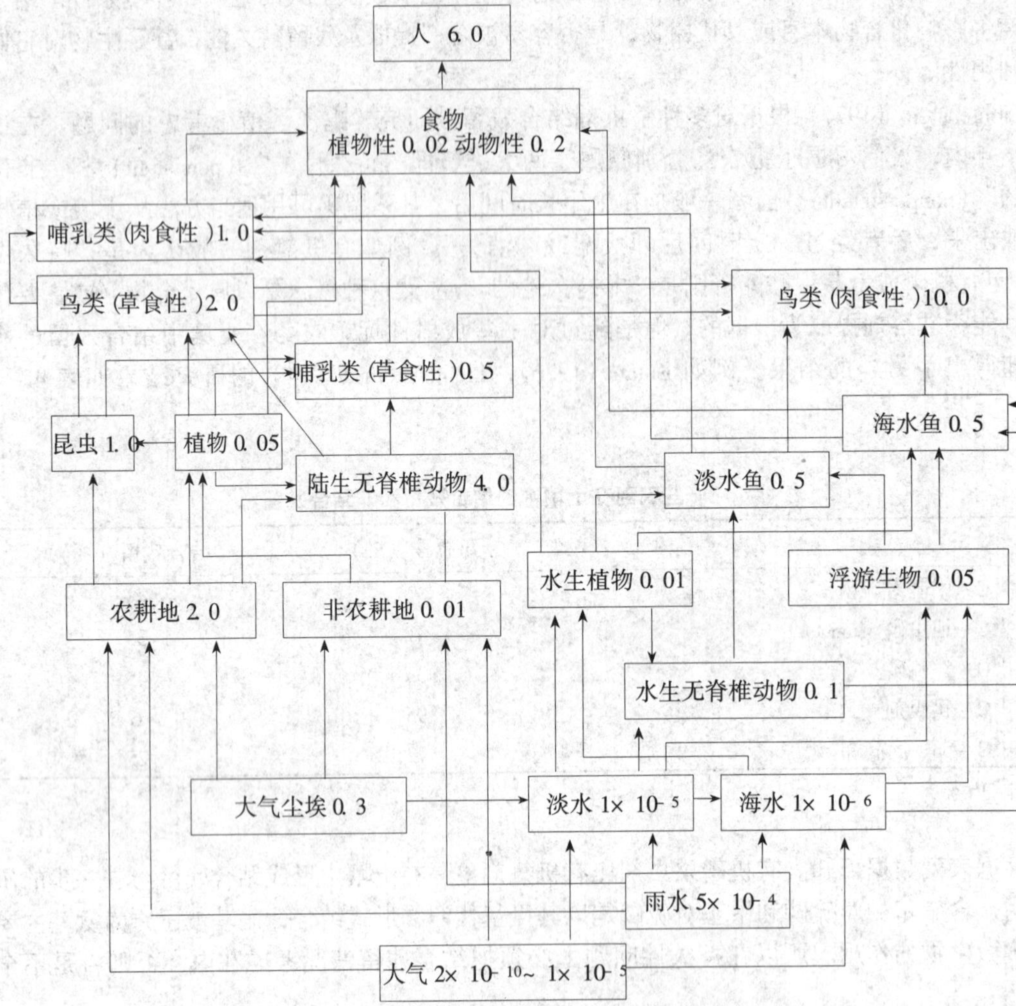

图 4-8 环境中各因素中的滴滴涕浓度

单位: mg/kg (仿 Edwards, 1973)

由图可知，如果大气中含有 $2\times10^{-10}\sim1\times10^{-5}$mg/kg 的滴滴涕，在食物链最高位的人体内，可富集大约 60 万倍到 30 亿倍之多。

生物富集性的大小要受许多因素的影响或支配，主要是和生物种类、生态及体内各组织、器官的性质有关。如果是相同生物，则与药剂的物理化学性质有关，尤其是与溶解性、分配系数有关。陆生动物主要是通过食物摄取农药，水生动物还能通过呼吸摄取大量农药进入体内。例如鱼类通过鳃摄取农药比食物多，不仅鱼类如此，其它水生动物一般都是体内农药的浓度总是比水中的高，表现出一定的生物富集现象。

陆生动物摄取的农药几乎全部来自食物，但也不能否定从大气通过呼吸摄取农药的可能性，尤其是像有机氯剂这样在环境中比较稳定的化合物，人或陆生动物可通过呼吸而将大气中的农药摄入体内，无论通过什么途径，陆生动物和水生动物比较，其摄取速度都是后者比前者快。鸟类中的猛禽类（肉食性）可通过食物链使体内富集有较高浓度的稳定性农药。欧洲和美国都曾有过因农药污染使一些猛禽数量减少的报道。植食性的鸟类通过食物链，使农药在体内富集可造成死亡或产下的卵由于卵壳变薄而不能孵化。Hill（1976）的研究证明，滴滴涕（DDT）、滴滴伊（DDE）、狄氏剂等有机氯剂在凫、鹌鹑、鹰、小枭鸟、鸽子等体内富集后，影响了羧酸脱氢酶，抑制钙—ATP分解酶使骨髓的形成受损，另外还影响甲状腺的机能，结果使卵壳变薄。

植物吸收土壤中的农药残留使植物体内的含量增加的例子很多。尤其是蔬菜栽培周期较短，前茬使用的难分解农药，还可被后茬作物吸收，应该引起注意。水生植物比陆生植物更容易吸收农药而且富集作用也较强。水生植物不仅能吸收农药而且难溶于水的农药还可吸附在植物表面，逐渐渗透到植物体内。

药剂本身的溶解性及分配系数对生物富集的难易有直接关系。Metcalf等（1975）利用模拟生态系统进行了大量的试验研究，证明化合物的水溶性和生物富集之间存在着负相关，而正辛醇/水分配系数和生物富集间呈正相关。所以水溶性和分配系数正好是相反的关系。

根据以上所述，有机化合物包括农药在内，如果在环境中不易分解，就可以通过食物链在生物体内逐级浓缩，这种转移和富集的途径很复杂，因此为了预测一种农药在自然界的富集性，一般都采用人工模拟生态系统进行试验。Metcalf（1975）首先利用模拟生态系统装置，预测了五氯苯及一些有机化合物的环境归趋，提出了生态富集系数的概念（Ecological magnifi - cation value，缩写为 *EM*）。

$$EM = \frac{\text{生物体内原化合物浓度}}{\text{水中原化合物浓度}}$$

EM 值大的农药表示在生物体内有可能累积富集。根据对48种农药的测定结果，证明鱼体内的 *EM* 值与化合物的水溶性呈良好的负相关。因此进一步提出：水中溶解度在0.5mg/kg以下的农药，可以认为是环境污染性农药（Enviromentally hazardous），50mg/kg以上为非环境污染性农药，如果介于两者之间，在使用时应加以必要的注意。

前已述及，在生物体内农药一般都是将原药化合物极性化，所以农药代谢后极性的提高就意味着生物富集性的降低。Metcalf等（1973）根据试验结果又提出了生物降解性系数的概念（Biodegradability index，缩写为：*BI*）

利用放射性标记化合物在模拟生态系统中，即可测定各种有代表性生物体内代谢物的溶解性，计算 *BI* 值，大者生物富集性小。*BI* 值显然与EM值是负相关的关系。

$$BI = \frac{\text{极性代谢物的浓度}}{\text{非极性代谢物浓度}}$$

以Kapoor等（1973）对滴滴涕类似物的测定为例，可明显看出这种关系（表4-5）。

表 4-5 滴滴涕及其类似化合物的生物富集性

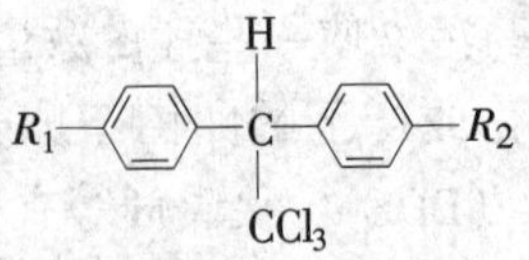

R_1	R_2	*EM*		*BI*		分配系数	水溶性
		鱼	贝	鱼	贝	（正辛醇/水）	（mg/kg）
Cl	Cl	84 500	34 500	0.015	0.045	9.49×10^3	0.002
CH_3O	CH_3O	1 545	120 000	0.94	0.13	2.05×10^3	0.62
C_2H_5	C_2H_5	1 536	97 645	2.69	0.39	1.18×10^3	0.163
CH_3	CH_3	140	120 270	7.14	0.08	3.74×10^3	2.21
CH_3S	CH_3S	5.5	300	47	0.77	7.08×10^3	0.57

农药的生物富集性既然受多种因素影响，所以评价一种农药的这种特性就是一个非常复杂的问题。利用示踪法和模拟生态系进行研究，优点是大大简化了研究过程，一般均可以较快得出结果。但是由于所用模拟生态系的组成不同，试验设置和试验方法的差异，其结果往往不好相互比较。此外，实验室的结果也不能完全代表田间或实际环境的现实情况。尤其是单纯利用农药的物化参数来推断，有时更难与实际符合。最明显的例子是六六六的 4 种主要异构体中，δ 体的水溶性最大（15.7 mg/kg），其生物富集性应该是最小的，但是其正辛醇/水的分配系数也是 4 种异构体中最大的，按此推论生物富集性又应该是最大的，两者十分矛盾。其它事例也还有不少。为了更准确评价生物富集性，试验方法必须标准化。如果采用 Matsmura（1977）提倡的加入某种药剂作为“测定基准”同时进行测定，情况可能会大为改善。选用的“基准药剂”应该是既有室内数据也有田间验证的数据，这样不仅可以检验实验的可靠性，同时还可以已知药剂为标准进行比较。例如许多研究者都以滴滴涕为基准药剂，它在多数水生生物中的 *EM* 值均大于 1 000，因此可以用此数据为标准，进行生物富集的比较评价。当然也可以选用其它药剂，但必须有足够的室内和田间数据，而且证明两者是一致的。

参 考 文 献

[1] 山本出，深见顺一主编. 韩熹莱等译. 农药设计与开发指南（第二册）. 农药的代谢降解与毒理. 化学工业出版社，北京，1990

[2] Shahamat U. Khan. Pesticides in The Soil Evironment，Elsevier Scientific Publishing Conpany Amsterdan ，Oxford ，New York，1980

[3] Fumio Matsumura and C. R. Krishnamurti. Biodegradation of Pesticides，Plenum press，New York and London 1982

第五章　农药对生态系的影响及抗药性问题

单独一种生物绝对不可能在自然界生存下去，植物把太阳能转变为有机物，植食性动物以此为食料，肉食动物又以植食动物为食料而生存，人和其它多种动物又是杂食性的，构成了复杂的食物链关系；另一方面，生物的排泄物或尸体由微生物分解，再作为植物的营养来源。在植物种群中，乔木、灌木、杂草一方面适应其所处环境；一方面相互竞争。在农耕地上，农作物与杂草竞争，多种害虫为害作物，但又为多种天敌所攻击制约。因此，在自然界生物种群相互关联而生存，相互矛盾而竞争，这就是生态系统。

在农业生态系中，人类的生产劳动在其中起着非常重要的作用，经常会干预生态系的平衡关系。在一定范围内，生态系可通过内在的调节力而维持大体上的相对平衡。但人的生产活动有可能超过整个系统的内在调节能力，使生态的相对平衡受到破坏，从而遭到“自然对人类的报复”，结果是影响农业生产或农业资源（生物资源和非生物资源）的利用和发展。

使用农药防治有害生物是农业生产中较普遍而重要的生产活动之一。由于大量使用这些化学物质，就有可能对防治目标以外的生物产生影响。尤其是大量使用稳定性强、累积毒性大的广谱性农药，其影响更不可忽视。

使用农药对生物种群可能产生的影响，Moore（1967）曾提出图解如图 5－1。大体上分为直接影响和间接影响两大类。

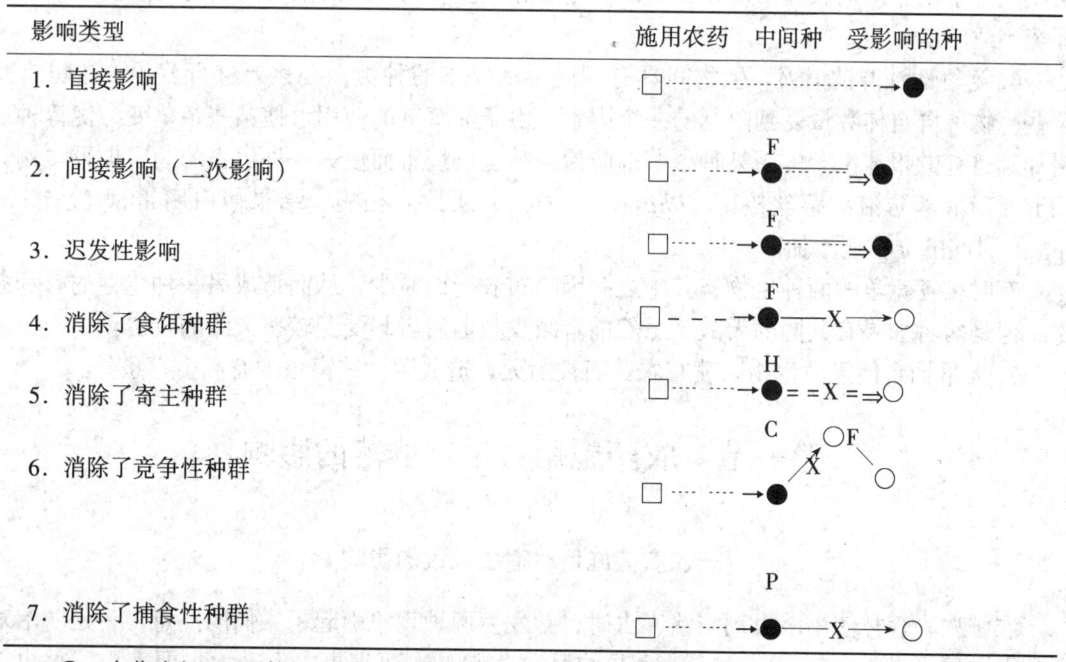

●－农药残留；H－寄主种；F－食饵种；C－竞争种；P－捕食种；X－由于药剂使生态关系破坏；
···→－农药的有害影响；——→食物链关系；－－→非直接有害影响；⇒寄主关系。

图 5－1　施用农药对生物种群的各种影响（Moor，1967）

1. 直接影响　即直接接受了施用农药而产生的影响。这种影响并不只限于防治对象，也影响到非防治目标（nontarget）生物。许多报道曾指出农药如果使用不当，可对多种有益生物种群产生有害的影响，例如不适当使用杀虫剂可使蜜蜂、蚕、蚯蚓等大量死亡。也有不少报道在对防治对象施药的同时，对非防治对象例如各种天敌产生了直接影响。但是，也应该注意对非防治对象的影响有时还是有利的，例如日本有报道，在水稻田施用除草剂，常对正在繁殖的蚊虫有较强的压制作用。

2. 二次影响或次生影响　动物因取食体内含有药物的生物而致中毒或死亡称二次影响。这是一种间接影响或叫二次中毒。杀鼠剂及有机磷、有机氯杀虫剂的某些品种曾产生过这种事例。一些鸟类、捕食性蜘蛛因取食体内含有杀虫剂的害虫而中毒死亡，也属于这类影响。另外在日本曾发生五氯苯甲醇的二次作物药害问题，也是这类影响（参看杀菌剂有关部分）。

3. 迟发性影响　也是一种间接影响，与二次影响类似，所不同者这种影响并不立即发生。例如有机氯剂、有机汞剂施用后，经过食物链中的多种生物时并不一定有影响，但在各级生物体内逐级浓缩富集，后来的取食者即可产生影响。由于“生物浓缩”一般处于食物链高位的生物容易产生这种迟发性影响。英格兰曾发现狐狸、猛禽急骤减少，据说主要是取食体内富集有机氯剂的生物所致。

4. 食饵种群的减少　由于大量使用除草剂，使某些种类的杂草大为减少，以致于影响到以此种杂草为食的昆虫种群，从而进一步影响到这类昆虫的天敌。尤其寄主范围狭窄的天敌容易受到影响。但是，没有一种药剂对所有昆虫种类都有效，因此寄主广泛的天敌影响并不大。

5. 提供栖息的生物减少　植物不仅是昆虫和其它生物的食料，也常常是栖息的场所。由于大量使用除草剂破坏了栖息场所，使昆虫和一些动物受到影响，主要是对改变了的栖息环境不适应。

6. 竞争性种群被消灭　生物间具有相同生活要求的种类，必然要进行竞争，这也常是某些生物种群自体数量受到限制的一个因素。由于除草剂的使用可使某些杂草变为优势种而增加；也有的报道由于施用某种杀菌剂防治一种土壤病害而使另一种病害的为害加重。例如用五氯硝基苯防治甜菜丝核菌（*Rhizoctonia* spp.）所致立枯病，结果使由腐霉菌（*Pythium* spp.）引起的立枯病增加。

有时相互竞争的两种生物，其中之一因喷布农药而减少，从而造成另一种生存的有利条件，但是两者如果有共同的天敌，虽然前者减少，但后者却受到较多天敌的攻击。

7. 大量捕食性天敌生物因喷布农药而被消灭，造成了一些害虫的有利生存条件。

第一节　农药施用对生物群落的影响

一、农药施用对害虫天敌的影响

农作物和森林使用杀虫剂防治害虫时，常发生两种现象引起了人们的注意，一是防治对象的再增猖獗（resurgence）；二是某些昆虫种群本来是次要害虫，上升为主要害虫。杀虫剂使用一定时期后，有时害虫却反而会大量发生，好像越治越重。对这类现象从理论上推断至少有以下 4 种可能：

a. 由于杀虫剂对害虫的繁殖有刺激效果，使其繁殖能力加大；

b. 由于杀虫剂对害虫寄主植物有刺激生长作用，有利于害虫大发生；

c. 竞争种群被杀虫剂大量杀灭；

d. 捕食性天敌大量消灭。

以上 a、b 缺乏充分的资料证明，有报道说果园中大量喷布滴滴涕使红蜘蛛大发生是因为该药对螨类的繁殖有刺激作用，但还缺乏进一步研究的证明；c 项正如前述是有可能的，但情况比较复杂，一般不是主要原因；最主要的原因是 d 项，即大量捕食性天敌在防治害虫的同时被杀虫剂所消灭。由于在一般情况下，天敌种群数量的恢复比害虫要慢的多，所以容易失去天敌的天然控制能力，在一定期间内造成害虫大发生的有利条件。例如 Collyer（1964）曾指出：苹果红蜘蛛之所以成为经济上的重要害虫是由于使用杀虫剂的结果，因为杀虫剂大量杀死了红蜘蛛的天敌，柑橘红蜘蛛情况也相同，迄今为止螨类大发生的报道为数最多。

日本有报道，水稻上的叶蝉类害虫在水稻后期常严重发生，原因之一是蜘蛛类捕食性天敌大量被杀灭之故。有时杀虫剂对天敌的幼虫或若虫毒效并不很大，但由于作为食饵的害虫大量减少，致使食料缺乏而导致天敌的数量减少；或者害虫的繁殖比天敌的繁殖快很多，因此在天敌尚未恢复到能控制害虫的数量以前，害虫的虫口密度已经急骤地上升了。

根据以上所述，农药对各类害虫天敌的影响主要是两方面。即农药本身在害虫与天敌间无较强的选择毒力，或者喷布杀菌剂杀灭了害虫的寄生性病原菌，这些都是直接影响。另外由于大量杀灭天敌的食饵，也会造成天敌难于生存的不利条件，结果天敌数量减少或迁移，使害虫容易大发生。各种类型杀虫剂对不同种类天敌的毒力常有很大差别（表 5－1）。

表 5－1　不同杀虫剂对田间各类昆虫种数量的影响（油菜田）

处　理	寄生性天敌	植食性昆虫	捕食性天敌
未处理对照	13	23	14
滴滴涕（0.25 磅/英亩，6 次）	11	20	14
鱼藤酮（0.07 磅/英亩，7 次）	10	18	12
对硫磷＋异狄氏剂（0.38 磅/英亩，4 次）	2	19	3

引自（Pimental，1961）　1 英亩＝4 046.9 m^2，1 磅＝453.6 g（下同）

由表 5－1 可明显看出，施用高效药剂对硫磷加异狄氏剂，可使田间捕食性和寄生性天敌的种属数，由 27 种减少到 5 种，害虫种数并未大量减少。

根据 Croft 和 Brown（1975）的测定，各种杀虫剂对捕食性甲虫（Coccinellids，成虫或幼虫）的相对毒力可排列如表 5－2。

由表 5－2 可以看出，有机磷杀虫剂除个别品种外，均较有机氯对供试甲虫的毒力强大。在有机磷杀虫剂中内吸剂相对毒力较小，有机氯杀螨剂选择性强，已近于无毒。微生物农药苏云金杆菌（*Bacillus thuringiensis*）孢子只对食叶害虫有效，对寄生性、捕食性天敌均无影响。对 17 种寄生蜂和一种寄蝇的毒力测定结果表明，许多常用杀虫剂的毒力表现与表 5－2 不同（表 5－3）。

表 5-2 各种杀虫剂对捕食性甲虫的相对毒力（10 种昆虫，20 次结果平均）

高毒 1	2	中等 3	4	近于无毒 5
对硫磷	速灭磷	内吸磷	林丹	八甲磷
甲基对硫磷	磷胺	甲基内吸磷	毒杀芬	乙酯杀螨醇
马拉硫磷	二嗪农	敌百虫	异狄氏剂	三氯杀螨砜
谷硫磷	乐果	三硫磷	滴滴涕	三氯杀螨醇
西维因	乙硫磷	甲基乙拌磷	硫丹	乐杀螨

表 5-3 各种杀虫剂对寄生性天敌的相对毒力（20 次测定平均）

高毒	中等	近于无毒
艾氏剂	对硫磷	敌百虫
狄氏剂	甲基对硫磷	三硫磷
异狄氏剂	马拉硫磷	甲基内吸磷
林丹	谷硫磷	甲基乙拌磷
滴滴涕	磷胺	硫丹
	毒杀芬	
	西维因	

（Croft 和 Brown，1975）

有机氯杀虫剂对寄生性天敌比有机磷杀虫剂毒力大，在有机磷剂中内吸剂和敌百虫仍然是毒力较小的。由此可见不同种类的杀虫剂对不同的天敌毒杀效果不同，在综合防治的总方针指导下，如何改进施药技术，包括药剂品种的适当选择，以便使化学防治与生物防治更好的结合，是十分值得研究的课题。针对不同具体情况，可供选择的途径大体上有以下几方面：①选用适当药剂或剂型，减少对主要天敌昆虫的伤害；

②根据具体情况，选择适当的施药时期，避开天敌对药剂的敏感时期；

③改进施药方法，保留少量害虫作为天敌的食料或寄主，充分利用对害虫的天然制约力量，例如，带状施药、点片防治以及低剂量用药等。

任何一种方法都不太可能适用于所有具体情况。田间情况更为复杂，必须综合考虑和分析，但是应该首先了解田间天敌的种属分布及数量、生活习性，否则将无所依据。

二、农药对传粉昆虫的影响

传粉昆虫对多种农作物及果树的授粉起重要作用，尤其是蜜蜂，除对农业增产起重要作用外，养蜂本身就是多种经营的内容之一。在大田施用农药使蜜蜂大量死亡，这是农药施用造成的重要副作用之一。施用杀虫剂对蜜蜂的危险，不仅是由于杀虫剂直接触杀造成死亡，还可因蜜蜂吸食有毒的花蜜或水分而造成死亡。在花期喷药造成大批蜜蜂死亡的事例并不罕见。例如 1957 年江苏省由于飞机喷药曾造成大丰县的蜜蜂死亡 90%。国外在砷素剂大量使用的年代，每年都有不少蜜蜂因喷农药而中毒。

杀虫剂对蜜蜂最大的危险是大面积喷布粉剂，由于蜜蜂可将带药的花粉带回蜂房，以至于使整群蜜蜂造成死亡。因此，喷粉比喷雾更为危险。一般来说在同一药剂的不同剂型中，以粉剂危险性最大；其次是油剂、悬浮剂和乳剂相对较小。

根据表5-4所列资料，可以看出有机氯杀虫剂除滴滴涕外，大部分品种对蜜蜂都是高毒的，自从滴滴涕取代砷素剂大量使用以后，蜜蜂大量死亡的事件已减少了很多。据报道滴滴涕对蜜蜂不仅毒性小，而且有忌避作用，使蜜蜂远离喷药现场。事实证明，在果园、森林及牧草田的盛花期施药防治花期害虫，对蜜蜂仍然较少伤害，更未发现过有蜂房中毒的事例。六六六对蜜蜂的毒力虽然较大，不过用量目前已大为减少，不再会对蜜蜂有危险。

表5-4　各种杀虫剂对蜜蜂的相对毒力

高　　毒	中　　等	近于无毒
艾氏剂　六六六	氯丹　滴滴涕	甲氧滴滴涕　毒杀芬
狄氏剂　七氯	异狄氏剂	
保棉磷　毒死蜱　二嗪农	内吸磷　甲拌磷	乙硫磷　灭蚜松
敌敌畏　百治磷　倍硫磷	乙拌磷　甲基内吸磷	敌百虫　八甲磷
马拉硫磷　甲基对硫磷	亚砜吸磷　伏杀磷	
速灭磷　久效磷　磷胺	毒壤磷	
亚胺硫磷　特普		
涕灭威　灭害威　西维因		
灭梭威　兹克威　残杀威		
砷素剂		
		三氯杀螨醇　氯杀螨
		乙酯杀螨醇　三氯杀螨砜
		丙烯菊酯　除虫菊素
		鱼藤酮　烟碱

（Anderson和Atkins，1968）

有机磷剂的大部分品种对蜜蜂高毒，主要是直接触杀死亡，相对来说有机磷的少数品种以及内吸剂，例如敌百虫、灭蚜松等对蜜蜂比较安全。

氨基甲酸酯杀虫剂几乎都表现有较高的毒力，例如西维因粉剂施用于玉米田，蜜蜂虽然不在玉米田活动，但由于粉粒飘移，仍可造成蜜蜂的直接触杀致死，而且还有报道因携带药粉而造成蜂房中的蜜蜂中毒的事例。在美国加州的棉田用西维因防治棉红铃虫，曾使大约30 000箱蜂中毒。由此可见氨基甲酸酯对蜜蜂的毒力十分强大，使用时不可不注意。

有机磷杀虫剂马拉硫磷采用超低量喷雾（ultra low volume），有报道在牧草田中曾杀死大量蜜蜂。最安全的是有机氯杀螨剂，因为这类药剂除对螨类有效外，对其它昆虫一般都无毒力。为了防止大批蜜蜂因施用杀虫剂而死亡，一般应注意采取下列措施：

1. 对蜜蜂高毒的农药应避免在花期喷药，欧洲曾规定只有毒杀芬等极少数药剂允许防治花期害虫；

2. 喷药时对附近的蜂房应加防护，尤其是飞机喷药更应注意；

3. 一般喷雾应距蜂房0.4 km以外，气温不要高于15℃，最好夜间喷药。

三、农药对土壤中生物的影响

土壤中大量农药的存在，其影响是多方面的。对土壤生物来说存在着相互影响的关系，许多土壤生物（特别是土壤微生物）对土壤中的农药可进行分解作用，同时农药也对生物产生各种有利或有害的影响，这是一个十分复杂的生态学问题。

（一）农药对土壤微生物的影响

1. 杀虫剂对土壤微生物的影响　一般杀虫剂对土壤微生物的影响都不严重，以持久性强的有机氯剂为例，滴滴涕每英亩用量为 10 磅（$11.2kg/hm^2$）时，对三类微生物（细菌、真菌、放线菌）影响都不大（表 5-5），仅真菌中的若干种属有微小的变化。表内的药剂用量是正常用量，试验证明，用量增加到正常用量的 40 倍仍无较大影响，但对大豆根瘤菌有些影响，数量减少，其它豆科作物影响不大。六六六对土壤中的致病细菌和真菌无影响，每英亩施用 400 磅（$448.7kg/hm^2$）工业六六六时（较正常量大约 40 倍），土壤中六六六含量高达 200 mg/kg 可抑制尿素水解细菌的生长繁殖，100 mg/kg 时对根瘤菌有较大影响，并影响土壤中硝酸根的产生。林丹对细菌的抑制作用小于工业六六六，在相同剂量下，林丹对 35 种腐生细菌无抑制生长作用。菲律宾稻田中施用林丹，每公顷为 2～20 kg，证明能促进固氮菌生长和增加磷酸盐溶解细菌的数量。土壤中含量高达 100 mg/kg，对一些土壤可降低硝化作用水平，同时氨化作用却有所长进。由此可见，不同土壤以及不同的土壤条件，对微生物的影响是不同的。

表 5-5　杀虫剂对土壤中各类微生物数量的影响

（粉沙粘壤土，用量 10 磅/英亩）

	菌落/g 干土			真菌种属%		
	细菌（百万）	放线菌（百万）	真菌（千）	青霉菌	毛霉	黑曲霉
滴滴涕	3.0	3.2	22.3	71	9	4
六六六	3.5	3.7	23.2	74	12	4
艾氏剂	2.1	2.6	11.0	82	4	2
狄氏剂	3.6	3.7	42.2	83	3	1
毒杀芬	4.5	3.6	37.0	82	3	1
苯硫磷	4.0	3.1	26.7	82	9	1
对硫磷	4.3	5.5	20.8	82	10	1
未处理	3.5	2.9	26.0	77	8	5

（Bollen et al.，1954）

有机磷杀虫剂例如对硫磷经多年施用对土壤中地的细菌、真菌无严重影响。有的试验表明高含量使硝化细菌和固氮菌的数量增加，大多数有机磷剂含量高达 100 mg/kg 时，微生物种群的呼吸作用都有增长。一般认为这是由于微生物利用了这些有机磷剂作为能源的缘故。

2. 杀菌剂对土壤微生物的影响　杀菌剂主要作用于微生物，因此对土壤微生物的影响比杀虫剂要大的多。主要影响是改变土壤中微生物种群的组成，因为杀菌剂对不同的微生物或病原菌有不同的毒力。例如溴甲烷、氯化苦、D-D 混剂等土壤薰蒸剂，因对细菌无毒对真菌有毒效，所以均表现有使细菌增加的作用。这是因为①施用杀菌剂可能减少了细菌的竞争者；②细菌利用了已死亡的真菌或杀菌剂本身作为营养源。

二硫代氨基甲酸盐杀菌剂，无论是代森系还是福美系各品种，一般均能促进细菌和放线菌的增殖，原因是这类杀菌剂对细菌无毒。而且一般均认为放线菌对多数杀菌剂都有较强的耐药性。残效长的五氯硝基苯，在 200 mg/kg 时对细菌和放线菌既不促进也不抑制，但内吸性杀菌剂苯菌灵对放线菌却有一定的抑制作用。土壤中施用杀菌剂，开始时种属数目有所波动，但不久即可形成新的生物平衡（biological equilibrium），这种平衡在很大程度上限制在若干耐性较强的真菌种属。总之，杀菌剂对土壤中微生物的影响比较复杂，药剂、微生物种类不同影响的差异很大，不仅影响病原菌种类发生变化，也能影响有益微生物的增殖或受到抑制。

（二）农药对土壤中蚯蚓的影响　在温带地区，据估计每年每公顷土壤中，通过蚯蚓体内而排出土表的土壤可达 10 t；因此不能轻视蚯蚓对土壤的有益作用。蚯蚓的活动不仅对土壤结构有利，而且可以增加土壤肥力。迄今为止，农药对土壤中动物区系的影响，以蚯蚓的研究资料最多。几种常用杀虫剂对蚯蚓的毒力和影响如表 5－6 所示。

表 5－6　杀虫剂对蚯蚓（*Eisenia foetida*）的影响（接触 8 周后）

	用量（磅/英亩）	存活（%）	后代数
滴滴涕	15	90	180
林丹	5	96	90
艾氏剂	7.5	83	16
狄氏剂	5	100	33
异狄氏剂	5	100	40
七氯	7.5	93	0
毒杀芬	30	76	0
马拉硫磷	7.5	90	133
谷硫磷	5	100	40
对照	–	100	103

（Hopkins 和 kirk，1957）

有机氯杀虫剂中以七氯和艾氏剂、狄氏剂等影响较大，尤其影响后代的繁殖。滴滴涕、六六六在一般用量下影响不大。但不同的试验结果可能由于种种原因并不一致，例如，Thomson（1973）报道，滴滴涕施用于牧场草地，用量为 5 磅/英亩时，大型蚯蚓的数量较原有减少 1/3。在有机磷杀虫剂中影响最大的是甲拌磷（3911），在常用剂量下即可对蚯蚓有较大影响，数量大幅度减少。氨基甲酸酯类农药如西维因、呋喃丹等对蚯蚓毒性都较大，前者在一般使用情况下可使蚯蚓数量减少 59%，后者可减少 80%。土壤薰蒸剂如溴甲烷、威百亩等对蚯蚓剧毒，不仅能杀死表土层蚯蚓，而且由于毒气扩散也可影响到深层土中的蚯蚓。不易分解的有机氯剂在土壤中还可被蚯蚓富集，并在体内代谢分解。由于不同种的蚯蚓在土壤中活动的位置不同，富集情况差异较大，一般是上层土壤中生活的蚯蚓富集较多，深层的则相对减少，这实际上也是以蚯蚓为食料的鸟类死亡的原因之一，美国 40 年代的知更鸟大批死亡，经调查证实与蚯蚓中富集了较多的滴滴涕有关。

四、农药对水生动物的影响

施用农药尤其是稳定性农药可通过各种途径进入水域，对水生动物产生影响。稻区的水田施药更容易进入水域（江、河、湖泊、鱼塘等）。水生动物中以鱼贝类最为重要，农药对鱼的毒性早已列为农药开发中重点研究审核的内容之一。

在过去的数十年内，全世界由于农药施用而发生大量鱼类死亡的事故，几乎都是由于使用鱼毒性强的农药或者用量过大所致。例如，1962 年日本九州发生的有明海事件，就是由于大量使用鱼毒性大的五氯酚钠于稻田，随即遇有暴雨，大量五氯酚钠流入水域，造成大量鱼贝类死亡，据称损失高达 295 亿日元。美国 1965 ~ 1969 年间曾发生 293 次由于农药污染水质而造成的大批鱼类死亡事故。我国 70 年代初也曾发生北京官厅水库鱼死事件，不过这不是由于施用大量农药所造成，而是上游农药厂排污造成。

农药对鱼类的影响，除可引起直接死亡外，如果污染程度达不到鱼死的程度，但仍可引起鱼的生理变化或行动异常，结果使其处于种间或种内竞争不利的地位。另外，长期处于污染水中，鱼体富集了较多的农药也可能产生慢性中毒。

农药对水生动物的毒性，目前多使用小鲤鱼及甲壳类动物进行毒力测定。不同国家的要求不尽相同，一些国家还要求加测浮游生物。日本因水稻面积大，对鱼毒尤为重视，由政府公布标准测定方法，以小鲤鱼为对象，求出致死中浓度（LC_{50}）或 *TLM*（median tolerancelimit）。对鱼进行测定观察时间十分重要，日本的标准方法规定为 48 h。一种农药对鱼类的毒性评价比测定要复杂的多，因为正如前述，农药对鱼类的影响不仅是造成死亡，而且可以引起行为异常和慢性累积中毒等问题。各种农药对鱼的毒性测定资料很多，现举例如表 5－8。

表 5－8　有机氯、有机磷杀虫剂对淡水鱼的毒性比较（LC_{50} 96 h）

	有机氯杀虫剂（μg/L）				有机磷杀虫剂（mg/L）		
	鲤鱼	翻斗鱼	金鱼		鲤鱼	翻斗鱼	金鱼
异狄氏剂	1.0	0.6	1.9	谷硫磷	0.09	0.008	0.11
毒杀芬	7.5	3.5	5.6	苯硫磷	0.26	0.10	0.03
狄氏剂	16	7.9	37	对硫磷	1.3	0.10	0.05
滴滴涕（工业品）	32	16	27	特普	1.9	1.1	1.8
艾氏剂	33	13	28	氯硫磷	3.0	0.7	1.2
氯丹	52	22	82	内吸磷	3.2	0.1	0.61
林丹	62	77	152	乙拌磷	3.7	0.06	0.25
甲氧滴滴涕	64	62	56	甲基对硫磷	8.0	1.9	7.8
七氯	94	19	230	二恶硫磷	10	0.03	0.21
六六六（γ－16%）	2 300	790	2 300	马拉硫磷	23	0.09	0.84
				蝇毒	>18	0.18	0.56
				八甲磷	100	110	20
				敌百虫	100	3.8	7.1

（摘自 Henderson 等 1959，Pickering 等，1962）

一般来说有机氯杀虫剂不如有机磷杀虫剂安全，有机氯剂中除七氯外所有环戊二烯杀虫剂都是很毒的，滴滴涕和六六六比，后者对鱼类安全。但是五氯酚钠却毒性极大，加之有机氯剂一般比较稳定不易分解，对鱼类的毒性尤其应该注意。有机磷各品种间对不同的鱼差别较大，但总的来看比有机氯毒性小。除少数品种外实际使用时对鱼类是比较安全的。另外有机磷剂在水中大都容易分解，故也较少远期影响。拟除虫菊酯类药剂的常用品种，大多对鱼高毒，一般不能在水田使用，近几年开发的新品种，对此有很大的改进。

为了使用方便并保护水产，日本政府根据其公布的标准试验方法，将农药的鱼毒性分为4级：

A类　有效成分对鲤鱼 *TLM*（48 h）为 10 mg/kg 以上，
　　　对水蚤 *TLM*（3 h）为 0.5 mg/kg 以上。

B类　对鲤鱼 *TLM*（48 h）为 10～0.5 mg/kg，
　　　对水蚤 *TLM*（48 h）为 0.5 mg/kg 以下。

C类　对鲤鱼 *TLM*（48 h）为 0.5 mg/kg 以下。

D类　毒性最强，被定为水质污染性农药。

A类农药实际使用时，不会对水产有什么不良影响；B类农药取决于药剂的水溶性，如果是水溶性药剂，剂型的差别对鱼毒性不再明显。一般说乳剂表现的毒力最强；其次顺序为可湿性粉、粉剂和粒剂，这与制剂是否容易在水中溶化有一定的关系。乳剂毒性大有时是由于乳剂中含有的溶剂或乳化剂增加了对鱼的毒性。实际使用时还受施药地点、施药时间以及气候因素的影响，乳剂也并不一定是危害最大的剂型；C类农药对水生动物影响较大，需限制使用；D类禁止使用。

五、农药对鸟类的影响

自从大规模使用有机合成农药以来，据说鸟类就开始减少，60年代以来陆续有些调查资料发表，但是这种调查研究实际上存在许多困难，难免不够完整和全面。

鸟类减少的原因是比较复杂的问题，例如除农药以外的有害物质对环境的污染，由于地区的开发而破坏了鸟类的生存环境等等，都可能使鸟类减少。不能否认大量使用农药有时也是重要原因之一。虽然目前仍有争论，但还提不出有力的证据，否定施用农药是原因之一。除大面积飞机喷药以外，一般用药情况下由于直接触杀而死的鸟类是很少的，农药对野生鸟类的伤害主要是通过以下途径：①野鸟取食拌了农药的植物种子或含有农药的昆虫、小生物而中毒；②由于食饵昆虫等小型动物死亡或植物食料枯死，食物来源断绝，尤其是孵化后的小鸟，大鸟不能远离鸟巢采食而致食物缺乏；③大规模施用除草剂，致使一些鸟类的营巢场所或筑巢材料缺乏，或者由于失去隐避害敌的场所而造成数量减少；④由于生物富集，使野鸟体内农药过多累积引起慢性中毒，或者生活能力减弱而致数量减少。

根据以上所述野鸟受农药的危害是多途径的。因此在进行调查时必须按照可能的原因进行全面调查分析。但是目前这方面的资料十分缺乏；另一方面，药剂的种类不同，对不同野鸟毒力的差别很大，不能相互类推。对硫磷、倍硫磷等有机磷剂毒性最强，但无累积中毒问题，有机氯虽然急性毒性较小，但有累积中毒问题。用鸡试验每千克食料中含 1 000 mg 马拉硫磷，30天后未见异常。西维因按每千克体重 180 mg 剂量喂 20 天也未发现任何不良影响。因此，对野鸟的种种影响，除急性中毒外，与有机磷剂的使用关系不大，可能与有机氯剂的使用有关。由于生物富集，以含农药残留量较多的动物为食料的鸟类，常容易受到伤害。植食性鸟类受慢性毒害的较少。脂溶性持久性强的农药，进入鸟类体内，积蓄于脂肪中，不易产生急性毒害，但是当产卵或候鸟迁飞时由于饥饿等原因，必须消耗体内脂肪时，脂肪中的农药也可通过血液到达脑等敏感组织而危及生命。研究最多而且了解最清楚的是对卵壳的影响。滴滴涕等有机氯剂可使鸟类的卵壳变薄，孵化率变低。由于雌鸟的甲状腺功能被干扰，体内激素分泌失去平衡，或者使钙的代谢异常，结果使卵壳变薄。这种作用以狄氏剂最为显著。在进行长期摄取狄氏剂的试验中还发现，野鸟对物体的识别能力迟钝，行动迟缓，容易被人捉。

六、农药对蚕的影响

农药对蚕的影响主要是对桑蚕的影响，而且以农药污染桑树为主，至于蚕的直接受害，除非在蚕室上空或附近喷药，很少见到。

目前使用的杀虫、杀菌剂大多数品种对桑树安全，一些除草剂可影响桑叶使它黄化失绿，甚至凋萎、发育畸形或产生落叶等急性药害。有时虽不产生急性药害，但可使桑树生长不良，桑叶收获量减少，叶质低劣。桑树上附有药剂再喂蚕，就可能对蚕产生影响，尤其是蚕毒大的药剂，可能会使蚕全部死亡。

桑蚕与其它昆虫比较，一般说对农药是比较敏感的，有时虽已中毒但未造成死亡，逐渐恢复吃叶发育，但最终影响蚕的体质和茧质；有时还影响雌蛾的产卵变少或幼虫龄期不一致。例如倍硫磷、苯硫磷对蚕比较安全，但有慢性影响，蚕蛾的产卵量不仅降低，而且孵化后产生的小蚕（1 龄 1 天）即全部死亡。马拉硫磷对蚕的慢性影响，主要是蚕茧的形状、茧重、茧层重和茧层比、结茧率等。新开发的品种主要是针对人畜的安全，能用于桑树害虫防治又对蚕无害的品种很少。有机汞剂停用以后，也缺乏消毒蚕室、蚕具的适当药剂。因此在蚕期进行农业害虫的防治，特别是养蚕地区必须慎重选择杀虫剂品种和严格按照安全间隔期施药。

七、除草剂对杂草生物群落的影响

在一定的环境条件下，常常形成一定的杂草群落，其中的杂草种类和密度、分布以及生长状况是相对稳定的；但也常受内外因素的影响而改变，这些因素包括种的遗传变异、种间竞争、生态适应性以及杂草繁殖器官的传播、土壤条件和耕作制度的改变等等。长期使用除草剂也会使杂草的群落发生变化。这种变化主要是杂草优势种的改变以及抗药性杂草的出现。

多数除草剂对杂草都有一定的选择性，即使是杀草谱比较广的药剂，对不同杂草种类间也有差别。防治农田杂草时，总是针对田间杂草的优势种选用有效药剂，如此连续多年使用，可使原来的优势种杂草的密度下降，长势衰弱而变为次要杂草，相反原来次要的杂草种可能上升为主要杂草。我国黑龙江地区 60 年代开始广泛使用 2，4 – 滴防治麦田阔叶杂草，到 70 年代末 80 年代初阔叶杂草得到控制，而禾本科杂草则有明显发展，不得不改用以杀禾本科杂草为主的除草剂。进入 90 年代阔叶杂草又开始回升，卷茎蓼等迅速蔓延为害。日本从 1948 年开始在稻田使用 2，4 – 滴类除草剂，稻田的阔叶杂草得到控制，而稗草逐渐上升为主要杂草。1959 年以后主要推广杀稗剂，虽然对稗草得到有效控制，但又使一些莎草科及一些多年生杂草得到发展。类似情况在世界各地都有发生。为了避免次生杂草的发展和蔓延为害，需要通过轮换使用或混合使用不同作用类型的除草剂，也可通过农作物的轮作来适当解决。

第二节　防治目标生物对农药抗性的发展

在使用农药防治有害生物（害虫、病菌、杂草等）的过程中，值得重视的重要问题之一是防治对象产生抗药性。因为抗性一旦产生不仅给防治带来经济上的损失，而且由于不得不加大用药量和施药次数而加重农药对环境的污染以及对有益生物的危害。例如我国老棉区，50年代初开始使用的对硫磷，在不到20年的过程中使用浓度提高了近20倍，喷药次数增加至5~6次，效果还不理想。近几年来在棉虫防治上极为有效的拟除虫菊酯杀虫剂，在一些地区由于抗药性的发展而失效，更引起了对抗药性问题的广泛重视。但是抗药性的产生和发展是一个十分复杂的问题，尽管研究工作有了很大发展，许多问题仍然得不到理论上的彻底解释。

害虫对杀虫剂产生抗性的研究资料最多，在生产实践上也是较早成为问题的，杀菌剂的抗性问题只是在大量使用内吸性药剂和抗生素以后，才逐渐变为严重。除草剂、杀鼠剂也在不断出现抗药性事例。以下将重点讨论杀虫剂和杀菌剂的问题。

一、害虫对杀虫剂的抗药性

害虫对杀虫剂抗性的发展史，可以说就是杀虫剂的发展史，两者密切相关。第一个有关抗性问题的报道早在本世纪初就提出来了。Melander（1908）证实美国加州的梨圆蚧对石硫合剂产生抗药性。但是经过了30多年到1944年抗性害虫才发展到12种。自从大量使用有机氯剂和有机磷剂以来，抗性害虫的种类迅速增加，Georghiou根据已有文献记载的抗性害虫种类，1981年已猛增到414种，这几年又有所增加。分布大体上是双翅目83种，鳞翅目64种，鞘翅目65种，壁虱类63种，同翅目45种，其它94种。抗性害虫种类数目开始迅速增加大约是在50年代中期，这也是大量使用有机合成杀虫剂，尤其是有机氯杀虫剂的时期。但是应该说明，这一统计是抗性害虫种类的累积总数，其中有些害虫也可能因停用该药而使敏感性已得到恢复，此外，不难发现抗性害虫中不仅包括农业害虫和病媒昆虫，而且还包括贮粮害虫和畜牧害虫。

抗性的产生虽然是世界范围内的普遍问题，但它也有很大的地区性，甚至在一个国家内也是如此。一般情况是在同一地区连续多年使用同一种杀虫剂防治某种害虫，该害虫就有可能发展成为抗性种群，表现为和过去比较药效大为降低或失效。但并不说明在另一地区药效也不良。抗药性的形成和发展受许多因素的制约，不同种类害虫对不同类型的杀虫剂抗性发展的快慢很不一样，大体上有三方面的因素起着重要作用，即遗传因素、生物学因素以及药剂施用情况等。前二者事实上是非人力所能控制的因素，例如昆虫的世代周期和每一世代的数量，以至于昆虫种群的迁移、流动性等都影响抗性发展的快慢。人为的施药操作和药剂种类的变化十分复杂，所以有的害虫几年后即发展成抗性品系，而使用了15年的滴滴涕，对欧洲玉米螟仍然有效，抗药性发展极缓慢。为了进一步讨论抗性的有关问题，首先对一些术语的概念应该加以必要的说明。

1. 抗药性的定义及分类　按照1958年WHO提出的抗药性定义为：对杀虫剂的抗药性指某种昆虫群体发展成为新的种群，后者对该杀虫剂的忍受能力超过杀死正常群体大多数个体的药剂剂量。因此抗性是由于使用杀虫剂使昆虫群体产生了变化而发展起来的，从根本来说是生物的一种进化，Perry 等（1974）认为这是“达尔文进化论”的最好例子。由于大量使用农药，使有害生物的生存环境产生骤烈而不利的变化，但在如此短时间生物即能适应，所以是物种进化的特殊事例。杀虫剂抗性的发展是由于突变而产生的抗性基因，因杀虫剂选择作用，使抗性基因在群体中逐渐累积的结果，所以抗性问题离开遗传学的观点是无法解释的。

昆虫对某种药剂的敏感性，本来就因为种种原因而有差异，没有一种药剂对所有昆虫都有效。这种天然具有的抵抗药剂能力与抗药性是有区别的，前者称为“耐药性”，后者是“获得抗药性”。抗药性在害虫种群中的发展常有程度不同的过程，通常以敏感种群的 LD_{50} 与抗性种群的 LD_{50} 的比值（ *RF* ）来表示，因此这一比值对确定抗药性是否得到发展十分重要。但是抗性比值可因测试方法、所用药剂纯度而有差别，所以确定抗性水平应该用标准测试方法。在田间有时药效不良并不是因为产生了抗性，而是由于其它原因造成，必须加以具体分析。如果在一种药剂开始大规模使用之前，就按一定要求测出防治对象的敏感性“基线”，对监测抗性发展是十分有利的，否则抗性发展严重后，如再找敏感种群常十分困难。抗性比值高到什么程度才被认为是产生了抗性，这一界限并不统一，有人认为至少 10 倍，但也有人认为抗性增大 2～4 倍就应该是产生抗性了。

对于抗性产生的原因有两种学说，即前适应学说（Pre－adaptation hypothesis）和后适应学说（Post－adaptation hypothesis）。前者认为在昆虫种群中，本来就有含抗性基因的个体，这些少数个体对杀虫剂的抵抗性较强，由于使用杀虫剂，种群中大量敏感个体被杀死而这些抗性个体存活下来，繁殖后代；经过如此重复，若干代后种群演化成抗性群体。因此杀虫剂在抗性形成过程中起着将抗性个体选择出来的作用，也可以说起着将敏感个体淘汰的作用；后适应学说也承认杀虫剂的选择作用，但认为抗性种群的出现，首先是杀虫剂诱发了基因突变，杀虫剂进一步又将其选择出来。两种学说均承认药剂的选择作用，也都承认抗性是可以遗传的，主要的不同点在于支配抗性的基因是否是由于药剂诱发突变而引起。

目前大多数人支持前适应学说，主要是已被许多试验所证明。例如：①用不能致死的剂量处理昆虫，不管多少世代抗性并不增加；②用同一品系家蝇，一组用滴滴涕选择；另一组不用药，但选择羽化期长的个体，若干代后，两组均发展成有同等的抗药性；③用滴滴涕对家蝇进行诱发基因突变试验，结果未能成功；④我国科学家用家蝇单一卵块法，在室内培育出抗六六六的家蝇品系；相反后适应学说并没有直接的试验证明。虽然如此，杀虫剂的诱发突变问题虽不能肯定，但也不能完全否定，这可能是非常复杂的遗传学问题。

抗药性还可进一步分为以下各种抗性：

（1）单一抗性（mono resistance）　只表现对起选择作用的药剂有抗性，称为单一抗性。但有时由于抗性生化机制关系，对其它同系物也有抗性，仍属于单一抗性。

（2）交互抗性（cross resistance）　用一种药剂进行选择，产生的抗性对未曾使用过的另外一类药剂也有抗性，称为交互抗性。交互抗性的生化机制可由一个基因支配，也可能由多种不同的基因支配同时产生多种抗性机制，因此表现虽未接触该药对其也有抗性。交互抗性现象有重要的生产实践意义，因为无论是抗性治理（IRM）中的轮换用药以及新药的开发都必须考虑这个问题。

（3）多种抗性（multiple resistance）　或称复合抗性，具有单一抗性的昆虫种群，由于另一种药剂的选择，结果不仅对前种药剂仍保持有抗性，对后者又发展了新的抗性。在实用中与交互抗性常不易区别，因为以往的药剂选择历史不容易弄清楚。从遗传学角度来看，交互抗性多是单一基因的多效性（pleiotropic action）表现，而多种抗性则是多种不同基因共存时的表现。不过，一般情况下对其抗性机制并不十分了解，更不要说进行基因解释，因此这两种抗性经常会混淆不清。

（4）负交互抗性（negatively correlated cross - resistance）　与交互抗性相反，对某种药剂有抗性的害虫种群，对另外一种药剂反而敏感性加大，称负交互抗性。比较早的例子是一种萝卜蝇对滴滴涕具有抗性，但对苯硫脲（PTU）却变得十分敏感。最近日本学者尾崎幸三郎（1981）报道，对氰戊菊酯有抗性的褐飞虱（*Nilaparvata lugens*）对马拉硫磷有负交互抗性的关系。对马拉硫磷有抗性的稻叶蝉，氰戊菊酯的毒力反而比正常种群高4.3倍。这方面的研究进展，对实际抗性治理有很大意义。但是应该指出，负交互抗性必须是某种昆虫对A药剂产生了抗性，而对本来不敏感的B药剂却发展了敏感性，只有这样才是真正的负交互抗性。如果本来对B药就很敏感，并不因为抗药性而增加了敏感性，这不能称为负交互抗性。

2. 影响害虫抗药性发展的因素　害虫对药剂产生抗药性是一种达尔文主义的选择作用（Darwinian selection），由于这种选择作用，使每一世代中抗性基因型个体数量增加，从开始的混合种群逐渐变为纯合体，从这一点说只要使用药剂就会发展抗性，这是很自然的。但实际上由于昆虫种类不同，影响抗性发展的因素十分复杂，所以至今经多年使用同一种药剂仍不产生抗性或只有微弱抗性的例子也不少。有一种看法认为，昆虫激素类药剂是昆虫本身所固有，无抗药性问题，事实上并非如此；例如抗保幼激素蒙515（methoprene）的家蝇品系已经在室内选择培育成功。

影响抗性发展的因素大体上可分为遗传的、生物的和药剂施用三个方面。虽然前两者是昆虫的固有特性，人为无法改变，但了解这些因素的作用，有助于抗性治理措施的制定。

（1）遗传因素　一般认为在用杀虫剂选择（或淘汰）之前，一个种群中抗性基因的频率是很小的，即含有抗性基因的个体很少。因为这些个体对环境的适应能力很差，所以抗性种群不能自然形成。但在杀虫剂的选择压作用下，敏感性个体被大量淘汰，那些抗药的个体存活下来，繁殖后代。由于抗性基因的遗传，使种群中抗性基因频率不断提高，种群的抗药性增加。支配抗性机制的基因可能是单一基因，也可能是多基因，后者也是一种基因起主要作用，称为主基因（major gene）。例如抗马拉硫磷的害虫，其主基因常是支配羧酸酯酶的基因。害虫抗性发展的快慢，遗传基因在种群中的数量或出现的频率是重要的决定因素。另外，如果抗性基因是显性抗性发展就快，如果是隐性则相对发展慢。在杂交后代 F_1 中，基因可能是完全显性，或完全隐性，也可能是种种不同程度的中间型，抗药性在以后的几代中能否增加，取决于敏感性杂合子和抗性基因型相对生存和繁殖潜力，也就是说取决于其是否能适应环境（包括施用药剂）而生存、繁殖。

（2）生物学因素　不同昆虫种群生物学特性不同这是很自然的，这也是影响抗性发展的主要因素，包括世代周期长短，每一代的个体数，单配偶、多配偶或孤雌生殖等等。此外昆虫种群的迁移性也有关系。根据Georghiou（1980）的研究，土壤中施用狄氏剂或艾氏剂，不同世代周期的土壤害虫，产生抗性需要的时间（年）有很大差别。根种蝇（*Hylemya* spp）每年完成3~4代，接触药剂5年后就可产生抗性；而北方玉米根虫（*Diabrotica longicornis*）一年一代，需要8~10年才可能产生抗性；台湾甘蔗金针虫（*Malanotus tamsugensis*）两年完成一代，抗性产生根据推断需要 20 年。所以像蚜虫这种繁殖力强、世代多的害虫，防治次数多、选择压大，抗性自然容易产生。

昆虫的迁移性是另外一个重要的影响因素，一个地区如果经常有其它地区种群迁入，使抗性的产生和发展变得更为复杂。如果迁入的是敏感性群体，就会降低抗性基因的频率；但也可能相反，迁入的是大量抗性种群。所以相对孤立的种群，杀虫剂的选择作用就十分重要。

(3) 施药因素　施药是抗性发展的人为因素，也是产生选择压的主要方面。通常是在抗性产生的初始，农民常采用提高药剂施用浓度或增加防治次数来保持防治效果，其结果却增加了选择压使抗性更快发展。选择压的大小不仅与施药剂量和次数有关，与药剂本身也有关系，例如一般都认为残效短的药剂选择压小，相对来说比持久性强的药剂不易产生抗性。

3. 抗药性的生理生化机制　用敏感品系和抗性品系进行比较的方法，研究抗性害虫的生理生化机制，是抗性研究中的中心课题。由于所有常用药剂都几乎有可能产生抗性问题，因此研究抗性机制，对克服抗性有很大现实意义。不过情况是十分复杂的，目前还很难得出统一的规律，许多问题都有待于深入研究。昆虫对杀虫剂的抗性机制大体上可分为两个方面，一方面是昆虫行为方面的，例如对滴滴涕有抗性的一种蚊子，它们可长距离飞行以回避接触药剂。显然这是比较少的事例，室内培育的抗性家蝇也发现有这种现象。另一方面关于行为抗性机制研究较少，资料十分缺乏，一般抗性机制的研究多集中在生理生化机制上。与敏感害虫比，抗性害虫生理生化的改变归纳起来主要有三种情况，即①增加解毒作用的速率；②减少作用点对药剂的敏感性；③降低药剂对组织的渗透和积蓄量。在不同的选择作用情况下，不同的昆虫其主导抗性机制常不相同，另外，几种抗性机制共存时，其累积效果也不是简单的相加，而要提高很多。

(1) 解毒作用增强　这是迄今为止所有抗性害虫广泛具有的抗性机制，也是研究比较多的。解毒代谢过程中许多酶起着重要作用，尤其是多功能氧化酶（multiple function oxidase，mfo）研究较多。普遍认为这是农药代谢中量重要的酶系，不只是存在于哺乳动物中，而且存在于植物、昆虫、真菌和细菌中。它对多种毒物都有解毒作用，几乎能代谢所有的杀虫剂。以下反应均可由 mfo 催化进行。

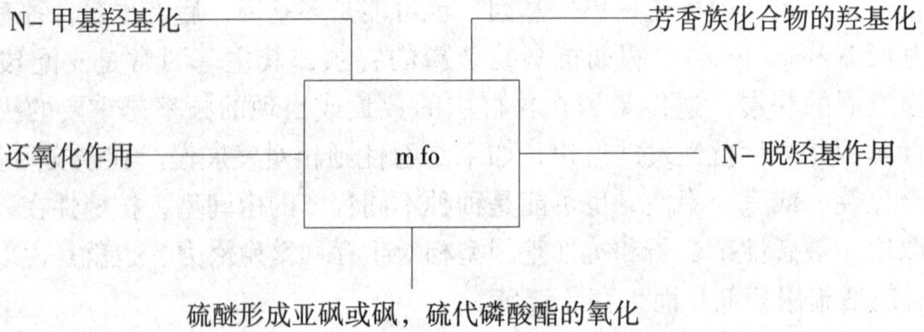

对具体药剂来说，以上的反应可能是解毒反应，但也可能是活化反应。例如一些有机磷剂和氨基甲酸酯杀虫剂结构中的硫醚键被 mfo 氧化成亚砜或砜，均可使活性提高，而羟基化反应大都是解毒反应。研究证明许多抗性害虫体内的 mfo 含量和活性均有显著提高，在实验中也可以加用 mfo 的抑制剂，然后对抗性害虫进行毒力测定，判断敏感性是否有所恢复，以此确定这一抗性机制，实验中常用胡椒基丁醚（piperonyl butoxide，PBO）作为 mfo 的抑制剂。mfo是非常复杂的氧化酶系，很难分离得到纯化合物，它可能是十分复杂的多种蛋白质复合体，并与细胞微粒体相连接，其中细胞色素P-450（cgtochrome P-450）在氧化过程中起主要作用，而细胞色素P-450也不是单一的蛋白质，而是不同的、性质类似有同等机能的血红蛋白质的复合体。它的分子量很大，例如鼠肝的细胞色素P-450至少有分子量由49 000～55 000的4种。现已证明昆虫体内，尤其是脂肪体、消化管的细胞微粒体中，均含有细胞色素P-450，有和哺乳动物同样的氧化机制，但一般讲活性不如哺乳动物的高。具有抗药性的昆虫则可以表现出非常高的氧化活性。

水解酶、谷胱甘肽-S-转移酶以及脱氯化氢酶等也常是一些害虫的抗性机制。水解酶系以水解有机磷剂、磷酸酯水解酶和羧酸酯酶较为重要。前者主要水解磷酸酯的酯基，后者能水解含羧基酯的有机磷化合物，例如马拉硫磷等。马拉硫磷的水解可因参与的酶不同，水解的位置不同。

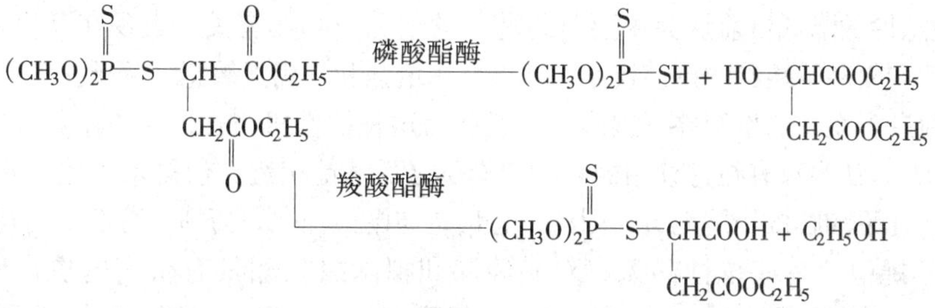

磷酸酯酶的水解在多数情况下都是配合其它解毒酶作用，使害虫产生抗性，它是否能单独使害虫产生抗性还不明确。许多害虫对马拉硫磷的抗性主要是因为羧酸酯酶将其水解为一羧酸酯，一般认为这各酶是专化性的，但Welling等（1974）研究证明，抗马拉硫磷的家蝇，水解羧酸酯键后还进一步氧化，所以羧酸酯酶也常常不是单独起作用。

谷胱甘肽-S-转移酶（glutathion-S-transferase，GSH）在抗药性中的作用主要是脱烃基作用。例如下列反应：

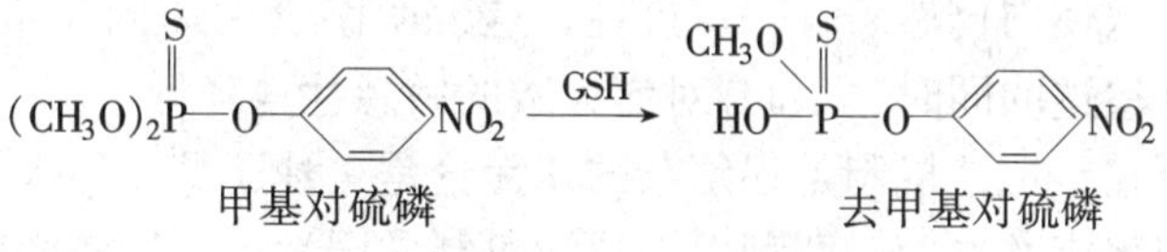

对此酶在抗性中的作用研究还不是很多，所以还有许多问题不明确，到目前为止，还没有找到一种专化性的抑制剂，在研究上造成一定困难。

脱氯化氢酶（dehydrogenase）是较早研究的酶之一，最早Sternburg等（1950）就已证明，家蝇对滴滴涕的抗性主要是这种酶将滴滴涕变为滴滴伊（DDE）而解毒。

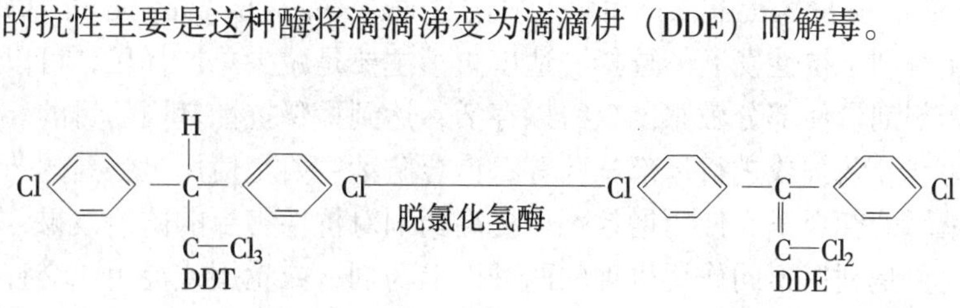

这一脱氯化氢酶可由滴滴涕类似化合物 FDMC（flurodichlorodiphenyl methyl carbinol）抑制，因此研究颇多。但多以家蝇为对象，抗性家蝇与敏感性家蝇比较，此种酶的活性差别很大，是否是量的增加还不明确。此外这种酶的活性还可由于其它化合物，例如环戊二烯类、激素类似物等所诱导而增强，但其机理还不清楚。

（2）作用点敏感性降低　研究这方面的作用机制，必须首先明确药剂的作用点，以及与药剂间相互作用的机制，由引可知研究抗性必须与毒理相结合，研究方法也基本相同。有机磷剂和氨基甲酸酯的作用点都比较明确是抑制乙酰胆碱酯酶，因此这方面的研究也较多。较早系统地研究是 Hama 和 Lwata（1971）研究黑尾叶蝉对氨基甲酸酯类药剂的抗剂机制，对 6 种氨基甲酸酯杀虫剂的抗性指数（敏感性和抗性黑尾叶蝉的 LD_{50} 比值）与乙酰胆碱酯酶的敏感性比值（敏感性和抗性昆虫的 I_{50} 比值）有高度的相关性。敏感系的 AChE 对残杀威的敏感性比抗性品系低 115 倍之多（比较 I_{50} 比值）。其它害虫例如家蝇也有类似报道。目前至少有 9 种昆虫和螨类的抗药性是由于乙酰胆碱酯酶降低了敏感性所致的。

AChE 敏感性的降低目前认为主要是与药剂的亲和力降低有关，表现在反应速度的降低。昆虫对有机磷和氨基甲酸酯的抗性机制，解毒作用增强和作用点敏感性降低按说同样都可能发生，但是目前后者发现的事例并不很多。一般认为这种抗性机制在昆虫中不如在螨类中多见。Georghiou（1977）认为只有在持续用极高的选择压之后才能引起。但是从黑尾叶蝉对氨基甲酸酯的抗性看，几乎和解毒作用无关，因此，恐怕是与昆虫种类和药剂的特性不同有关。

另外，家蝇中的一些抗性品系，对滴滴涕和拟除虫菊酯具有很高的抗击倒性（Knock down resistance，Kdr），即具有能忍受这类药剂极高剂量的击倒效应能力。原因是昆虫神经组织对这些药的敏感性降低了。这种神经敏感性的差别虽然可由电生理的测定结果加以证实，但其机理目前还不能明确解释。由于杀虫剂中的有机氯剂和拟除虫菊酯，都是作用于神经系统，这些药剂间以及各种不同拟除虫菊酯间的交互抗性问题，已引起广泛的注意。

（2）降低药剂的渗透性、积蓄量　这种抗性机制常常是起辅助作用的，例如家蝇对氨基甲酸酯的抗性，药剂进入虫体组织变得较正常昆虫缓慢就起着重要的辅助作用；与此同时，解毒代谢及排出体外的能力加强，以减少体内的积蓄量。在农业害虫中烟草蚜虫对涕灭威的抗性机制就是如此。Bull（1967）证实，烟草蚜虫的抗性品系涕灭威渗透体表的速度减小，但是直接将药剂注射入体内仍然表现一定抗性，这说明渗透性降低并非是唯一的抗性机制。后来的研究证明降低渗透的同时，AChE 对涕灭威的敏感性也降低了。

根据上述讨论可知，抗性机制是很复杂的，无论是一种还是几种抗性机制，在不同的抗性昆虫中可能起不同程度的作用。两种以上抗性机制共同发挥作用而产生的累积效果，并不是各单一抗性机制之和，事实证明其综合效应要大的多。

4. 对付抗药性的途径　克服抗性的策略（抗性治理）是近几年国际范围内讨论的热门话题，Georghiou（1983）曾提出三种原则性的对策，即适度防治（management by moderation）、饱和防治（management by saturation）和多点攻击（management by multiple attack）。所有这些对策都是为了防止有利于抗性发展的选择。适度防治主要是减少总选择压，可以有许多具体方法，例如减少药剂剂量使部分敏感昆虫得以存活，达到稀释抗性基因的目的。也可以减少施药次数，使用短残效药剂或进行局部施药等；饱合防治主要是使用足够高的药剂剂量，大量杀死具有抗性基因的杂合子。使用增效剂可提高药剂对抗性害虫的防治效果，以达到饱合防治；多点进攻主要是利用不同作用机理的两种以上药剂，或轮用或混用或交替使用，使害虫种群的定向选择受到干扰而延缓抗性的发展。

在综合防治的前提下，如何合理用药使害虫的抗性得到延缓发展，国内近十几年来也进行了不少研究。例如中国农业大学的研究证明，辛硫磷和溴氰菊酯按一定比例混用，不仅相互增效，而且在室内家蝇的汰选培育中，明显比单剂的抗性发展缓慢。在抗性机制的研究中也得到了生理生化上的合理解释。但是混合使用绝不是唯一的延缓抗性发展的方法，而且，一定要经过科学研究，不能任意混用，否则会有产生多抗的危险。利用有负交互抗性的药剂是比较好的方法，但是目前真正的负交互抗性药剂还很少，还有待于大力研究开发。总之，抗性治理已在许多国家开始施行，尤其是棉花害虫的抗性治理，例如澳大利亚已经执行多年，取得了丰富的经验，而且一般认为是成功的。

二、病原菌对杀菌剂的抗药性

病原菌的抗药性问题以医药领域研究最早，农用杀菌剂抗性问题的早期研究，多为室内抗性菌株的培育研究，虽然一些老杀菌剂品种也曾出现过田间抗性问题，但为数甚少，对生产的威胁不大，这一点与杀虫剂不同。60年代中期大量使用农用抗生素防治植物病害，随后又广泛使用高效内吸杀菌剂，此后植物病害的田间抗药性开始逐渐增多。在这些报道中，大约90%发生于内吸杀菌剂，尤其是苯并咪唑类和托布津等杀菌剂最为严重。例如日本1975年调查，确认药效降低是由于抗性菌所致的事例共50件，其中苯并咪唑及托布津类杀菌剂就占一半之多。涉及的作物病害主要是黄瓜、甜瓜、茄子等蔬菜的白粉病、灰霉病以及柑橘青、绿霉病、苹果黑星病等；其次是抗生素，在日本主要是多氧霉素，约占事例的20%，这是因为日本使用这种抗生素较多。

内吸剂产生抗药性菌的特点是快速，一般快的只要3～5年药效即可降低到不能使用的程度，对少数病害甚至一年即可失效（一年用药高达十余次）。我国近几年来，在蔬菜上广泛使用了苯并咪唑类及托布津类杀菌剂，据反映药效也是很快就降低了；由于我国内吸杀菌剂的品种还不够多，因此更应注意抗药性的发展。

1. 关于抗性菌株产生的原因　正如害虫对杀虫剂产生抗性问题一样，抗性菌的形成目前也是一个有争论的问题。焦点仍然集中在药剂只是起选择作用还是能诱发基因突变，最后形成抗性菌系。由于缺乏直接证明的手段以及病菌的复杂性，目前还难于对此问题有明确的结论。然而有一点比较肯定，即在室内培育的抗性菌和田间实际产生的抗性菌是有区别的。

在室内采用驯化培养的方法，早在1962年就曾报道得到了灭瘟素S的稻瘟病抗性菌株。另外也有报道，用含有大于实际使用浓度药剂的培养基，得到了抗春雷霉素的菌株。但是也有用药剂诱发突变而得到抗性菌株的报道。在田间使用情况下大不相同，愈来愈多的试验证明，在自然情况下，本来就存在抗性菌株和敏感菌株，在一般情况下前者的数量极少，例如据报道自然界采集的灰霉菌（*Botrytis cinerea*）抗苯来特的孢子为总体的$1.3\times10^5\sim8.5\times10^6$分之一，苹果黑星病菌（*Venturia inaeguatis*）抗多果定的孢子仅有8.6×10^7分之一。最多的柑橘绿霉菌抗联苯的孢子也不超过0.5%。因此在田间出现抗性菌系应该主要是药剂选择起作用。有人认为如果驯化作用能够成立，必须要有经常接触药剂有效成分的机会。以土壤病原菌为例这种机会都很少，其它病原菌就更少了。因此在田间出现抗性菌系无疑是由于药剂的选择作用，使敏感菌株和抗性菌株的比例发生了变化，若干代后抗性菌株就占有了优势，最终表现为药效不良。

有些研究证明，如果用抗性菌和敏感菌混合接种，当有药剂存在时，形成的病斑全部来自抗性菌，如果没有药剂则形成的病斑全部来自敏感菌株。这些研究证明，药剂确实起了选择作用，把敏感菌杀死造成了抗性菌株的繁殖条件。同时也证明荷兰学者 D.M.Cayley 提出的菌种种内排斥（aversion）现象的存在。即不只是在种间（例如放线菌对真菌的拮抗现象）存在排斥，而且在种内也存在。抗性菌株在无药剂作用条件下，易被敏感菌排斥，结果病状来自敏感菌，所以在自然情况下即使存在少量抗性突变体，如果没有药剂选择，也难于取得生存和繁殖优势。至于驯化是否也可在田间出现，在判断上是十分困难的。室内的驯化培养如何解释目前也无定论。一般认为抗性菌系的产生有两个步骤，首先由于各种条件变化而产生突变菌株（偶发性突变），然后药剂起选择作用而逐渐形成抗性菌系。偶发性突变会经常发生，但是能否发展成抗性菌系，药剂则起决定性作用。控制抗性机制的基因可能是单一基因，也可能是多基因的组合，如果是后者，综合表现也不是简单的相加，情况比较复杂。

2. 抗性的生理、生化机制　早在 1952 年 Danis 等就曾提出抗性机制有 7 种可能的假设。至今已过去 40 年了，从抗性机制的研究报道看，主要是下述 4 个方面。

（1）药剂向菌体内的渗透性降低　许多试验证明，抗性菌和敏感菌的差别只是由于药剂通过菌体细胞膜的差异所致。证实这种机制并不难，通常都是用敏感菌株和抗性菌株的完整细胞（intact cell）和非细胞（cell free）提取物进行药剂毒作用的对比。比较有无细胞膜对药剂毒作用的影响就可判断。例如多氧霉素主要是抑制细胞几丁质合成酶的作用，敏感菌可抑制 70%，在同样条件下抗性菌只有 10% 被抑制，如果用非细胞结构的提取物，则两种菌的抑制没有明显差别。

（2）抗性菌增强解毒能力促进药剂分解　在杀虫剂及医药中，这种机制是很常见的，但在农用杀菌剂中例证尚不多，原因还不十分清楚。用完整的细胞试验两种菌的代谢，敏感菌代谢药剂的速率如果大大低于抗性菌，就可证明这种机制的存在，例如对五氯硝基苯有抗性的灰霉菌比敏感菌更容易代谢成无毒的五氯苯胺或五氯苯硫甲基。

（3）药剂在菌体内活化作用降低　只限于必须在菌体内活化后发生作用的药剂才可能有此种抗性机制。目前这类例证还不多见，唯一的例子是在抗 6－氮杂尿嘧啶（6－Azauracil）的黄瓜黑星病中分离到有上述机制的抗性菌株。

（4）作用点上的药剂作用降低　这方面的例证已有相当多的报道，主要是菌体内药剂作用的靶子酶发生了改变，使药剂的作用降低。又大体上分为两种情况，一种是作用点发生了质的变化，使药剂的抑制作用降低，另外也可能是量的增大，使药剂与酶反应产生的影响降低，后者又称“补偿作用”。例如抗萎锈灵的玉米黑粉病菌（*Ustilago maydis*）在实验室内分离到三种抗性菌株，其中有的被证明，作用点的琥珀酸脱氢酶的性质与敏感菌的不同。对热不稳定而且较难提取。最近更进一步证明抗性机制是琥珀酸脱氢酶对萎锈灵的亲和性降低了。抗性菌的代谢途径也可能发生变化，原有的作用点酶系完全不再起作用，或者另外发展了其它的取代酶系，在医药方面，抗性菌的这种机制十分多见。

3. 克服病原菌抗性的对策　在实验室内可通过种种方法培养出抗性菌株，但在田间情况却十分复杂。杀菌剂效果的降低并不一定是发展了抗药性，许多种因素都可使药效降低，是否已有抗性产生须要进行一系列的活体和离体试验，测定抗性水平才能确定。

内吸剂比保护剂一般容易产生抗性，主要是因为作用点比较专一，容易受基因突变的影响而发展抗性。相反许多保护剂都是多作用点的药剂，所有支配基因都发生突变的机会是很少或不可能的。例如二硫代氨基甲酸盐类杀菌剂和一些金属杀菌剂，尽管已使用多年，却几乎没有发现过田间的抗药性问题。

一个值得探讨的问题是：在药剂开始田间使用的初期究竟应该使用高剂量，还是适当降低剂量？在什么情况下对抑制抗性发展有利？一种意见认为，在使用初期必须尽可能提高浓度或剂量，这样可以减少抗性突变体的出现频率，因为抗性突变体的自然竞争力小，可以不致很快发展成抗性群体。但是如果抗性已经发展到一定程度，再使用较高剂量，只能是使抗性水平很快提高。这一说法是否真对延缓抗性发展有作用，还有待于进一步试验证实。

轮换交替或混合使用作用机理不同的杀菌剂，是目前一致认为有效的克服抗性的途径，而且已经有不少商品杀菌剂的复配制剂在生产上使用，起到了很好的效果。至于负交互抗性药剂的利用以及增效剂的作用等，作为一种克服抗性的对策是肯定的，但还缺乏成功的具体事例。

三、杂草对除草剂的抗药性

同一种杂草由于生长环境条件的不同，对一定除草剂的敏感性有所差别，对除草剂不敏感的称为耐药生态型。这种杂草的耐药性与长期使用同一种除草剂而产生的抗药性有所不同，后者是由于除草剂长期对杂草选择的结果。已有报道产生抗性的除草剂种类有均三氮苯类、吡啶类、磺酰脲类、氯代脂肪酸类及激素类等。

1970 年，Ryan 最早报道了美国华盛顿州的一个果树苗圃，由于连续使用均三氮苯类除草剂莠去津等十多年（1958～1967），欧洲千里光草（*Senecio valgris* L）对莠去津和西玛津都产生了抗药性（表 5－9）。

表 5－9　欧洲千里光草对除草剂的抗药性（Ryan，1970）

除草剂	施用剂量（kg/hm^2）	防除率（%）	
		A	B
莠去津	2.24	0	100
	4.48	0	100
	6.72	0	98
西玛津	2.24	14	100
	4.48	0	100
	6.72	0	100
敌草腈	2.24	100	100
除草醚	1.12	0	7
	2.24	14	44
枯草隆	2.24	58	75
	4.48	100	99
伏草隆	1.12	95	98
	2.24	100	100
草完隆	2.24	98	100

A—从 1958 年起连续使用西玛津和莠去津的种；B—没有使用三氮苯类除草剂的种

目前在美国、加拿大及西欧国家，至少已发现有 18 属 30 个种对三氮苯类除草剂产生了抗药性。1978 年在英国发现早熟禾对百草枯产生了抗性；1980 年在日本先后发现一年蓬和加拿大飞蓬也对百草枯产生了抗性，与敏感型杂草比较一般抗药性增大约 100 倍。90 年代以来又有不少报道，一些杂草对新型高效磺酰脲类除草剂产生了抗药性。随着除草剂的广泛使用，杂草对除草剂产生抗性的实例也会越来越多；但产生抗性的风险比杀虫剂和杀菌剂还是小得多，这是因为杂草种子不仅多，而且可以多年累积于不同深度的土层中，保持其生命力；尽管用除草剂杀死一部分，仍会保存有大量敏感种的种子。一般一年生杂草每年繁殖一次，受除草剂的选择也只一次，因此抗性的发展不会很快。何况不使用除草剂地区的敏感性杂草基因容易对抗性杂草进行基因稀释，使杂草抗性发展不快。一般来说抗性杂草的生存竞争能力不如敏感杂草，这也使杂草的抗性不会很快发展。

为了避免抗性杂草的出现和扩大，使用除草剂时最好与其它除草措施结合起来，不要连续多年使用同一种除草剂，应提倡作用机制不同的除草剂轮换使用或混合使用。

参考文献

[1] Fumio Matsumura et al. Environmental Toxicology of Pesticides, Academic Press New York and London 1972

[2] 山本出，深见顺一主编，忻介六等译．农药设计与开发指南（第三册）．农药的选择毒性与抗性，化学工业出版社，北京，1990

[3] 日本环境与水质保全局土壤农药课编．农药污染．白亚书房，日本东京，1974

各　论

第六章　杀虫剂（杀虫、杀螨剂）

第一节　　有机磷杀虫、杀螨剂

有机磷杀虫剂的绝大多数都能杀虫兼杀螨，但为了方便，以下均称为杀虫剂。

有机磷化合物的研究大约开始于160多年以前，但较早系统研究并发现有机磷生物活性的却是在50多年前，第二次世界大战期间，德国人Schrader等重点研究了有机磷氟化合物，从中发现了八甲磷、特普以及对硫磷等的生物活性。战争结束公布于世以后，由于这类杀虫剂的突出特点，受到世界各国的广泛注意。尤其是对硫磷很快进行了工业化生产，迅速发展成为世界性的杀虫剂品种，此后有机磷剂不断发展，新优良品种不断出现，成为杀虫剂中的主要类型之一。那些来源受到限制的植物性杀虫剂，药效不是很高的砷素剂，使用量逐渐减少或被取代。

战后的几十年中，有机磷杀虫剂的品种成倍增加，而且发现了高效的内吸剂。但是在相当长时期内，有机磷剂发展的目标是研究开发低毒性化合物，因为早期的品种尽管药效很高，杀虫谱广，但对人、畜毒性也相当大，这一缺点由于使用者的大量中毒而受到重视，进一步研究化学结构与生物活性的关系，以求寻找出对高等动物毒性较低的高效药剂，在一定时期内成为有机磷杀虫剂开发的集中目标。这种低毒化的努力很快就有了成果，倍硫磷、苯硫磷、杀螟硫磷等都是高效而低毒的品种。内吸杀虫剂也同样，乐果的出现可以说前进了一大步，但是寻求优良的内吸杀虫剂品种至今仍然是追求的目标之一。

有机磷剂不但在杀虫剂中是主要类型，品种极多，也在杀菌剂、除草剂中得到了发展。

一、有机磷剂的化学结构和化学名称

顾名思义，有机磷杀虫剂都是磷的有机化合物，大体可分为以下几类。

1. 磷酸酯　磷酸是三元酸，其中的三个氢原子被有机基团置换。

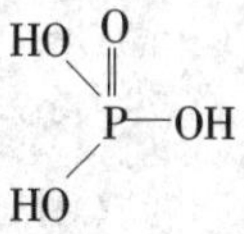

磷酸

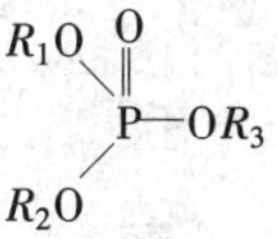

磷酸酯

三个有机基团（R_1, R_2, R_3）不完全相同的称为混酯，有机磷剂中有许多品种是磷酸的混酯，例如敌敌畏分子中两个是甲基，一个是二氯乙烯基。在这三个取代基中一般有一个称为酸性基，是亲核性的。敌敌畏中二

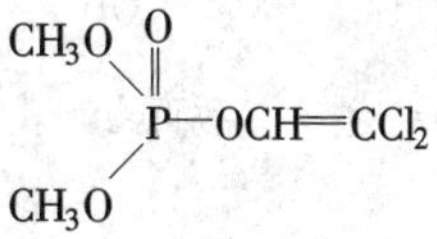

敌敌畏

氯乙烯基就是这样的基团。这个酸性基可使有机磷化合物具有生物活性。

有机磷化合物的名称，例如列举各取代基的名称辍以磷酸酯字样，并在取代基名称之前冠以“O”氧。例如敌敌畏的化学名称为 O，O－二甲基－O－2，2－二氯乙烯基磷酸酯。

2. 硫代和二硫代磷酸酯　磷酸酯分子中有一个氧原子被硫原子所取代的称为硫代磷酸酯，有二个氧被取代称为二硫代磷酸酯。例如：

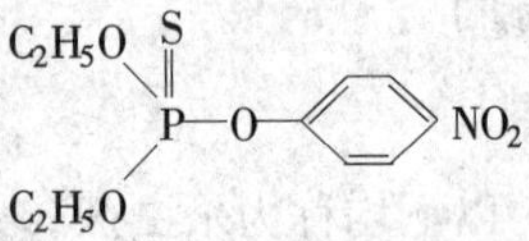

对硫磷

O，O－二乙基－O－对硝基苯基硫代磷酸酯

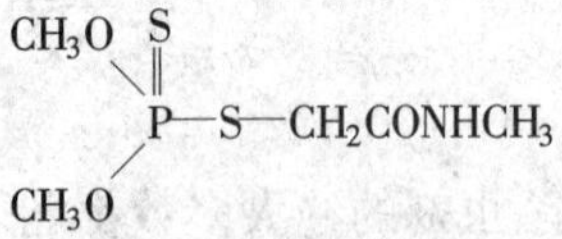

乐果

O，O－二甲基－S－（N－甲氨基甲酰甲基）二硫代磷酸酯

3. 磷酰胺和硫代磷酰胺　磷酸分子中一个羟基被胺基取代称为磷酰胺。如果其中的氧被硫原子替换，称为硫代磷酰胺。氨基上的氢也可被有机基取代，命名时在取代基前冠以“N”。例如：

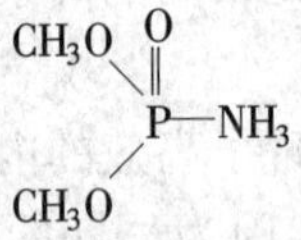

甲胺磷

O，S－二甲基硫代磷酰胺

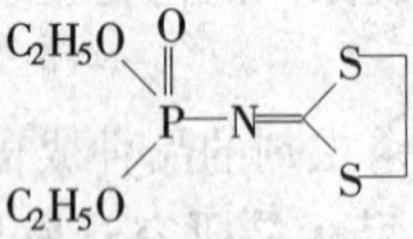

棉安磷（phosfolan）

O，O－二乙基－N－（1，3 二硫戊环－2）磷酰亚胺

4. 焦磷酸酯　包括硫代焦磷酸酯和焦磷酰胺，主要是两个磷酸分子脱去一分子水形成焦磷酸，其中的氢、氧或羟基都可分别被有机基、硫或氨基取代，其化学命名可以治螟磷为例：

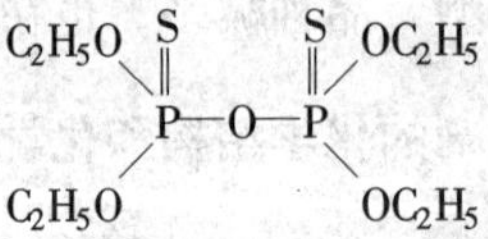

治螟磷

O，O，O，O－四乙基二硫代焦磷酸酯

5. 膦酸酯和硫代膦酸酯　磷酸分子中一个羟基被有机基置换，形成 P－C 键称膦酸酯，例如：

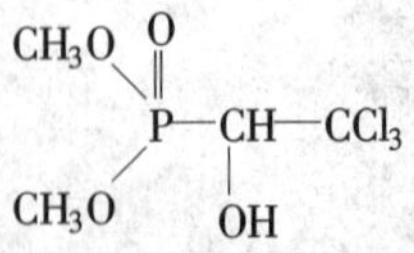

敌百虫

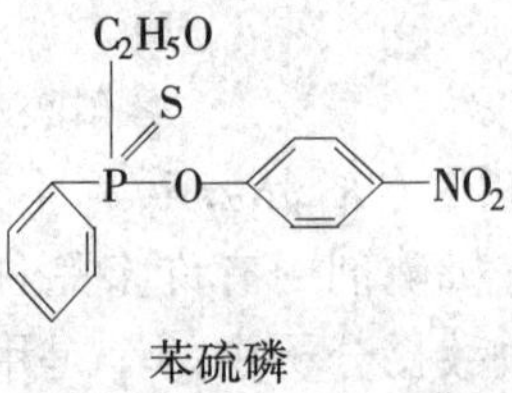

苯硫磷

O，O－二甲基—(2，2，2－三氯－1－羟乙基）膦酸酯　　O－乙基－O－对硝基苯基硫代膦酸酯

从纯化学的定义说，上述这种化合物称磷有机化合物，而前 4 种有机磷杀虫剂只是磷酸的有机酯，有机磷农药泛指这两类化合物。

二、有机磷剂的主要品种及性能

有机磷剂的品种繁多，性能也千差万别，但作为农药使用，总体看来其特点可归纳如下：①对害虫（包括螨类）毒力很强，例如许多高效品种对蚜虫的有效浓度，多在 0.005% 左右；②有的品种杀虫谱很广，例如对硫磷、马拉硫磷等。也有的品种具有很强的选择性，例如灭蚜松，对保护有益昆虫和天敌十分有利；③在植物体内可代谢降解而解毒，在植物表面可经日晒及风雨的作用而消解，所以有些品种残效期很短而且低毒，例如马拉硫磷，很适合在随时收获的果、菜、茶、桑上使用。另有些品种残效较长，例如甲拌磷、乙嘧磷等，适用于经济作物棉、麻等和防治土壤害虫；④若干品种具有内吸作用，施用方便而且不伤害天敌；也有的品种具有很强的渗透作用，喷于叶正面也能杀死叶子背面的害虫；⑤一般在气温较高时，表现出较高的杀虫效力，即正温度系数药剂；⑥对人、畜有些品种毒性很低，但有的品种毒性很高，使用时必须注意。通过结构改造或改变加工剂型，也可以使高毒品种低毒化，使施用安全；⑦对高毒品种已有特效解毒剂，例如解磷定，其高效解毒效能为其它任何解毒药剂所不及；⑧这类药剂一般在生物体内都易于降解，在环境中易于分解，因此使用后不致污染环境，在正常使用情况下，农畜产品中很少有残毒；⑨由于多数品种高效，使用浓度低，所以对作物安全，不易产生药害。某些特定作物对个别药剂十分敏感，应避免使用。例如，高粱上使用敌百虫易生药害；⑩绝大多数品种遇碱易分解，混用时必须注意。

（一）对硫磷（parathion）及其低毒化的品种　对硫磷也叫“1605”，这是因为最初合成时其代号为“E-605”，我国 50 年代初开始使用时即简称为“1605”，后确定通用名称为对硫磷。目前 1605 这一名称仍有使用。

对硫磷具有许多优点，高效、广谱；具有胃毒、触杀、熏蒸等多种杀虫作用。此外还有较好的渗透作用。喷布叶面时仍对叶背的蚜虫有效，但无内吸作用。对硫磷的主要缺点是对人畜高毒（表 6-5），使用时不够安全。为了改善这种缺点，许多科学家做了种种尝试，从多方面克服这一缺点。以下两方面的改进均取得了成功，即改造化学结构形成新的高效低毒品种；其次是改进加工剂型使其低毒化，以达到安全使用的目的。经过若干年的努力，取得了突破性进展，出现了不少高效低毒品种，加工上也出现了使用较为安全的剂型 。

表 6-5　对硫磷及其低毒化品种的毒性

名　称	结构式	毒性（大鼠口服）LD_{50}（mg/kg）	大鼠涂皮 LD_{50}（mg/kg）
对硫磷	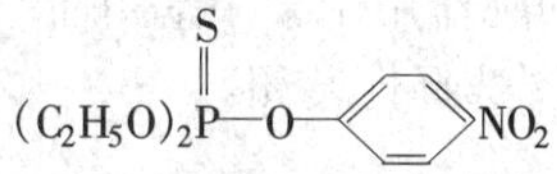	3.6（♀）13（♂）	6.8（♀）21（♂）
甲基对硫磷	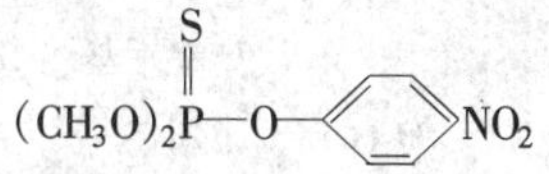	14~42	67

续表

名　称	结构式	毒性（大鼠口服）LD_{50}（mg/kg）	大鼠涂皮 LD_{50}（mg/kg）
氯　硫　磷	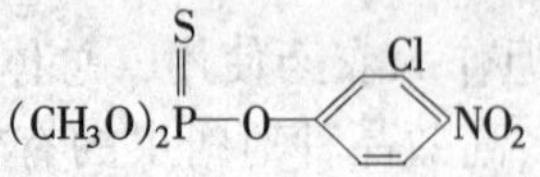	880 ~ 980	4 100 ~ 4 500
杀螟硫磷	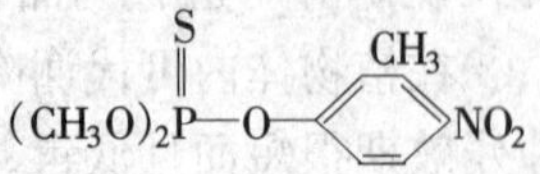	433（♀）242（♂）	3 000
杀螟腈	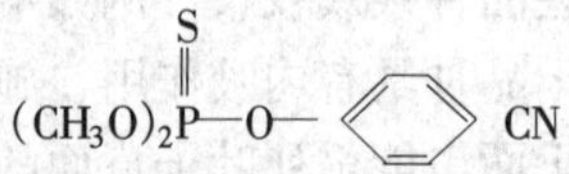	860	
倍硫磷	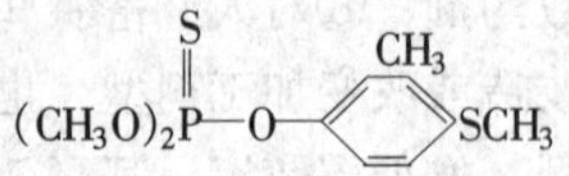	245（♀）215（♂）	330
苯硫磷	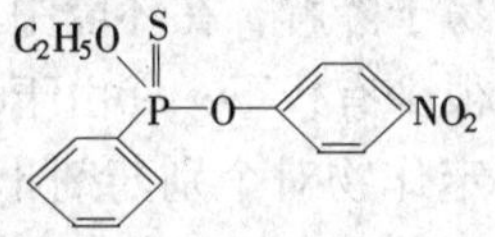	35 ~ 45	230（♂）
苯腈磷	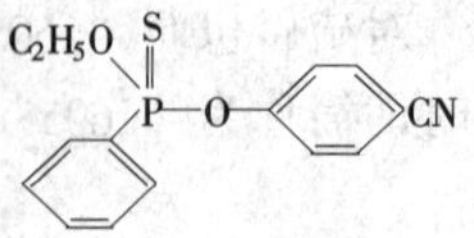	29（♂）	>1 000（♂）

1. 改进对硫磷的分子结构　发掘出新低毒品种如表 6 – 5 所示，这些品种都已商品化。通过表列毒性数据可知，化学结构基本类似，仅少数基团改变，即可获得基本上保留对硫磷优点，又适当克服其高毒缺点的新品种。一些品种不仅低毒化，而且对水解的稳定性也适当提高了，使残效延长，例如杀螟腈在水中的稳定性是甲基对硫磷的 2 倍；倍硫磷在酸性条件下，比甲基对硫磷的半衰期大 3 倍，在碱性条件下大 19 倍；杀螟硫磷和苯腈磷的水解稳定性也都有所提高。

表 6 – 6 列的毒性数据可看到在同系物中，凡乙基换成甲基时毒性都有所降低（LD_{50}值增大）。这种毒性差异的原因，主要是由于在高等动物体内的解毒代谢方式不同所致。例如二甲基化合物可被多功能氧化酶脱芳基以及谷胱甘肽转移酶脱甲基两条途径解毒，而二乙基系化合物只有前一条解毒途径。由于这种特殊的酶作用于某一基团而产生的选择毒性，可以称这种酶为“选择性基团酶”，被作用的基团称“选择性基团”。

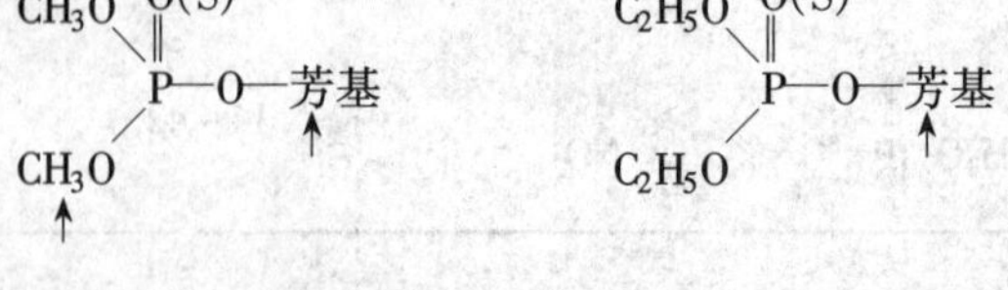

表 6-6 乙基与甲基同系化合物毒性的比较

名 称	结构式	毒性（大鼠口服）LD_{50}（mg/kg）
对 硫 磷	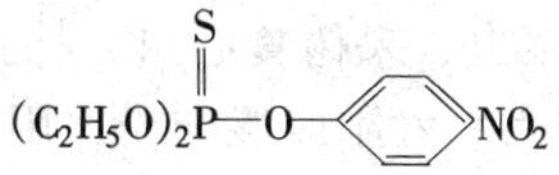	3.6（♀）13（♂）
甲基对硫磷	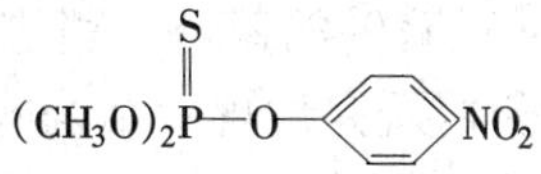	14～42
内 吸 磷	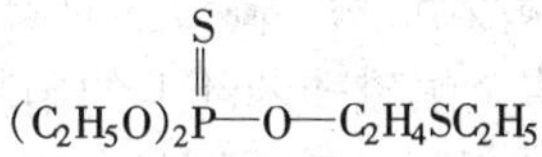	7.7
甲基内吸磷	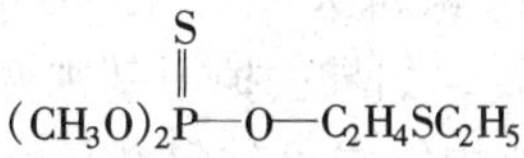	65
乙基倍硫磷	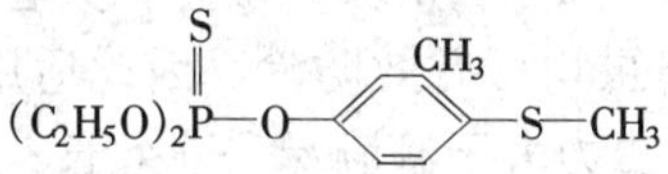	25
倍 硫 磷	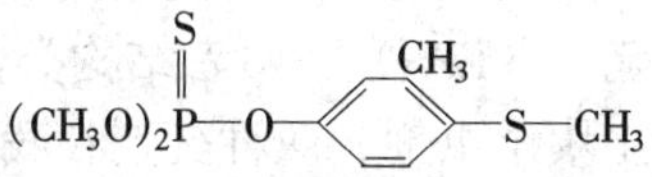	245（♀）215（♂）
乙基稻丰散	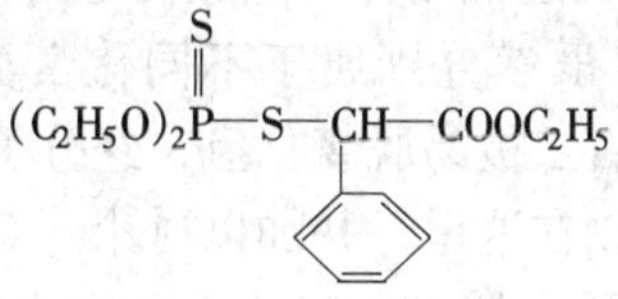	100～160
稻 丰 散	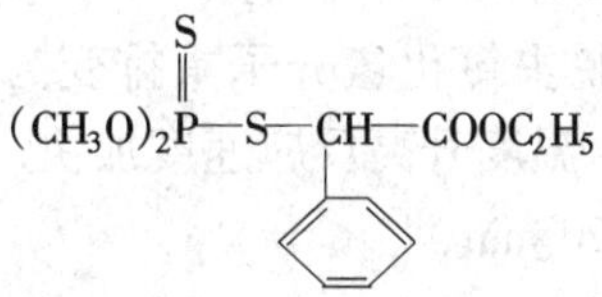	198，450（小鼠）

2. 加工成低毒化剂型 对硫磷大量使用的剂型为高浓度乳油，例如我国生产的对硫磷乳油为 50%。另外是加工成粉剂或混合粉，我国曾大量使用于水稻的“乙六粉”（含 1%对硫磷和 3%六六六的粉剂），“甲六粉”（含 1.5%甲基对硫磷和 3%六六六）就是这种适当低毒化的剂型。将对硫磷或甲基对硫磷加工成粉剂或混合粉，有效成分含量只有 1%或 1.5%，因此产品毒性很低，即使配成毒土用手撒施，在一般防护条件下，证明也不致发生中毒事故。与此相反，使用 50%乳油喷雾，常有中毒事故出现。可见是否容易中毒与原药的毒性大小固然有关，但在使用中也决定于加工产品的毒性高低。近来这类药剂又加工成为微囊

剂，即用塑料薄膜将药剂的液滴，包成直径为 25 μm 的胶囊，配成水悬液喷布时，囊内药剂通过膜的微孔缓慢扩散发挥药效。由于药剂与人体不直接接触，使用非常安全，而且也减少了对天敌的影响，延长了残效期，使施药次数减少。

对硫磷和甲基对硫磷的特点主要是广谱、速效、残效较长，能渗入植物表皮内。可防治 400 多种害虫和螨类，例如马铃薯甲虫、果树食心虫、棉铃虫、稻螟、地下害虫和多种蚜虫及多种植食性害螨。我国曾大量与六六六制成混合粉，用于防治水稻螟虫，自六六六停止使用后，此产品也被其它药剂所取代。目前生产与敌百虫的混合制剂。

杀螟硫磷（sumithion） 在甲基对硫磷的苯环上引进一个甲基，可导致毒性大为降低，水解稳定性提高。首先由日本住友公司研究发现，结构式参见表 6－5。在日本目前产量仍很大，完全取代了高毒的对硫磷。杀虫作用和杀虫谱与对硫磷类似。对水稻螟虫有特效，我国特命名为杀螟硫磷，这是目前代替六六六、高毒的对硫磷防治螟虫的较好品种之一。

倍硫磷（fenthion，Baycid） 将杀螟硫磷苯环上的硝基代之以甲硫基（$-SCH_3$）就成为倍硫磷（表 6－5）。其特点除低毒外主要是残效期长，因为引入甲硫基后使水解稳定性大为加强，但因在动物体内并不累积，大鼠每天注射 10 mg/kg 的剂量，60 天内均不引起死亡。倍硫磷分子中苯环上的甲基十分重要，如果去掉甲基则变成高毒化合物。另据报道倍硫磷因为有硫醚（－S－）结构，所以在动物体内可被氧化活化成亚砜和砜，虽然毒性可能增加，但由于容易水解，所以仍然低毒。双翅目对其最敏感，其它同翅目（蚜虫类）、膜翅目（锯蜂、蓟马类）以及各种鳞翅目害虫均可有效防治。因此适用于大豆、果、蔬、茶等多种作物。用于家庭卫生害虫的防治杀虫力大于滴滴涕，残效长；每平方米石灰墙面施药 1 g，对伊蚊和家蝇可维持 4 个月的药效。加工成粉剂是取代滴滴涕防治卫生害虫的优良品种之一。

苯腈磷（cyanofenphos）和苯硫磷（EPN） 两者结构类似，杀虫作用及范围也类似，不过苯腈磷残效较长，国外曾用于土壤杀虫剂，两种药剂在我国都未曾大量使用。

（二）敌敌畏（dichlorvos）及其近似品种 敌敌畏常简称为 DDVP，这是一类磷酸乙烯酯杀虫剂，它与敌百虫（trichorfon）虽然分别属于不同化学类型的有机磷剂，前者属于磷酸酯，后者则属于膦酸酯。然而敌百虫极易脱氯化氢，经分子重排变成敌敌畏。有人认为这是敌百虫具有毒力的原因所在，所以在这里一并加以讨论。

1. 敌百虫与敌敌畏 敌百虫易水解，在酸性介质中水解时先脱去甲基变成无毒的去甲基敌百虫。但在碱性介质中，则脱去氯化氢分子重排变为毒力较大的敌敌畏。这个反应在 pH＝5 时，即酸性介质中已开始，温度升高反应速度加快；在 pH＝8 室温条件下，转化一半需要 63 min，在 50℃以上只需要 20 min。

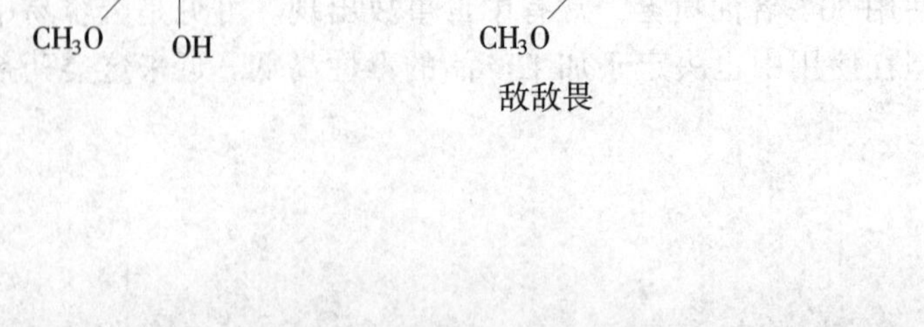

敌敌畏更易水解，在中性溶液中半衰期只有0.5 h。水解产物失去毒力，因而是个无残毒的农药，适于在果、蔬、茶、桑及室内施用。敌敌畏属于中毒（雄大鼠口服 LD_{50}为 80 mg/kg。熏蒸作用及触杀作用极强，它的作用特点是速效而击倒力强，空气中含有 0.1mg/m^3），即能将飞翔的蚊蝇击落，而人在 1 mg/m^3 的浓度下，连续工作 8 h 也无害。因此，用于室内防治蚊蝇的初期颇受欢迎，以后由于连续单一使用，害虫抗药性增长，目前卫生害虫防治上的应用已渐少，农作物上仍有使用。

敌百虫是个水溶性的杀虫剂，毒性很低（雄大鼠口服 LD_{50}为 630 mg/kg），只有微弱的触杀作用，主要是通过胃毒作用杀虫，所以对多种咀嚼口器害虫效果好，灭蝇（幼虫）效果尤佳。也有人试验用于防治地下害虫，由于毒性很低，纯品可内服防治牲畜肠胃寄生虫。它在许多方面都可取代滴滴涕和六六六。

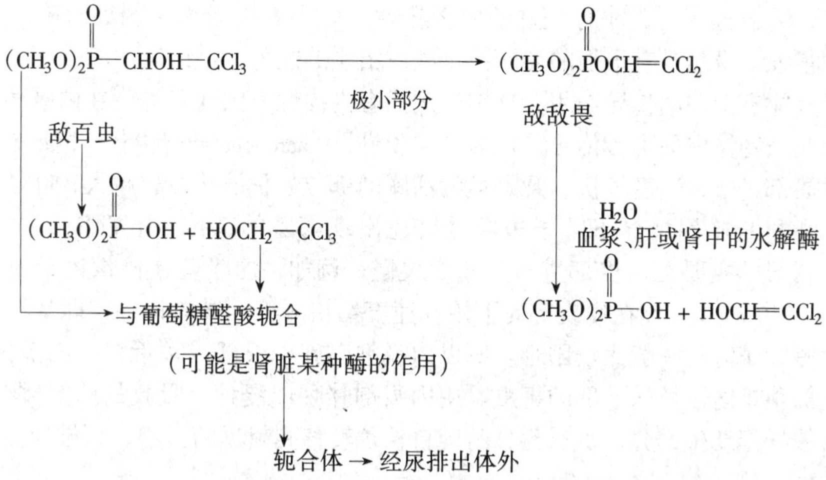

敌敌畏的毒性比敌百虫高，而且几乎没有选择毒性，而敌百虫却对高等动物和昆虫间表现了突出的选择毒性。曾有人认为敌百虫在家蝇体内必须转化为敌敌畏才能使其中毒，但是研究证明在家蝇体内敌百虫的作用仍然是主导的。可以肯定的是无论是敌百虫还是敌敌畏，在昆虫体内的分解均较缓慢而表现强大毒力。在高等动物体内敌百虫只有很小一部分转化为敌敌畏，绝大部分很快水解，产物三氯乙醇再与体内葡萄糖醛酸轭合成三氯乙基葡萄糖醛酯，由尿排出体外；敌百虫本身也可形成轭合物（conjugate）由尿排出体外。敌百虫在昆虫和高等动物体内代谢途径的不同，形成了它的选择毒性。

2. 杀虫畏（tetrachlorvinphos）及类似化合物　下列通式化合物经多年实验研究，发现一些较好的品种。

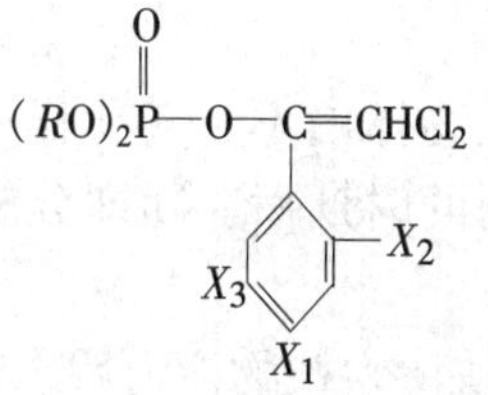

$R = CH_3$，$X_1 = X_2 = X_3 = Cl$ 时为杀虫畏；

$R = C_2H_5$，$X_1 = X_3 = Cl$，$X_2 = H$ 时为毒虫畏；

$R = C_2H_5$，$X_1 = X_2 = Cl$，$X_3 = H$ 时为杀螟威。

杀虫畏的毒性很低，对大鼠口服 LD_{50}为 4 000 ~ 5 000 mg/kg（也有报道为 1 100 mg/kg），对兔涂皮 LD_{50}为 > 2 500 mg/kg。毒虫畏和杀螟威是同分异构体，只是有一个氯原子的位置彼此不同，两品种的毒性都比对硫磷略低（LD_{50}10 ~ 40 mg/kg），但在大田药效试验中，仍证明可以安全使用。

这三个品种都是广谱性杀虫剂，对鳞翅目、双翅目和多种鞘翅目害虫有效。特别是对防治稻螟等多种水稻害虫效果很好。杀虫畏由于毒性低，也可供畜禽防治体外寄生虫和用于工业品防虫蛀。毒虫威还可用于拌种防治多种土壤害虫。

（三）有机磷内吸杀虫剂　内吸药剂接触到植物的根、茎、叶或其它部位时，能渗入植物体内，并随植株的体液传导至其它部位，而不妨碍植物生长，对病虫害在一定时期内可起防治作用。内吸杀虫剂一般都具有一定的脂溶性和水溶性。脂溶性有利于渗入植物，水溶性有利于随植株体液运输传导。脂溶性太强或水溶性太强都不利于内吸传导，只有当脂溶性和水溶性达到合适的比例时，才有良好的内吸特性。许多有机磷杀虫剂如对硫磷、杀螟硫磷等，脂溶性很强，虽然具有很强的渗透植物表皮腊层的能力，但因其水溶性小，不能随植株体液传导或只能有微弱的传导作用，这类药剂只有内渗性，因此不能列在内吸药剂之内。

内吸剂在植物体内的上行传导，称为“向顶性”（acropetally）传导，主要是随植物的水分运动在木质部进行，速度较快。凡是蒸腾活跃的部位累积的药量也越大，叶子的边缘累积药量就多，在过量施用情况下叶子边缘是首先出现药害的部位。下行传导称为“向基性(basitally)”传导，主要在韧皮部进行，速度缓慢。例如，内吸磷在柠檬树干中经木质部向上 传导速度（10 cm/h）比在韧皮部向下传导速度约快 4 倍。横向传导，即从植株的一侧叶传导至另一侧叶子时，一般比较困难。所以内吸剂以施于根部或接近根部的部位比较适宜，施在植株上部很难防治植株下部的害虫。用内吸剂拌种或浸种，吸收的药剂暂存在子叶里，萌芽生长后传导至新生部分；也有部分药剂自种子转移到附近的土壤，再被幼苗的根系吸收传导至植株。

根据内吸杀虫剂在植物体内活动情况，可以将有机磷内吸杀虫剂分为两大类：

1. 植物体内活化的内吸剂　此类药剂在植物体内受植物代谢的影响，转化成对动物(昆虫或高等动物）更毒的化合物，对植物起一定时期的保护作用后，再降解为无毒化合物。例如甲拌磷、乙拌磷等。

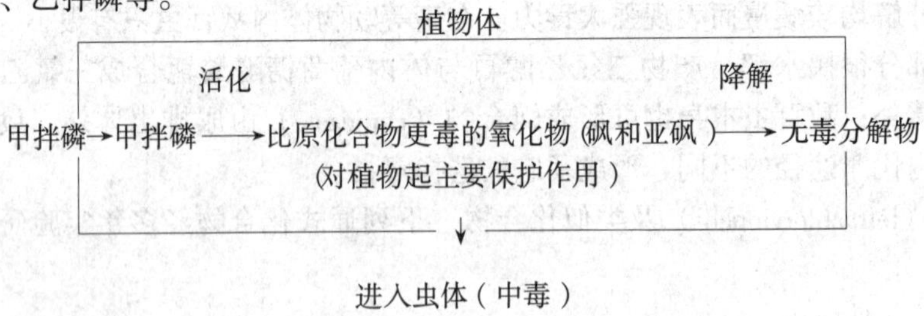

2. 植物体内分解的内吸剂　此类内吸虫杀剂在植物体内不起转化作用，以原有药剂的生物活性表现杀虫作用，经过一个对植物起保护作用的时期后。随即分解为无毒化合物，例如磷胺等。

大多数内吸剂具有很强的触杀作用，不过，当药剂很快渗入植物体内后，触杀即不再起作用，这无疑对保护天敌是有益的。一般有机磷内吸杀虫剂对刺吸口器害虫如蚜虫、螨、蚧

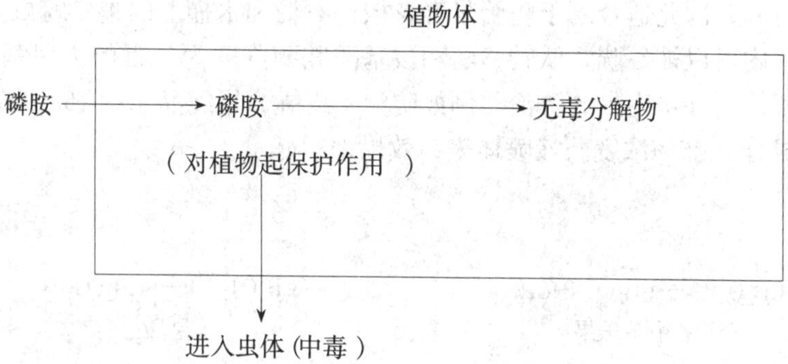

的防治效果较好，对咀嚼口器害虫防治效果不佳或无效，表现出一定的选择性，只有少数品种例如磷胺、久效磷例外。大多数内吸杀虫剂有较长的残效期，一般都可保持半个月，有的可长达 50 天以上。例如用甲拌磷拌种大面积防治棉蚜的初期，残效期达一个半月以上，在夏收大忙期间不必再喷药治蚜。

目前应用比较多的内吸杀虫剂多属剧毒药剂，加之残效期长，使用时必须按规定的操作规程进行，严防中毒事故发生；确保安全间隔期，以免农产品中有过量残留。

（1）乐果（dimeth oate）及其类似化合物　如果将马拉硫磷化合物中的酯基改为酰胺基，变成甲基酰胺磷；再将甲基换为乙基就变成酰胺磷，均可使毒性显著增高。例如酰胺磷的大鼠口服 LD_{50}为 10～20 mg/kg；雌小鼠腹腔注射 LD_{50}200 mg/kg。这个化合物虽早已合成，但一直没有推广使用。

但是，如果在甲基酰胺磷的氨基上引进取代基，毒性又大为降低，这就产生了一系列以乐果为代表的优良品种，包括茂果、益果、利果等七八个品种。除乐果和其氧化物氧乐果外，在我国都未大量使用。

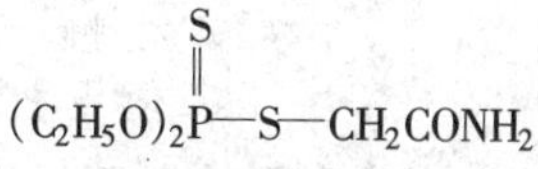
酰胺磷

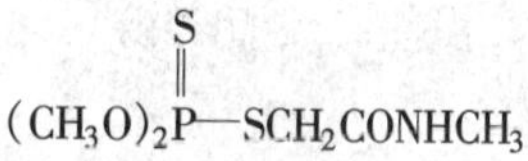
乐果

乐果是一个高效低毒（大鼠口服 LD_{50}500～600 mg/kg）低残留的内吸杀虫剂，为现有内吸杀虫剂中用途最广，产量和用量都很大的品种。乐果最早在意大利用于防治橄榄蝇、橄榄蛾、樱桃果实蝇获得极大成功；其内吸作用可杀死侵入果实内部的幼虫。乐果还最适合十字花科蔬菜害虫的防治，一般有效期为 7～10 天，由于它低毒低残留，也适用于果树、茶、桑以及粮、油等作物上防治多种刺吸口器害虫。

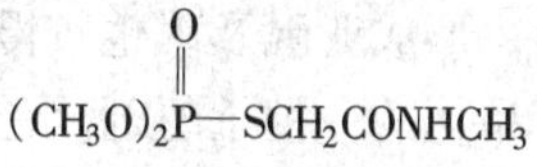
氧乐果

乐果在植物体内外均可被氧化成毒力更强的氧化乐果，其氧化过程在植物体内进行非常迅速。氧化乐果目前已经工业化生产和商品化，产品名称为氧乐果（40%乳油），对高等动物的毒性比乐果高（大鼠口服 LD_{50}为 55 mg/kg）。由于当时棉蚜对乐果产生了抗药性，虽然毒性略高，但对抗性蚜虫有较好效果，所以仍成为我国的重要杀虫剂品种。对乐果产生抗性的棉蚜可能在体内乐果的氧化受到抑制，因此直接施用氧乐果可有较好药效。这也说明，在昆虫体内乐果也进行氧化而成氧化乐果，这种氧化是活化代谢过程。氧乐果与乐果的防治对象基本相同，但应注意不能在蔬菜上使用。此外，由于在温度较低时药效也好，因此适合用于防治早春花椒、石榴和木槿上的越冬蚜虫。

乐果在牛体内可以被谷胱甘肽转移酶和羧基酰胺酶降解为无毒的去甲基乐果和乐果酸，所以可用于家畜体内外寄生虫的防治。例如防治牛皮蝇，用纯品 10～15mg/kg 给牛口服或肌注，或以有效成分 0.35%浓度药液喷体表，效果都很好。

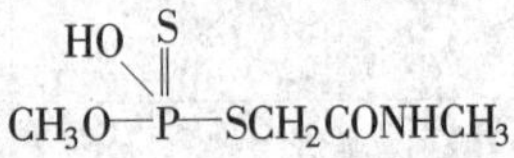

去甲基乐果

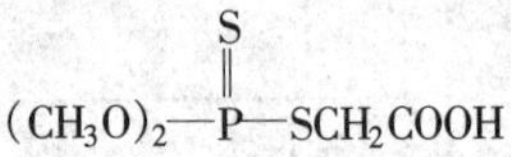

乐果酸

乐果在植物体内的氧化过程在哺乳动物体内尚未发现，因为在血液、组织、尿和粪中均未找到氧化乐果。虽然如此，但对胆碱酯酶抑制能力的提高，说明氧化活化过程还是发生了，不过作用很慢，而且随即进一步分解成磷酸二甲酯，大部分代谢产物在二三日内由尿排出。乐果在不同动物体内分解的速度不同，例如在小鼠体内比在家蝇或蜚蠊体内快的多，对后者的毒力也大约比前者高 325 倍或 70 倍，表现出很强的选择毒性。乐果在高等动物体内主要在肝脏内进行水解。

乐果的类似物如茂果等也是内吸杀虫剂，防治对象与乐果类似，不再赘述。

(2) 甲拌磷（phorate，3911）和其有关药剂　甲拌磷和乙拌磷都是剧毒内吸杀虫剂，也有很强的触杀能力。用于处理种子或土壤能防治作物早期害虫如蚜虫、红蜘蛛、蓟马、跳甲、拟步甲、象甲等以及土壤害虫如蝼蛄、金针虫、根蚜类等，但对鳞翅目害虫药效不佳。

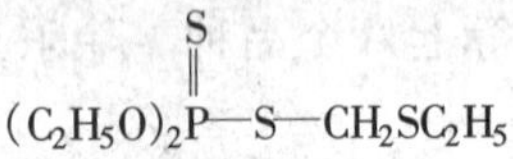

甲拌磷

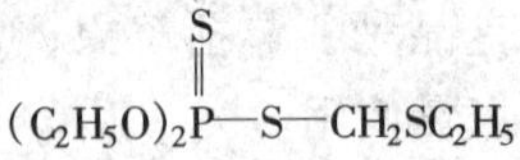

乙拌磷

从总的情况（毒性、杀虫力、残效等）来比较，乙拌磷比甲拌磷更优越一些。国外多用乙拌磷作土壤杀虫剂，其残效期可达两个月。

我国主要使用甲拌磷拌种防治棉花苗期害虫，由于毒性强烈（大鼠口服 LD_{50} 为 3.7 mg/kg)规定不能用于喷洒治虫。

甲拌磷和乙拌磷都是属于在植物体内活化的内吸剂，其氧化物的毒力远比原化合物为高。不过，不同氧化物比原化合物对胆碱酯酶的抑制力可高出 7.5～880 倍不等。在植物体内乙拌磷比甲拌磷氧化快，处理棉花种子 72 h 后，分离到 4 个代谢产物，证实是它们的亚砜和砜以及其氧化物的亚砜和砜。甲拌磷也相同，不过代谢较慢，形成亚砜及砜也较慢。甲拌磷用双氧水氧化即制成甲拌磷的亚砜产品，称保棉丰，它是商品化的一种杀蚜剂。乙拌磷的亚砜称砜拌磷，也是一种拌种杀蚜剂。

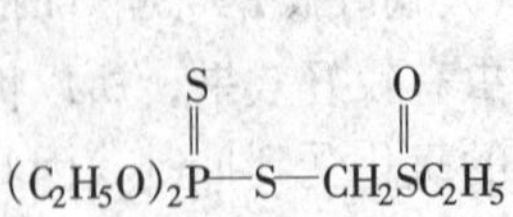

保棉丰

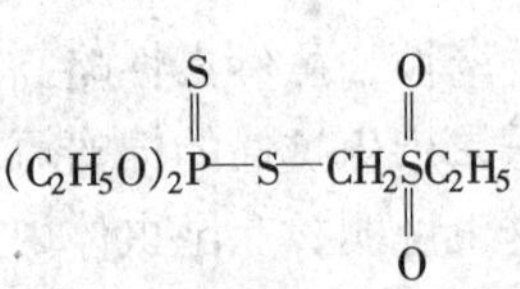

甲拌磷砜化合物

甲拌磷的异丙基同系物就是异丙磷，其亚砜就是丰丙磷（aphidan）。

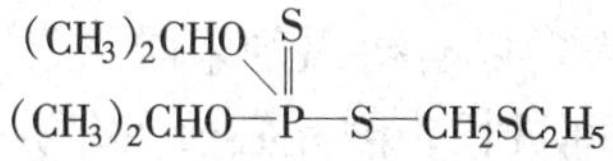

异丙磷

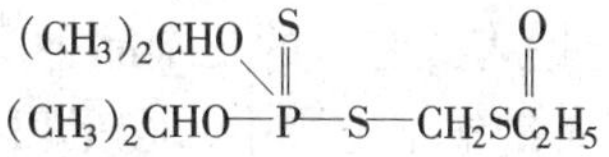

丰丙磷

异丙磷对人、畜的毒性虽然比甲拌磷小，大鼠口服 LD_{50}为 125 mg/kg，但毒性仍很大。平时除常用的乳油（30%）外，也曾加工成颗粒剂（5%）使用。它具有良好的内吸性能，适用于防治对内吸磷（1059）产生抗性的害虫。施用方法主要是土壤施药，一般是在中耕前将毒土或颗粒剂均匀撒于植株根部附近药剂随中耕盖入土内，植株根部则吸收药剂传导至全株，残效一般可持续 40 天以上。我国辽宁省曾利用异丙磷毒力高、挥发性强的特点，试验成功在高粱封垅后撒毒土或颗粒剂的方法，利用药剂熏蒸作用防治高粱蚜。适时施药一次可保一个生长季不受蚜害。

异丙磷的亚砜就是丰丙磷，性能和杀虫作用均相似，但残效期较长，一般可达两个月之久，是现有土壤施药的内吸剂中较好的品种。

（3）磷胺（phosphamidon）和久效磷（monocrotophos） 磷胺口服毒性高，大鼠口服 LD_{50} 20～30 mg/kg；但接触毒性较低，大鼠经皮 LD_{50}为 530 mg/kg；挥发性也小，因此不易通过皮肤吸收中毒，使用时注意可保安全。因它的脂溶性和水溶性适当，故渗入植物并内吸传导很快，用药后 1h 即可有 50%的药剂进入植物体，不易受雨水冲刷的影响；杀虫谱广、触杀作用也很强。不仅对蚜、螨、蓟马等刺吸口器害虫有效，对毛虫、甲虫、潜叶蝇幼虫、螟虫、食心虫等咀嚼口器和蛀食性害虫也很有效。磷胺的残效期不长，在植物体内半衰期只有 2 天，所以不必担心残毒问题。

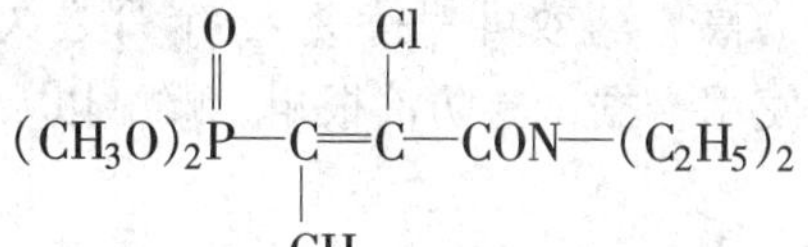

磷胺

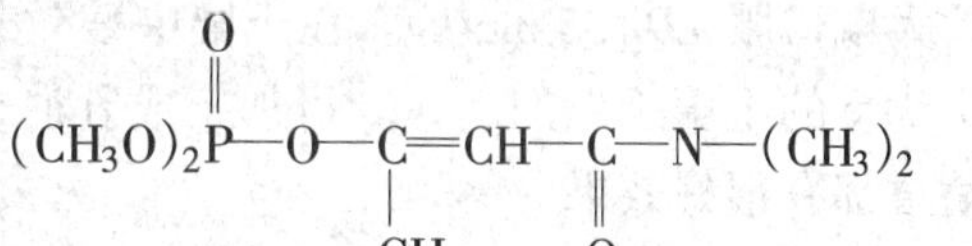

百治磷（dicrotophos）

百治磷和磷胺结构类似，但毒性甚高。大鼠口服 LD_{50}22 mg/kg。虽然也是高效、广谱的内吸杀虫剂，但残留期很长；尤其是施于土壤侵入种子后不易降解。后来在研究它在植物体内代谢过程时，发现其甲基代谢物有良好的杀虫作用，化学稳定性也高于百治磷，因此发掘出久效磷。

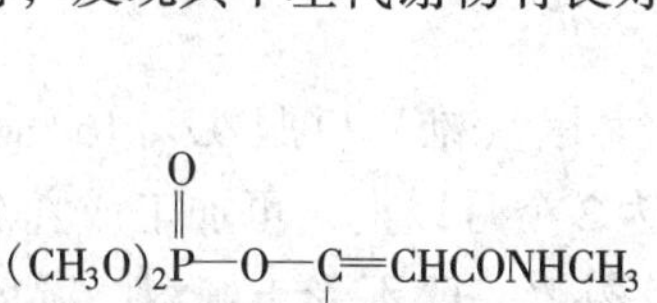

久效磷

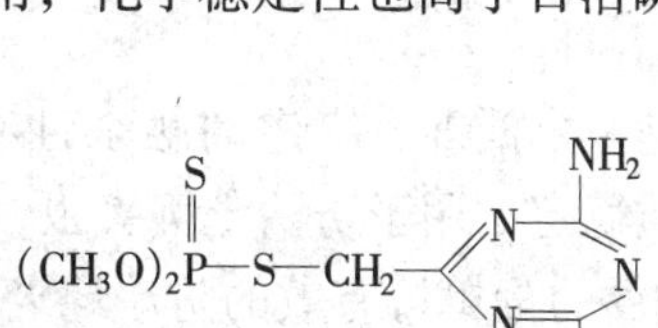

灭蚜松

(4) 灭蚜松（menazon） 它是一个低毒、残效长并且有选择性的杀蚜剂。大鼠口服 LD_{50}为 1 950 mg/kg。对多种蚜虫有特效，残效期可长达两个月以上。施药方式可多种多样，拌种、浸根、灌根或喷雾都可有效的防治蚜虫。

（四）对土壤害虫有效的几个品种 土壤害虫过去多以有机氯剂来防治，效果很好；但有机氯剂长期大量施于土壤中，在旱田条件下残留时间极长，因此必须在有机磷中寻找取代品种。近几年来我国地下害虫在许多地区回升，为害十分严重，发掘有效的有机磷剂受到各方面的重视。

1. 嘧啶硫磷（pirimiphos－ethyl）和二嗪农（diazenon） 前者又叫乙基虫螨磷，中等毒性，大鼠口服 LD_{50}为 105 mg/kg。是目前颇受重视的土壤杀虫剂之一，加工剂型有乳油（25%）和颗粒剂（5%），可处理种子也可将颗粒剂施于土表或沟施。可有效地防治金针虫、蛴螬、根蛆等，此外也可用来防治叶螨、蚧和鳞翅目幼虫。

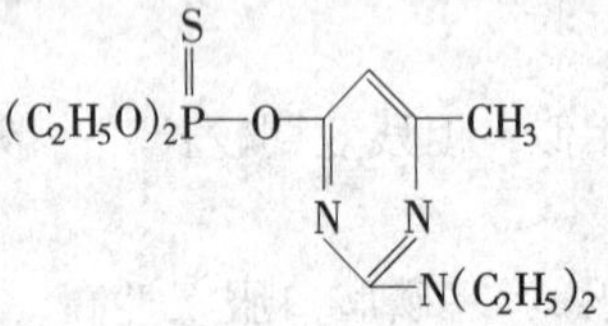

嘧啶硫磷

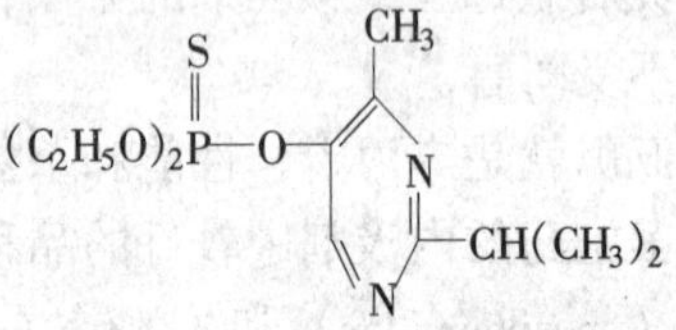

二嗪农

和嘧啶硫磷类似的品种是二嗪农，也叫地亚农。这一品种比嘧啶硫磷使用较普遍，日本用量很大，我国也有使用，毒性与嘧啶硫磷相近。它不仅是防治土壤害虫的有效药剂，由于它的杀虫谱广，也用于一般害虫的防治。可加工成乳油、可湿性粉以及颗粒剂，用10%的颗粒剂代替有机氯剂防治地下害虫，效果很好。

2. 毒壤磷（trichloronate）和毒死蜱（chlorpyrifos） 毒壤磷属于膦酸酯化合物，毒性较高，大鼠口服 LD_{50}35 mg/kg。在土壤中残效长，杀虫力高，药效可保持 2～3 个月之久，是一个优良的土壤杀虫剂之一。可加工成乳油或颗粒剂使用，据试验防治根蛆、蝼蛄以及萝卜蝇幼虫都有很好效果。

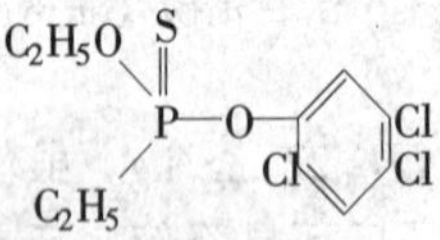

毒壤磷

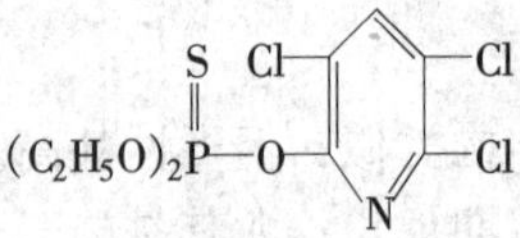

毒死蜱

毒死蜱是一个低毒、广谱的触杀性有机磷剂，大鼠（雄）口服 LD_{50}16 mg/kg，速效性强，化学性质稳定，用于防治土壤害虫，残效期可达 2 个月以上，可加工成乳油和颗粒剂使用，配成 0.5%的毒饵可有效的防治地老虎和蝼蛄，药效一般不受土壤温、湿度以及施肥的影响。此外还可用于蔬菜、果树和家庭居室的害虫防治。

3. 辛硫磷（phoxim） 辛硫磷又叫腈肟磷，60 年代末由德国拜耳公司首先开发，后由我国引进，目前已成为重要的有机磷品种之一。

辛硫磷具有多方面的优点：①低毒且无残毒，据报道大鼠口服 LD_{50} 为 800～9 999 mg/kg，工业品对小鼠仍可达 1 600～2 000 mg/kg。在茶叶上的残留测定证明，施药后 3 天，在阳光直射条件下茶叶上即无残留；在遮荫条件下，5～6 天残留即可消失，可见极易被阳光分解；②杀虫范围广，尤其对鳞翅目幼虫和双翅目幼虫效果最好，对其它多种害虫也有良好药效。作用方式主要是触杀，也有一定的胃毒作用；③在土壤中由于不受阳光照射的影响，残效期可达三个月。对仓库害虫效果优良，在极低剂量下，可以保持长期不生害虫；④对蚊、蝇成虫的击倒速度快，残效期比敌敌畏长。但是必须设法除去臭味才能应用。因此辛硫磷是替代有机氯剂的较好品种之一，可用以防治土壤害虫、仓库害虫、卫生害虫以及鳞翅目幼虫如棉铃虫、粘虫、食心虫等；可在多种作物上使用，但高粱、玉米、大豆等作物对它较敏感，必须小心使用。

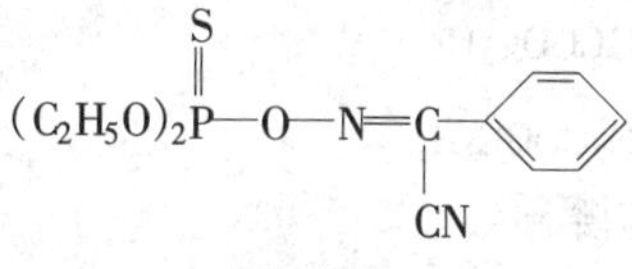

辛硫磷

（五）其它重要有机磷杀虫剂

1. 马拉硫鳞（malathion）　马拉硫磷是一个老品种，早在 1950 年即由美国腈胺公司开发成功。它在酸性或碱性介质中都能被水解。酸性条件下水解产生巯基琥珀酸二乙酯。

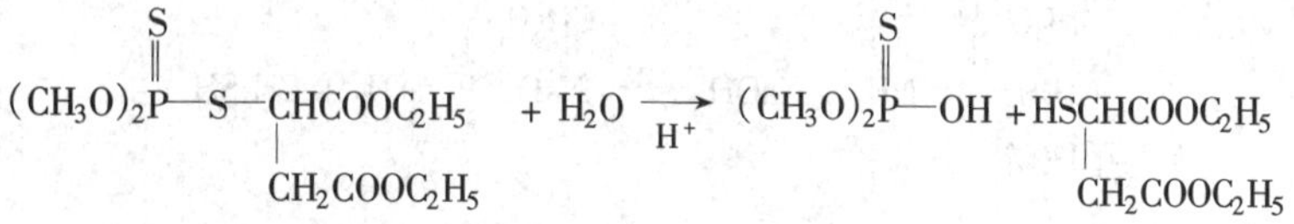

马拉硫磷在碱性条件下则为合成反应的逆反应。

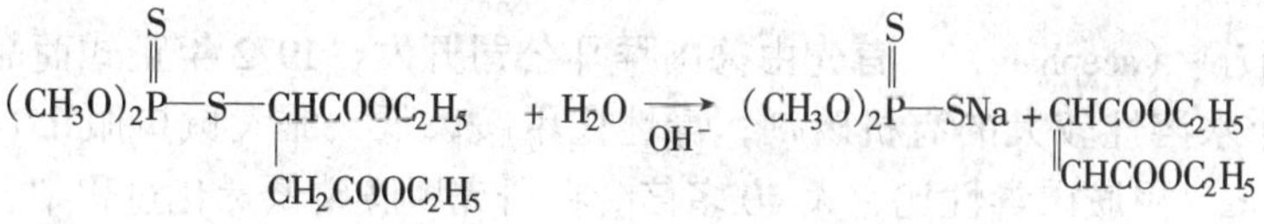

马拉硫磷的这种不稳定性给加工增加了困难，使产品不稳定易分解。

马拉硫磷的毒性很小，大鼠口服 LD_{50} 为 2 800 mg/kg，对高等动物近于无毒，但对蜜蜂高毒。它是非内吸性的低毒、广谱有机磷杀虫杀螨剂，它的高度选择毒性曾证明是由于在高等动物体内和昆虫体内进行两种不同的降解过程。活化代谢是由氧化酶将马拉硫磷氧化成马拉氧磷；另一为解毒代谢，在羧酸酯酶作用下进行水解生成一酸或二酸。

在昆虫体内缺乏羧酸酯酶，除了脂肪体外，其它组织都没有解毒作用，而活化成马拉氧磷的作用却十分显著，因此表现出强大的毒力。在高等动物体内却相反，仅在肝、心脏有较弱的活化作用，多数组织起水解解毒作用，因此表现为低毒。

马拉硫磷对半翅目、双翅目、鳞翅目及膜翅目害虫都有良好效果，特点是低毒、残效期短，颇适用于蔬菜、果树、茶、桑上害虫的防治，我国曾研究用粉剂拌粮防治米象、拟谷盗等粮害虫，取得了较好效果。

2. 甲胺磷（methamidophos）　这是目前我国广泛使用的有机磷剂中，分子量最小的一种。性质稳定，在弱碱性、弱酸性介质中水解都不快，只是在强碱性中才容易水解。

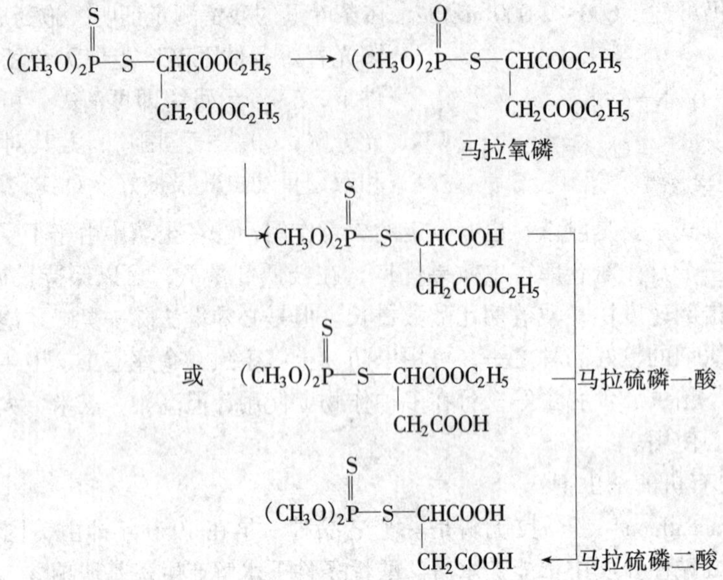

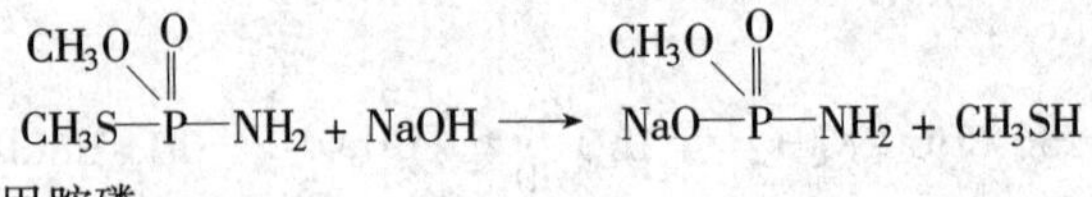

甲胺磷的毒性较高，大鼠口服 LD_{50}为 29.9 mg/kg，小鼠涂皮 LD_{50}为 70 ~ 78 mg/kg。对害虫有触杀、胃毒和一定的内吸、熏蒸作用。一般加工成乳油，喷雾防治蚜虫、叶螨以及稻螟、叶蝉、飞虱等。

3. 乙酰甲胺磷（acephate） 首先由德国拜耳公司开发，1972 年正式商品化；我国也有产品。这是一个水溶性较大的有机磷剂，毒性比甲胺磷低，雌大鼠口服 LD_{50}为 866 mg/kg；小鼠为 361 mg/kg，甲胺磷毒性比它大 40 多倍。在研究甲胺磷低毒化过程中，这是比较成功的一个实用化品种。具有触杀和内吸作用，残效期适当，适用于防治果树、蔬菜、粮食作物、烟、棉的多种害虫。

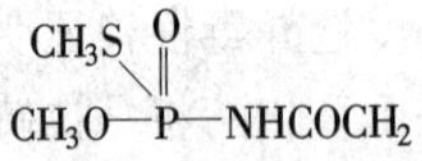
乙酰甲胺磷

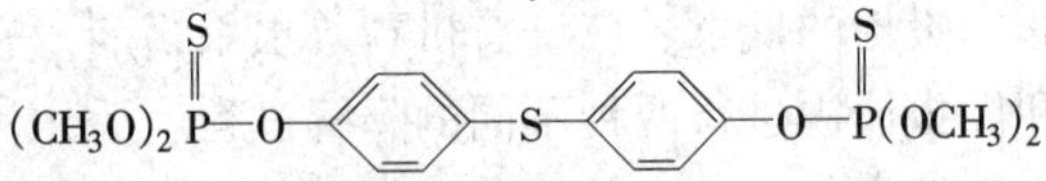
双硫磷

4. 双硫磷（temephos） 60 年代中期由美国氰胺公司开发，它是有机磷杀虫剂中毒性极低的品种之一，雌大鼠口服 LD_{50}为 1 300 mg/kg；雄大鼠为 8 600 mg/kg。经皮毒性也很低，对高等动物无慢性毒性，对蜜蜂、鸟类和水生动植物均无毒。双硫磷为触杀性药剂，残效期较长。它在普通的淡水或盐水中，化学性质稳定，对鱼低毒，而对蚊类幼虫却有极强的毒力，因此颇适用于水域防治蚊幼虫。

5. 皮蝇磷（fenchlorphos） 皮蝇磷对双翅目害虫有特效，对鳞翅目害虫毒力很小，所以是一个典型的选择性杀虫剂。

皮蝇磷　　　　去甲基皮蝇磷

对高等动物的毒性很小，雌大鼠口服 LD_{50}为 1 250 mg/kg；雄大鼠为 2 600 mg/kg。在动物体内可解毒成为去甲基皮蝇磷随尿排出体外，因此它是一个良好的畜用体内外杀虫剂。口服或体表喷洒能防治牛皮蝇、牛瘤蝇、纹皮蝇等。对牲畜体外的虱子、蜱、螨等也可用喷药方法防治。对植物毒杀力强故不宜在农作物上使用。60 年代初我国研究用于防治为害柞蚕的饰腹寄蝇取得了极好的效果；将0.025 %有效成分的乳油稀释液，于 5 龄起蚕 6～8 天剪移集中时浸蚕 10 s，对柞蚕体内寄生的蝇蛆防治效果可达 95%以上。对寄蝇的这种选择性化学防治可不致伤害饰腹寄蝇作为森林害虫天敌的有益作用，在化学防治上是很特殊的事例。

6. 丙溴磷（profenofos）　1972 年报道了这个化合物的活性，后由气巴—嘉基公司生产。我国于 1993 年将其合成和应用。它是广谱无内吸作用的触杀、胃毒杀虫剂，主要是对棉花害虫和螨有效；它虽然无内吸传导作用，但有横向转移的能力，所以可以杀死未着药一侧叶片上的鳞翅目幼虫。在化合物中有一个手性磷原子，故有两个光学异构体，研究证明两种异构体抑制 AChE 的生理活性不同，因此表现了不同的杀虫效果。丙溴磷的毒性不大，工业品大鼠口服 LD_{50}358 mg/kg，经皮 LD_{50}3 300 mg/kg，但对蜜蜂和鸟类有毒，一般加工成乳油使用。近来的研究证明，它还是一个有效酯酶抑制剂，与拟除虫菊酯混用可有效地防治抗性机制主要是酯酶解毒作用增强的抗性害虫，也有的资料说明与菊酯混用可使抗性不易产生。

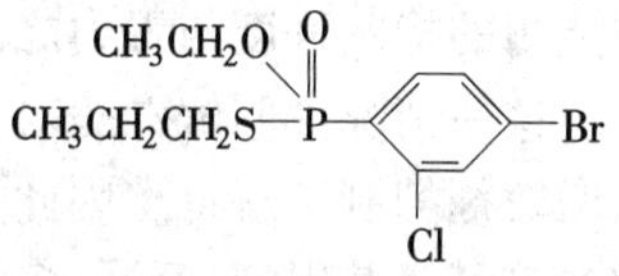

第二节　氨基甲酸酯类杀虫剂

氨基甲酸酯是在甲酸酯化合物中，连接在碳原子上的氢被氨基取代的化合物，其通式为：

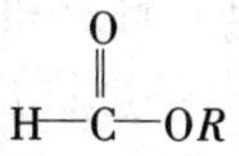

甲酸酯

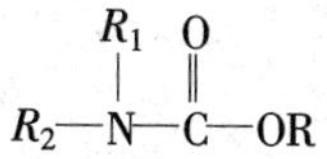

氨基甲酸酯

40 年代后期，从研究毒扁豆生物碱中，发现氨基甲酸酯类化合物对蝇脑胆碱酯酶有强烈的抑制作用；并发现 $-OCONHCH_3$ 是其活性基团。此后进行了大量类似物的合成与对昆虫毒力的生物测定研究。1953 年合成出西维因，1956 年推广应用。自此新品种不断出现，在全世界得到了广泛应用，成为现代杀虫剂的主要类型之一。这类杀虫剂虽不及有机磷杀虫剂杀虫范围广泛，但却有其特点。①大多数品种对高等动物低毒。由于分子结构接近于天然有机物，在自然界易被分解；有少数品种高毒但可以加工成使用安全的剂型；②杀虫作用迅速，有的品种残效很长；在较低温度时药效也好，对咀嚼口器害虫效果常优于有机磷剂，很适于防治蛀食性害虫和土壤害虫；③许多品种选择性强，使用时不易伤害天敌。缺点是许多品种在合成时都要用含羟基的环酚类化合物作中间体及光气，因此容易使生产成本高，工业生产不安全。经过研究的氨基甲酸酯化合物很多，但商品化的只不过40个左右，真正大吨位的品种不超过十数个，但销售额却占全部杀虫剂的近1/4，可见这类药剂的重要性，尤其是在取代有机氯剂方面颇值得重视。

对氨基甲酸酯的化学结构和生物活性的关系，曾进行过很多研究，得到的一般认识有以下几点：①N原子上的取代基，如果是甲基活性最高。N－甲基比N－乙基抑制胆碱酯酶的作用大15～50倍，杀虫毒力大高10～20倍。N－甲基比N，N－二甲基更为有效，两者的杀虫效果和抑制胆碱酯酶作用差4～40倍。②苯环上取代烃基的种类和位置对活性的影响极大，以异丙基、仲丁基的活性最高，比这两个基再大或再小的烃基活性都降低，苯环上取代基的位置，对位比邻位或间位的活性差。因此为了保持化合物的活性，一般商品化的品种在苯环的邻位或间位都存在有某种大小的烃取代基，此点也适用于含杂环的氨基甲酸酯化合物。③如果将氨基甲酸酯分子中的氧变成硫原子，杀虫效力明显降低。关于氨基甲酸酯的解毒代谢，研究证明，它第一步代谢是酯键水解。这一过程是在一种羧酸酶的作用下完成的，水解过程也是解毒过程。一些除虫菊素的增效剂例如增效醚、芝麻素等，对氨基甲酸酯也有增效作用，这是由于增效剂抑制了解毒酶的解毒作用。对40个取代苯基类型的氨基甲酸酯活性和增效剂的影响研究结果，可以看出不同药剂对胆碱酯酶的抑制程度与毒力之间并无相关性，但是若有增效剂存在，则抑制程度与毒力呈正相关。这一情况说明解毒酶对不同化学结构的氨基甲酸酯有选择性，即分解能力有大小之分，而增效剂抑制了解毒酶因此变为正相关关系。氨基甲酸酯也可作为某些有机磷剂的增效剂，例如苯基氨基甲酸酯的许多品种对二嗪农或马拉硫磷者有增效作用。

一、主要品种及性能

1. 西维因（carbary） 又名氨甲萘，是氨基甲酸酯类药剂中较早的品种之一，至今国外产量和用量仍不小，我国产量和用量不大。主要加工成粉剂和可湿性粉，也有少量乳油和颗粒剂。西维因对高等动物的毒性较低，大鼠口服 LD_{50} 为540～710 mg/kg，经皮毒性也很小，但近年来有报道说动物试验发现有慢性毒性问题，目前还无法得出结论，因此各国并未取消登记，仍在使用。

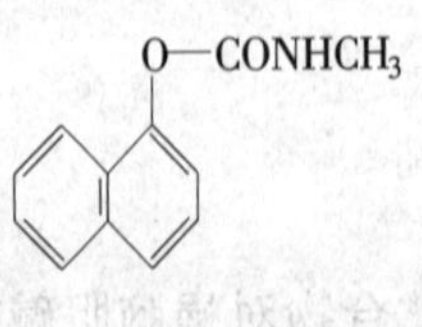

西维因具有触杀和胃毒作用，对棉铃虫还有一定的杀卵作用，杀虫谱广，残效期长，可广泛用于粮、棉、果、蔬、林业害虫的防治。是取代有机氯剂的优良品种之一，不过有的地区反映，用西维因防治果树食心虫，促使螨类发生，似乎比滴滴涕还要严重，应该注意。

2. 叶蝉散（isoprocarb，MIPC）等取代苯氨基甲酸酯 叶蝉散是取代苯氨基甲酸酯的代表性品种，类似结构的商品化品种很多，尤其是日本主要开发这一类型。它们的通用分子式可如下表示：

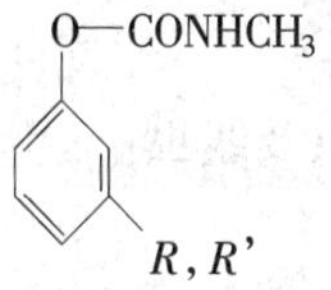

R = 间甲基为速灭威（MTMC）；

$R = R'$ = 间、对二甲基为灭杀威（MPMC）；混灭威

$R = R'$ = 间二甲基为克死威（XMC）；混灭威

R = 邻位正丁基为扑杀威（BPMC）；

R = 邻位 Cl 为害扑威（CPMC）；

R = 邻位 O－异丙基为残杀威（propoxur，MIPC）；

R = 邻位异丙基为叶蝉散（isoprocarb）等等。

苯环上的取代基 R，可以是甲基、丁基、异戊基等，并且可以是多个取代基。叶蝉散主要是用于防治水稻叶蝉和飞虱，效果好而且对鱼类毒性小，对高等动物毒性也不大，大鼠口服 LD_{50}150 mg/kg，速灭威也是用于防治水稻叶蝉、飞虱类害虫的有效药剂，药效迅速，选择性强。在自然界或水中分解较快；尤其在碱性介质中分解更快；也易挥发，所以残效很短，在水稻后期使用也不会担心残留。

美国的氨基甲酸酯大约有十几个品种商品化，除西维因是大吨位外，其它如兹克威（zectran）、虫特威（methomyl）、涕灭威（aldicarb）、呋喃丹（carbafuran）都有一定产量，其中重点介绍呋喃丹和涕灭威。

3. 呋喃丹（carbafuran）　美国重点开发的氨基甲酸酯与日本的有些不同，日本主要是取代苯类氨基甲酸酯，其主要特点是低毒，而美国发展的品种对低毒的考虑较少，而重点是高效。总的看来取代苯类氨基甲酸酯的品种不多而且效能大体相类似。

呋喃丹目前只有美国 FMC 公司生产，产量约为数千吨，销售世界各地；我国引进初期主要为：

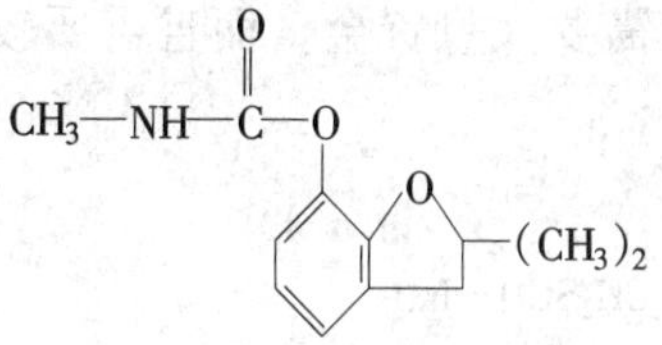

呋喃丹

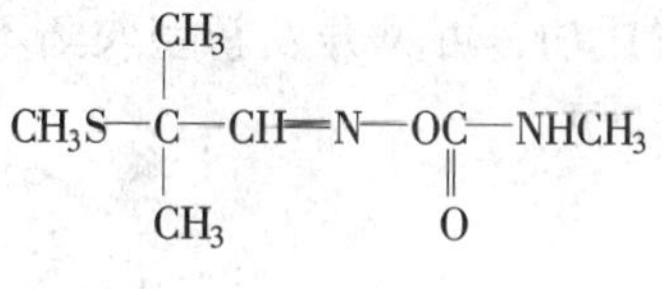

涕灭威

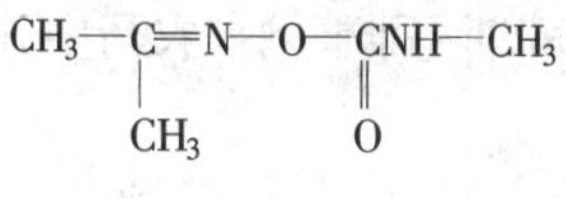

虫特威

呋喃丹对哺乳动物的毒性很高，大鼠口服 LD_{50}为 8～14 mg/kg。因此在剂型上主要加工成颗粒剂（3%，10%），以便使用安全。由于毒性太大禁止直接喷雾使用，我国有些地方的农民将颗粒剂加水，配成悬浮液喷雾，这是绝对不允许的。

呋喃丹有较强的内吸杀虫、杀螨及杀线虫作用，也有触杀作用。我国主要用于棉花，播种时施用颗粒剂，可有效地防治棉蚜等苗期害虫，有效期可长达数十天。美国试验施于土壤中可对蝼蛄、金龟子幼虫等有较好效果。此外也可用于防治玉米、花生、甘蔗、甜菜、大豆等作物的多种害虫和线虫，由此可见其杀虫谱十分广泛。

4. 涕灭威（aldicarb）　它的化学结构与前述氨基甲酸酯有较大差别，它属于肟甲基氨基甲酸酯类，虫特威也属于这一类。这类药剂的特点是对哺乳动物均为高毒，例如，涕灭威大鼠口服 LD_{50}只有 0.93 mg/kg，虫特威为 17 mg/kg，因此只能加工成 10%颗粒剂使用。

涕灭威是内吸广谱杀虫、杀螨、杀线虫剂，也有触杀作用。颗粒剂可用于棉花、马铃薯、花生等作物；德国和美国用于防治严重为害马铃薯的一种金龟子幼虫，以 40 种药剂作土壤杀虫剂药效对比试验时，证明以涕灭威颗粒剂条施效果最好。每亩用有效成分约 150 g，就可以从播种到收获完全控制为害。

虫特威具有触杀和内吸作用，可用于防治稻飞虱、螟虫、果树害虫及线虫。

二、其它有机氮杀虫剂

1. 杀虫脒（chlordimeform，chlorophenamidine）　早在 1962 年杀虫脒就由汽巴 - 嘉基公司开发作为杀螨剂使用，后来日本发现其盐酸盐对水稻螟虫有突出的效果，尤其对鳞翅目中的螟蛾科药效最好，因此被再开发为杀虫杀螨剂，而且普遍认为是高效低毒的优良品种。1971 年我国开始试制，由于原料易得，合成容易，很快就有数十家药厂准备投产；各地使用结果也一致认为药效好而成本低，一时曾推广使用。70 年代中期国外对杀虫脒的慢性毒性试验证明，对小鼠有致癌作用，而且致癌剂量较低，同时证实致癌物主要是其代谢产物 4 - 氯邻甲苯胺，这一消息一经传出，销售和使用受到很大影响，后来经多方研究肯定了其致癌性，开始只在棉花上使用，后来各国都禁止了使用。

2. 杀螟丹（cartap）及杀虫双　杀螟丹也叫巴丹，是以从异足索蚕（沙蚕）（*Lumbriconerei sheteropoda*）体内分离出来的沙蚕毒素（Nereistoxin）化学结构为基础，合成的一种衍生物。沙蚕是生活于海滩泥沙中的一种环节蠕虫，日本渔民常用它作为钓鱼的鱼饵，使用这种鱼饵的渔民常有头痛、呕吐以及呼吸异常的症状。同时还发现苍蝇在沙蚕尸体上爬过后即中毒。1922 年在日本首先分离到沙蚕毒素，1934 年明确化学结构；1961 年完成人工合成，1962 年又合成了它的衍生物；1964 年武田药品工业株式会社合成杀螟丹，1965 ~ 1966 年明确其药效，1972 年正式投产。如果从 1922 年算起，这种以天然源活性物质为骨架的合成农药，前后经过了近 50 年才开发成功，可见开发新型农药不仅需要大量资金，而且需要较长时间，这种事例在农药中并不少见。

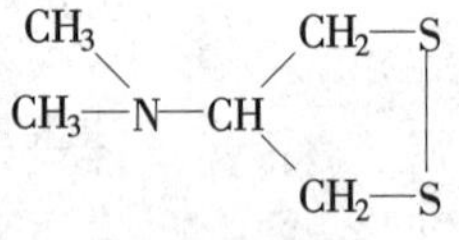

沙蚕毒素

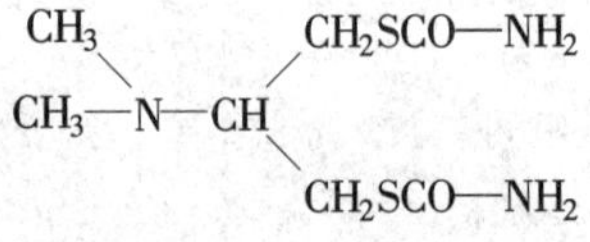

杀螟丹

杀螟丹作为杀虫剂使用有如下特点：①对防治鳞翅目、鞘翅目、半翅目及双翅目等多种害虫有效，但对捕食叶蝉、飞虱的螨类天敌影响不大；②既具有强击倒力的速效性，又具有较长的残效期。对稻螟的成虫、卵和幼虫均有很强的毒杀作用，用此施药适期长，防治效果稳定；③对人、畜毒性低，大鼠口服 LD_{50}为 250 mg/kg，小鼠涂皮 LD_{50}为 1 000 mg/kg，故使用安全。在自然界很容易被分解，施用后不必担心残毒和污染环境。

杀螟丹在昆虫体内经水解变成沙蚕毒素而中毒，中毒后有时仍可复苏，这是因为沙蚕毒素进一步被解毒，中毒症状的消失与体内沙蚕毒素的含量相关，解毒机理尚不清楚。

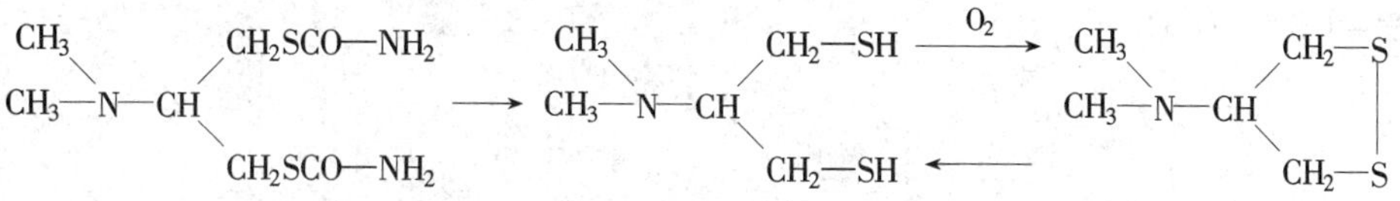

杀螟丹　　　　沙蚕毒素

杀虫双是我国首先商品化的沙蚕毒素类杀虫剂，贵州化工所与有关单位协作，1976 年首先通过小试鉴定，1977 年后已有数家工厂投入正式生产。

杀虫双纯品为白色结晶，易吸湿，溶于水，毒性较低，雌小鼠口服 LD_{50}为 103.6 mg/kg，经皮为 2 062 mg/kg。对粘膜也无刺激作用，慢性毒性试验也未发现有致癌、致畸和致突变作用。对小鼠的三代繁殖试验也未发现有任何影响，因此证明使用杀虫双是比较安全的。杀虫方式主要是胃毒和触杀，另外也有内吸作用，还有一定的杀卵作用。研究证明，杀虫双进入昆虫体内后也是先转化成沙蚕毒素使昆虫中毒。

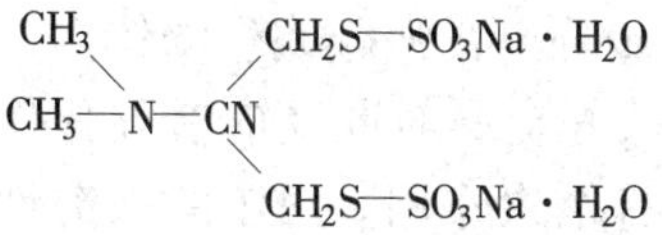

杀虫双

杀虫双在我国进行了多方面的药效试验，包括室内、田间以及大规模的试验示范，都一致证明杀虫双是一种药效好、杀虫范围广、使用安全的杀虫剂。适且于防治水稻三化螟、二化螟、大螟、稻苞虫、纵卷叶螟等多种害虫；对柑橘上难防治的潜叶蛾效果很好，还可防治果树蚜虫、红蜘蛛以及多种蔬菜害虫。但是对蚕的毒害大，桑蚕地区必须慎用。

杀虫双是结合我国具体情况而研制成功的广谱杀虫剂，合成原料易得，生产容易，是取代有机氯剂的优良品种之一。

第三节　有机氯杀虫剂和杀螨剂

有机氯杀虫剂包括两大类，即以苯为原料的和不以苯为原料的，前者如滴滴涕（DDT）、六六六等，后者如环戊二烯类、毒杀芬等。从有机合成农药的发展史来看，它们是较早广泛使用的一类药剂，尤其是滴滴涕的开发被认为是现代农药的起点，在 30 多年的历史进程中，对农业丰收和预防虫媒传染病方面起了巨大的积极作用；大约在 70 年代前后开始对滴滴涕限用和禁用，我国于 1984 年停止生产六六六，1993 年通告淘汰了这两种药剂。

有机氯杀虫剂具有杀虫谱广、杀虫力强、残效期长的特点，尤其是原料易得合成容易。使其价格便宜，我国自 1952 年六六六开始工业化生产以来，发展十分迅速，一直到停止生产前，多年来产量占农药总产量的一半以上，滴滴涕产量也曾稳定在 2 万吨左右。这种六六六的畸形发展是与我国国情有一定关系，其它国家不多见。在使用上除大面积在水稻上使用外，广泛地进行土壤处理防治地下害虫，控制蝗虫为害，虽然效果突出，但也带来环境问题和外贸纠纷。这类药剂在我国以后不会再使用，但是有关它们的科学资料仍然具有参考价值。

一、以苯为原料的有机氯杀虫剂

1. 滴滴涕（DDT）　工业品是乳白色块状固体，它是一个含多种成分的混合物，主要成分为 PP－DDT’和 O，P－DDT。

PP’—DDT 占 63%～77%　　　　O，P—DDT 占 8%～21%

PP’－DDT 是杀虫的主要有效成分，O，P－DDT 的杀虫力较低；在常温下它们的蒸气压很低不易挥发；在日光与高温下也难分解，化学性质比较稳定，是高度残留性的农药之一。对高等动物毒性不大，大鼠口服 LD_{50}平均为 250 mg/kg；在强碱或生物体内，自然条件下可进行脱氯化氢反应降解为 DDE。在自然界，铝、铁等金属对此反应有催化作用，在生物体内也可由脱氯化氢酶来完成；降解产物 DDE 不再有杀虫作用。DDT 的水溶性很小，脂溶性极强，两者相差 5 000 万倍；因此容易在生物体的脂肪体内积累，在自然界有高度的“生物富集性”，但也因此而容易渗透通过昆虫体表腊层，有强触杀作用兼胃毒作用，但中毒作用缓慢，击倒率差。昆虫中毒与温度有关是负温度系数的药剂。杀虫谱广，但对蚜、螨、蚧效果极差。国外报道 DDT 在哺乳动物脂肪、肝内有积累，对肝、中枢神经系统及后代生长发育有一定影响，长期大量喂鼠证明对肝、肾有明显破坏作用，并可能引发肿瘤。因此，一些人认为 DDT 虽然是弱的但肯定是致癌原，长期摄入可导致肝癌。但也有人提出不少对人体无害的依据，例如，美国人体内 DDT 含量可长期停留在一定水平，不会无限增加，毒物学者认为动物体内有调节进入体内微量毒物的能力，使其不致影响健康。1970 年美国医药协会曾组织委员会专门研究 DDT 对人类的影响，认为长期使用，剂量高达常用量的 50 倍，对工作人员也无不良影响等等。至于 DDT 是否致癌一直有所争论，在大量使用过程中，通过直接接触或食物链可在人体内逐步累积，这确实不是一件好事，但也不像传闻那样可怕。确定一种农药是否有致癌作用是很复杂的，往往由于试验条件不同，可以得出相反的结果，因此除方法必须正确外，还要长期试验和观察；尤其是慢性毒性试验，必须在动物身上进行，结果推断到人类更难下结论。在人群中进行流行病学调查，虽是直接数据，但也有一定局限性，不过动物试验经多次重复所得的肯定结果，应该是有重要参考价值的资料，起码意味着有潜在的危险性，对使用该药的种种条件应该进行深入的研究，以便判定该药剂的限用条件或者完全禁用。

2. 六六六（BHC）　我国曾经长期大量生产和使用六六六，许多发达国家却相反，目前仍有一些国家（包括我国）使用林丹，第三世界国家有的还用六六六外，一般都很少使用了。

六六六的化学名称为 1，2，3，4，5，6－六氯环己烷，因为在六个碳原子上各有一个氯和氢原子故名六六六，但在文献上有时用 BHC（benzene hexachloride）。

苯在光的催化下，与氯气发生加成反应而产生六六六，工业六六六是白色固体物，含有多种成分和立体异构体，目前已分离出立体异构体共有 7 种，含量较多的只有 5 种；即 α，β，π，δ，ϵ 体，另外还有七氯环已烷、八氯环已烷等非六六六杂质（表 6－7）。

六六六的各异构体中以 γ－体杀虫力最大，其余杀虫力很小或根本无毒力。提纯后的 γ－体另名林丹（Lindan），其余异构体常统称为无毒异构体。γ－体又称丙体，有一定的水溶

表 6-7　工业六六六各异构体的构造及含量范围

成分	熔点（℃）	立体构造	蒸气压（mm20℃）	一般含量范围
α-体	157	aaeeee	2.5×10^{-5}	55~65.7
β-体	297	eeeeee	2.8×10^{-7}	5.6~14
γ-体	112	aaaeee	9.4×10^{-6}	12~13
δ-体	130	aeeeee	1.7×10^{-5}	6~8
ε-体	219	aeeaee	-	3~4
η-体	90	aeaaee	-	-
θ-体	124	aeaeee	-	-
七氯环己烷	85~86	-	-	4
八氯环己烷	147~149	-	-	0.6

α-环平面上下排列的轴何 Cl 原子（axial）；e-大体上平行于环平面的 Cl 原子（equatonal）

性（水中溶解度为 5~10 mg/kg），因此可被植物根部吸收输导，不过其主要杀虫作用还是触杀和胃毒，也有一定的熏蒸作用。在光、热、酸性条件下很稳定，只是在强碱性条件下才脱去氯化氢，最后生成三氯苯。自然界不少嫌气性微生物也能分解六六六，近几年已证明在水田条件下，半衰期并不很长；在旱田条件下分解较慢。与 DDT 类似六六六在自然界可通过食物链进行生物富集，并在脂肪体内累积，仍属于高残留农药，用在水果、蔬菜及茶叶上，容易留有异味影响品质，也容易超过残留标准，影响外贸。

对六六六的慢性毒性也进行过很多研究，1972 年 Nakasaki 曾进行对小鼠的致癌试验，肯定了 α-体的致癌作用，试验设计未有人提出异议，美国也采纳这一结果。1972 年 Gato 试验发现 αβγδ+ε 剂量为 660 mg/kg 时都有致癌作用，与前述试验不一致，美国权威人士 Vesselinovitch 对此评价说："所谓致癌只是增生性结节，研究者在诊断上有错误，而且只试验 6 周，时间太短。"欧洲林丹委员会也同意此意见。另外还有一些试验因试验设计有问题，有人提出异议，此外不再提及。总的看来，对小鼠的试验，α 在大剂量下致癌似乎可以肯定，工业六六六所以致癌也是因为含大量 α 体之故，至于其它异构体的致癌性目前还难于肯定。

对大鼠的致癌试验，Fitzhugh（1950），Ito（1975）以及我国（1981）均做过试验，结果比较一致，除 α-体在大剂量下（1 000 mg/kg）出现肝细胞瘤外，其它异构体均为阴性。我国有关部门的试验证明其降解产物三氯苯、三氯酚也都为阴性。

综上所述有关六六六的慢性毒性试验虽然进行了不少，但严格说真正可靠的结果并不多；另外，试验本身诊断也是十分复杂的问题。一般说小鼠的肝瘤比较容易发生，有所谓自发产生肿瘤现象，很难区别。有机氯剂易导致微粒体氧化酶的增加，产生肝增生性结节，再进一步发展成癌。大鼠与小鼠不同，比较不敏感，因此不能只根据一种动物的试验结果评价是否致癌，更不能简单地以此推断至人类。事实上致癌性和致癌危险性两者的概念是有区别的，前者只从毒理学角度出发，而后者要涉及许多摄入过程中的条件，也就是要考虑许多具体使用情况。一般认为 α-体对小鼠致癌是肯定的，而 β，γ 等还难于下肯定的结论。Visselinovitch 只是认为 γ-体对小鼠有致瘤（良性）性。

六六六的原粉中含有效成分 γ-体一般不超过 14%，其余 85%以上主要是 α，β 体，前者分解较快，在人体和作物体内主要是 β－体的累积，根据分析，各异构体在水稻体内的分解速度次序为 $\gamma>\alpha>\delta>\beta$。如果经过分离提纯，使用含 γ－体 99%以上的林丹，则可比使用原粉减少用量的 6/7，可使残留量减少 90%以上，因此，分离提纯是改造六六六十分有效的途径，国外正是这样做的，目前已极少有只生产工业六六六的国家，而是生产林丹。

我国六六六的提纯工作开始的很早，但产量一直受各种因素限制，除主要为出口外，国内并未广泛应用。

二、不以苯为原料的有机氯杀虫剂

这类药剂包括一系列环戊二烯类杀虫剂，在我国一直未能大量推广应用，国外过去曾大量使用，但目前也在减少。以下只将主要品种做一简介，不再详述。

艾氏剂（aldrin）

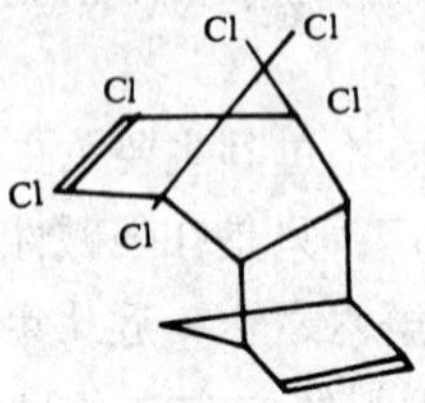

小鼠口服 LD_{50}为 55 mg/kg ± 15 mg/kg
土壤杀虫剂，林木杀虫剂

狄氏剂（dieldrin）

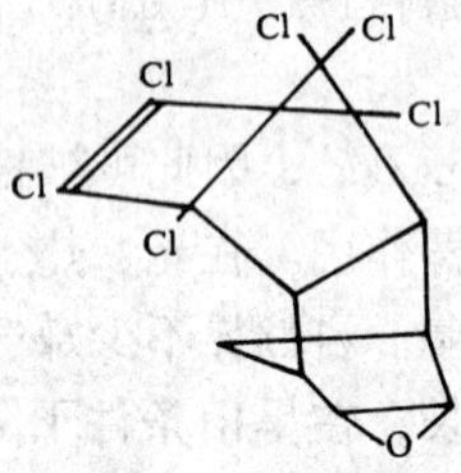

小鼠口服 LD_{50}38 mg/kg 土壤杀虫剂；
木材防蛀，也用于森林和棉花害虫防治

异狄氏剂（endrin）

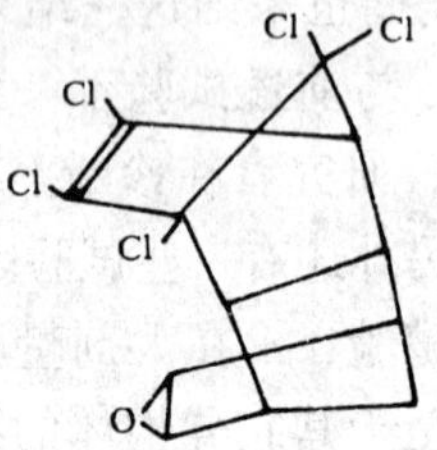

小鼠口服 LD_{50}5～8 mg/kg
用于未结果的柑橘树害虫防治

七氯

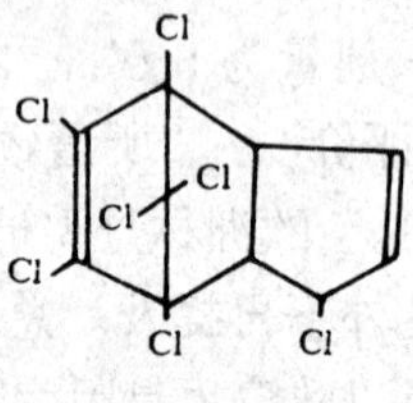

小鼠口服 LD_{50}68 mg/kg
小麦、蔬菜田防治地下害虫

硫丹（endosulfan）

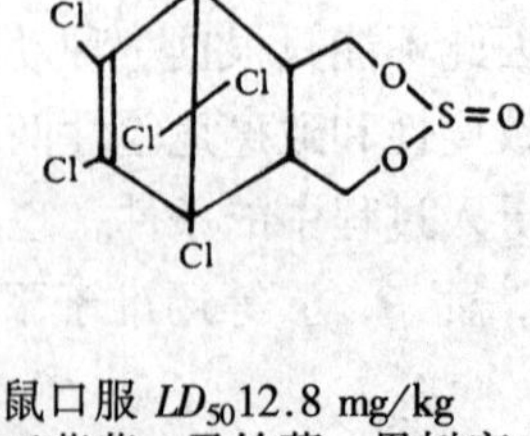

小鼠口服 LD_{50}12.8 mg/kg
用于蔬菜、马铃薯、果树害虫防治。

毒杀芬（toxaphene）

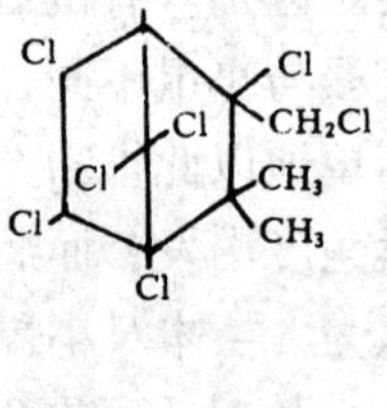

大鼠口服 LD_{50}90 mg/kg

毒杀芬在我国有生产，它又名氯化莰烯，以松节油为原料经氯化而成，产品是多种成分的混合物，含氯量67%～69%，原药为黄色腊状固体，化学性质稳定，不易挥发；杀虫作用主要是胃毒和触杀，可加工成粉剂、可湿性粉剂、乳油等。用于棉花多种害虫的防治，在果树、水稻以及地下害虫的防治上也有应用。

三、有机氯杀螨剂

许多有机合成杀虫剂都有杀螨的活性，在前面所论述的药剂类型中，有机磷酸酯及有机氮类杀虫剂都有许多既能杀虫又能杀螨的优良品种，例如对硫磷、甲拌磷、速灭磷等。杀虫脒最初就是以杀螨剂而开发的品种，后来才发现其它杀虫活性的。但是也有一些类型的化合物。它们有螨类有较强的选择毒力，多数对其它害虫效果不良或者无效。针对螨的广义选择性大体有三类情况：一类对螨选择性不强对螨和昆虫都有毒力，对高等动物也高毒；另一类有中等选择性，即对螨和某些昆虫有效，对高等动物低毒；还有一类只对螨类有效，几乎不能杀虫，对螨有高度选择毒力，对高等动物毒性极低。本节介绍的主要是最后一类，特别介绍有机氯杀螨剂。

良好的杀螨剂应符合以下要求：①对植食性螨和捕食性螨间也有选择性，这是因为许多植食性螨为害严重，而捕食性螨多是害虫天敌；②化学性质稳定，不易分解，可与任何农药混用，达到兼治的目的；③杀螨力强，对成螨、若螨及卵都应有毒杀作用；④残效期长，对植物安全，对人、畜低毒。显然全面达到上述要求并不容易，有机氯杀螨剂能够符合多数要求。但是，螨类比较容易产生抗药性，因此更迫切要求不断开发新的优良杀螨剂。

有机氯杀螨剂包括有许多品种，但其生物活性差别很大，尤其是对螨的不同发育期有选择毒力。例如三氯杀螨砜等对若螨和卵有效，对成螨则毒力差，另外有的能杀成、若螨，但不杀卵等等。

1. 三氯杀螨砜（Tedion，TDN）　纯品为无色、无味结晶，工业品为淡黄色至淡棕色固体，熔点为145～146℃，挥发性小，残效长可达25天以上；不溶于水，可溶于有机溶剂，化学性质很稳定，可与任何农药混用。

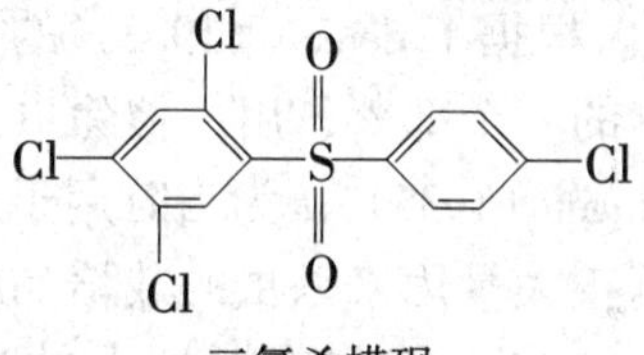

三氯杀螨砜

三氯杀螨砜的特点是对螨、卵有强触杀作用，也能杀若螨，但对成螨无毒杀作用，作用于雌螨可引起不育。因此使用三氯杀螨砜应在螨卵盛期施用，由于见效缓慢最好和速效杀螨剂混用。三氯杀螨砜对高等动物几乎无毒，大鼠口服 LD_{50}为14.7 mg/kg，仍不致中毒，使用十分安全，对植物也不易产生药害，即使是较敏感的瓜类也不致产生药害，适于防治棉、粮、果树、蔬菜的红蜘蛛。对有机磷剂产生抗性的红蜘蛛也有效，不过在我国的果园中，由于连年使用，已普遍产生了抗药性，药性下降，已迫使改用其它杀螨剂。

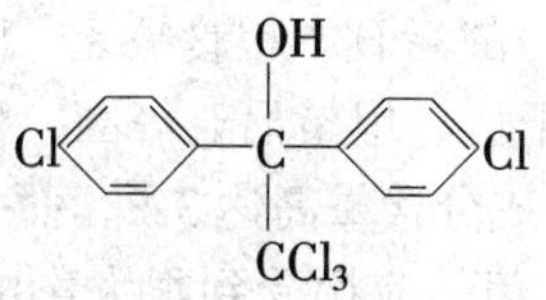

三氯杀螨醇

2. 三氯杀螨醇（kelthane，dicofol）　都知道滴滴涕对螨类是无效的，而且常会引起螨类大发生。但是与滴滴涕结构类似的许多化合物却有高度的选择杀螨活性，这是十分特殊的现象，三氯杀螨醇很有代表性。

三氯杀螨醇过去也叫开乐散，纯品为白色固体，熔点 78.5～79.5℃。工业品为褐色液体，溶于多种有机溶剂；在酸性中稳定，遇碱可分解。对高等动物低毒，大鼠口服 LD_{50}为 809 mg/kg（雄）；685 mg/kg（雌）。它只能杀螨而不杀虫，对天敌影响很小；它最大的优点是对成、幼螨及卵都有强触杀作用，而且药效迅速，残效期一般可达 20 天左右。许多植食性螨都是容易产生抗药性的，但有的研究证明三氯杀螨醇相对来说比较不易产生抗性，原因还不清楚。

目前我国已推广使用于防治棉花、果树、蔬菜等作物的红蜘蛛。据说对茄子及苹果的某些品种易生药害，使用时应注意。一般用 20%乳油 1 000～1 500 倍稀释液喷雾，如果与三氯杀螨砜混用效果会更好。

3. 螨卵酯（K－6451，杀螨酯，chlorfenson） 纯品为白色结晶，溶点 86.5℃，蒸气压低，不溶于水，溶于多种有机溶剂；化学性质稳定；遇碱不分解；对高等动物的毒性极低，大鼠口服 LD_{50}为 2 050 mg/kg。螨卵酯主要是杀卵和若螨，对成螨效果差；残效期较长，常用于防治果树、棉花、蔬菜、豆类，茶桑的红蜘蛛；浓度为 20%螨卵酯 800～1 000 倍稀释液喷雾，如果和其它能杀成螨的药剂混用，效果会更好。

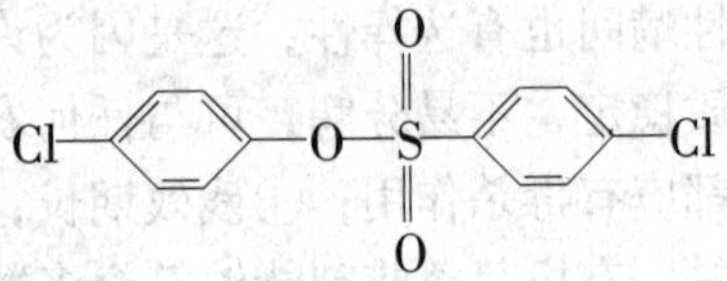

螨卵酯

除有机氯杀螨剂外，还有其它多种类型的化合物被开发为杀螨剂。例如亚硫酸酯类的杀螨特（aramite）和克螨特（propargite，omite）；有机锡化合物中的三环锡（plictran）以及甲脒类的双甲脒等等，本节只能从略了。

第四节 拟除虫菊酯类杀虫剂

一、天然除虫菊的兴起和没落

1. 发现 据传说很久以前，在古波斯一带，有一妇人偶然从田间采回一些美丽的小花，回家后不久将此枯萎的小花丢失在屋角。数周后，发现枯花的周围有一些死亡的昆虫，这是最早发现除虫菊杀虫作用的传说，但并未见于文学记载。根据 Lodeman（1903）的说法，早在 19 世纪初期，亚美尼亚人 Jumtikoff 就发现了北高加索的一个部落，用一种除虫菊花的粉末杀虫。1828 年他的儿子开始大量制造这种药粉。Gnadinger（1935）认为当时用于杀虫的是一种红花除虫菊（*Chrysanthemum roseum* Bieb.），后来真正大量用来杀虫的栽培品种是毒效更强的白花除虫菊（*C.cineraiaefolium*），后者大约是在 1840 年在南斯拉夫的达马提亚（Dalmatia）地区发现的。

2. 传播 除虫菊是指菊属（*Chrysanthmum*）除虫菊亚属（*Pyrethrum*）的若干个种，白花除虫菊是广泛栽培的品种。19 世纪后半叶传至日本及美国，20 世纪初传至非洲，1950 年前后才传至南美。20 世纪初南斯拉夫为主要生产国，二次大战前日本取而代之，1938 年曾达到干花的最高年产量 130 00 t，占全世界产量的 70%。战后日本粮食缺乏，除虫菊栽培大量减少，以后直到 1970 年中心转至东非的肯尼亚、乌干达、坦桑尼亚等国，最高年产量曾达 20 000～22 000 t。肯尼亚曾育出一个品种，花中有效成分含量高达 3%，而一般品种不过 1%。二次大战后有机合成杀虫剂大量发展，天然除虫菊的应用受到很大影响，加之 60 年代末非洲干旱，除虫菊花的产量一落千丈。

3. 杀虫作用特点　除虫菊花中的杀虫有效成分，其触杀作用非常强大，尤其有强大的击倒作用，但对哺乳动物的毒性却很小。由于在空气中和阳光下极不稳定，易分解失效，所以主要用于室内防治蚊蝇和其它卫生害虫。虽然研究过许多助剂加以改进，但仍难于在开阔的农田实际应用。

二、除虫菊有效成分的化学

1. 对有效成分的化学　最早的研究开始于 1908 年。1909 年日本药物学家富士发表了第一篇报道，提出有效成分是一个“酯”。1923 年山本亮第一次证实构成酯的酸具有三碳环结构。1924 年瑞士化学家 Stanudinger 和 Ruzicka 连续发表十数篇文章，论述除虫菊有效成分的化学和结构，事实上两人早已进行了很多年的研究，只是由于第一次世界大战的影响，到 1924 年才公布于世。当时认为有效成分为两种不同的酸构成的酯，一为除虫菊一羧酸，另一为除虫菊二羧酸一甲酯；两种酸与除虫菊醇酮分别构成除虫菊素Ⅰ和Ⅱ。当时他们认为除虫菊醇酮是单一化合物，但在 1945 年 LaForge 和 Barthel 证实还存在另一醇酮，比除虫菊醇酮（pyrethrolone）少一个碳原子和一个双键，命名为瓜叶除虫菊醇酮（cinerolone），因此又发现了另外两个有效成分，即瓜叶除虫菊素Ⅰ和Ⅱ。

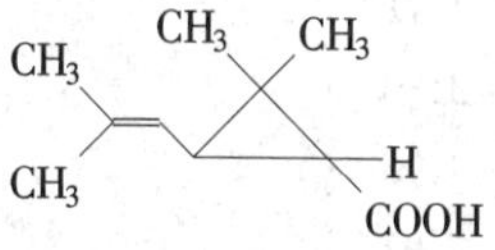

除虫菊一羧酸

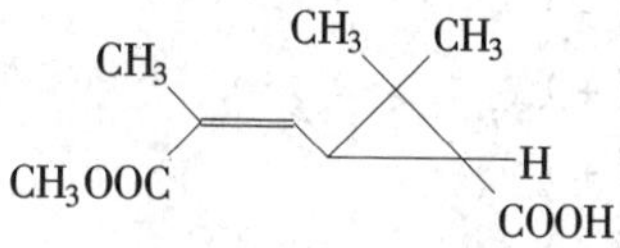

除虫菊二羧酸一甲酯

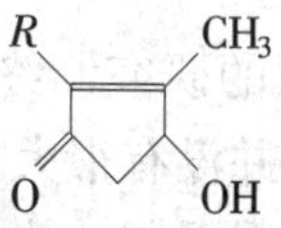

$R = CH_2 - CH = CHCH = CH_2$　除虫菊醇酮；

$R = CH_2 - CH = CH - CH_3$　瓜叶除虫菊醇酮；

$R = CH_2 - CH = CH - CH_2CH_3$　茉莉除虫菊醇酮。

1964 年英国人 Godin 等又发现了茉莉除虫菊醇酮，与菊酸构成茉莉除虫菊素Ⅰ和Ⅱ，但含量极少。迄今在除虫菊的有效成分中共发现六个化合物，其中以除虫菊素Ⅰ和Ⅱ为主，含量最多（表 6－8）。

限于当时研究条件，Staudinger 等确定的除虫菊醇酮结构式有错误，加之当时瓜叶除虫菊素尚未分离出来，因此五碳环醇酮和其侧链上的双键位置不对，后经 LsForge 等研究，才得到修正，并发现了瓜叶除虫菊素。

表 6－8　天然除虫菊花中各有效成分的含量

1. 除虫菊素Ⅰ	38%
2. 除虫菊素Ⅱ	30%
3. 瓜叶除虫菊素Ⅰ	9%
4. 瓜叶除虫菊素Ⅱ	13%
5. 茉莉除虫菊素Ⅰ	5%
6. 茉莉除虫菊素Ⅱ	5%

2. 立体异构体的确定　1945 年英国 Grombie 和 Harper 研究了菊酸的立体构型，菊酸分子中的三碳环 C_1，C_3 上的氢原子，分别处于环平面的一侧或两侧，则形成顺式（cis）或反式（trans）异构体，这种几何异构体又分别有其相应的光学异构体；另外侧链上的不饱和结构也形成顺、反立体异构

体。五碳环上的手征性碳原子也可构成光学异构体。英国 Harper 和日本 Katsuda 等分别确定了酸和醇的绝对构型，天然除虫菊素为 1R：3R 和 4S，均为右旋性，立体构型的确定对发展合成拟除虫菊酯起了很大作用。

三、合成拟除虫菊酯

第一个人工合成的拟除虫菊酯丙烯菊酯（allethrin）是由美国 LaForge 等于 1947 年合成成功的；他们用丙烯基取代了天然除虫菊素中的不饱和五碳直链。合成的丙烯菊酯经分离得到 8 个立体异构体。Gersdorff（1947）和 Elliott（1954）都测定过它们的杀虫活性。表 6－9 可看出，立体异体构对杀虫活性的影响是很大的。

表 6－9　丙烯菊酯的光学异构体对家蝇的毒力

光学异构体		LD_{50}（μg/家蝇）	相对毒力
酸	醇		
（+）反式	（+）	0.24	100.0
（+）顺式	（+）	0.41	58.5
（+）反式	（－）	1.31	18.3
（+）顺式	（－）	1.71	14.0
（－）顺式	（+）	3.30	7.3
（－）反式	（+）	4.96	4.84
（－）顺式	（－）	7.02	3.42
（－）反式	（－）	45.2	0.53

丙烯菊酯于 1949 年商品化，经过前后达 40 余年的除虫菊化学的研究，终于有了结果。人工合成了第一个拟除虫菊酯，虽然杀虫活性和天然除虫菊素比，并没有很大提高，但保持了除虫菊素的优点。由于它对光的不稳定性，丙烯菊酯的使用仍大受限制。改进化学结构克服缺点，进一步提高毒力，以后又进行了许多研究，也出现了不少高效品种，但直到本世纪 70 年代初，在光稳定性上始终未有较大的突破。

1. 改变醇部分得到的拟除虫菊酯　在丙烯菊酯的基础上，改变醇部分的化学结构曾进行了大量的工作，出现了一些毒效更高的化合物，有的也商品化了。例如二甲苄菊酯（dimethrin, Barthel，1958）对家蝇、蚊有较高毒效，而采用的二甲苄醇完全与丙烯菊酯和天然菊酯不同。英国 Rothamsted 试验站的 M. Elliott 合成功苄呋菊酯（resmethrin，M. Elliot，1965），他用呋喃环代替了天然除虫菊素的五碳酮环，苯苄基代替了不饱和的侧链。由于分子中至少有二个不对称中心，合成的化合物是光学异构体的混合物。经 Elliott 分离得到的 1R，trans 异构体称为生物苄呋菊酯（bioresmethrin），这个化合物对家蝇的毒力比天然除虫菊素大 50 倍，对猿叶虫的毒力大 8.4 倍；与丙烯菊酯比竟大 118 倍之多。虽然毒效提高但对光的稳定性并没有多大改善，只能防治室内的蚊、蝇以及纺织品防蛀。

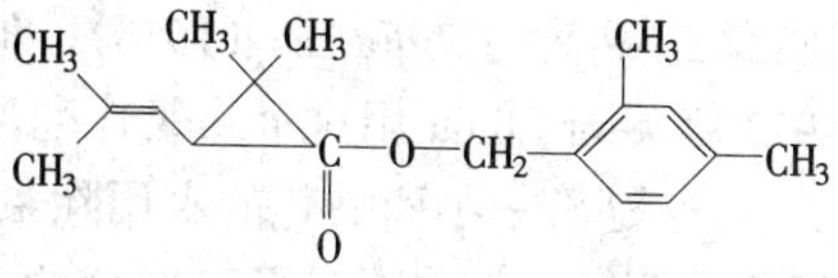

二甲苄菊酯（dimethrin）

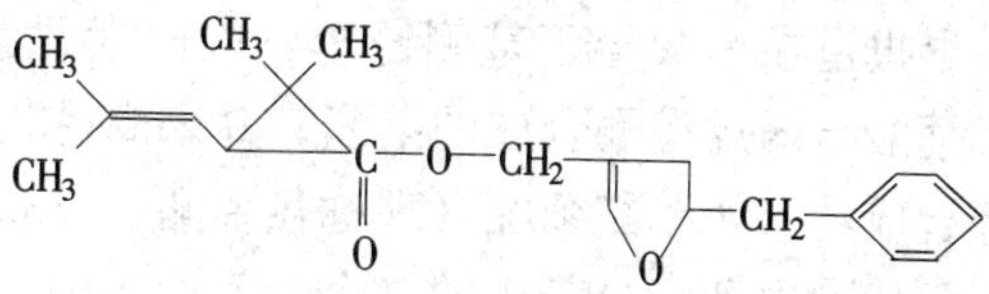

苄呋菊酯（resmethrin）
生物苄呋菊酯（bioresmethrin）

在改变醇部分结构方面，日本曾作过很多工作，开发出一些新品种，比较重要的有胺菊酯（tetramethrin，Kato，1963）、苯醚菊酯（phenothrin，板谷，1968）、氰苯醚菊酯（cyphenothrin，松尾，1971）等。胺菊酯的击倒作用极强，对高等动物的毒性却很低，大鼠口服 LD_{50}为 5 200 mg/kg。颇适用于室内防治蚊蝇，加用增效剂配成气溶胶可使击倒和杀死作用都很好。这些菊酯虽毒效有很大提高，但对光的稳定性仍然未得到解决。

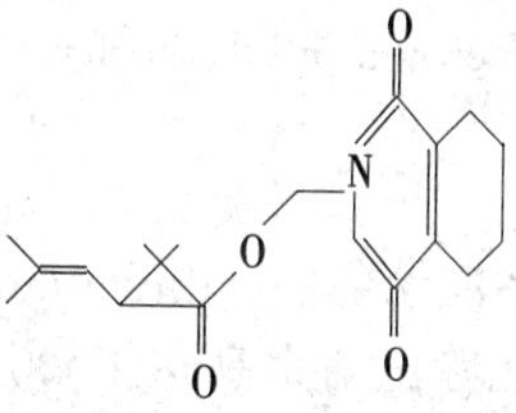

胺菊脂（tetramethrin）

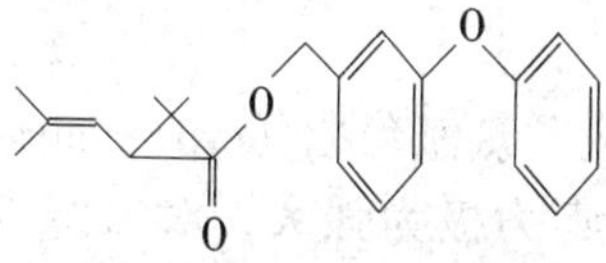

苯醚菊脂（phenothrin）

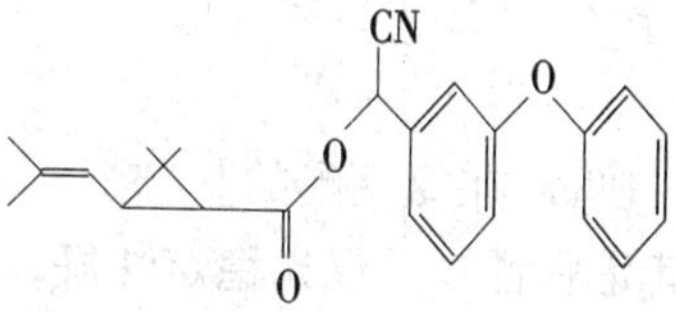

氰苯醚菊酯（cyphenothrin）

苯醚菊酯的杀虫活性并不强大，但由于以比较稳定的苯环结构代替了醇部分的不饱和结构，光稳定性有了改进。日本住友公司又在此基础上，在分子中加入了 CN 基后，毒效大为提高。这一醇部分的改造具有很大意义，因为既改善了光稳定性，又使毒效得到提高。住友公司特将这个醇称为“住友醇”。事实证明，这个醇是后来一系列光稳定性高效拟除虫菊酯基本组成部分。

2. 农用拟除虫菊酯的出现　在菊酯化学结构的改造中，对菊酸部分的改造虽然早已开始，但成就不是很大。例如 Matsui（1966）改变菊酸的三碳环侧链为二甲基，合成功环戊烯丙菊酯（tetrallethrin，醇部分仍为丙烯菊酯的醇），效果并不理想。至 1971 年 Matsuo 将醇部分改为“住友醇”，合成了甲氰菊酯（fenpropathrin），情况才有了改善，这个化合物已商品化，名为 Meothrin。它对螨类、粉虱等有很好的效果，50～100 mg/kg 即可杀死成、幼螨，但对卵无效。适用于温室，缺点是对高等动物毒性较大，大鼠口服 LD_{50}为 24～36 mg/kg。

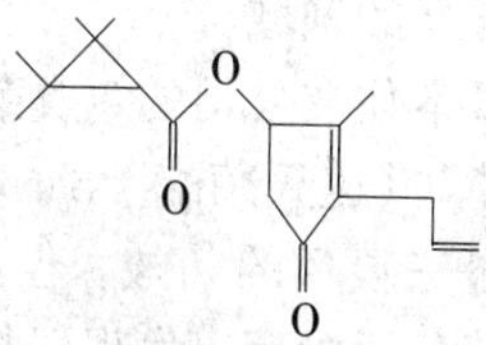

环戊烯丙菊酯（tetrallethrin）

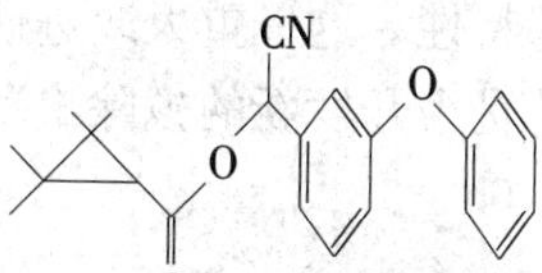

甲氰菊酯（fenpropathrin）

最早报道在菊酸异丁基侧链上，以卤素元素代替偕二甲基的是 Farkas（1958），他的这个取代菊酸与丙烯醇酮合成的菊酯，并未商品化。1973 年英国 Elliott 用这个二氯代菊酸与苯氧苄醇合成功二氯苯醚菊酯（现称氯菊酯，permethrin）。这是第一个商品化的农用除虫菊酯。由于在天然除虫菊素分子中的二个光不稳定中心，即菊酸侧链的偕二甲基及醇部分的不饱和结构，都有了改进，使化合物对光的稳定性大大提高，杀虫活性也进一步提高，对哺乳动物仍保持了较低的毒性。，Elliott 的研究工作证实以二氯菊酸配合其它醇而成的菊酯，毒力都有较大提高，但对光的稳定性必须与相对稳定的苯氧苄醇配合才能有所改善。氯菊酯的毒力是除虫菊素的 30 倍，DDT 的 15 倍（对家蝇）；对猿叶虫的毒力是 DDT 的 123 倍，完全具备了在农田使用的条件。这一农用除虫菊酯或称光稳定性拟除虫菊酯的出现，为菊酯类杀虫剂用于田间开创了新的局面。在拟除虫菊酯的发展上，是一次突破性的进展。

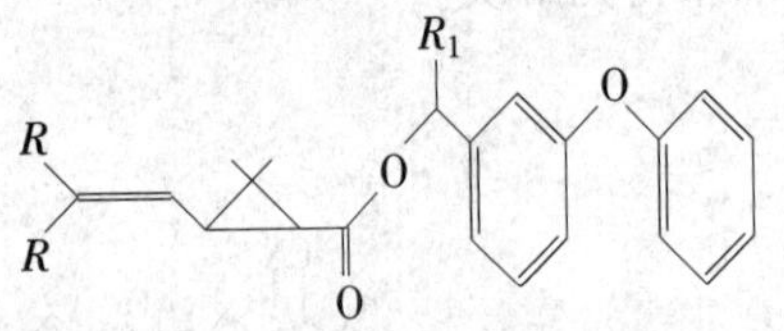

R = Cl，R_1 = H，氯菊酯（permthrin）；
R = Cl，R_1 = CN，氯氰菊酯（cypermethrin）；
R = Br，R_1 = CN，溴氰菊酯（decamethrin，deltamethrin）

Elliott 在氯菊酯的基础上，又合成了氯氰菊酯（cypermethrin）和溴氰菊酯（decamethrin）。尤其是后者，不仅光稳定性好，杀虫毒力极为强大，对家蝇毒力比除虫菊素高达 1 400 倍。成为迄今为止毒效最高的人工合成杀虫剂。法国 Roussel Uclaf 公司购得专利后，又投入巨额科研资金，把无效立体异构体拆分并将其转变成高效异构体，其制剂商品名为“敌杀死”(Decis)。防治蚜虫的田间推荐用量，每公顷只有 10 g 有效成分，平均每平方米接受的药量仅为 1 mg，如此高的毒效是其它任何杀虫剂都无法比拟的。

Michael Elliott 自 40 年代末期就在英国 Rothamsted 试验站开始研究除虫菊的化学，50 ~ 60 年代正是有机氯、有机磷及氨基甲酸酯杀虫剂的兴旺发达时期，全世界的注意力集中于发展这几类药剂，而 M.Elliott 却锲而不舍地继续研究结构复杂、合成不易的拟除虫菊酯，这是十分难能可贵的。他的领导 Potter 以及伦敦大学的 Harper 具有卓越的远见，对他的工作给予了多方面的支持，使他终于获得了具有历史突破性的成果。1976 年美国化学会授予他 Burdick &.Jackson 农药化学国际奖。

3. 无三碳环菊酯的发现　日本住友公司的大野信夫 1974 年报道，他们在菊酸部分实现了一项根本性的改革；即在结构上不再含有菊酸的三碳环，代之以取代苯基异戊酸，合成成功有优良药效的氰戊菊酯（fenvalerate）。这个化合物一出现即引起很大震动；因为过去一向认为菊酸的三碳环结构是菊酸部分杀虫活性必不可少的结构；然而这个取代脂肪酸的酯却仍保持除虫菊素的全部特性。这一重大改进使酸部分的合成步骤大为简化，合成成本也因此大大降低。更为重要的是为开发新的拟除虫菊酯开辟了新的领域。

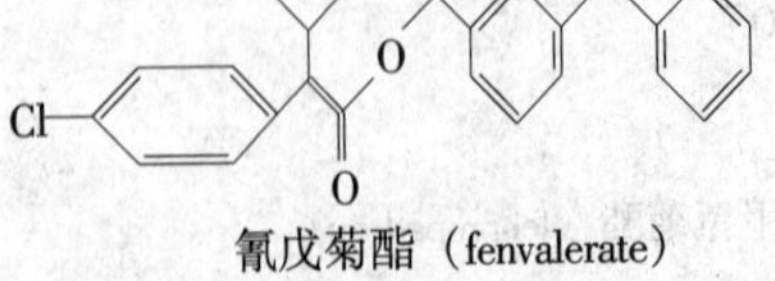

氰戊菊酯（fenvalerate）

日本住友公司的氰戊菊酯制剂商品名“杀灭菊酯”（速灭菊酯，Sumicidin）。化合物中虽然不含三碳环的菊酸，但经 X 光衍射等技术研究其分子构型，发现仍与菊酸类似，杀虫特性完全与天然除虫菊一致；例如强触杀兼胃毒作用而无内吸和熏蒸作用等等，至此完全打破了拟菊酯必须含有三碳环结构的传统概念。

4. 新拟除虫菊酯结构改进的若干动向　光稳定性菊酯的研究成功，促进了这一领域研究开发的发展。在70年代以前，只有少数几个国家的公司进行拟菊酯的生产和开发研究。70年代后期即猛增至数十个企业，一些国家的科研单位也参加了研制的行列。80年代以来，在全世界形成了拟除虫菊酯研究、生产和使用的“拟除虫菊酯热”形势。

众多的研制开发目标集中在克服已有菊酯使用上存在的缺点，寻求更有效的化合物结构类型。例如许多菊酯都对螨类无效，对鱼毒性大，因此不能在水田使用也不兼治红蜘蛛。目前已有不少品种对以上这些缺点有了明显的改进。

①在结构中导入氟原子　含氟化合物作为农药使用历史悠久，但早期的化合物多数毒性强大，使有机氟化合物的开发受到限制发展很慢。，最近几年氟有机化合物又重新引起了农药界的注意。一般认为在分子中引入氟原子可以提高化合物的活性，但并不产生慢性毒害问题。在菊酯分子中引入氟原子证明不仅仍能保持或提高原有的活性，而且对螨类表现出较好的毒效。但对鱼类和蜜蜂的毒性并不降低。，例如美国氰胺公司的氟氰菊酯（flucythrinate，1979）又名“pay - off”。德国拜耳的百树菊酯（ cyfluthrin，1977）等均已商品化。另外还有其它一些公司的产品化学结构式如下：

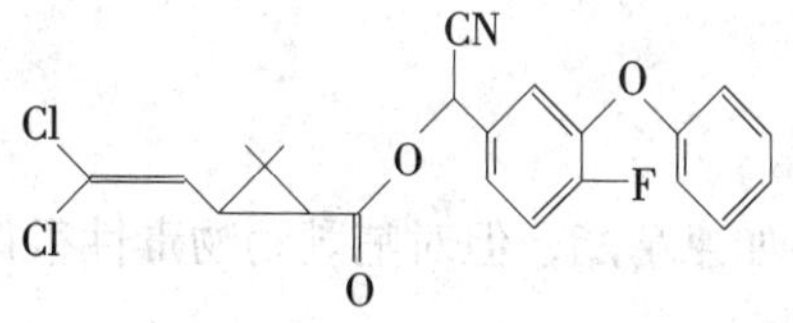

百树菊酯（cyfluthrin）

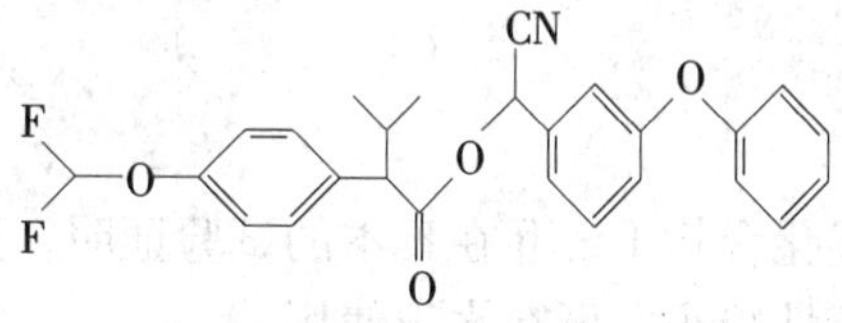

氟氰菊酯（flucythrinate）

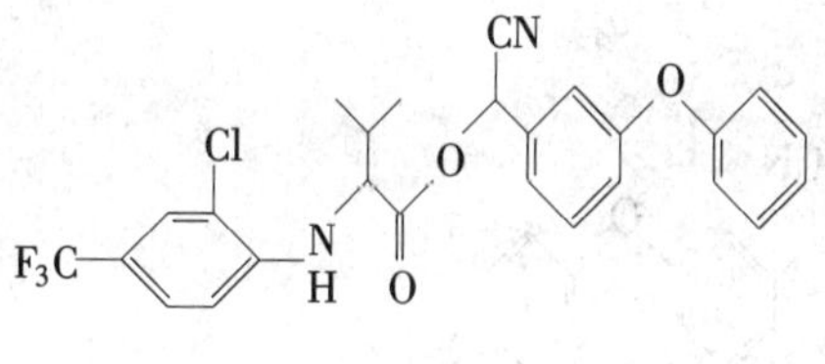

氟胺氰菊酯（fluvalinate，Zoecon）

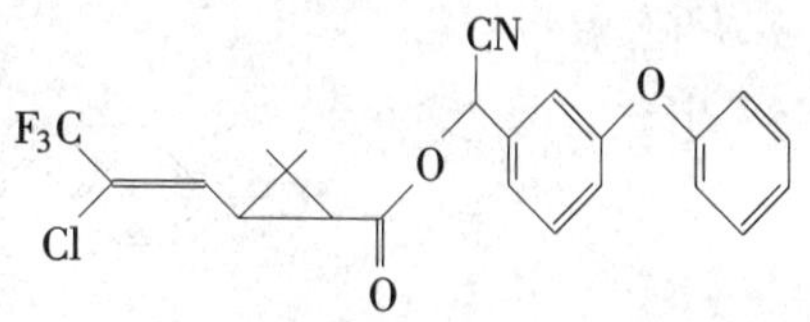

三氟氯氰菊酯（cyhalothrin，功夫）

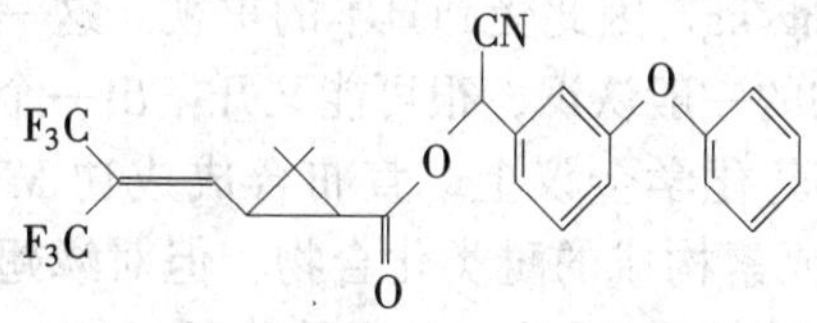

六氟菊酯

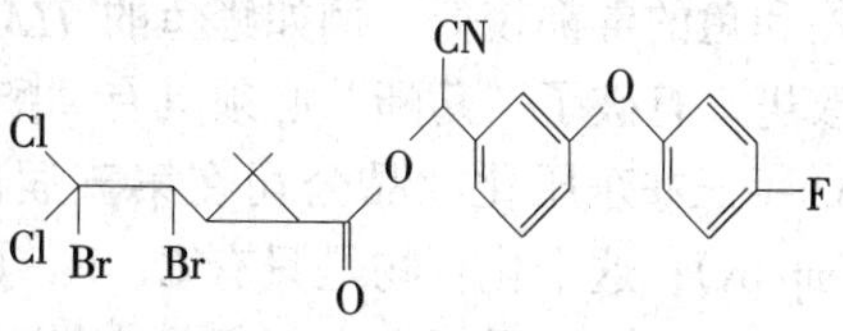

CGA87071　　（Ciba - Geigy）

上述化合物对鳞翅目、鞘翅目、双翅目、半翅目、直翅目等多种害虫有效外，对螨、蜱也有较好效果。推荐用量为每亩3~5 g有效成分。

②类似于DDT结构的拟除虫菊酯　澳大利亚的Holan等将DDT的模式结构与菊酯结合起来合成一系列化合物，但杀虫活性并无特殊之处。1982年又报道了另一系列含氟化合物，

据说对羊的一种蝇具有和溴氰菊酯相同的活性，结构比较特殊，但有人怀疑这是否还属于拟除虫菊酯类杀虫剂。

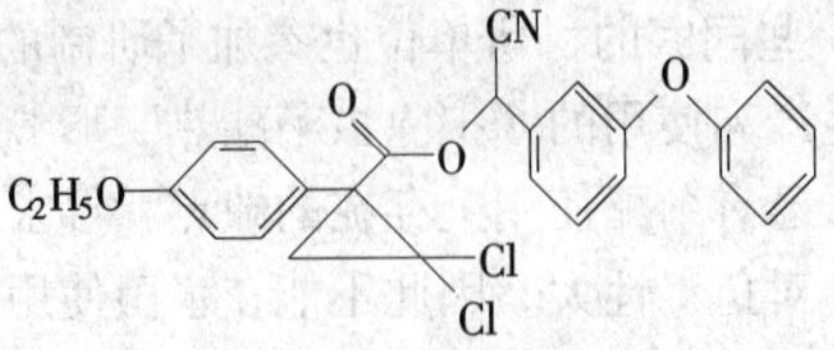

（Ⅰ）

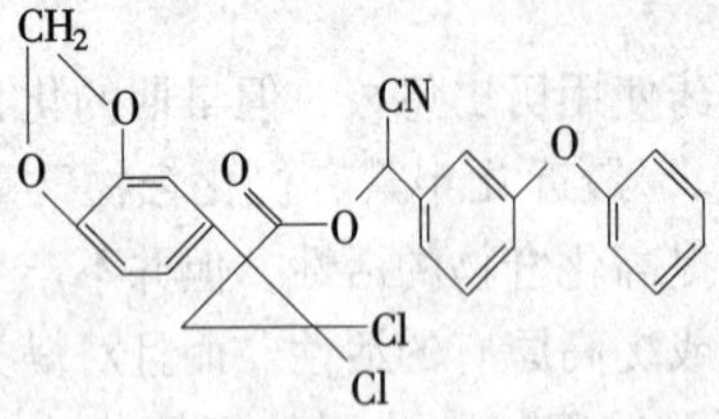

（Ⅱ）（Holan 等，1978）

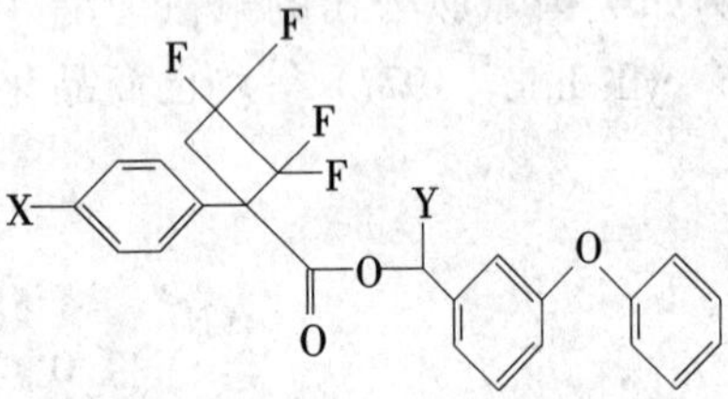

（Ⅲ）（Holan 等，1982）

上述化合物Ⅰ，Ⅱ在日本的试验证明，药效不如氯菊酯，但对哺乳动物毒性很低，尤其对鱼的毒性很小，可在水田使用。

③改变酯的结构　1980 年日本东京大学合成功不含酯结构的菊酯，仍然表现了较高的杀虫活性。其结构式如下：

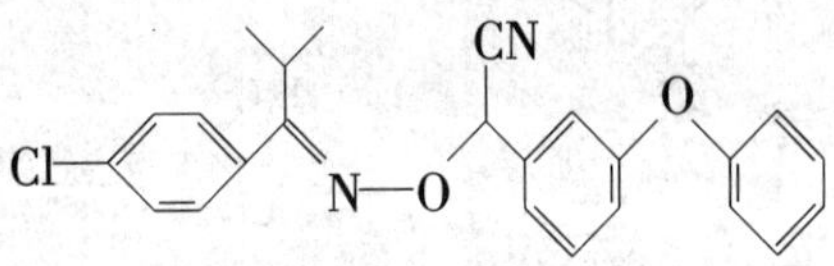

这一化合物的结构与氰戊菊酯结构类似，只是以肟醚代替了羧酸酯的结构，实验证明对哺乳动物和鱼的毒都较低。例如鲤鱼的 *TLM* > 10 mg/kg，因此受到日本的重视。这一化学结构上的改进，打破了“菊酯”必须具有“酯”结构的一般认识，很可能又开拓出一个新的领域。1982 年三井东压化学品公司在第五届国际农药化学会议上，宣布合成成功 MTI - 500（即 etofenprox）；这个化合物是只有 C，H，O 三种元素构成的醚类化合物，但对鳞翅目、半翅目、双翅目、鞘翅目等害虫，仍具有菊酯类药剂的类似活性，鱼毒性降低（鲤鱼 *TLM* - 48 为 5.0 mg/kg）。这个化合物一出现即受到与会者的普遍注意。

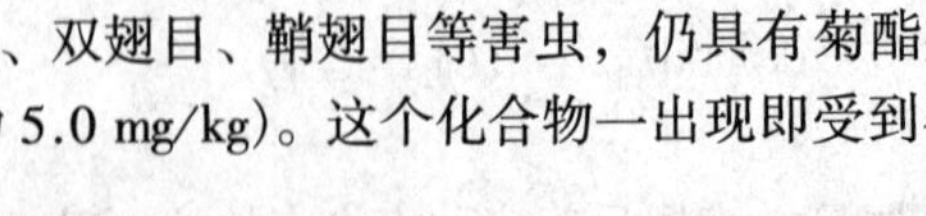

（etofenprox，三井东压化学品公司）

以上化合物现已商品化，商品名称为“多来宝”（Trebon）。其特点是对哺乳动物和鱼类低毒，对眼和皮肤无刺激性，对天敌影响小，研究证明对多种害虫有较强的触杀作用，而且击倒作用也很好，此外和有机磷、氨基甲酸酯类药剂无交互抗性问题。

农用除虫菊酯是70年代的产物，它的出现无论在农药工业的生产技术上，药效上还是对农作物的增产作用上，都大大改变了以往杀虫剂的面貌。在生产技术上来看，一种农药的合成步骤多达20多步，加之对光学异构体的拆分和差向异构等，都说明农药已进入精细化学品的门类之中了；从药效来看，过去的一些杀虫剂，确实经历了由低效（每亩一次用药多达数百克）到高效（每亩一次用药百克到数十克）的过程，现在广泛使用的拟除虫菊酯类杀虫剂，人们称为“超高效杀虫剂”，每亩次用药量可不到一克或至多十几克，用药量这样小，毒性和残留问题都会得到很大程度的缓解。由于这类药剂田间用量少而且对农作物兼具杀虫和刺激生长的双重作用，保产增产作用显著，从而使这类高价农药的防治成本并不很高；这不能不说是农药发展史上的奇迹。但还应看到，这些新化合物的出现仅仅是开始，在不久的将来，还会有更多更理想的拟除虫菊酯或其它类型的高效杀虫剂化合物出现。

第五节　特异性杀虫剂

这类药剂的作用不是直接毒杀害虫，而是引起昆虫生理上的某种特异性反应，使其致死，或再利用其它方法致死害虫。例如利用昆虫的内外激素使其不能正常发育或诱集消灭；利用不育剂或拒食剂使其自然死亡等等。

本节只就近年来发展较快的所谓第三代农药，即昆虫内外激素为主做一简要介绍。

一、昆虫激素

昆虫激素是昆虫在生长发育过程中，体内分泌的极微量物质，虽然量很小但有极高的生物活性。它的发现已有很长的历史，但是直到近20年前，由于超微量测定分子结构技术的发展，对能对极微量的昆虫激素进行分离和鉴定，它在害虫防治的应用上才有了新的进展。

昆虫激素的选择性比较强，对人、畜及其它生物相对来说也比较安全，因此在用于害虫防治上有很大潜力，同时因其用量极小，所以不会污染环境。近年来对它的研究受到普遍重视。例如美国1979年昆虫激素的研究经费约占有关害虫防治经费总数的14%，与常规农药的研究经费不相上下。

昆虫激素有多种，一般分为两大类，即外激素和内激素。

1. 外激素　这是一类排到体外的能引起同种其它个体产生特异行为的物质。例如性外激素（见后）、集合激素、报警激素、识标激素、地位分化激素等。

关于集合激素曾被误认为是性激素，其实两者是有区别的；性激素只对异性有引诱能力，而集合激素是蚂蚁、白蚁、蜜蜂等社会性昆虫或蜚蠊、木蠹、蚜虫、椿象等半社会性昆虫，为形成集团而分泌的物质，对同性和异性都具有引诱力。有人从森林害虫木蠹的雄虫穿孔后的木屑中（含有木蠹的分泌物和排泄物）分离出三种属于萜烯乙醇的化合物，即为集合激素，具有强大活性。目前已能人工合成，有希望在林区内实际应用。

报警激素是蚂蚁、蜜蜂等社会性昆虫当入侵者侵入其巢穴时，立即分泌出向其同伙发出警报的物质，这是一种起通知作用的外激素。

识标激素也是蚂蚁等社会性昆虫分泌的一种外激素，当昆虫离开群体外出时，为了返回其群体而分泌的物质，它能起到路标的作用。

蚂蚁、蜜蜂等社会性昆虫，其蚁王和工蚁，蜂王和工蜂都是同样的卵育成的，只是在生长发育过程中受着一种物质的支配，才分化成工蚁和蚁王，工蜂和蜂王；这就是地位分化激素。

2. 内激素　在昆虫体内分泌能引起自身特异生理现象的物质。主要有 3 种，即脑激素，蜕皮激素和保幼激素。

(1) 昆虫内激素的作用原理　完全变态的昆虫在发育过程中，一般包括幼虫的几次蜕皮，一次幼虫变蛹和一次蛹变成虫的蜕皮；这种从幼虫到蛹、蛹到成虫的转变称为变态，变态是受保幼激素和蜕皮激素所控制，保幼激素由咽侧体分泌、能保持昆虫幼年期的特征和抑制未成龄的幼虫变态。由脑神经细胞分泌的脑激素作用于前胸腺而分泌的蜕皮激素，能引起昆虫蜕皮，但蜕皮后的特征则依赖于保幼激素的有无，当有保幼激素存在时，蜕皮将是幼虫性的蜕皮；当没有保幼激素存在时，蜕皮将是蛹化蜕皮或羽化蜕皮。由于保幼激素和蜕皮激素都是控制昆虫变态的，因而也统称变态激素，也有人称之为昆虫生长调节剂。

根据昆虫内激素在昆虫体内的作用原理，在应用研究上，目前主要是选择在昆虫末龄幼虫时加入过量的激素，打乱其原有的体内激素平衡，使其不能正常发育变态，达到消灭的目的。用保幼激素处理，可形成无生命力的超龄幼虫、半幼虫半蛹中间型，或半蛹半成虫中间型。用蜕皮激素处理，能使未成熟的昆虫过早蜕皮，影响卵子发育、胚胎发育和阻止发育。

(2) 蜕皮激素　蜕皮激素的提取和化学合成有人用了 11 年的时间，到 1954 年才从 500 kg 家蚕蛹中分离到 25 mg 结晶，此即为 α－蜕皮酮；接着又有人从一种虾中分离到 β－蜕皮酮；1959 年又从摩洛哥蝗虫中分离到这两种蜕皮激素；1965 年确定了化学结构，不久就完成了人工合成的工作。蜕皮激素属甾体化合物，合成较难，成本高，目前还无法实际应用。后来发现在植物体内也含有蜕皮激素或其类似物；例如从罗汉松中就提取出了 β－蜕皮酮。有人曾对 188 科植物中的 733 属 1 065 个种进行了大规模的检查，结果发现至少有 50 种植物里含有类似蜕皮激素活性的物质。一般说来，在羊齿类和裸子植物中含量较高。

蜕皮激素在防治害虫上的试验　这方面的例子还不很多，实际使用的例子就更少。有人

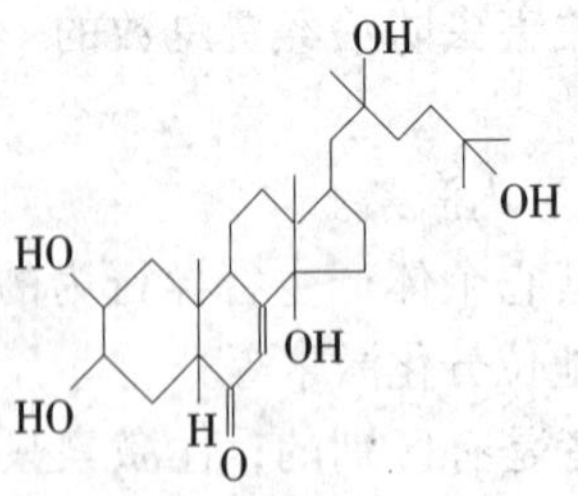

α－蜕皮酮

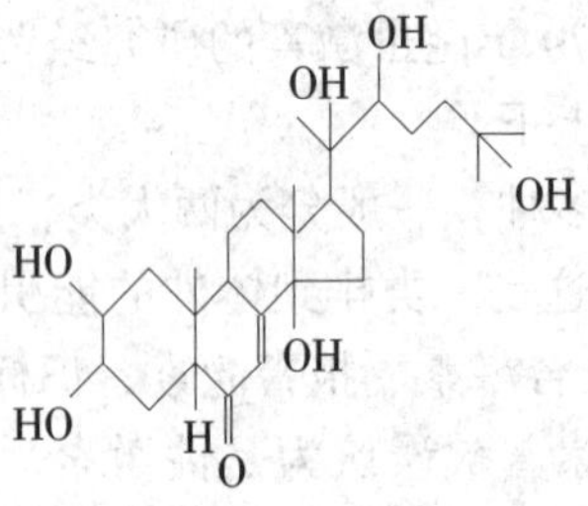

β－蜕皮酮

在每克饲料中，加入一种蜕皮激素类似物 25 ~ 5 μg，可导致 75% 的家蝇蛆在变成成虫之前死亡。剂量增加 6 ~ 30 倍，对德国小蜚蠊、杂拟谷盗、烟草天蛾也有效。有人用来自一种小茴香，含蜕皮激素类似物的粗提取物，渗透在滤纸中，放入密闭的烧杯中，在其中饲养的无翅红蝽，则不能正常发育。蜕皮激素不能穿透昆虫表皮，试验都采用口服，一般用量为每克

虫体 1 μm。蜕皮激素对成虫的作用不太明显，有人用高剂量甚至达到每克虫体 3 000 μg，仍未引起蜕皮，但却使昆虫出现不育现象。此外，还发现了蜕皮激素的拮抗物质，能抑制蜕皮激素的作用，从而同样能达到抑制昆虫发育的效果。例如在研究杀草剂时发现取代苯甲酰脲类（灭幼脲Ⅰ，Ⅱ）就有抗蜕皮激素的功能，可使幼虫不能形成新的表皮，蜕皮变态受阻，称抗几丁质形成剂，天然的抗蜕皮激素也是属于甾体化合物，一般在每克饲料中加入 1μg，喂饲无翅红蝽的幼虫，结果幼虫停止发育；若再用正常饲料，则又可正常发育。

（3）保幼激素　保幼激素的提取和化学合成 1956 年从天蚕雄成虫的腹部首先提取出一种保幼激素，1976 年确定化学结构，不久即完成人工合成，称天蚕油（JH－I），为倍半萜烯的 7－乙基衍生物。

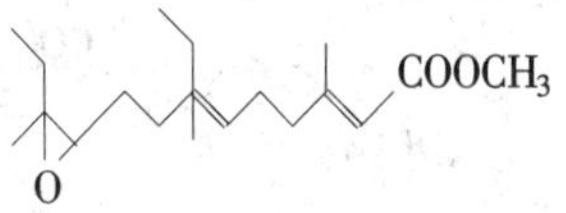

JH－Ⅰ

1968 年又从天蚕蛾中分离到活性略低的 7－甲基同系物 JH－Ⅱ。后来的研究认为两者共存于天蚕蛾体内，其重量比约为 4：1～7：1。

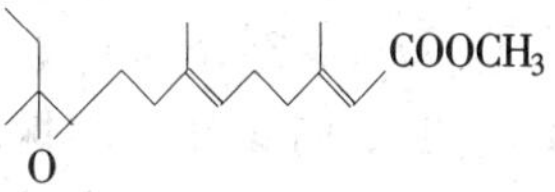

JH－Ⅱ

1959 年从黄粉甲中分离到法呢醛（farnesol）和法呢醇（farnesal），两者都具有保幼激素的活性，其化学结构如下：

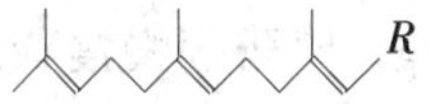

$R = CH_2OH$　为法呢醇，$R = CHO$　为法呢醛

1972 年又取出 750 个烟草天蚕蛾的咽侧体在体外培养，再进行提取得到 5 μg 具有保幼激素活性的化合物，化学结构式为：

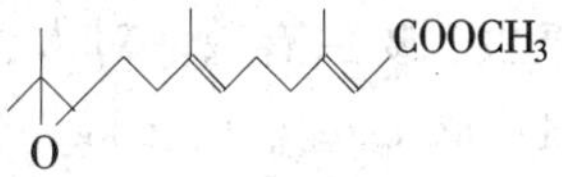

JH－Ⅲ

保幼激素类似物也存在于某些高等植物、微生物以及脊椎动物中。1965 年有人在饲养无翅红蝽时，发现幼虫和一种衬纸接触后，变成了畸型的成虫或成虫－幼虫中间型的超龄幼虫，经调查那种纸是由松衫科植物，以机械方法生产的纸浆制成的，联想到植物里可能有保幼激素类似物的存在。1966 年和 1976 年先后从杉木中分离到具有保幼激素活性的保幼生物酮（juvabione）和去氢保幼生物酮（dehydrojuvabione），都属于倍半萜烯化合物。

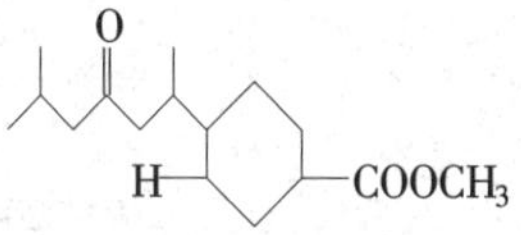

保幼生物酮

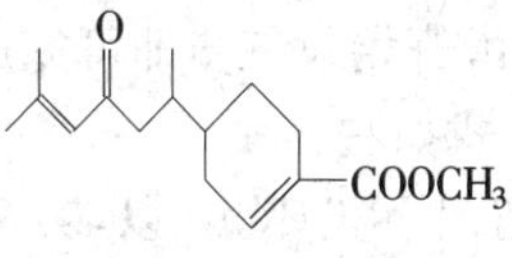

去氢保幼生物酮

1968 年发现有些增效剂具有保幼激素的活性，例如，增效醚、芝麻素等。

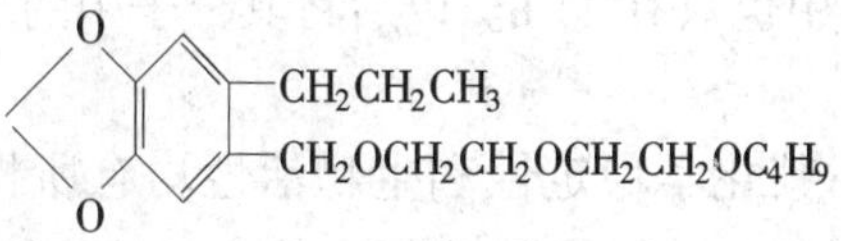

增效醚

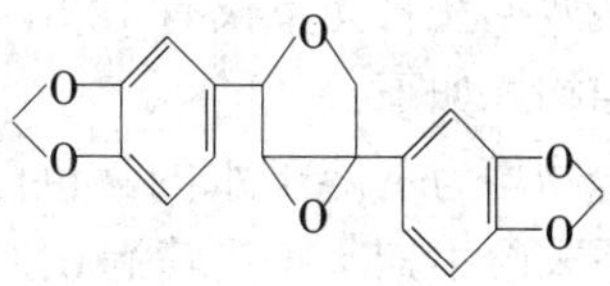

芝麻素

保幼激素的结构比蜕皮激素稍简单，故其类似物的合成近年来很活跃。合成的保幼激素类似物，经过分子改造比天然保幼激素的活性可高数百倍甚至千倍。化学稳定性也好，残效期也略长。

保幼激素类似物的应用　这方面的试验较多，以下结合若干品种进行简单介绍。

a. ZR－515 及其类似物

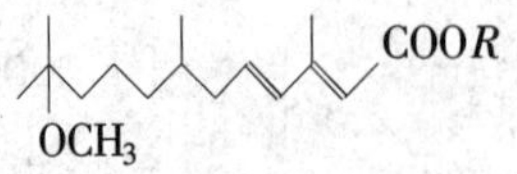

$R = i-C_3H_7$　ZR－515（Alfosid），

$R = C_2H_5$　ZR－520

ZR－515 是美国 Zoecon 公司从 600 多个化合物中筛选出来的，原药为无色液体，比重 0.8856；加工剂型有乳油、颗料剂、微胶囊剂。对人、畜非常安全，大鼠口服 LD_{50}为 > 500 g/mg，小鼠取 LD_{50} > 34.6 g/kg。对双翅目昆虫活性最高，是良好的灭蚊剂，对蚊幼虫 LC_{50}为 0.00011 mg/kg，毒力比天然保幼激素高 1 300 倍（天然保幼激素为 0.14 mg/kg）防治有效浓度为 0.001 ~ 0.01 mg/kg，每亩用量有效成分 2.3 g，即可使水稻田的蚊幼虫不能化蛹而大量死亡。因此比有机磷剂的药效还好，但是残效较短；如果使用具有缓释作用的微胶囊剂，每亩用有效成分 9.5 g，使药剂慢慢释放出来，即可延长残效期。此外，对蚁、家蝇、厩蝇等害虫药效很好。

将酯基换 $-COSC_2H_5$，即为 ZR－0619，此药对介壳虫、蚜虫有效，对人、畜毒性也很低，大鼠口服 LD_{50}为 10 g/kg。

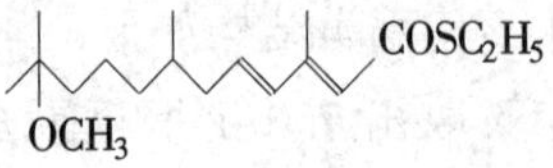

ZR－0619

b. ZR－512（Alfozar）及 ZR－0777

ZR－512 为无色液体，大鼠口服 LD_{50}为 34mg/kg。对鱼毒性很低，对鳞翅目蛾类的活性较高，对同翅目害虫也有效；ZR－0777 的大鼠口服 LD_{50}为 2 680 mg/kg；对同翅目害虫有效，可防治棉蚜、介壳虫，也能用于豆象的防治，只用 5 mg/kg 即可有良好的效果。

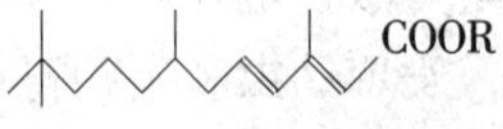

$R = C_2H_5$　为 ZR－512

$R = CH_2C \equiv CH$　为 ZR－0777

c. R－20458 及其类似物　这类药剂的合成比较简单，从香叶醇开始仅三步即可完成；R－20458 的化学结构式如右：

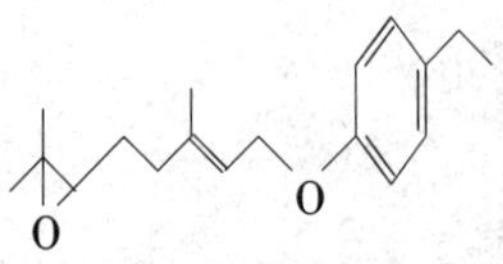

R －20458

这药剂低毒无残留，不污染环境。以 400 mg/kg 喂鼠，半月后无病理变化；用^{14}C标记的化合物试验，证明在鼠体内能全部代谢后排出体外。对蚊、厩蝇、烟草蚜、棉象鼻虫、黄粉甲等有效。活性比天蚕油高 1 000 倍，例如对蚊幼虫的 LD_{50}仅为 0.00047 mg/kg。如果处理无翅红椿，可引起不育。但是这个药剂的化学性质不稳定，残效期在日光下仅有 12 h，在水中也只有 24 h。以后将其分子中的环氧基改为烷氧基，化学结构式如下：

以上化合物均为不溶于水的无色液体，其化学稳定性和生物活性均有所提高，国内试验，用于家蚕末龄中期，每头喷洒 0.2 ~ 0.3 μg，一般可增加蚕丝产量 10% ~ 20%。

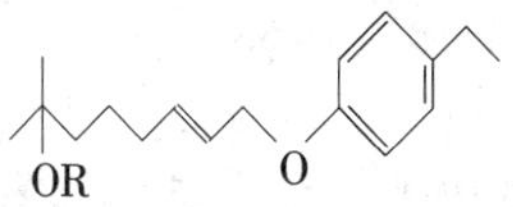

R = CH_3 或 C_2H_5 或 C_3H_7

关于在养蚕业上应用保幼激素，1970 年日本也有报道，他们用以下化合物涂于五龄第 4～5天的家蚕腹部（1 μg/虫），可使茧层重量增加 60%，蚕丝增产 20%。

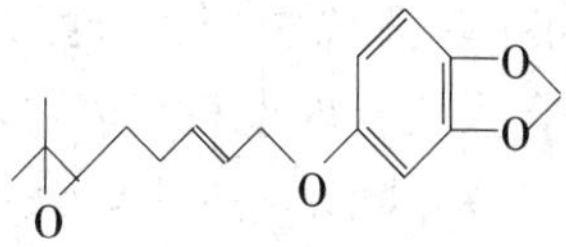

d. 用保幼激素处理仓库害虫也有良好的前景。有人在贮藏 5t 小麦的仓库里仅用下列化合物 20 mg，就有效的防治了黄粉甲虫。

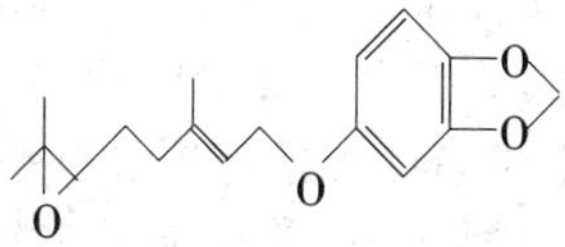

e. 有人用法呢酸甲酯的二氢二氯化物（结构式如下）处理无翅红椿，每克虫体用 1 μg，能导致雌虫完全不育。

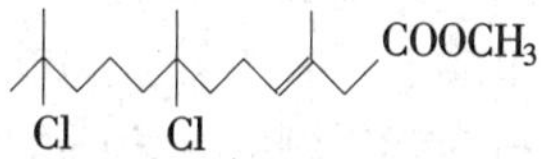

保幼激素类似物的作用机理是多方面的，结合起来为：①阻止正常变态导致异常变态；②影响胚胎形成，在卵期还可有杀卵作用；③可使雌虫不育，雄虫受药后与正常雌虫交尾也不育；④可打破滞育，这是因为滞育也是受激素调节的。

综上所述，保幼激素的特点是：①对人、畜毒性极低，而且使用浓度很低；在自然界易降解为无毒物质，无残留，不污染环境；②对昆虫有很大的特异性，不同种类的昆虫有完全不同的反应，施用后对周围生物群落无不良影响；③不仅在害虫防治上应用，还可用于有益昆虫如养蚕业的蚕业增产。但是在实际应用上也还存在许多问题。例如，在应用时较难掌握施药时间。由于保幼激素只有在昆虫变态时才有效果，而这个有效时期的长短因昆虫的种类不同而异，有仅在几个小时之内有效，很难掌握；而且田间害虫的发生，虫期并不整齐，因此在农业上的应用还存在很大问题。此外，成本较高也还有待改进。

二、性引诱剂

对昆虫来说引诱剂可为分三种 ，即性引诱剂、产卵引诱剂和食物引诱剂。研究最多的是性引诱剂。在鳞翅目昆虫中已发现由雌成虫产生性引诱剂的有 100 多种，由雄成虫产生的有 40 多种；并在直翅目、半翅目、同翅目、双翅目等多种昆虫中还陆续有所发现。至少已发现有 250 多种昆虫的性引诱剂。

（一）性引诱剂的分离和人工合成　家蚕醇（bombykol）是 1959 年 Butenandt 首先分离出来的性引诱剂，1961 年确定化学结构是长链不饱和的脂肪醇，可能有 4 种几何异构体。各异构体的引诱力不同，已经可以人工合成。由 1939～1959 年经过了 20 年的时间才研究清楚的，研究者把 50 万头未交尾的雌蛾腹部末端切下，用溶剂提取，才得到 12 mg 结晶体。经确定其化学结构为十六碳的不饱合醇。

$$CH_3(CH_2)_2CH=CHCH=CH(CH_2)_8CH_2OH$$

从大黄蜂中提取到的性引诱剂是 δ 羟基十六酸的内酯，化学结构如下：

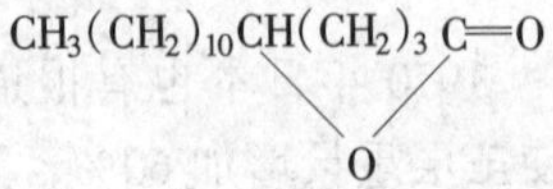

经过几十年的研究，一直到 1961 年才确定了舞毒蛾雌蛾的性引诱剂（disparlure）的化学结构，它是一个环氧化合物，并且人工合成也获得成功。化学结构式如下：

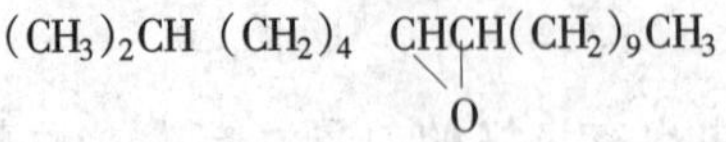

这一化合物对雄舞毒蛾有极强的引诱力，在长 10 cm，直径5.3 cm 的圆筒形诱捕器内，放入0.001 μg 该化合物，即可有强引诱能力。在田间使用残效期可长达 3 个月。

仅到 70 年代为止，就已经确定了诸如棉象鼻虫、红铃虫、白菜切根虫、玉米螟、家蝇、蜜蜂等 30 多种昆虫性引诱剂的化学结构，目前虽无精确统计，但肯定已大大超过，能够人工合成的至少有十多种。性引诱剂的化学结构并不复杂，各国都在从事其类似物的合成，企图找到活性更高、实用性更强的化合物，当然成功者也不少；例如美国 Zoecon 公司 1972 年就已经生产销售针对果树害虫（例如梨小食心虫等）的性引诱剂商品。其中用量比较大的名为 Hexalure，对红铃虫有强引诱力；它是 C_7 顺－十六烯醇－1 的醋酸酯，化学结构式如下：

$$CH_3(CH_2)_7CH=CH(CH_2)_5CH_2COO-CH_3 \qquad \text{Hexalure}$$

国内自 60 年代开始也进行了这方面的研究，例如梨小食心虫的性引诱剂，由雌成虫分泌，它的有效成分是 8－十二碳烯醇的乙酸酯（顺反异构体）。苹果小卷叶蛾为十四烯醇乙酸酯在第 11 个碳上有双键，另外还有一个成分是在第 9 个碳上有一双键。

（二）性引诱剂的生物学特性及引诱原理　关于性引诱的原理虽然尚未完全清楚，但也积累了不少有用的资料，现概括如下：

1. 对一些昆虫性引诱的分泌期及其与性别的关系有了进一步的认识，鳞翅目的蛾类大多是雌虫分泌引诱雄虫，而蝶类则多相反。

2. 绝大多数昆虫的性引诱有强特异性；即只能引诱同种昆虫，如红铃虫性引诱剂只能诱到雄性红铃虫，而玉米螟性引诱剂也只能引诱到雄性玉米螟。但是也有同一科或同一属的昆虫，因性引诱剂的化学结构十分相似，彼此间也有一定的引诱力，但并不都是相互的。例如，舞毒蛾雌虫分泌的性引诱物可诱集雄性大毒蛾，而大毒蛾雌蛾的性引诱物却不能引诱舞毒蛾的雄蛾。

3. 在许多情况下，性引诱剂并非单一化合物，而是由二种或二种以上的化合物组成，仅用其中任何一种化合物并不能起引诱作用，只有各种组分以适当比例混合在一起时，才能显示出强大的引诱力。

4. 性引诱剂的有效引诱距离，一般可有几十米、几百米甚至几公里不等。我国的雄蚕蛾据报道有 40%能从 4 km 以外，26%能从 11 km 以外飞回到雌蚕蛾身边。

（三）性引诱剂在害虫防治上的应用

1. 用于害虫的预测预报　因为性引诱剂具有强大的引诱力和特异性，非常适合用于虫情预测预报。在生产上用这种方法查明某种害虫的分布和密度，及时指导防治，效果明显。

2. 诱杀法防治害虫　这是利用性引诱剂将异性个体诱来，采用胶粘或药剂毒杀的方法将其杀死以达到害虫防治的目的。例如用含红铃虫性引诱剂 0.001 μg 的诱捕器，放置在棉田，每天能诱到 5 000 只红铃虫雄蛾，有效期可达数周；在上海的实验证明，用这种方法平均每晚可诱到 300 多头雄红铃虫蛾，最多达 775 头；如果和黑光灯配合诱杀效果更好。性引诱剂与毒杀药剂配合，在一定条件下甚至能收到全歼的效果。

3. 迷向法　1960 年 Beroza 首先倡导这一方法。即打乱定向飞翔，使雌雄蛾不能交尾繁殖。具体实验时是在一个区域内大量撒布性引诱剂或含有性引诱剂的小载体（小纸片等），使性引诱剂在空气中保持一定浓度，把雌雄交尾的定向反应搞乱，迷失赴会异性的方向。1971 年在16.2 hm^2 面积内，以飞机撒布用舞毒蛾性诱剂处理过的滤纸片，平均每公顷用药量为 50 mg，结果在 6 天里用雌蛾诱不到雄蛾，在 3 周内诱到的雄蛾只有对照区的 1/3。但是这种方法还存在许多问题有待进一步研究，例如大量使用人工合成激素成本较高，与虫口密度的关系等；据报道性激素浓度和异性虫对其反应是 S 曲线关系，即在一定浓度以上，反应的敏感性反而降低。这些还有待于性引诱机理的明确，才能得到解释。

4. 诱致绝育法　用性引诱剂将异性虫诱来，使其接触化学不育剂以后仍放回田间，虽然仍能自然交配，但可造成不育的结果，达到消灭其后代的目的。

应用性引诱剂防治害虫，有些实验是成功的，但是总的来说还存在不少问题，主要的如下：①对飞翔、迁飞能力强的害虫，用性引诱剂防治还有困难。即使在一定范围内，把蛾子全部诱来消灭，其它地方的蛾子仍可飞来，造成为害；②虫口密度高时，引诱效果不显著。在这种情况下，最好先用别的方法将虫口密度降低，再用性引诱方法，效果才会理想；③其它例如如何克服不利气候的影响，如何设计更为理想的放置性引诱剂的容器，诱集到的害虫如何立即杀灭等问题，都有待于进一步研究。

我国的性引诱剂的研究，在 70 年代以后有了很大发展，已知有 4 个目（鳞翅目、同翅目、鞘翅目、双翅目）的 20 多种昆虫的性引诱剂已用于生产。例如棉红铃虫、棉铃虫、二化螟、三化螟、玉米螟、稻纵卷叶螟和梨小食心虫等等。

三、化学不育剂

能使害虫的生殖器官退化，或抑制精子、卵子的产生，或难杀死产生的精子、卵子，使雌虫不能产卵或产下未受精卵的药剂都可叫化学不育剂。有的不育剂主要是破坏精子或卵子中的遗传物质，使所产的卵不能孵化。

自 1955 年用辐射处理羊皮螺旋蝇造成不育，并通过连续释放不育雄虫，使这一害虫得到有效的防治之后，为了省去培育大量不育雄虫的工作，化学不育剂的研究有了很大发展。因为化学不育剂可以在田间喷洒，直接使田间害虫成为不育者，可起到如同释放不育昆虫一样的效果。在使用的传统杀虫剂中，实验证明有的就有对害虫或螨类的生殖、发育有一定影响。例如，与滴滴涕化学结构类似的有机氯杀螨剂三氯杀螨砜、螨卵酯等，有抑制卵巢发育，造成不育的效果。化学不育剂的研究虽有了很大发展，曾试验过的化合物多达数百种，但都因为种种问题而未能大规模实际使用。其中研究比较多的是烃化剂（alkylating agent）中的绝育磷（替派，Tepa，aphoxide）最为著名。这个化合物是三个乙烯亚胺基的膦氧化合物。替派是一种无色的结晶，熔点 41℃，有水溶性，在水中易分解。墨西哥曾用替派处理墨西哥果蝇的蛹，释放于芒果园中，有效的防治了这种害虫。

另外，将替派化学结构中磷原子上的氧换成硫就变成了“噻替派”，作用与替派相同。在 60 年代，我国曾用 0.4% ~ 0.5% 噻替派处理荔枝蝽象，结果成虫产卵的孵化率仅为 0.45% ~ 7.1%。而对照为 85%。1972 年用 200 倍液处理三化螟雄蛹，羽化的雄蛾与诱蛾灯诱到的雌蛾交尾，所产卵孵化率仅为 14%，而对照则为 61.7%。雄蛾与噻替派接触也可引起不育。

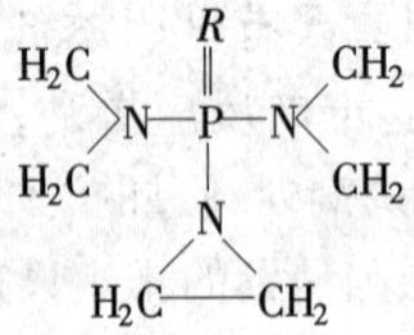

$R = O$ 为绝育磷(替派)

$R = S$ 为噻替派

目前所试用的化学不育剂，多为核酸代谢或细胞分裂的抑制剂，因此，在昆虫与高等动物间的选择性就十分重要，否则将对人、畜有毒害，不少供试药物都有致癌问题。这也是这类药剂不能广泛使用的原因之一。

参考文献

[1] 华南农业大学主编．植物化学保护(第二版)．农业出版社，北京，1990

[2] 陈万义等主编．农药与应用，化学工业出版社，北京，1991

[3] C.R.Worthing.The Pesticide Manual－9th ed.The British Crop Protection Council London，1991

[4] W.R.Thomson.Agricultural Chemicals Book，Thomson Publications Fresno，1982

第七章 杀菌剂及杀线虫剂

杀菌剂主要是指一类对真菌和细菌有毒的物质,有杀死病菌孢子、菌丝体 或抑制其发育、生长的作用。有的只对真菌病害有效,也有的对细菌病害有效;因此,也可以把前者称为杀真菌剂(fungicide),后者称为杀细菌剂(bactericide)。一般所谓杀菌剂常两者都包括在内。杀线虫剂(nematocide)由于发展很快,目前已经可以单独划分成一类药剂,不过不少都是有兼治作用的;例如,呋喃丹是内吸杀虫剂,也是有效的杀线虫剂;氯化苦不仅是有效的杀线虫剂,也是常用的熏蒸杀虫、杀菌剂;这些药剂都不在杀线虫剂类别中再进行重点介绍。植物病毒病是作物的另一类重要病害,近年来日趋严重,研究工作也比较活跃,但是,尽管已经研究过许多化学药剂,目前真正用于大面积实际防治的仍然很少,而且效果均不够理想。因此,还不能单独列为一类药剂。

古老的杀菌剂的大多数是无机药剂,不过像硫黄制剂、波尔多液这些无机药剂,由于其固有的优点,至今仍继续在使用。有机杀菌剂的大量兴起是在本世纪 40 年代才开始的,虽然在 1934 年 H. Tisdale 等第一次发表了他们对二硫代氨基甲酸盐类化合物的杀菌毒力,但有机合成杀菌剂并没有被大量实际应用。第二次世界大战后,有机杀菌剂才有了较大的发展。除有机硫剂外,有机汞剂也被大量用于喷粉防治水稻稻瘟病,杀菌剂进入了以有机杀菌剂为主的时代。在一个较长的时期内,保护性杀菌剂的主要研究方向是寻求铜、汞杀菌剂取代品种,因为有机汞的残毒以及铜资源的不足,使杀菌剂必须向非金属有机化合物方向发展。随后有机磷杀菌剂、农用抗生素的出现,取代了有机汞剂防治稻瘟病。但是至今在种子处理剂上,还未能发掘出像有机汞剂那样既广谱高效又价廉的取代药剂。

内吸杀菌剂的出现,比内吸杀虫剂要晚很多,这可能主要是因病菌的生命与寄主植物的关系,比害虫与寄主的关系要密切的多。因而难于找到既不伤害植物又能阻止病菌生活的内吸化合物。直到 1966 年,B. Van Schmeling 报道了萎锈灵及其衍生物以后,内吸杀菌剂的时代才算真正开始,此后的几年内吸杀菌剂发展很快。内吸杀菌剂的大量使用,在很大程度上改变了病害化学防治的面貌,但是随后也使病菌的抗药性问题很快发展,成为目前在生产上仅次于杀虫剂抗药性的大问题。近几年内吸剂又有了新的进展,过去的内吸剂一般对藻菌药效不良,而且不易由上向下输导,对于一些植物根病效果差;因此,甲霜安、乙膦铝等有双向传导作用的内吸杀菌剂的出现,曾引起一时的轰动。一类麦角甾醇生物合成抑制剂(EBIS)的发展,给内吸杀菌剂又打开了新的领域。虽然如此,从生产角度来看,目前保护剂仍占有很大比重,决不能轻视。

第一节 保护性杀菌剂

目前人们常把杀菌剂基本上分为两大类。,即保护性杀菌剂和内吸性杀菌剂(或化学内疗剂);但是不应该把这种分类绝对化。所谓保护性杀菌剂是指这类药剂只有在病原菌侵染植物以前施药,才能收到良好效果;至于施药的时间和地点则因不同病害的具体侵染循环不同而异。消灭种传、土传病害的菌源,与喷布于植株表面保护植物不受气传病害的侵染,都是保护性措施;内吸杀菌剂主要是针对药剂是否能侵入植物并传导而言的,内吸剂可起保护剂起不到的作用,即对病害有内疗作用,在病菌侵染植物以后也能抑制病害发展,这也可看作是防止病害进一步发展的一种保护性措施。事实上有些药剂虽然有一定的内吸治疗作用,在使用时常仍作为保护剂使用。

一、铜、汞杀菌剂

铜素杀菌剂按其化学组成又可大致分为铜的氧化物(如氧化亚铜),铜的单盐(如硫酸铜),铜的碱式盐(如碱式碳酸铜、波尔多液)以及铜的有机化合物(如羟基喹啉铜 、环烷酸铜)等。铜素杀菌剂是古老的杀菌剂之一,而且已有多种非金属有机杀菌剂可以取代,实际在生产上许多品种都已被淘汰,不过,也有一些药剂至今仍在使用,但用量已经大为减少。

1. 硫酸铜和波尔多液

硫酸铜($CuSO_4 \cdot 5H_2O$)的杀菌作用很强,甚至在很低浓度即能抑制大多数真菌孢子的萌发;但对植物的药害也大,除非抗铜能力很强的植物,例如马铃薯、葡萄等,才能直接应用极低浓度的硫酸铜水溶液喷洒,但目前这种用法在病害防治上已很少见。硫酸铜的最大用途是配制波尔多液。

波尔多液(Bordeaux mixture)因在法国波尔多城首先发现而得名。1882 年由于气候条件,使欧洲的葡萄遭受到严重的霜霉病为害,法国波尔多大学教授 Millardet 发现有的农民为了防止偷盗,在路边葡萄上撒布了硫酸铜和石灰的混合物,结果霜霉病却得到了防治。由此得到启发,经过实验研究发现了波尔多液。

当石灰乳与硫酸铜水溶液混合时,即产生一种天蓝色胶状悬液,其化学成分比较复杂,主要杀菌成分是碱式硫酸铜,其化学分子式可用下式表示:

$$CuSO_4 \cdot x\,Cu(OH)_2 \cdot y\,Ca(OH)_2 \cdot z\,H_2O$$

波尔多液的配制虽然简单,但其化学组成曾有不少学者进行过研究,由于组成受配制条件的限制,不同学者对其见解并不一致。例如 Martin(1932)报道认为 1 个当量的硫酸铜与少于 0.75 当量的氢氧化钙反应,得到的是 $3(CuOH)_2 \cdot CuSO_4$ 式的碱式硫酸铜 ,如果大于 0.75 当量时则又分解放出 SO_4^{2-} 形成 $Cu(OH)_2$,并因吸附 SO_4^{2-} 而趋于稳定。日本高桥(1915)报道认为当硫酸铜与氧化钙的当量比为 1∶0.5 时,主要成分的化学组成应该是 $CuSO_4 \cdot 7Cu(OH)_2 \cdot 6Ca(OH)_2$。由于配制时石灰的比例不同,前式中的 x, y, z 可有不同的变化。由于生石灰中氧化钙的含量不定,所以实际使用时配制的波尔多液,其化学组成也是不太一定的。

波尔多液最大的优点是物理性状好,粘附力强,喷于植物表面可以形成较为牢固的覆盖膜起保护作用。碱式硫酸铜的水溶性很小,可溶性铜(Cu^{2+})少,对植物安全,但可溶性铜又是对病菌起防治作用的有效物质。例如,等量式 100 倍波尔多液,可溶性铜仅为 0.3 mg/kg 左右,但如果使黑斑病菌孢子死亡却需要 2.7 mg/kg;研究证明波尔多液喷于植物上后,还会慢慢产生可溶性铜发挥杀菌作用,这就是所谓释效作用(mobilization)。对于释效作用的解释有三种说法。即①雨水中溶有 CO_2 及氨增加了铜的溶解;②植物叶子分泌物中有一部分有机酸,可使碱式硫酸铜增加可溶性铜;③病菌自身的分泌物含有多种有机酸、氨基酸可使可溶性铜增多。因此,波尔多液既能做到对植物安全,又能防治病害。

波尔多液应该现配现用才能显示其优良的物理性状,如果先配好经过贮存其胶状颗粒变大，使物理性状变差，影响防治效果。50年代日本曾生产过一种波尔多粉，使用时对水喷布，但由于效果不好，终被淘汰。进入80年代后，我国的一些农药厂又开始生产碱式硫酸铜粉或胶悬剂，据称由于工艺的改进，颗粒细度优良，实际应用时可以取代波尔多液。配制波尔多液虽然并不复杂，但也必须注意许多问题。首先应该根据病害及寄主作物的具体情况，变化硫酸铜、石灰和水的比例，因为不同植物对铜的耐受力不同，不同病害防治时需要的浓度也不同。例如：硫酸铜∶生石灰∶水为1∶1∶100，一般称为1%等量式波尔多液，石灰加倍称倍量式波尔多液，水的多少也应根据具体情况而定。配合比例与配制方法，一般农药书籍或手册中多有详细记载，必要时可参考，本书不再详述。

2. 汞制剂　汞的化合物无论是无机汞还是有机汞，一般都有较强的杀菌力。升汞(氯化汞)、甘汞(氯化亚汞)、氧化汞等均曾用作种子消毒剂，但是由于对植物药害大，现在除在试验室用于消毒外，植物病害防治上已不再使用

早在本世纪初期，有机汞化合物就曾被研究用于植物病害的防治，发现有机汞不仅可以克服无机汞药害大的缺点，而且用汞量可以大为减少，而使药效提高。如果用于浸种还可杀死种皮内部的病原菌。以后由于高效的醋酸苯汞和氯化乙基汞的出现，处理种子的方法也由浸种进步到粉剂拌种(种衣)，50年代初期又发展到与石灰合用作叶面喷粉防治稻瘟病等病害。无机汞和有机汞都对人、畜有剧毒，大规模喷布极易造成收获物中有较多残留，危害人、畜健康。1970年我国浙江省广大地区由于在水稻上连续多次喷布有机汞剂防治稻瘟病，曾造成严重的慢性中毒事件，因此我国决定禁止生产和进口有机汞制剂，其实不少国家在1970年前后也都先后禁止了有机汞的喷洒使用。

有机汞制剂的品种很多，但可以用下列通式来表示：　$R—Hg—X$

R 可以是脂肪族烃基或芳香族烃基，例如苯基、乙基、甲苯基等；

X 代表不同的酸基，如 $Cl-$，$Br-$，$H_2PO_4^-$，PO_4^{3-}，CH_3COO^- 等等。

由于 R 基和 X 基的适当配合，使有机汞分子具有适当的亲油性和亲水性，增强了对细胞的渗透性，提高了杀菌力；化合物的挥发性也由于 R、X 不同而异，例如 R 为乙基的氯化乙基汞，分子量小，挥发性强，因而具有薰蒸杀菌作用。不同的 R 及 X 的有机汞化合物，表现不同的特性，因此可适用不同的防治要求。

在我国曾大量使用过的有机汞制剂有以下几种：

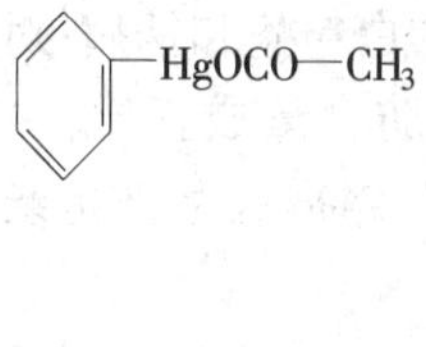

醋酸苯汞(商品名“赛力散”为含有效成分2.5%的粉剂)用于种子处理；$C_2H_5-Hg-Cl$ 氯化乙基汞(商品名“西力生”为含有效成分2%的粉剂)用于种子处理；$C_2H_5-Hg-H_2PO_4$，$(C_2H_5Hg)_3PO_4$ 磷酸乙基汞(商品名“谷仁乐生”为含5%的粉剂)用于种子处理。

二、无机硫及有机硫杀菌剂

硫黄及无机硫化合物的使用有很悠久的历史，至今仍然在生产上使用。有机硫在寻求铜汞代用药剂工作中受到重视，因此一时发展很快，成为保护性杀菌剂中一类十分重要的药剂。

1. 硫黄制剂及石硫合剂　硫黄本身就有杀菌和杀螨作用，但粉状的升华硫黄，由于颗粒

较粗,效果不良。因此必须将其加工磨细,制成硫黄粉剂或可湿性硫黄粉、胶体硫等。硫黄的杀菌、杀螨作用与粉剂的颗粒细度关系极大;另外硫黄的蒸气压受温度的影响很大,30~35℃时蒸气压可较24~26℃时的蒸气压增大6倍之多,故颗粒愈细、气温愈高,杀菌、杀螨作用愈强,同时对植物的药害也愈大。

硫黄粉剂只能喷粉使用,目前已很少应用。加工成可湿性粉或胶悬剂(硫悬浮剂)要对水喷雾使用。良好的硫悬浮剂颗粒极细,其直径绝大部分都在5 μm以下,因此比一般硫黄粉或可湿性硫药效提高。目前国内已有数家工厂生产50%的硫悬浮剂,很受欢迎。

无机硫化合物中最主要的是石硫合剂(多硫化钙),另外我国曾使用过多硫化钡,简称为硫钡粉,目前已不再使用。将石灰和硫黄按1:2比例加水熬煮,即可自行配制石硫合剂原液。一般石灰:硫黄:水比例为1:2:100,如果工厂大规模生产,用水可减少,使原液浓度提高。原液浓度一般用波美比重计度量,可以代表有效成分的多少。用上述比例自行熬制,成品一般能达到波美比重计23°~25°度以上。最近有的工厂生产一种晶体石硫合剂,产品为固体物,使用时加水溶化稀释即可喷雾使用,这一产品简化了包装并且方便了使用。

石硫合剂的主要有效成分是多硫化钙,以五硫化钙的多少来衡量质量。含硫量低的二硫化钙、三硫化钙以及四硫化钙等,不仅药效差,而且在水中的溶解度小,产生沉淀。使用石硫合剂时,必须根据作物、病害及气温等不同情况,加水稀释成不同浓度,以保证药效和对植物的安全。稀释方法及使用浓度可参考一般农药使用手册。

石硫合剂经稀释后喷布在植物体上,由于氧、水、二氧化碳的作用,发生一系列的化学变化而产生颗粒极细的单体硫,发挥杀菌作用。

$$CaS\cdot S_x + 2H_2O \longrightarrow Ca(OH)_2 + H_2S + XS$$

$$2CaS\cdot S_x + 3O_2 \longrightarrow 2CaS_2O_3 + 2(X-1)S$$

$$CaS_2O_3 \longrightarrow CaSO_3 + S$$

$$2CaSO_3 + O_2 \longrightarrow 2CaSO_4$$

$$CaS\cdot S_x + CO_2 + H_2O \longrightarrow CaCO_3 + H_2S + XS$$

$$Ca(OH)_2 + CO_2 \longrightarrow CaCO_3 + H_2O$$

硫制剂不仅能杀螨,如在果树休眠期使用4~5波美度的高浓度石硫合剂处理,还可以杀死越冬介壳虫和虫卵。在病害防治上,硫制剂主要用于防治多种作物的白粉病和锈病;对霜霉病效果不良,一般认为原因是硫具亲脂性,其杀菌效力与病菌孢子脂肪含量成正比,白粉病菌、锈病菌等孢子脂肪含量较高,对干燥有较强的抵抗能力;相对而言,霜霉病菌则是亲水性的,硫制剂的效果较差。

2. 有机硫化合物　在杀菌剂由无机物向有机化合物的转变过程中,有机硫杀菌剂是非常重要的一类药剂;也是取代铜、汞杀菌剂中比较成功的一类化合物。主要品种都属于二硫代氨基甲酸盐及其衍生物;分为福美系和代森系两大类。具体品种有数十个,常用的只有十几种。它们一般都具有高效、低毒、药害少、杀菌谱广等优点,但是在70年代前后,也出现了慢性毒性问题。因为发现其代谢产物中的乙撑硫脲(ETU),动物试验有致癌作用。经过几年的深入研究,一般意见认为致癌危险性并不大。虽然如此,其使用仍然受到了影响。

(1)福美系　一般二硫代氨基甲酸的衍生物都可以用下列通式代表。

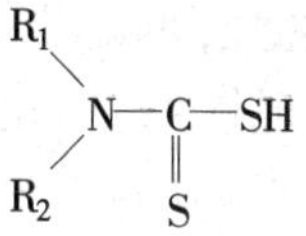

R_1 和 R_2 代表烃基，– *SH* 基的氢可被多种金属取代形成各种盐，R_1 和 R_2 如果是甲基，即为二甲基二硫代氨基甲酸盐，这类杀菌剂均属于福美系。实验证明 R_1 和 R_2 碳原子数目如果加大亲油性加强，渗透力虽增大，但稳定性差，生物活性变小，所以实用的这类杀菌剂多为较小的甲基。

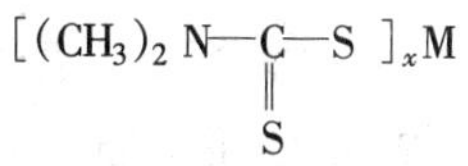

例如下式中

$X = 2$，M = Zn，名为福美锌(Ziram)；

$X = 3$，M = Fe，名为福美铁(Ferbam)；

$X = 1$，M = NH_4，名为福美铵(Dimethylambam)；

$X = 2$，M = Ni，名为福美镍；

$X = 2$，M = $AsCH_3$，名为福美甲胂 Urbacide)；

$X = 3$，M = As，名为福美胂（Asomate).

如果二分子二甲基二硫代氨基甲酸氧化，则形成氧化物，称为福美双(TMTD，tetramethylthiuramdisulfide)。

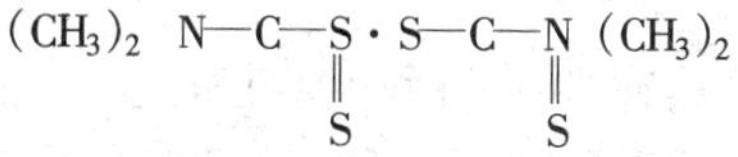

福美铁、福美锌等均为固体粉末，难溶于水；在高温、日光、湿气下不稳定易分解。一般加工成 50% ~ 65%的可湿性粉剂，用于防治多种蔬菜，果树的霜霉病和炭疽病，以及小麦锈病、赤霉病等，但对白粉病效果不好。由于水稻白叶枯病的为害愈来愈严重，寻找有效的防治药剂就成了杀菌剂研究中的重要课题。日本三笠化学工业株式会社开发出的福美镍，对此病害有一定效果。福美镍为淡绿色粉末，不溶于水，比较稳定不易分解，因此残效期也较长。

福美双的化学名称为四甲基二硫代双甲硫羰酰胺(TMTD)，本为橡胶硫化促进剂，本世纪 30 年代，美国将其用于种子处理和土壤消毒剂；加工成高浓度(42% ~ 48%)的可湿性粉或拌种剂，可防治多种种传病害，并对土传病害有效；可湿性粉剂加水成悬浮液喷雾用于防治多种作物的霜霉病。为了扩大防病范围，提高效果，降低成本，将福美双与其它多种内吸杀菌剂制成混配制剂，实践证明这是很有发展前途的加工制剂形式，混配的组成多种多样，因此这类商品很多，必要时可参考有关手册。

(2)代森系　代森系杀菌剂的通式可如下表示：

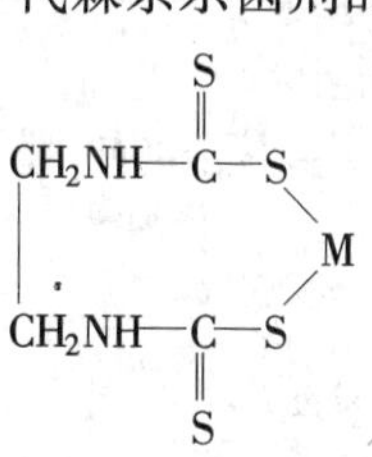

主要品种有：

M = Zn 代森锌(Zineb)；

M = Mn 代森锰(maneb)；

M = $2NH_4$ 代森铵(Amobam)；

M = Mn(Zn)代森锰锌(Mancozeb)；

M = Na 代森钠(Nabbm)

最早使用的是美国杜邦公司开发的代森钠，它易溶于水、易分解，残效短，对植物的药害大；后来发现使用时加入硫酸锌，可以克服上述缺点。钠盐当加入硫酸锌时即形成代森锌，此后即直接使用代森锌，代森钠不再使用。

代森锌为灰白色或淡黄色粉末，水溶性小，但易吸潮，在光、热、湿条件下不稳定，易分解放

出 CS_2,产生乙撑硫脲(ETU),故不易久贮存;如果改进包装使产品密闭不透光,可减少分解。代森锌除可加工成低浓度粉剂(现已不用)外,主要是加工成高浓度的可湿性粉剂(65% ~ 80%)。由于代森锌杀菌谱很广,因此喷雾可用于防治麦类、水稻、果树、疏菜及其它多种经济作物的多种病害;使用十分广泛,是取代铜制剂的较好品种。

由于代森锌易分解不易贮存,以后又出现了代森锰;这一药剂的稳定性比代森锌好,在一般条件下贮存稳定,杀菌效果和用途与代森锌同。在此基础上又开发出代森锰锌,其用途和性质均与上述代森系药剂大同小异。近几年代森锰锌多与内吸杀菌剂混配制成复配制剂,以提高药效和克服抗药性发展。

1960 年美国 Roberststs 公司推出了代森铵,这是一个极易溶于水的代森系药剂,一般商品为 40% ~ 50% 水溶液,我国也曾大量生产和推广使用。这种药剂的一大特点是喷洒后在叶片或果实上不残留有药迹,所以号称无污染性代森系药剂(Dithane stainless)。代森铵虽易溶于水,但化学性质却相对稳定,能渗入植物表皮内部。杀菌力强、药效高,不仅可用于喷布,也可用于种子处理和土壤消毒。但在用于生长期作物时仍然有发生药害的危险,使用时稀释倍数注意不能低于 1 000 倍。

代森系杀菌剂品种不少,虽然在加工剂型上和使用上小有差异,但它们都有广泛的杀菌谱,优良的保护效果。缺点是多不耐贮存,至于这类药剂的慢性毒性问题,已有广泛深入的研究,一般认为只要正确使用,不会有残毒危害。

代森系杀菌剂仍在发展,例如异丙镍(propikel),据说对水稻白叶枯病有较好的效果,而且药害小。

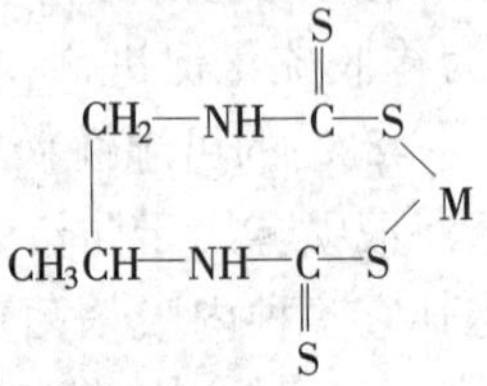

M = Ni 为异丙镍

M = Zn 为异丙锌

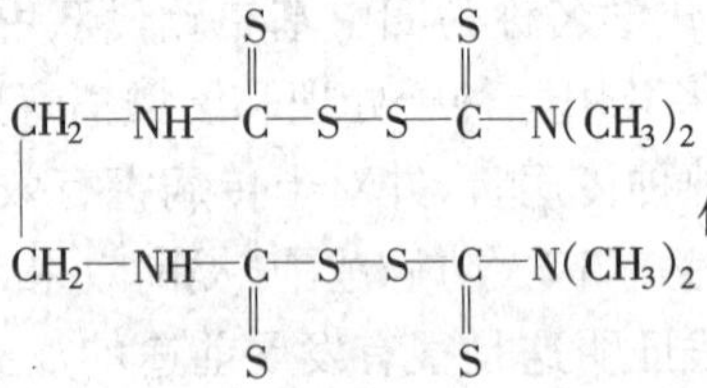

代森福美

此外还有异丙锌(Antracol)、代森福美(Aateck)等。前者抗雨水冲刷能力好,适用于防治水稻、果树病害;后者适用于蔬菜、瓜类和果树病害。

3. 三氯甲硫基类杀菌剂　这类杀菌剂均含有 $-SCCl_3$ 基,主要品种有:

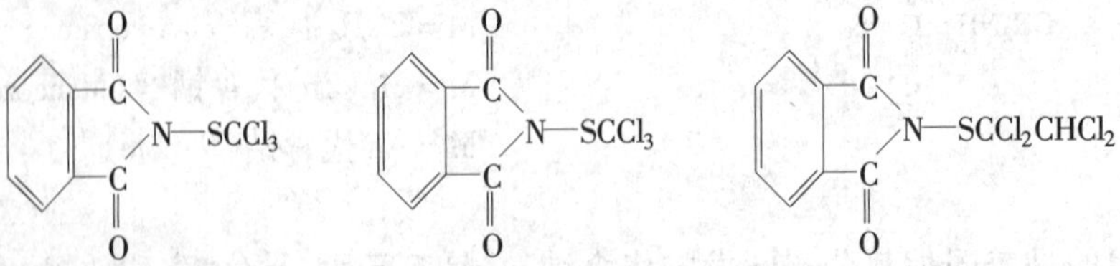

灭菌丹(folpet)　　克菌丹(captan)　　敌菌丹(captafol)

以上三种药剂在国外均为大吨位生产品种,用途十分广泛,它们都可以看作是苯二甲酰亚胺的衍生物;也有人把它们归于有机硫杀菌剂,过于简单化,似欠妥当。我国根据具体情况,主要生产灭菌丹,作为铜、汞代用品使用。对多种果树、蔬菜病害,保护效果好而少药害。有报道说适当使用对植物的生长还有刺激作用。对铜剂敏感的作物。例如白菜、桃、李等尤其适用。

4. 取代苯类杀菌剂　这类杀菌剂包括的品种较多,各有其不同的特点和用途。现只能对一些主要品种加以介绍。

(1)五氯硝基苯和六氯代苯

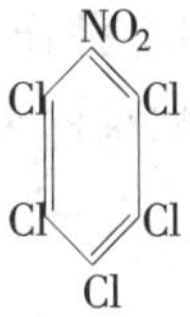

五氯硝基苯

六氯代苯

以上两化合物均为固体，特点是化学性质比较稳定，对酸、碱、光都比较稳定不易分解，并且挥发性小。因此，多用于土壤杀菌或种子处理防治种传病害，它们一般残效都比较长，对人、畜低毒、对植物安全。五氯硝基苯大鼠口服 LD_{50}为 12 g/mg；用狗和鼠做试验，在饲料中加入万分之一浓度以上的五氯硝基苯，饲养一年，没有出现中毒现象。在一般田间使用条件下，收获物中的残留量仅有 0.1 mg/kg，所以使用是很安全的。但是国外有可能致癌的报道，使这一品种的使用受到很大影响，我国目前已很少应用。

六氯代苯对豚鼠口服 $LD_{50}>3$ g/kg；但对鱼类毒性较大。由于其杀菌谱不广，在使用上受到限制，但它在生产上可以用工业六六六提纯后的无毒异构体为原料，产品的成本较低，在混配制剂中也可能有发展前途。

(2) 稻瘟酞（四氯苯酞，Rabcide）　这是日本首先发现的防治稻瘟病的有效药剂，纯品是白色结晶，熔点 209 ~ 210℃；这个化合物比较稳定，在强酸和弱碱中不易分解，对光及热都比较稳定，水中溶解度也很小。由于性质稳定残效期长，因而对其毒性及残留物做了详细的研究；据报道它不但急性毒性小，慢性毒性的试验结果也表现很安全。大鼠口服 $LD_{50}>2$ 000 mg/kg，在慢性毒性试验中，含 2 000 mg/kg 稻瘟酞的饲料，连续饲养白鼠 3 个月，没有发现任何不良影响。

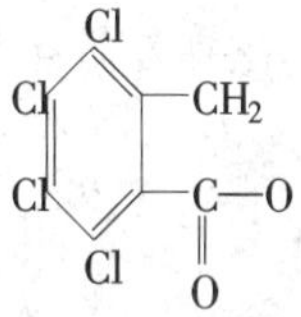

4，5，6，7—四氯苯酞

对鱼类也比较安全，对鲤鱼的 *TLM* 为 135 mg/kg（48 h）；对人眼睛、皮肤也没有任何刺激作用；对植物无药害；对蚕毒性小，因此它是一个非常安全而残效长的稻瘟病防治药剂。加工制剂为 2.5%粉剂和 50%可湿性粉剂。用于防治稻瘟病的特点是喷过药的水稻叶片，虽然有病菌孢子发芽，但附着器大多不能形成或呈畸形，菌丝也不能侵入水稻的细胞。在发病初期或预测发病前期施药，能使水稻不致受稻瘟病危害，对比试验证明效果优于其它常用药剂。

(3) 百菌清（chlorothalonil，Daconil，TPN）　纯品为白色结晶，熔点 250 ~ 521℃，难溶于水，溶于有机溶剂；化学性质很稳定，在酸性和碱性条件下均不易分解，对光和热也比较稳定。它的毒性很小，小鼠口服 LD_{50} 为 3.7 g/kg，慢性毒性也很小，但对人皮肤有刺激作用，对蚕安全，但对鱼类的毒性稍

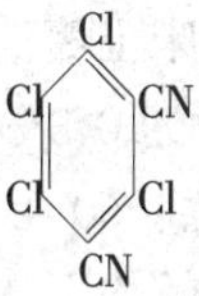

2，4，5，6—四氯—1，3—二氰苯

大。鲤鱼 *TLM* 为 0.11 mg/kg（48 h）。一般加工成 75%可湿性粉剂。

百菌清是广谱性杀菌剂，尤其对蔬菜的大部分病害都有良好防治效果，而且残效期长，对蔬菜安全无害。例如：75%呆湿性粉加水稀释 600～800 倍，可以有效地防治瓜类霜霉病、白粉病、灰霉病、炭疽病等；番茄晚疫病 、轮纹病、叶霉病 ；白菜霜霉病 、黑斑病、白斑病以及茄子的灰霉病和黑枯病等等。一种药剂能同时防治黄瓜霜霉病和白粉病，这在实际使用时很受欢迎。此外，百菌清还能有效的防治果树和特种作物的多种病害，例如苹果黑星病、白粉病、黑点病、早期落叶病等，茶的炭疽病、甜菜褐斑病等。

（4）稻丰宁、稻瘟醇及稻瘟清

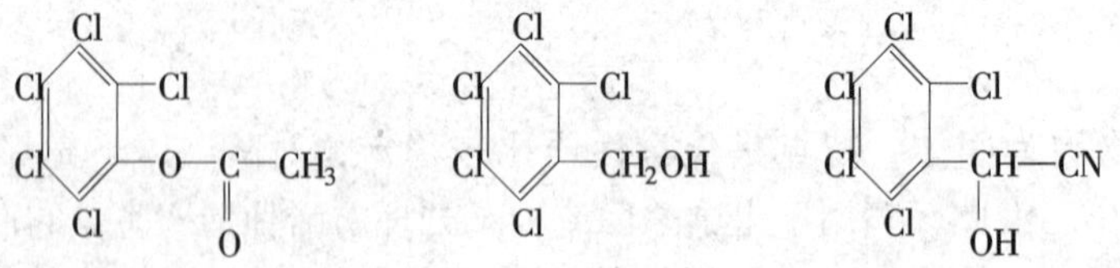

稻丰宁（Rabeon，CPA）　　稻瘟醇（Blastin，PCBA）　　稻瘟清（Oryzone，PCMN）

以上三种药剂都在五氯 酚基础上发展起来的防治稻瘟病的药剂，但是除稻丰宁外，都有“二次药害”问题，目前在日本已经停止生产和使用。虽然如此，“二次药害”问题却应该加以说明，以吸取教训。所谓“二次药害”是 1968 年发生的震动日本全国的事件。1965 年稻瘟醇研制成功后，当时曾作为有机汞剂的代用品防治稻瘟病而大量推广使用，由于它的急性毒性很低，对水稻稻瘟病有优良的防治效果而无药害，故很受欢迎。后来发现凡是施用过稻瘟醇的稻草，作为堆肥发酵过程中，被微生物分解产生对植物有严重药害的三氯苯甲酸和四氯苯甲酸。使用这种肥料致使水稻、蔬菜、瓜类、豆类、烟草、花卉发等生发药害；植株畸形或幼苗枯死，造成了“二次药害”。

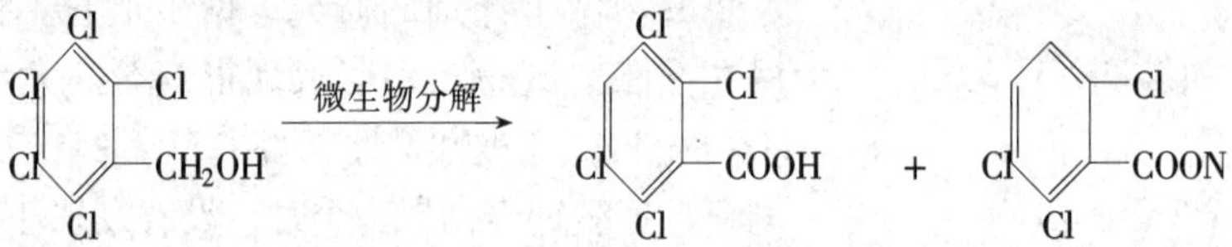

此种氯代苯甲酸化学性质稳定，在土壤中可存在两年以上，在此期间内农作物不能正常生长，因此影响很大。稻瘟清因化学结构类似，也有二次药害问题，因此也停止生产和使用。稻丰宁虽然没有发现二次药害问题，但由于容易分解，残效很短，预防发病的作用较小；尤其在稻瘟病多发的条件下，防治效果不理想，所以目前也已被淘汰。

5. 醌类杀菌剂　这类杀菌剂主要品种有四氯对醌、二氯萘醌以及后来受到重视的菲醌。

四氯对醌是最早使用的醌类杀菌剂，主要用于种子处理和苗床土壤消毒，尤其用于蔬菜种子处理，防治种子腐烂和苗立枯病。50%粉剂拌种用量为种子的 0.3%左右；50%可湿性粉剂也可加水喷雾使用，但对一些作物可能产生药害，必须注意。60 年代中期又出现了二氯萘醌，用途和用法大同小异；但是二种药剂用于种子处理，药效均不如有机汞制剂，因此用量都不很大。

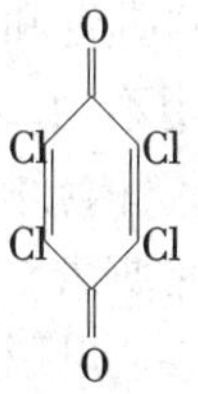

四氯对醌

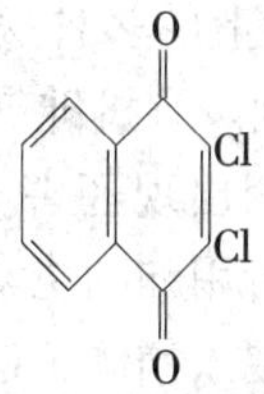

二氯萘醌

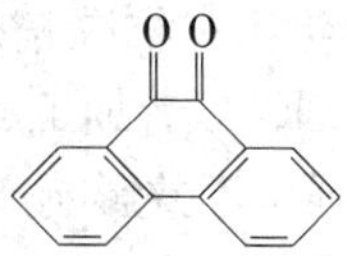

菲醌

自从有机汞剂被限用或禁用后，寻找代用品一时成为主要研究课题。在种子处理剂方面，一些老品种又重新被提出来，进行进一步的试验，菲醌就是比较重要的一个。菲醌是1959～1960年前后当时的苏联经过室内、田间试验而被肯定药效的；我国为了取代有机汞种子处理剂，也曾广泛进行药效试验，证明用于禾谷类种子处理与有机汞剂效果不相上下。例如：30%粉剂拌种，用量为种子重量的0.2%～0.3%，防治小麦、大麦、青稞、燕麦、高粱等黑穗病、谷子白发病，效果还优于有机汞制剂；种子重量的0.5%拌种防治棉苗病害，也有优良防治效果；甚至喷雾防治穗茎稻瘟病效果也很显著，不过各地试验结果还不够稳定。影响菲醌普遍推广使用的最大问题是成本较高，此点无法与有机汞相比，如果不能改进制造方法降低成本，很难大面积推广。

6. 有机砷和有机锡杀菌剂　有机砷和有机锡杀菌剂开始实际应用于50年代中期，日本首先发现了对水稻纹枯病有优良防治效果的甲基胂酸化合物，由于纹枯病逐年扩大而日趋严重，有机砷药剂的用量和品种也不断增多。由于有机砷存在有残毒的可能，因此，努力寻找药效更高而且低毒、低残留的代用品种。例如，农用抗生素井冈霉素的出现，并大量用于水稻纹枯病的防治，使有机砷杀菌剂的用量逐渐减少。在使用上必须严格控制施药时期和用量，以保证收获物中的残留不超过标准，也可避免药害的产生。

有机锡杀菌剂也是50年代中期发展的一类药剂，至60年代初期开始实际应用；由于这类药剂品种不多，使用面不广，始终在杀菌剂中占的比重不大，目前这类药剂的若干品种，除特定用途外（例如木材防腐），多与其它药剂混配以扩大用途。

（1）有机砷化合物　大体分为两种类型，即三价有机砷和五价有机砷化合物。前者如甲基硫化胂，福美甲胂、后者如甲基胂酸锌（稻脚青）、甲基胂酸铁铵（田安）。

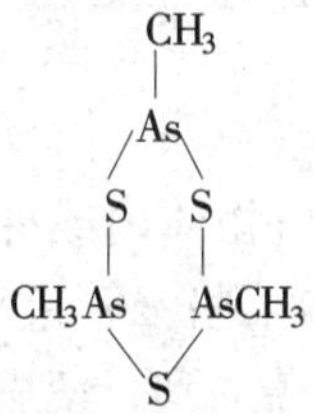

甲基硫化胂

（苏化911，Azozine）

$$[(CH_3)_2N-\overset{\overset{S}{\|}}{C}-S]_2AsCH_3$$

福美甲胂（Urbacide）

$$[(CH_3)_2N-\overset{\overset{S}{\|}}{C}-S]_3As$$

福美胂（Asomate）

$$[(CH_3)-\overset{\overset{O}{\|}}{As}-O]_2M$$

M = Ca 为甲基胂酸钙（苏农6410，稻宁）；

M = Zn 为甲基胂酸锌（稻脚青）；

M = $FeNH_4$为甲基胂酸铁铵（田安）。

无论三价砷和五价砷化合物，其生物活性相差不大，对水稻纹枯病有效的大多含有 $CH_3-As=$基团，极易侵入菌体内，三价砷直接与呼吸酶中的－SH基结合，使其失去活性；而五价砷在菌体内部分还原为三价砷起作用，部分仍为五价砷起作用。喷于植物上均能强烈抑制发病，主要用途为防治水稻纹枯病和葡萄上的多种病害，以稻脚青和田安用的较多；前者加工成20%可湿性粉剂，后者加工成5%水剂。有机砷剂如果使用不当，易产生药害，前期药害形成叶斑，管理加强可不致影响产量；穗期出现药害，易出现空穗影响产量；尤其在高温、缺氮、钾肥时，影响产量更为严重。我国学者用砷同位素标记的稻脚青，研究在水稻体内的运转表明，它能为水稻根部吸收，也能自叶部侵入稻体，运转集中在心叶、穗部等处，但这种运转速度极慢，因此对施药的时期和用量必须严格控制，否则将有较多残留在稻米之内。田安较稻脚青药效要好，对水稻也比较安全，残效较长。但加工品为低浓度水剂，在包装运输、贮存使用上不如稻脚青方便。

另一用量较大的有机砷杀菌剂是一种混配制剂。商品名为退菌特（Tuzset）由福美甲胂和福美锌、福美双配合而成，有50%和80%二种可湿性粉剂。两种加工品均含有一半的福美双，另一半为福美甲胂和福美锌等量混合，这种加工品扩大了应用范围，减少了有机砷的含量，药效还有所提高，不仅对水稻纹枯病有效，而且可防治多种果树病害、苗木立枯病和小麦白粉病。

(2) 有机锡化合物，第一个实际应用的有机锡是三丁基氧化锡丁蜗锡，主要用于木材防腐；1954年以后出现了三苯基锡化合物，开始用于农作物病害的防治，有机锡杀菌剂主要是两类，即三丁基锡化合物和三苯基锡化合物。

$[(C_4H_9)_3Sn]_2O$

丁蜗锡

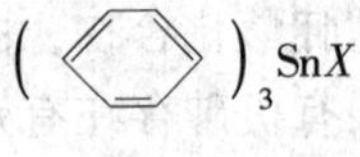

$X = CH_3COO^-$　三苯基醋酸锡；

$X = Cl^-$　三苯基氯化锡；

$X = OH^-$　三苯基氢氧化锡。

其中比较著名的品种是三苯基醋酸锡，商品名薯瘟锡（Brestsn，fentin scetste）这是1954年由德Hoechst公司开发的，据称它可有效地防治甜菜褐斑病、马铃薯晚疫病、大豆及蔬菜的多种病害，与多菌灵合用对稻瘟病等一些真菌病害也有效。

三苯基化合物蒸气压小，对紫外线稳定，残效长，对植物也较三丁基化合物安全；不过也有报道认为有慢性毒性问题，一时还不能下结论，但已影响了它的使用前途。这一品种在我国从未大量推广。

第二节　内吸性杀菌剂

内吸性杀菌剂是60年代后半期才发展起来的，因为内吸剂能渗透到植物体内或种子胚内，并且可传导至未施药部位，因此有保护性杀菌剂达不到的效果；例如某些维管束病害，保护剂难于起作用，而内吸剂可以防治。以往喷布保护剂时必须强调的覆盖周到，使用内吸剂时也可加以改善，一些强内吸剂还可不必广泛喷布；例如异稻瘟净颗粒剂可直接撒于水稻田水面，药剂通过根部吸收进入植物体内，这种施药方法的改进大大节省了劳力，提高了工效；同时还可以不受雨水冲刷的影响。内吸杀菌剂的出现及发展，确实使植物病害化学防治的面貌大为改观。近些年各种不同化学结构、不同性能的内吸剂虽然发展很快，但病菌的抗药性问题也明显地加重，成为生产上必须重视的大问题。

1. 有机磷杀菌剂　最初的有机磷剂主要是为了取代有机汞剂防治稻瘟病而开始的。

1965 年日本首先开发出稻瘟净，对稻瘟病有良好防治效果，毒性较低，具保护和治疗的双重作用；而且对飞虱，叶蝉等害虫也有效，但是推广使用不久，就出现异嗅米问题；即施用过稻瘟净的水稻，收获后在大米中有特殊嗅味，严重影响稻米质量，日本政府不得不下令停止生产和作用。随后的研究证明，原来怀疑是稻瘟净分解产生硫醇而发生嗅味是不正确的，异嗅与稻瘟净本身无关。以后又开发出异稻瘟净，毒性比稻瘟净还低，效果更好。稻瘟净在日本被异稻瘟净所取代。

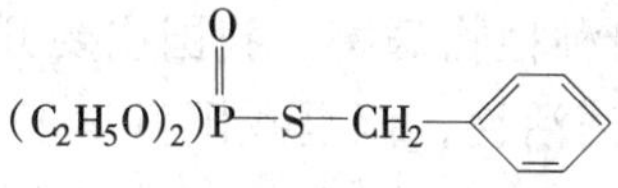

稻瘟净（Kitazine，EBP）

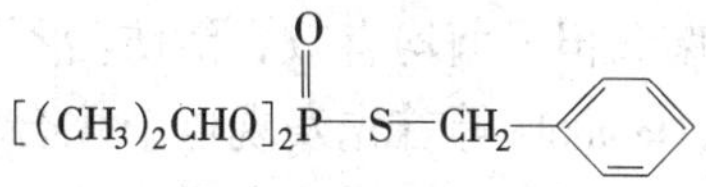

异稻瘟净（Kitazine P，IBP）

我国在 1970 年禁止使用有机汞喷粉防治稻瘟病后，急于寻求代用品种；1972 年大力发展了稻瘟净，产量一时达到了全部杀菌剂产量的一半左右，成为杀菌剂中突出的大品种。由于稻瘟净的防效并不理想，部分地区也反映有异嗅米问题，造成产量大量积压，不得不压缩产量，同时寻找其它出路。经试验与有机磷杀虫剂马拉硫磷、乐果等合用，可以提高杀虫效果，但同时也提高了对人畜的毒性。其它类似的有机磷稻瘟病防治剂还有多种，化学结构如下。

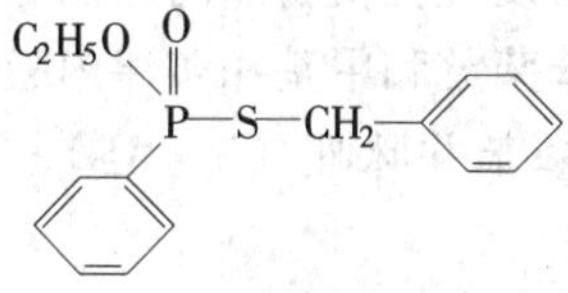

乙苯稻瘟净（Inezine，ESPB）

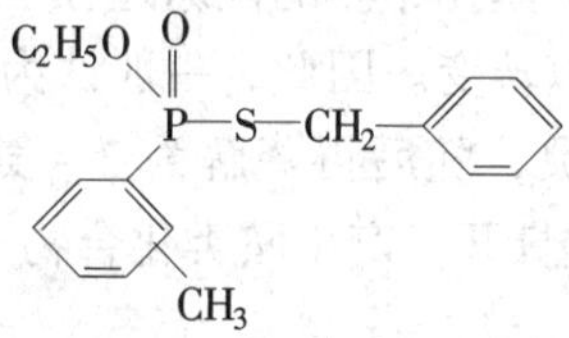

乙苯稻瘟净 – T（Inezine – T）

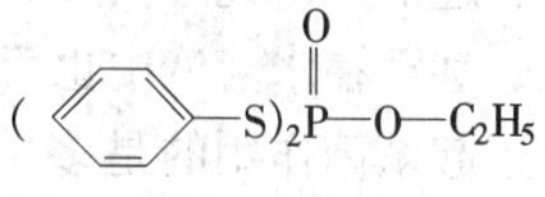

敌瘟磷（克瘟散，Hinozan，EDDP）

上述几种药剂化学结构大同小异，防治稻瘟病的效果也差不多，共同的特点是高效低毒、低残留，对稻瘟病有预防和治疗作用，并能兼治其它水稻病害。尤其是克瘟散，在我国的用量较多，药效高于稻瘟净，比其它有机磷剂保产效果显著，对水稻纹枯病、小粒菌核病、胡麻叶斑病以及飞虱、叶蝉均有兼治作用。国外曾有报道还有兼治稻螟的作用，是一种病虫兼治的优良有机磷剂，近几年国外新出现的有机磷杀菌剂以下两个品种颇值得注意。

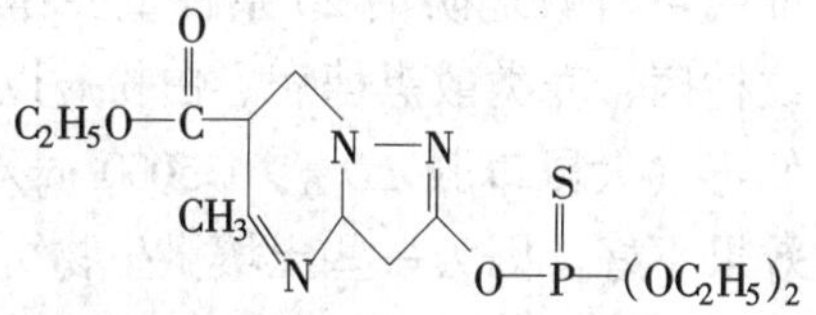

吡嘧磷（Alugan）

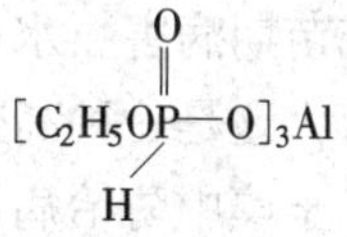

乙膦铝（Aliette）

吡嘧磷是德 Hoechst 公司开发的品种，对多种作物的白粉病有较好的内吸杀菌效果，对、人、畜低毒，内吸传导有极强的向顶性；但化学结构较复杂合成不容易。乙膦铝 1978 年由法国 Rhone – poulene 公司首先开发。化学结构较复杂，合成容易；这一药剂对藻菌病害有优良的防治效果，而且还能防治白粉病。它的内吸输导作用可以自下而上，也可以自上而下，这就克服了以往内吸杀菌剂的两大主要缺点，我国很快投入了生产，药效试验证明对黄瓜霜霉病、白菜霜霉病以及其它多种疫病菌所致病害都有良好防效。由于对哺乳动物毒性很小，大鼠口服 LD_{50}为 5 800 mg/kg，因此在蔬菜上使用颇有前途，不过须要密切注意抗药性病菌的发展。

2. 苯并咪唑类　1966 年美国首先开发出苯菌灵（benomyl）商品名苯来特（Benlat）；这是一类苯并咪唑衍生物的杀菌剂；除苯菌灵外还有噻菌灵（涕必灵，thiabendazole）、多菌灵（carbendazim，MBC）、麦穗宁（fuberidazole）等。它们的杀菌谱广，例如苯菌灵对所有半知菌类、部分子囊菌和担子菌均有效，能防治不下 40 余种植物病害。我国主要开发的品种是多菌灵，虽然 H. Hapmple 等首先发现这个化合物的杀菌活性，但是我国科学工作者在 70 年代初做了大量的试验，率先开发成商品，随后德国 Hoechst 公司也以“Derosal”的商品名面市。

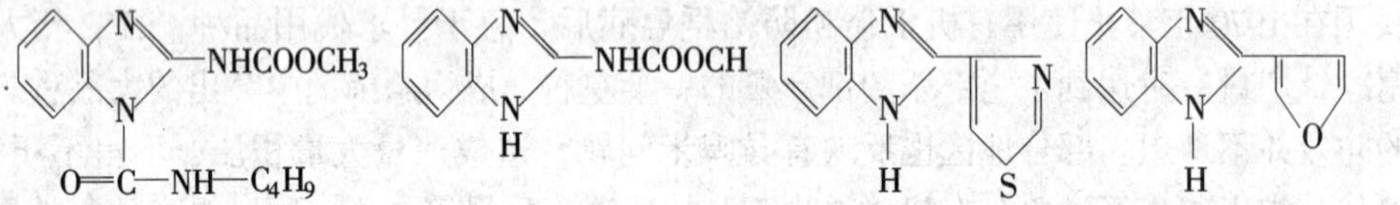

苯菌灵（benomyl）　多菌灵（carbendazim）　噻菌灵（thiabendazole）　麦穗宁（fuberidazole）

十分有趣的是研究苯菌灵和甲基托布津的代谢过程中，发现在植物体内它们都容易转化成多菌灵，甚至在水溶液中也可以转变。因此，一般认为苯菌灵和甲基托布津内吸进入植物体后，真正起杀菌作用的是多菌灵，随后再降解为 2 – 氨基苯并咪唑（2 – AB）、苯并咪唑（BZ）而失去活性，最后咪唑环被打开，产生胺类化合物。

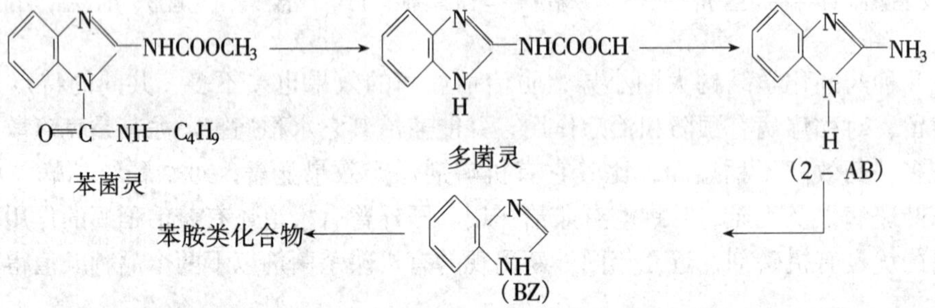

多菌灵在我国各地进行了许多试验，证明可有效地防治 20 余种重要作物病害。例如小麦赤霉病、棉花苗期病害、水稻稻瘟病、纹枯病、麦类散黑穗病、白粉病以及多种果树、蔬菜病害。一致认为这是一种高效、广谱、低毒（大鼠口服 $LD_{50} > 1\ 5000$ mg/kg）的内吸杀菌剂。但是当施于土壤中防治病害时，有时效果不好。因为一些土壤微生物可以很快分解多菌灵为 2 – AB，最后可分解为 CO_2，所以多菌灵施于土壤药效常不稳定。例如室内试验多菌灵对棉花黄、枯萎病有良好效果，但田间应用效果并不好，其中原因比较复杂。

多菌灵既然是苯菌灵的活化代谢物，苯菌灵本身是否不起杀菌作用，对此问题曾进行不少研究，总的看来苯菌灵仍然有其自身的生物活性。而且在植物内外代谢成多菌灵的快慢，可因具体条件不同而有很大差别，所以实际使用时，苯菌灵的防病效果并不与多菌灵相等，在一些病害的防治上效果优于多菌灵。有人认为在化学结构上苯菌灵多一个丁基甲酰胺基团，由于多此亲油性基团，增加了化合物渗透入植物的能力，这个基团还是必要的。但是从合成角度看，多菌灵比苯菌灵在制造上简单一些，合成成本低一些。

两种药剂在实际使用上最突出的问题是容易出现抗药性，一般使用 2~3 年后药效即大幅度下降，我国这方面的反映比较突出；包括托布津类杀菌剂也同样如此，应该注意。目前苯并咪唑类杀菌剂仍在发展，我国也合成了不少类似物，有的比多菌灵内吸性更为优越，例如国内合成的代号“350”，“438”等，日本已商品化的三来特（Sammate）等。

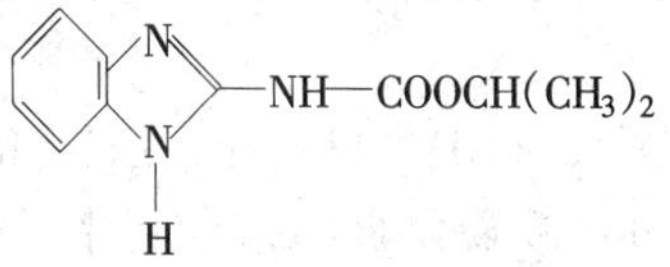

“350”

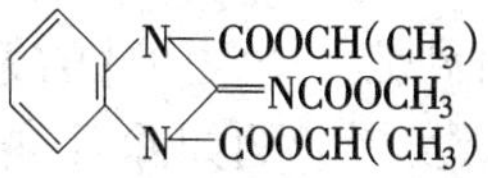

“438”

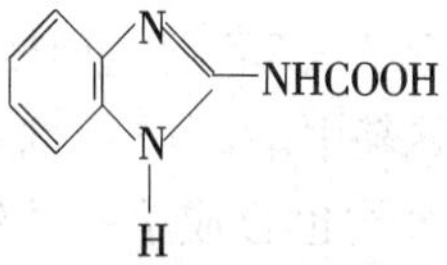

三来特（Sammate）

3. 硫脲基甲酸酯类　这类杀菌剂著名的品种是日本 1969 年开发的托布津（thiophenate）和 1970 年开发的甲基托布津（thiophenate－M），后者使用最多。这两种药剂与苯来特、多菌灵一样都是广谱、高效、低毒的内吸杀菌剂。可广泛用于防治果树、蔬菜及粮棉的白粉病、黑星病、灰霉病、青霉病及一些镰刀菌所致的病害。对水果收获后、贮藏期病害的防治效果尤为突出，容易产生抗药性是其最大的缺点。甲基托布津在化学结构上与苯菌灵并不是一类，但在病害防治上的表现很相似，原因是两者在植物体内均能转化成多菌灵（MBC）而发挥杀菌作用，所以有人把托布津类药剂也归于苯并咪唑类内吸杀菌剂中。

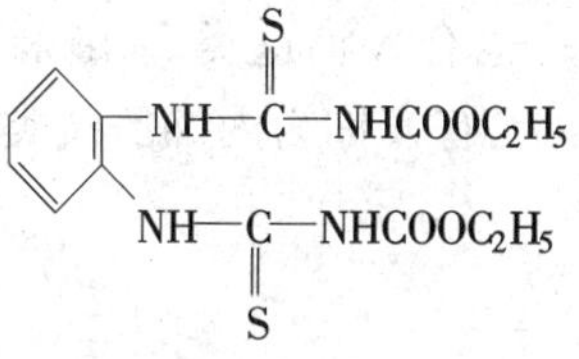

托布津（thiophenate）

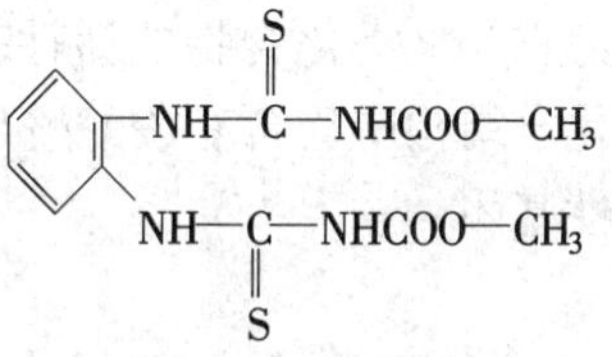

甲基托布津（thiophenate－M）

甲基托布津为不稳定的化合物，它在自然界、动植物体内外以及土壤中均能转化成多菌灵；这种转化可分为非生物代谢的转化和在生物体内的代谢转化两种情况。甲基托布津和托布津在紫外线照射下容易转化成多菌灵，例如甲基托布津水溶液（25 mg/kg，因水溶性小）在室温下，紫外线照射 18 h 后，即可有 55% 转化成多菌灵，并随照射时间的延长而增加。在室外阳光照射下（24 h）60% 转化，黑暗条件下或固体原药则很少转化。

由甲基托布津转变成多菌灵须要进行“关环”反应，这种反应需要一定的能量才能进行。甲基托布津吸收了能量高的紫外线后，激发了分子中的电子，从而发生降解、关环等反应以释放能量；在生物体内进行同样转化时，可能是酶的作用，但这一点还缺少试验证明。在动、植物体内的代谢产物十分复杂。这种形成多菌灵的转化，对托布津类内吸杀菌剂的菌活性十分重要，当甲基托布津施于作物表面时，通过非生物转化生成部分多菌灵，因此能有效地起保护杀菌剂作用，而多菌灵的内吸治疗作用不如甲基托布津，所以仍有部分甲基托布津进入植物体内，在体内转化成多菌灵发挥内吸治疗作用。事实证明多菌灵渗入植物的能力

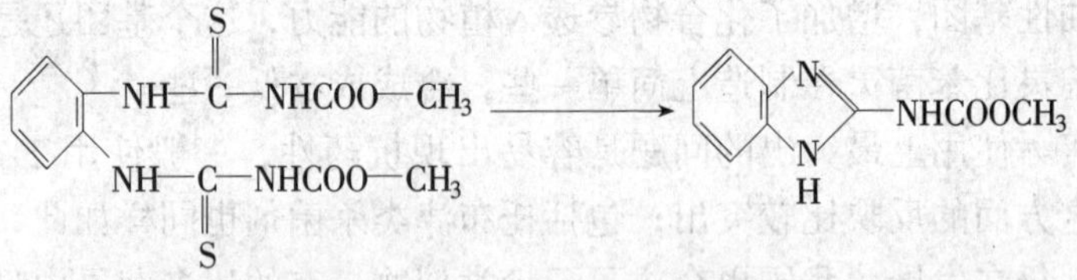

甲基托布津　　　　多菌灵（MBC）

不如托布津，而托布津的苯环上 1，4 和 1，3 基的同系物并不表现有杀菌活性，这就进一步证明进行“关环”反应形成多菌灵是其杀菌活性的关键。

硫脲基甲酸酯类药剂又有新发展，例如除日本的伐菌灵（NF－48）外，法国 Rhone－poulene 公司也合成了一系列化合物，其特点是把托布津和有机磷化合物结合起来，发现一些化合物对真菌和细菌都有较好效果，其中如 R－2891 很有发展前途。在伐菌灵的 $-NH_2$ 基上连接各种酰基的研究工作中，也已合成有上百个化合物；这类化合物还会有很大发展。

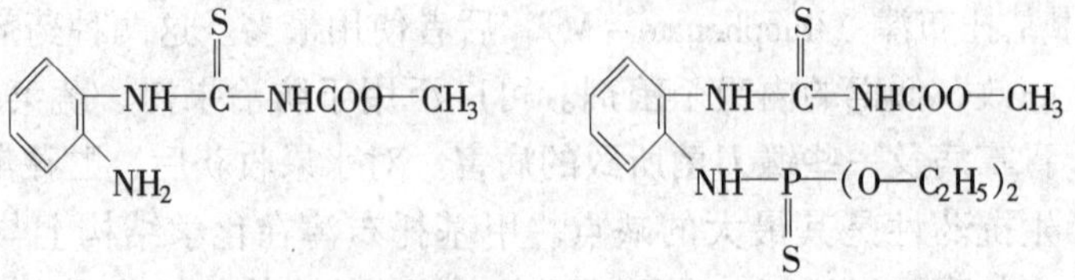

伐菌灵（NF－48，thiophamine）　　　　R－28921

4. 丁烯酰胺衍生物　这类化合物的种类繁多，性质各异，但在化学结构中都含有丁烯酰胺基，一般认为它是这类化合物的活性基本结构；也有人将这类 杀菌剂称为取代羧酸酰替苯胺基；因为化学结构中均含有羧酸酰替苯胺基；也有人称为丙烯酰胺类。因为，丙烯酰胺才是真正的活性基团。

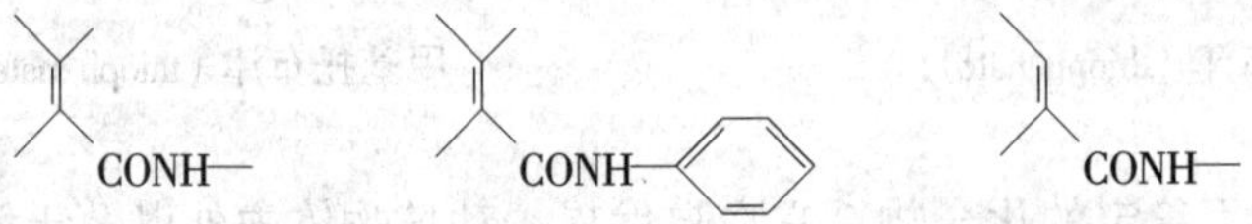

丁烯酰胺基　　　羧酸酰替苯胺基　　　丙烯酰胺基

这类药剂最早的是 1966 年美国开发的萎锈灵和氧化萎锈灵。它们主要对麦类锈病、黑穗病及土壤中的立枯病等有效，是有选择性的内吸杀菌剂；主要用于种子处理，萎锈灵作叶面喷布使用，效果不如氧化萎锈灵，原因是萎锈灵在阳光下容易变成无效的亚砜化合物，而氧化萎锈灵对光却比较稳定。

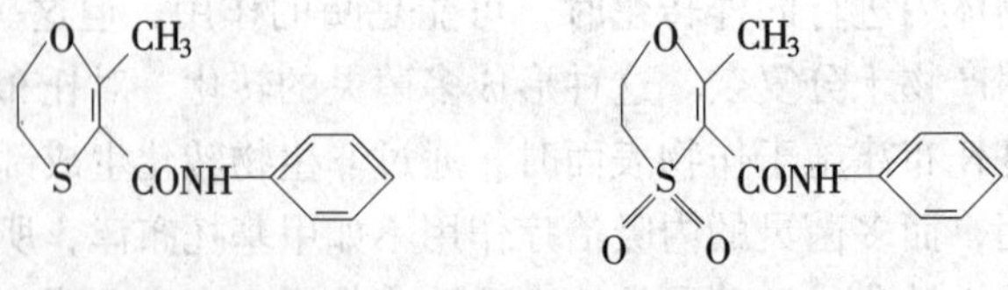

萎锈灵（carboxin）　　　氧化萎锈灵（oxycarboxin）

随后开发的这类化合物还有比锈灵（pyracarbolid）、麦锈灵（benodanil）、邻酰胺（mebenil）等。

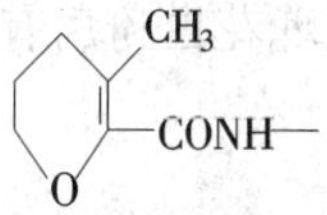

比锈灵（pyracarbolid）

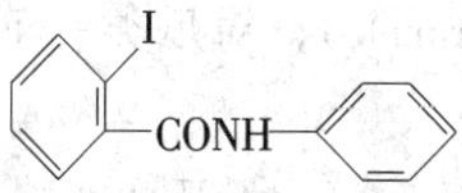

麦锈灵（benodanil）

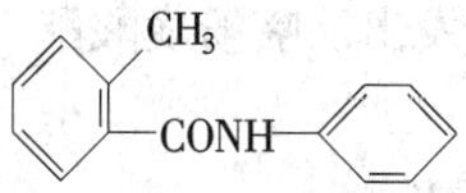

邻酰胺（mebenil）

以上三种杀菌剂对光稳定性好，颇适于作叶面喷布防治麦类锈病。过去认为这类药剂的活性必须具有丁烯酰胺基，也有人认为丙烯酰胺才是活性基础，最近又报道顺式巴豆烯替苯胺（cis－crotonanilide）有防治锈病的效果，而反式巴豆烯替苯胺却无效，如果将分子中的双键变为饱和键则又有生物活性，可见这类分合物结构与生物活性的关系，还须要进一步研究。

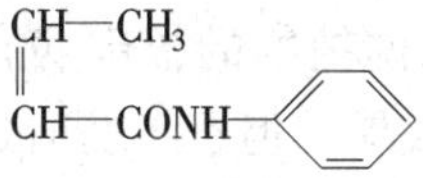

顺式—巴豆烯替苯胺

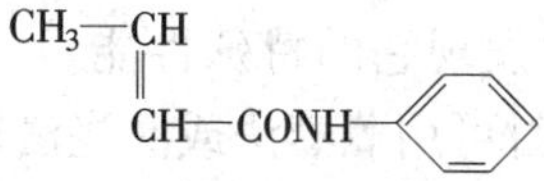

反式—巴豆烯替苯胺

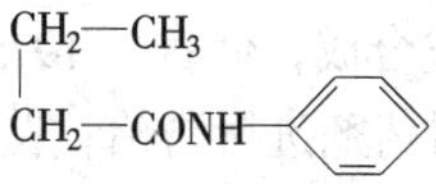

正丁酰替苯胺

5. 多唑类　主要是含三唑环（triazole）和四唑环（tetrazle）的化合物，尤其是三唑环化合物出现了不少优良内吸杀菌剂。比较著名的有叶锈特（RH－124，Indar）和三环唑（EL－291，triclazole）。

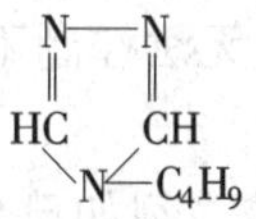

叶锈特（RH—124，Inder）

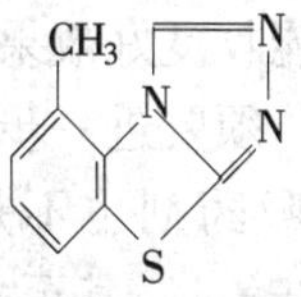

三环唑（EL—291，tricyclazole）

叶锈特是1970年美国首先开发防治锈病的内吸杀菌剂，尤其对小麦叶锈病效果好，内吸活性很高；如土壤中含1 mg/kg时通过根部吸收，即可有100%的防治效果；也可用于叶面喷布。1974年我国合成成功，药效试验证明对小麦叶锈病有特效；叶面喷布1次，用量50 mg/kg亩，防治效果可达95%～99%；拌种防治效果也很显著而且残效超过50天，是一个高效低毒残效长的内吸防锈剂。它选择作用强，对其它作物病害效果不良。

三环唑是美国ELi－Lilly公司开发的品种，主要是用于防治稻瘟病，田间用量很少；如以150 mg/kg浓度喷雾对穗颈瘟即有良好防治效果，而且药效持久。在日本的田间试验得到了很好的效果；我国也曾引进进行过试验，效果不错。

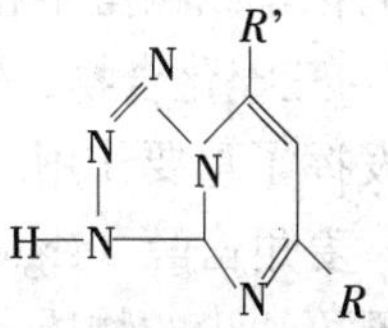

四嘧唑

含四唑环的内吸杀菌剂，例如四唑嘧对土壤中的疫霉属病菌有特效，而且药效持久，一次施用药效可维持50天以上。

6. 嘧啶类和吡啶类　早在1965年就发现嘧啶化合物有杀菌活性，后来英国开发出乙嘧酚（ethirimol，乙嘧灵）和二甲嘧酚（dimlthirimol，甲嘧灵）；这两种药剂可以种子处理或土壤处理方法防治禾谷类白粉病以及瓜类白粉病；也可以叶面喷雾，内吸传导后控制病害发展。最近又开发出乙嘧酚磺酸酯（bupirimate），对瓜类、苹果及玫瑰花白粉病有特效。

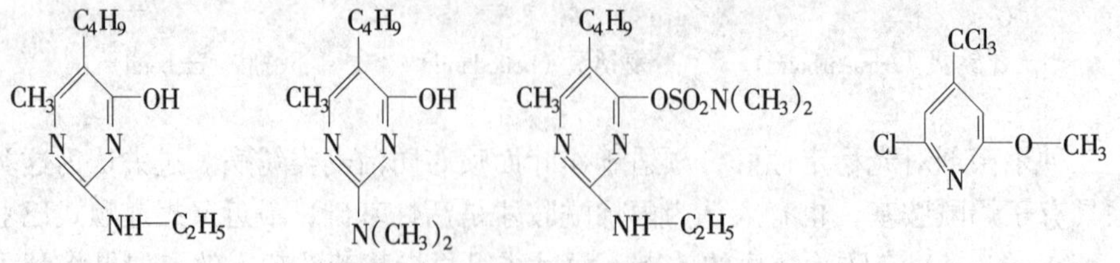

乙嘧酚　二甲嘧酚　乙嘧酚磺酸酯　吡氯灵

含吡啶环的内吸杀菌剂主要讨论十分引人注意的吡氯灵（pyroxychlor），这个化合物早于1966年即被合成，但直到1975年才发现它的特殊性能。一般来说植物的根部病害以及土传病害较难用药剂进行防治，苗床有时可用薰蒸法或灌浇法取得效果，但费工费时成本高，难于在大面积上推广。由于土壤条件复杂，许多药剂都不能有稳定的效果，通过内吸药剂在植株上施药，但大多数内吸剂只是有向顶性（acropetal）传导，不能有效的从上到下传导，即无向基性（basipetal），因此不能达到有效防治的目的。吡氯灵不仅对引起大豆根茎病害的疫霉属病菌有特效，而且内吸治疗的残效长；尤其是它可以由上向下传导，采用叶面喷雾即可控制难治的根部病害和土壤病害。用土壤处理、灌浇、沟施或种子处理等方法均可使药量集中到根部，不致随蒸腾作用向上输导，所以药效特久，但是由于向下传导快，故用喷雾方法防治叶部病害，反而不能收良好效果；尤其是新生叶片更无法控制不受侵染。不过，有报道吡氯灵有慢性毒性问题，须要进一步深入研究。

实际上其它一些内吸药剂也不是绝对不能向下传导，例如已经证明托布津、地茂散（chloroneb）、嗪氨灵（triforine）甚至多菌灵都是可以向下传导的，但是传导作用微弱，使根部不能达到有效的防治浓度，仍然不表现防病效果。如果用示踪原子标记化合物进行试验观察，仍然可见到向基性和向顶性双向传导现象。当然不同作物的情况可以完全不同。几年来对于开发具有向顶性和向基性双向传导作用的杀菌剂，进行了了大量的研究，出现了一些像甲霜灵、乙膦铝等双向传导内吸杀菌剂，但一些难治的根病、茎病仍然缺乏有效药剂，这方面还有待于进一步发掘。

7. 麦角甾醇生物合成抑制剂（EBIS）　近20年来陆续出现一类新型内吸杀菌剂，它们的共同作用机制是对病原菌体内麦角甾醇的生物合成有抑制作用。在已商品化的品种中可看到它们的化学结构虽不相同，但都有一个杂环核心。在生物活性方面出现了药效十分突出的1，2，4-三唑化合物，例如三唑酮，三唑醇等内吸杀菌剂，在防治麦类锈病、白粉病、黑穗病上发挥了重要作用。

（1）麦角甾醇（ergosterol）的生物合成及生理机能　甾醇类化合物是生物维持生命及生长发育不可缺少的物质，不同生物所需要的甾醇化合物不同，真菌和细菌主要是合成麦角甾醇。它是构成细胞膜的主要成分，对细胞膜的渗透性起主要作用。但是对麦角甾醇在生物体内的全部作用还不完全了解，有报道说在某种真菌中，类甾醇也起着激素的作用，但对多数真菌来说是否如此还须进一步研究。

甾醇类化合物是含有环戊烷氢化非骨架的复杂醇类化合物，无论动、植物和微生物合成甾醇类化合物时，必须先合成异戊间二烯单元，六个单元经过氧化、关环等复杂生化反应形成羊毛甾醇，再进一步变成各种甾醇类化合物，这个过程不同生物种间有所不同。微生物体内合成麦角甾醇须要经过一系列甲基化、脱甲基化、双键位移、脱氢及氢化等复杂反应过程，这一系列反应在真菌和细菌中也仍然是有差别的。对合成过程的任何抑制均可使病菌不能生长或死亡。

（2）麦角甾醇生物合成抑制剂　迄今为止，已开发出有实用价值的麦角甾醇抑制剂大约有20多种，除十几个品种用作植物杀菌剂外，另外有7种用于医药上防治人体真菌和细菌疾病。值得注意的是发现这类物质中一些品种还具有植物生长调节剂的生物活性。具有抑制麦角甾醇生物合成代表性的杀菌剂，都是有含氮杂环母体的化合物，化学结构可概括分为6类，分属于非芳族和芳族。

①非芳族杂环类

a. 蒎嗪衍生物，如嗪氨灵（triforine）；

b. 吗啉衍生物，如十二码啉（tridemorph）。

②芳族杂环类

c. 吡啶衍生物，如 buthiobate；

d. 嘧啶衍生物，如氯苯嘧啶醇（fenarimlo）；

e. 咪唑衍生物，如 imazalil，prochloraz；

f. 1，2，4－三唑衍生物，如三唑酮（triadimefon），三唑醇（triadimenol），丙环唑（propiconazole）、多效唑（paclobufrazol）等。

最早出现的是德国BASF公司的十二吗啉，尽管该化合物在商品化方面并未成功，但随后出现的十三吗啉却是谷物种子处理防治白粉病的高效内吸剂。1972年出现了嗪氨灵，由于含非芳族杂环化合物抑菌谱很窄，以后再也未出现蒎嗪类高效内吸杀菌剂。嘧啶和吡啶化合物商品化的品种也不多，日本住友公司开发的 buthiobate（1975）只在日本本国有所使用。美国 Eli－lilly 公司首先开发出嘧菌醇（triarimol）1975年又开发出其类似化合物 nuarimol 和 fenarimol，现均已商品化。

第一个农用咪唑类麦角甾醇合成抑制剂是在发展医用药剂后才出现的，1972年 Janssen 公司研制出 imazalil，对防治果品贮藏期病害有突出效果，对各类种传病害也有优良防治效果。有趣的是德国拜耳厂将咪唑基换以1，2，4－三唑基，首先开发出三唑酮（1973），它对谷物种传病害以及白粉病、锈病表现了突出的效果。1979年以后陆续又开发出三唑醇、以及 biter tanol 等。在这期间英国 ICI 公司，瑞士 Ciba－geigy 也分别开发出 dichlobutrazole 和抑霉唑（etaconazole）等品种，使三唑衍生物成为麦角甾醇生物合成抑制性内吸杀菌剂中最主要的类型。这类杀菌剂在农业上的广泛应用，标志着植物病害化学防治又有了新的进展，因为这类药剂不仅在防效上，而且在亩用量上都十分突出，田间用量以有效成分计一般均只相当于常用保护剂的1/10以下；在落叶果树上的施用量甚至只相当于1/100。使用方法多样，不仅可用于叶面喷雾，还可用于收获后果品处理和谷类种子处理防治重要种传病害，用量每百公斤种子只需30～40 g制剂。由于有较强的向顶性输导特性，种子处理也能有效地防治叶部白粉病。尤其后来开发的丙环唑（propiconazol）等品种表现了更广的杀菌谱，冬小麦用药后一般比对照可增产13%～20%，据德国公布的资料，最低增产7%（1978），最高竟达

29%（1979）。

如前所述，麦角甾醇在真菌和细菌中的合成过程不完全相同，许多研究者证实，菧嗪、嘧啶、咪唑和三唑衍生物大都对羊毛甾醇结构中 14 碳原子上的脱甲基反应有抑制作用，这个反应是由羊毛甾醇合成麦角甾醇过程中的重要反应之一，由细胞色素 P－450 来完成，抑制的结果可使一些麦角素醇的中间产物累积，其中最重要的是最近经过鉴定确认的 14α－甲基麦角甾烷－3，24（28）－二烯－3β，6α－二醇。但是吗啉衍生物的作用点不同，可能 是抑制双键移位中一种还原酶的活性。

多效唑（paclobutrazol）是第一个作为植物生长调节剂用于农业的麦角甾醇合成抑制剂，尤其作为生长抑制剂有着广泛的用途和潜力；这类化合物目前还有几个正在试验的品种，它们 很有可能被开发成为植物生长调节剂而不是杀菌剂，以这种药剂处理的植物全身都起作用，但形态学的改变最大；这种形态学的效应据认为是由于麦角甾醇抑制剂干扰了赤霉素生物合成的结果，因为赤霉素类植物激素主要是调节植物新枝的生长和延伸的。

麦角甾醇生物合成抑制剂的化学结构变化多端，有很大发展潜力，尤其是植物生长调节作用类型的化合物，一般认为潜力更大。

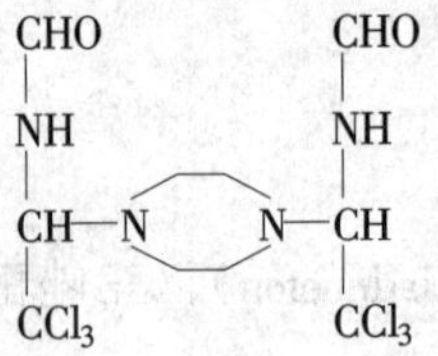

嗪胺灵（trifoxine）

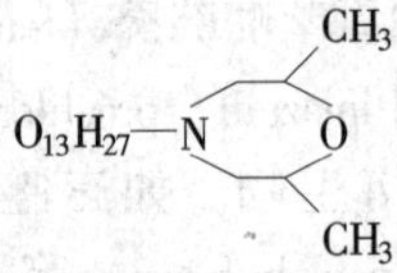

十三吗啉（tridemorph）

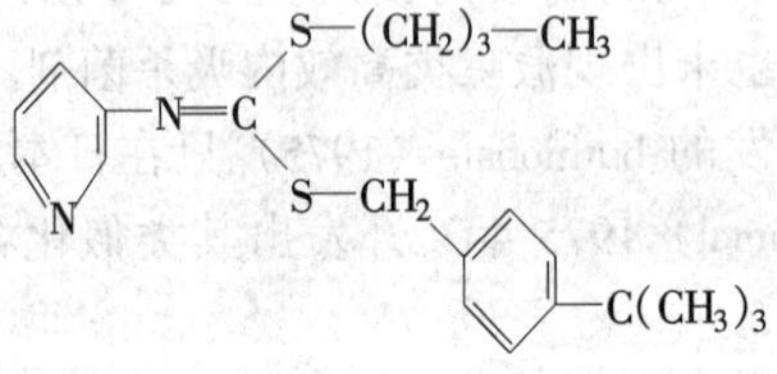

Buthiobate

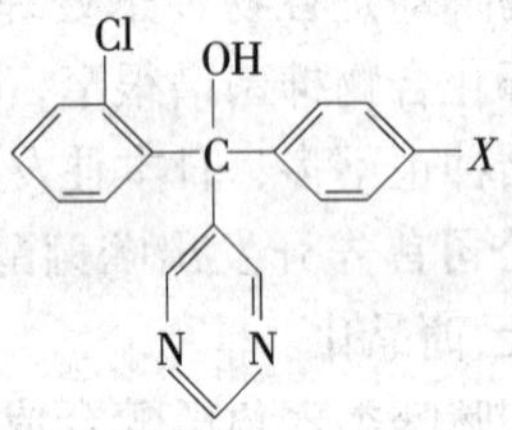

Fenarimol（X = Cl）
Nuarimol（X = F）

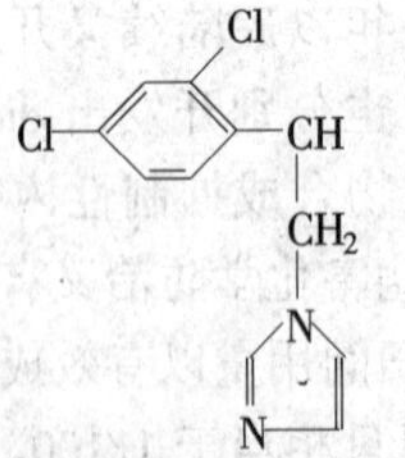

Imazalil

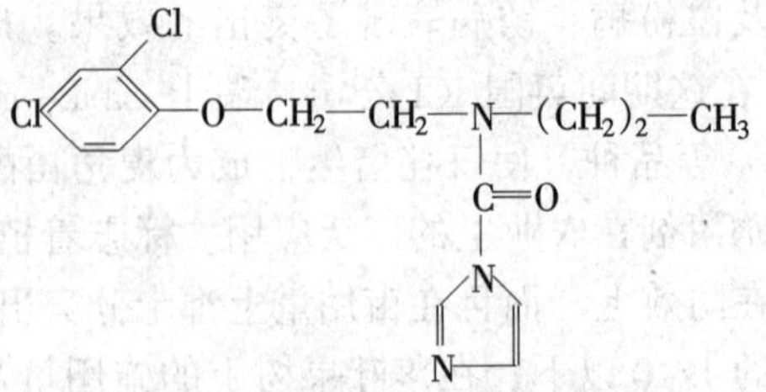

Prochloraz

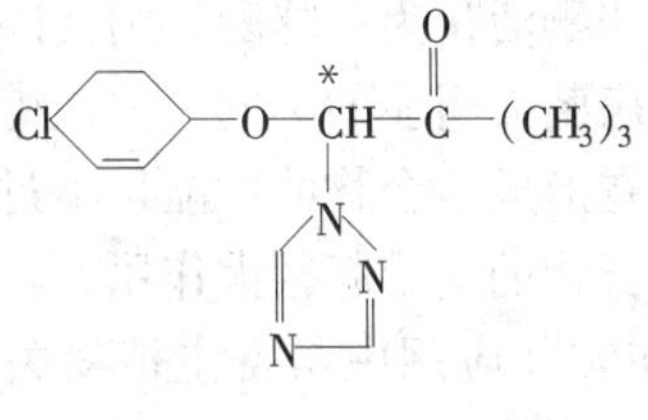

三唑酮（triadimefon）＊手征性碳原子

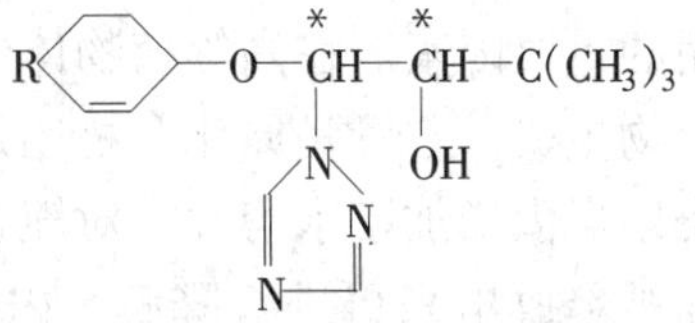

三唑醇（Triadimenol，*R* = Cl）

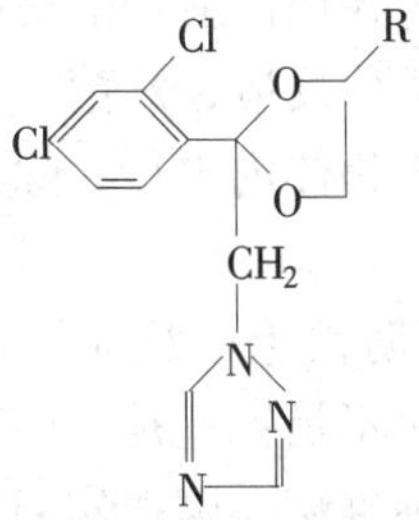

丙环唑（propiconazole）（*R* = 丙基）
抑霉唑（Etaconazole）（*R* = 乙基）

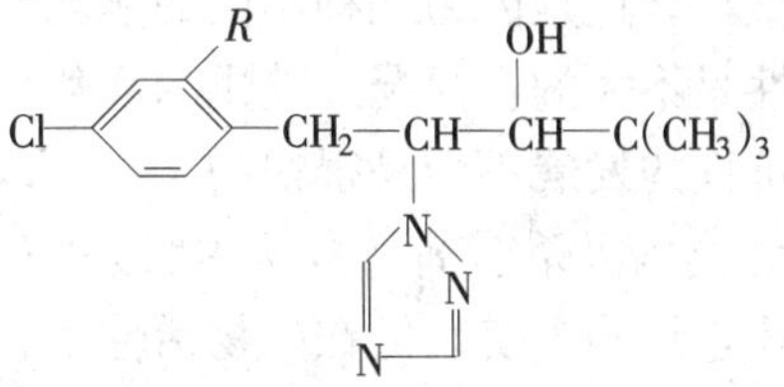

Diclobutrazol（*R* = Cl）
多效唑（paclobutrazol）（*R* = H）

图 7－1　各类麦角甾醇生物合成抑制剂代表品种的化学结构式

（3）三唑酮的代谢与选择杀菌活性　内吸杀菌剂的防治对象及寄主植物体内的代谢，是影响药效和选择性的重要因素，而在一系列的降解变化过程中，第一步反应是决定活性大小的重要步骤。1976 年 Buchenauer 和 Vogeler 都对三唑酮在豆类、大麦及土壤中的代谢进行研究，发现三唑酮可被代谢为三唑醇，并证明后者具有杀菌活性，随即在 1977 年三唑醇也被开发为杀菌剂，后又经多人研究证明在一些真菌中，三唑酮也转变成三唑醇，而三唑酮本身的杀菌活性并不高，因此认为转变后的三唑醇才是发挥高效杀菌作用的化合物。

三唑酮还原为三唑醇后，在分子中多了一个手征性碳原子，因此三唑酮的两个光学立体异构体（R 和 S）分别生成三唑醇的两对对映体（对映体Ⅰ：1R，2S 和 1S，2R；对映体Ⅱ：1R，2R 和 1S，2S）。Gasztonyl（1981）用敏感的瓜枝孢菌（*Cladasporium cucumerinum*）和耐性菌（*Stemphylium radicinum*，*Saccharomyces cerevisisae*）进行试验，敏感菌中三唑酮的还原最易，对映体Ⅰ形成最多，另两种耐性菌则相反。这一结果证明不同的立体异构体活性不同，Ⅰ的两个对映体活性最大，杀菌力最强，但是也有研究结果表明三唑酮还原成三唑醇这种活化代谢并不是表现毒力的唯一因素。参与活化反应的酶系目前还不大清楚，反应可能在细胞质和线粒体内进行；多种脱氢酶都可能与此有关。例如已证明苹果酸脱氢酶可使部分三唑酮变为三唑酮，但只检出对映体Ⅰ的两个异构体。有趣的是一些耐性菌还能将三唑醇再氧化成三唑酮使活性降低。

在高等植物中三唑酮的代谢与真菌中类似，主要代谢物也是三唑醇，不过不同植物的代谢速度有所不同。例如在研究过的黄瓜、大豆、小麦和番茄等植物中，以黄瓜最快。，代谢反应的最终产物是对氯苯酚，但在大多数情况下，均发现有较多的轭合物存在，一般为三唑醇或对氯苯酚形成的轭合物。

总之，微生物对药剂的酶解能力是巨大而复杂的，对麦角甾醇生物合成抑制剂来说，主要是氧化还原和水解反应，包括脱去分子中的氯原子，容易使药剂降解失活的病菌则表现了较大的耐药性；如果对原化合物有活化作用，例如三唑酮活化为三唑醇，则代谢就成为表现选择杀菌作用的重要因素。在高等植物体内的转化与病菌无明显的不同，但在植物体内一般都有各种轭合物生成，不管是原化合物还是代谢物都有形成轭合物的可能，不过前者可使降解缓慢；轭合以后因增加了水溶性，对轭合的活性化合物的输导起很大作用；轭合的中间代谢物仍可逐渐被释放出来再进行降解。内吸杀菌剂在实际应用中与寄主植物关系密切，因此，选择杀菌作用必然受寄主植物及病原菌两者的双重影响。

关于这类药剂是否容易产生抗药性问题，有一种看法认为在田间应用的情况下，产生抗药性的可能性很小；这是因为几种不同的酶均参与三唑酮的活化反应，病菌突变作用于所有这些酶的可能性是不大的。何况三唑酮的活化作用也在寄主植物体内进行；除非出现其它抗性机制，否则抗性的发展不会是很快的。

8. 苯基酰胺类内吸杀菌剂　自从内吸杀菌剂在植物病害防治上广泛应用以来，虽然品种不断增加，化学结构多变，但在生物活性上存在明显的两大不足：一是对卵菌所致的若干病害药效不良，例如多种作物的霜霉病、疫霉病菌所致的多种疫病和腐霉病菌所致的猝倒病等；其次是多数内吸剂向基性传导作用很差，因此影响了对许多病害的防治。1980 年第九届国际植保会上，Ciba－Geigy 公司推出了甲霜灵（metalaxyl），商品名瑞毒霉（Ridomil）受到与会者的高度重视。此后陆续开发出具有类似杀菌谱及特性的这类药剂十余个，比较重要的品种也不少。这类药剂在化学结构上都含有二甲苯基酰胺结构，因此可称为苯基酰胺类内吸杀菌剂，其通式如右。

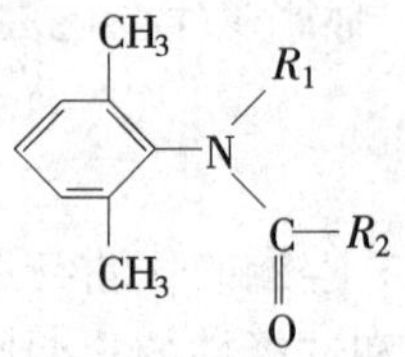

根据 R_1 和 R_2 的变化又可分为三类，即酰基丙氨酸类，酰氨基丁内酯类和酰氨基恶唑烷酮类。其中比较重要的品种有甲霜安（metalaxyl）、恶霜灵（oxadixyl）、杀毒矾（Sandofan）。

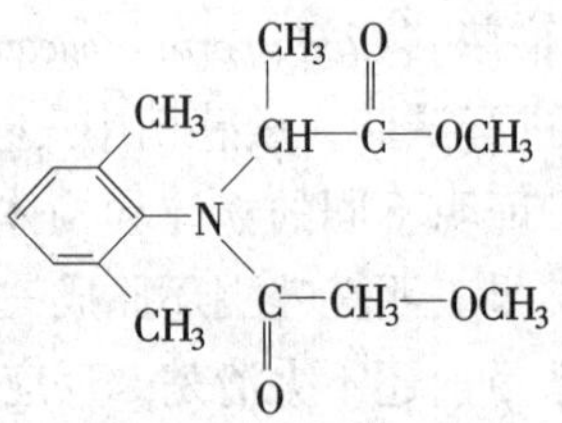

甲霜安

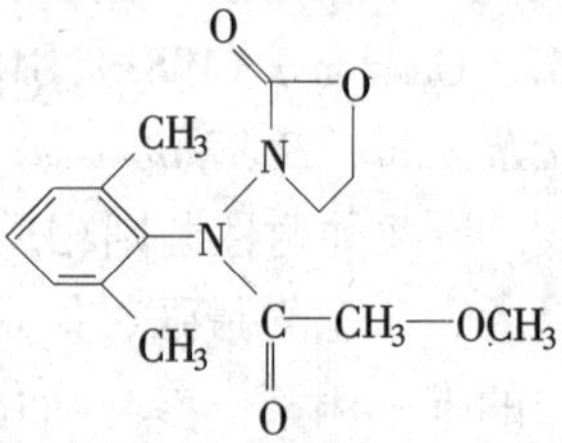

恶霜灵

这类药剂有着相似的杀菌谱，对两种代表性蕴剂总的活性比较可概括如下：①在离体条件下，对腐霉属（*Pythium* spp.）、疫霉属（*Phytophthora* spp.）的菌丝生长抑制，甲霜安与恶霜灵差不多，但都比这类药剂的其它品种活性高；②在温室条件下，对马铃薯、番茄晚疫病、葡萄霜霉病叶面喷雾法施药，甲霜安与恶霜灵效果相同，但均比其它药剂好；③采用土壤处理对黄瓜、甜菜、豌豆的猝倒病效果，两种药剂都比其它药剂好；④都有强内吸传导特性，也有强触杀活性，但作用机制还知道不多。两种药剂常表现有交互抗药性，因此可以认为它们的作用机制是类似的。根据文献报道甲霜安主要是抑制 RNA 合成中聚合酶系（polymerases)。其它苯基酰胺类药剂也可能是这种作用；⑤内吸渗透及传导都比较快，对恶霜灵的研究证明内吸渗透与浓度有关，高浓度下 2～4 h 即有足够的药剂进入植物而表现杀菌活性，快速进入可减少发病季节雨水冲刷的影响。研究证明只要有叶面喷布量的 10% 进入体内即可有良好防效；⑥这类药剂自根茎叶吸收后可向任何方向传导，即有向顶性、向基性，还可进行侧向传导（laterally）；也能自叶上面向叶背转移，不过自根部向叶部传导比自下部叶片向上部叶片传导明显，上部叶片向下部叶片传导的能力最差；⑦实际用于防治时，这类药剂不仅可作保护剂使用也可用于治疗剂（发病后施药）或铲除剂。保护期与施用浓度有关，浓度高保护期长，田间条件复杂，用量应适当加大；⑧自从甲霜安首先被广泛应用后即有报道指出产生抗药性的潜在危险，事实上对甲霜安的抗性已在不少地区出现，实验证明，适当的杀菌剂混用可以大大延缓抗性的发展，尤其是与代森锰锌混用效果最好。

9. 其它杂环类内吸杀菌剂　富士一号（isoprothiolane）是日本开发的对稻瘟病有特效的内吸杀菌剂，我国也称稻瘟灵。

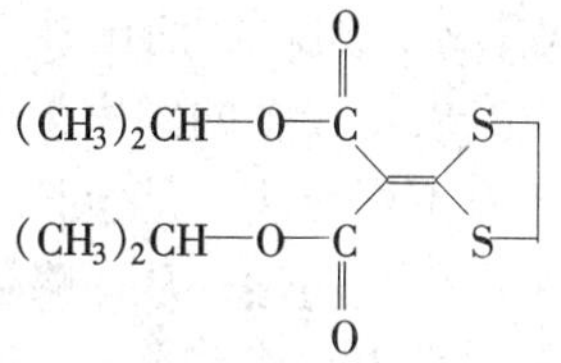

富士一号（isoprothiolane，稻瘟灵）

这个化合物的化学结构十分特殊，与过去已有的稻瘟病防治药剂的化学结构类型完全不同。它含有丙二酸叉结构，但又含有二噻环，所以比较难于归类。它的发现也比较有趣，它是在研究抗稻瘟病水稻品种的抗病机制时，分离到一种植物防御素含有丙二酸叉结构，因此研究筛选含有这种结构的类似物；发现上列化合物施用于水稻后，对稻瘟病有优良防治效果，但是在室内的离体（in vitro）试验时却不表现药效。因此认为这个化合物进入植物体后可能是起植物防御素的作用；命名为富士一号。这一研究过程证明，在进行杀菌药剂筛选时，必须离体（in vitro）和活体（ in vivo，即包括寄主植物）试验同时进行，否则将有一些受植物影响才能发挥作用的优良药剂被漏筛。目前在杀菌剂的开发中愈来愈强调包括寄主植物在内的活体试验的重要性。

富士一号不仅对稻瘟病有效，对纹枯病、白叶枯病均有一定防治效果，而且对叶蝉也有效；施药后的稻田叶蝉虫口明显减少。研究证明如果将化合物的异丙基换成芳基，将二噻环烷变为开链的硫烷基，仍然具有活性，这样可使这类化合物的结构进一步简化，其发展颇值得注意。

第三节　农用抗生素

农用抗生素（antibiotics）是一类由微生物产生的次级代谢物，它在低浓度时即能抑制植物病原菌的生长和繁殖。这一传统概念由于农用抗生素的发展，已经补充了新的内容。农用抗生素的作用对象已由抗植物病害发展到用于杀虫、除草、抗病毒病和作为植物生长调节剂。另外，农用抗生素的来源已从原来由微生物产生，而进步为人工模拟合成或结构改造半人工合成的产物。

农用抗生素不同于生物防治，后者是以活体用于病虫害的防治，前者是以化合物来起作用的，因此农用抗生素作为化学农药的一类比归入生物防治更为合适。它作为一类化学药剂同样有应该注意的急性毒性、致癌和致畸等问题。由于农用抗生素的发展是在化学农药已经遇到这些问题以后，所以大量使用的品种大多表现毒性较低，大量的高毒农抗已在试验过程中被淘汰。由于农抗都是由微生物的代谢物而来，因此它多半容易为生物所分解，可不为残留的累积而担心，同时由于用量低对环境也较少污染。

抗生素的研究开始于1877年巴斯德关于微生物拮抗作用的发现。从发现拮抗作用到青霉素的发现经历了50余年，但抗生素研究的黄金时代还是从青霉素的工业化生产和链霉素的发现开始的。抗生素在防治人类疾病取得的成就推动了农抗的发展；美、英、日等国先后将链霉素、四环素等用于农作物病害防治。1946年发现放线酮到1958年发现杀稻瘟素-S的十多年中，虽然在实验室中发现了像抗霉素、灭瘟素等有强抗菌作用的物质，但在实用上都因为不稳定性以及成本、毒性等问题而遇到困难。杀稻瘟素-S的发现是农抗发展过程中第一块里程碑；此后农抗的研究开发进入了高潮，不仅开发出春雷霉素（Kasukamycin）、多氧霉素（Polyoxin）等高效低毒无公害的植物病害防治药剂，而且向杀虫、除草和抗病毒的应用方面开展了研究，出现了如杀螨素等新农用抗生素。

我国农抗的研究开始于建国初期，但工业生产还是60年代末才开始。目前国外有的主要品种我们都有，但除井冈霉素外产量都不大。日本是研究和生产农抗较多的国家，一些主要品种都是由日本研究和工业化的；欧美一些国家对发展农抗还有不同看法，甚至日本也有持不同观点的。他们认为农抗的广泛使用，有可能使人体致病菌产生抗药性，从而降低医用抗生素的效果，所以不主张大力发展农抗，当然这种说法并没有多少实验根据。

1. 灭瘟素（Blasticidin-S）　1957年日本东京大学农学院应用微生物研究所，在日本歌山县杂贺畸的土壤中分离到的灰色产色链霉菌（*St. griseoclmomogenes*）的发酵液中，发现了S成分比原来研究的另外几个组分（A，B，C组分）对稻瘟病有更好的效果；1 mg/kg即可完全抑制孢子萌发，它对菌丝生长的抑制比醋酸苯汞还强10倍。1959~1960年经大田试验证明对稻瘟病有良好防治效果。1961年起在全国大面积应用，基本上取代了有机汞在防治稻瘟上的应用。后来由于异稻瘟净等有机磷杀菌剂的出现，产量和用量才下降。灭瘟素为胞嘧啶核类碱性水溶性抗生素，化学结构式如下：

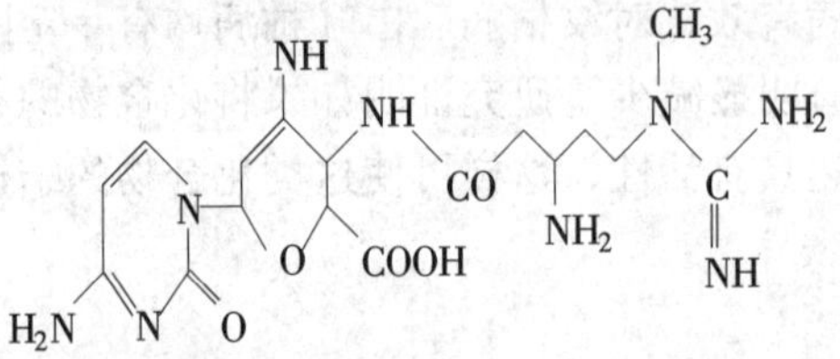

灭瘟素除对水稻稻瘟病有良好效果外，对烟草花叶病毒也有效，0.001 mg/kg抑制效果可达82%，它在土壤中可被多种土壤微生物分解，叶面上的大多数被日光分解，进入植物的部分也可分解成胞嘧啶或脱氨基灭瘟素，因此很少有残留问题。灭瘟素对高等动物有较高的毒性（小鼠急性口服LD_{50}27 mg/kg），但如制成对氨基苄基苯磺酸的复盐，可使毒性降低（小鼠急性口服LD_{50}157 mg/kg）。我国灭瘟素的产生菌是由中国科学院微生物所在广东花县土壤中分离到的。1970年前后投入小量生产，由于生产成本和技术问题，生产没有发展，使用也无法和化学农药竞争。

2. 春雷霉素（Kasugamycin，春日霉素）　日本微生物化学研究所于1965年在日本奈良市春日神社的土壤样本中分离得到，对稻瘟病有良好防治作用，它克服了灭瘟素对高等动物毒性大的缺点，小鼠口服 LD_{50} 2 000 mg/kg，而且对鱼低毒。化学结构式如下：

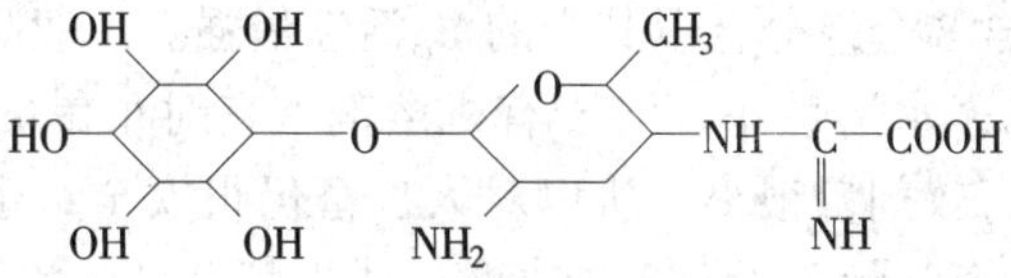

春雷霉素在体外一般条件下，对稻瘟病菌无抑制作用，但在 pH=5 时并有水稻汁液存在时才有抑菌作用。它和灭瘟素不同，只能抑制菌丝蛋白质的合成，不能抑制孢子萌发。它的主要缺点是容易产生抗药性。我国春雷霉素产生菌是由微生物所在江西采集的土壤中发现的，定名为小金色链霉菌。1969 年工厂生产，但由于与灭瘟素相同的原因，产量和用量都很小。

3. 多氧霉素（Polyoxin） 为了寻找防治水稻纹枯病的抗生素取代有机砷剂，1965 年日本理化研究所在熊本县阿苏地区的土壤中分离到一种可可链霉菌，研究开发出多氧霉素。经过大田试验证明它对果树、蔬菜、烟草、粮食等多种作物的真菌病害有良好防治效果。1963 年正式生产，主要用于防治水稻纹枯病、梨黑斑病、烟草赤星病，果树蔬菜白粉病。田间用药浓度为 100～200 mg/kg，有较好的内吸传导性。它不能抑制孢子萌发，但能使菌丝畸形而丧失致病力，也能抑制孢子形成减少二次侵染机会。它抗雨水冲刷能力较差，制成锌盐后可大有改善。多氧霉素对高等动物近于无毒，小鼠口服 $LD_{50}>15\ 000$ mg/kg。我国由微生物所在安徽合肥市郊土壤中分离到类似产生菌，定名为 *St. aureochromogenes* 4896，1978 年试生产。多氧霉素的特点是对植物病害有广谱性，对人、畜低毒。但化学结构十分复杂，已分离出 A～M 共 13 个组分，商品可以不同组分制成可湿性粉剂或乳油，可分别使用于防治某几种病害，例如以 D 组分为主的制剂主要用于防治水稻纹枯病。

4. 井冈霉素（Validamycin，有效霉素） 1967 年日本武田药品工业株式会社农药研究所，在明石市的土壤中分离到 validamycin 产生菌T－7545，1972 年正式生产。这也是一个多组分的弱碱性氨基肌醇类抗生素，共有 A～F 6 个组分，其中 A 组分的结构式如图。

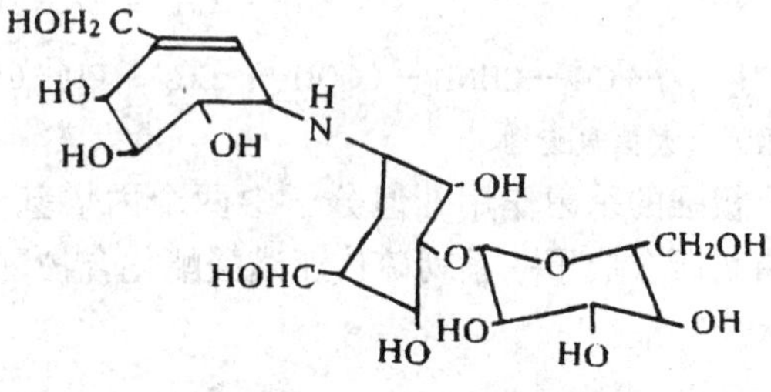

它对水稻纹枯病表现强大的抑菌作用，田间施药浓度 30～50 mg/kg，即可达到 90% 的防治效果，并有治疗作用和耐雨水冲刷的特性。对动植物和水生植物无害，大鼠口服 $LD_{50}>20\ 000$ mg/kg。在自然界能被多种微生物分解，在动植物体内不累积，也不易使病原菌产生抗药性。amycin 的产生菌，定名为 *St. hygroscopicus* var. *jinggangensis*. Yen。产生的抗生素名为井冈霉素。1976 年正式投入生产，在全国主要水稻产区推广使用。它是我国农用抗生素产量最大用量最多的品种，基本上取代了用有机砷杀菌剂防治水稻纹枯病。

5. 杀虫菌素（Avermectin） 又叫齐墩螨素、阿维虫素或阿凡曼菌素。1979 年日本北里大学的大村智等和美国 Merck 公司合作开发的；它是一种对多种农业害虫和动物寄生虫都有很高毒力的抗生素；化学结构十分复杂，是一种 16 元大环内酯化合物。由 *Stryptomyces avermitills* 所产生的有效物质含 8 个组分，以其中的 B_{1a}活性最强。工业品为淡黄－白色的无味结晶粉末，熔点 155～157℃，水溶性小，溶于有机溶剂，它对小鼠的口服 LD_{50}为 10.6～11.3 mg/kg，但其防治害虫的有效剂量很小，所以对人、畜仍很安全，也无刺激性。对多种害虫如棉铃虫、棉蚜、粘虫、潜叶蛾等以及多种害螨、线虫都有良好效果，因为它的作用机制与常用杀虫剂不同，主要是作用于神经系统的 GABA 而杀虫，所以对常用药剂产生了抗药性的害虫也有优良效果。

目前这一药剂已有多种商品问世，例如：阿巴杀螨素（Abamectin）为 1.8%乳油，主要用作杀螨剂，也能杀虫。伊维杀虫素（Ivemectin）主要用于家畜防治多种寄生虫。用于防治植物线虫的品种也在不断开发中。

第四节　植物杀菌素和植物防御素

植物杀菌素包括高等和低等植物所产生的能杀真菌、细菌及原生动物的物质。这种说法事实上也把抗生素包括在内，由于抗生素的概念早已明确，因此这里植物杀菌素是指高等植物体内所固有的化学物质，这些物质可能有种种不同的生物活性，但只限制在杀菌或抑菌的活物质。在高等植物中存在有某些杀菌素，这是植物有机体自身保卫和治疗的天然机制，因而植物通过种种途径而抗病是普遍现象；大量的试验研究表明，植物杀菌素是普遍存在的。前苏联学者曾研究过 40 多个科的 500 种以上的植物，但是绝大部分所含杀菌素的抗菌能力是很弱的，都不能和葱、蒜所含的挥发性杀菌物质相比拟，因此实际意义不大。

很早就知道大蒜中含有一种强烈的杀菌物质，称为大蒜素（allicin），后来知道这是由于大蒜组织中含有大蒜素元，当蒜的组织破裂时即被酶解为大蒜素，化学名称应为双（2－丙烯基）硫代亚磺酸酯。

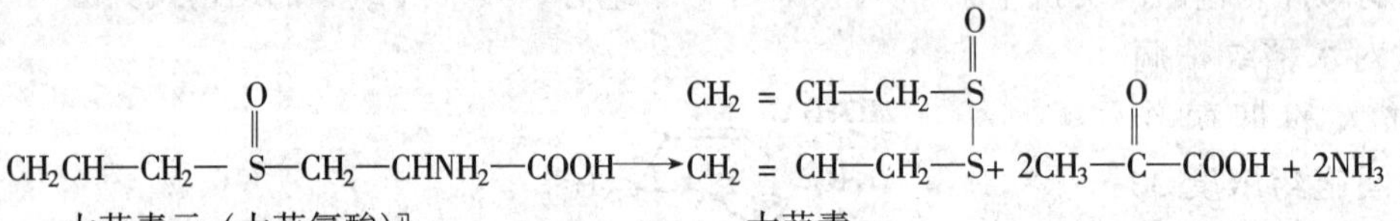

大蒜素元（大蒜氨酸）〗　　　　　　　　大蒜素

大蒜素虽有极强的杀菌作用，但分子中两个丙烯基十分不稳定，极易分解失效。1958 年中国科学院有机所合成了一系列硫代亚磺酸酯化合物，证明乙基大蒜素性质较稳定，杀菌作用仍十分强大。

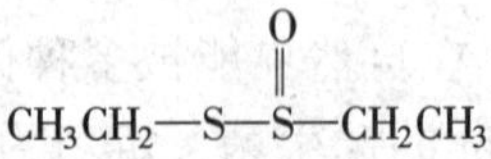

乙基大蒜素

将乙基大蒜素溶于 10%的醋酸中，商品名抗菌剂“401”。由于用醋酸作溶剂，易产生药害，主要用于防治甘薯黑斑病和棉花苗期病害，一般不能用于生长期。抗菌剂“401”仍䂤可以在空气中氧化成硫代磺酸酯 后者加工后称抗菌剂“402”。

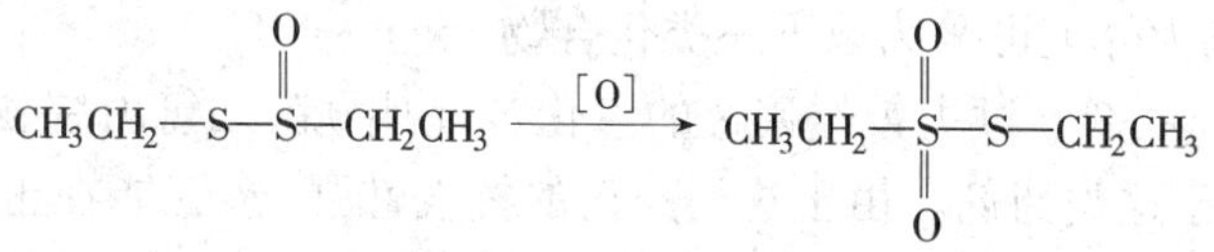

“401”　　　　　　　　“402”

“402”有效成分比“401”更稳定，对人、畜毒性也较低；前者大鼠口服 LD_{50} 140 mg/kg；后者为 46 mg/kg。对作物也不易产生药害；防治对象和使用方法相同。

植物防御素或称植物保护素（phytoalexins）与植物杀菌素不同，它是当病菌与植物寄主细胞接触时，寄主植物体内发生变化而产生抗菌物质。最早是 1940 年 Muller 在研究马铃薯块茎抗病机理时，先接一弱致病性晚疫病菌小种，随后块茎对强感染性菌产生了抗性，这是一种植物体自身的保护性反应，因此提出了植物防御素的学说。它与植物杀菌素不同之处在于它只有在受到侵染后才能产生，而植物杀菌素一般是体内固有的物质。后来进一步研究得知植物当受到物理性损伤、某些化学药剂处理甚至贮藏条件的改变时，都可使其产生防御素。近年来微量分析技术不断发展提高，发现某些抗病性品种其抗病性强弱，与防御素的含量有一定关系。

由于这类物质产生于植物体内，必然在自然界容易降解，研究防御素的化学，试图从中发掘高效安全的新型杀菌剂的工作，正在广泛开展。前已述及富士一号的发现即与此有关。但大部分都未达到实际应用的地步，例如从抗黄萎病棉花品种中分离出的棉酚（gossypol）、半棉酚（hemigossypol）等；它们是一些多元酚化合物。有人试验用温和型的黄萎病菌株，接种于具抗性的棉花品种上，可诱发产生更多的棉酚；再用严重型病菌接种，则抗性大为增强；甚至将非病原性细菌接种于水稻，也可诱发产生防御素，使水稻对白叶枯菌有一定的抑制能力。

总之，植物防御素目前是很受重视的研究领域，已有几十种防御素的化学结构被确定，尤其以豆科植物最多，但大部分都是化学性质很不稳定的化合物。进一步研究其活性机理以及防御素的产生与病菌致病机理间的关系，对一些难防治的病害，将有可能发现新的高效杀菌剂类型和更好的防治途径。

第五节　杀线虫剂

线虫属于无脊椎动物线形门线虫纲。土壤线虫种群数最多,体形微小;有肉食、植食性的、也有腐生性或二性兼有的;虽然有有益的线虫,但大多数都是有害的。植物和土壤中的植物寄生性线虫是植物侵染性病害的主要病原之一。但比真菌、细菌、病毒等病原具有能主动趋向和用口针刺入寄主并自行转移为害的特点。它的为害不仅是吸取植株养分直接引起减产,而且可使根细胞过度增长成为瘿瘤,失去吸收养分能力使植物衰死。另外可传带病菌并发其它病害。

我国的线虫为害十分严重,小麦粒线虫、甘薯茎线虫、花生根结线虫、大豆孢囊线虫以及水稻、黄麻、烟草、柑橘等均有不同程度的被害。据调查我国在 85 种主要作物中,已发现 40 多种线虫病害。土传的根结线虫和孢囊线虫是为害最严重的两个土传专性寄生线虫属;防治这类土传线虫虽然可以采用轮作和抗线虫品种来解决,但用药剂防治还是广泛使用的有效方法。

重要的杀线虫剂大体上可分为以下三类化合物：

1. 卤化烃类杀线虫剂　过去曾经用过的氯化苦、溴甲烷、二氯丙烷、二溴乙烯以及滴滴混剂(D－D混剂)都属于这类药剂。由于这类药剂的挥发性强，蒸气能在土壤中扩散，用于土壤处理，不仅可防治线虫还可以兼治土壤病菌和某些地下害虫。但大多数对作物和人、畜有剧毒，必须在播种前处理，隔一定时间药剂挥发散失后再播种或移植作物，使用时也要注意严防中毒事故。

(1)滴滴混剂　$Cl-CH=CH-CH_2-C_{l2}$　1,3－二氯丙烯，

$Cl-CH_2-CHCl-CH_3$　1,2－二氯丙烷。

商品是上述两种化合物的混合物，化学性质稳定，为易挥发和易燃烧的液体。主要用于土壤处理防治土传线虫，耕土层的土壤湿度和温度都影响药效；最适土温应为21～27℃，不能过干和过湿，湿度一般为5%～25%较合适。在播种前20～30天施药，沟施或穴施，每亩用量为15～40 kg，施药后覆土。

(2)二溴氯丙烷(DBCP)　$CH_2Br—CHBr—CH_2Cl$　1,2－二溴－3－氯丙烷

这个药剂化学性质稳定，在土壤中缓慢扩散，残效作用较长，对植物比较安全，适用于果树等多年生作物线虫病的防治。我国山东曾用它防治花生线虫收到良好效果。在美国从1955年起即广泛使用于粮食、果树、蔬菜作物；但在1961年，Torkelson等证明该药可引起雄性不育等慢性毒害，70年代美国癌症研究所证实可对大鼠、小鼠致癌。美国的工厂的生产工人，因长期接触造成许多人的不育症。1979年美国环保局决定除可在夏威夷用于菠萝上外，停止其它一切作物上的使用。我国山东有关部门也对此药进行了系统研究，也得到了类似的结果，因此对此药剂停止了使用。

2. 有机磷杀线虫剂　有机磷杀线虫剂是后来才得到发展的，品种不断增多。因为这类药剂对线虫的毒效高而残效长，对植物安全，因此用量逐渐增多，在很大程度上取代了卤代烃杀线虫剂。

(1)除线磷(dichlofenthion，VC－13)　这是较早出现的有机磷杀线虫剂，1955年美国即有商品市售。工业品常温下为黄棕色液体，水溶度25℃时为245 mg/kg，挥发性不大，对高等动物毒性小，雄大鼠口服 LD_{50}270 mg/kg。用作土壤处理防治线虫，50%乳油一般每亩用16～17 kg，用量较大。

(2)除线特(diamidfos)　这一药剂毒性较大，对皮肤有刺激作用而且能通过皮肤吸收，大鼠口服 LD_{50}140～200 mg/kg。防治花生线虫病可在播种前半个月使用50%可湿性粉，加水150倍，开沟浇灌，灌后覆土压实。

(3)治线磷(zinophos)　原药为液体，难溶于水，大鼠口服 LD_{50}12 mg/kg，经皮为11 mg/kg，因这是一个高毒品种，使用时必须要注意安全。对多种线虫均有效，还可防治害虫。

(4)线虫磷(fensulfothion)　常温为液体微溶于水，对高等动物急性毒性大，大鼠口服 LD_{50} 4.6～10.5 mg/kg，经皮毒性也很大；可用于土壤处理防治多种线虫。

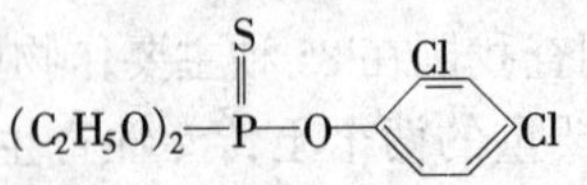

除线磷

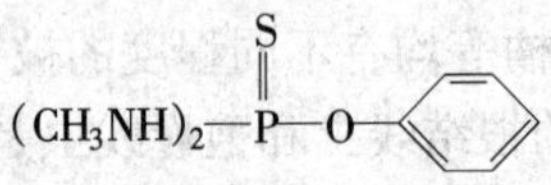

除线特

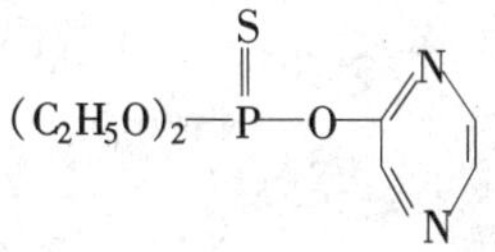

治线磷

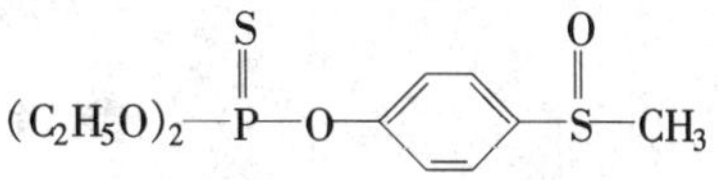

线虫磷

3. 二硫代氨基甲酸衍生物及硫氰酯类

（1）威百亩（metham - sodium）　原药为白色结晶固体，易溶于水，不溶于有机溶剂，此化合物不稳定，易分解。一般制成水剂出售，用作土壤处理每 100 m^2 要用 5 ~ 10 kg，用量很大。实验证明在土壤中威百亩易分解为毒效较大的异硫氰酸甲酯，不仅对线虫有防效，对一些病原真菌也有防效。

$$CH_3—NH—\overset{\overset{S}{\|}}{C}—SNa$$

威百亩

$$CH_3—N{=}C{=}S$$

异磷氰酸甲酯

威百亩对大鼠口服急性毒性为 820 mg/kg，对粘膜有刺激作用。应在播种或移植前使用，否则容易产生药害。

（2）棉隆（dazomet）　原药为白色结晶，不易溶于水，对高等动物毒性小，大鼠口服 LD_{50}500 mg/kg。除能防治线虫外，还可防治一些苗期真菌性病害，此外也用于杀除杂草，但用量必须很大，在土壤中棉隆也是被分解成毒性较大的异硫氰酸酯发挥作用。

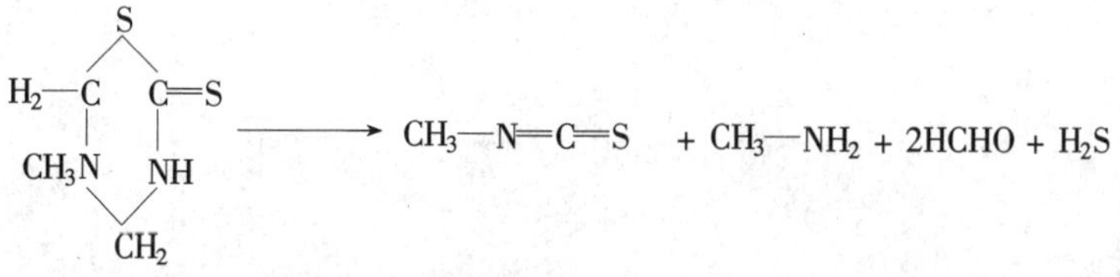

（3）杀线酯和敌线酯　杀线酯原药为液体，可溶于水，对植物线虫有触杀作用。对高等动物毒性较大，鼷鼠口服 LD_{50}为 52 mg/kg。浸种可防治水稻干尖线虫，用 20%乳油 500 倍液浸种 12 ~ 24h，取出后用水冲洗后播种。

$$NCS—CH_2—\overset{\overset{O}{\|}}{C}—OC_2H_5$$

杀线酯（硫氰基乙酸乙酯）

$$CH_3—N{=}C{=}S$$

敌线酯（异硫氰酸甲酯）

敌线酯常温下为固体，但熔点较低（35℃）易挥发，大鼠口服 LD_{50}为 175 mg/kg。对皮肤有刺激作用，除可杀线虫外也能杀虫、杀菌和除草，对甜菜茎线虫、甘蔗异皮线虫、马铃薯线虫都有效，并能防治马铃薯丝核菌病，对土壤中的金龟子幼虫及鳞翅目幼虫也有一定效果。

参 考 文 献

[1] 霍斯福尔著，林孔勋等译. 杀菌剂作用原理. 科学出版社，北京，1962

[2] R. W. 马什主编，郑仲等译. 内吸杀菌剂. 化学工业出版社，北京，1983

[3] 华南农业大学主编. 植物化学保护（第二版）. 农业出版社，北京，1990

[4] D. C. Torgeson, Fungicide - An Advanced Treatise, America Scientific Publishing company, New York, London 1980

第八章　除草剂和植物生长调节剂

杂草是人们非有意识栽培的植物，如不加以控制，就会成为农业生产的一大灾害，它与作物争肥、争水、争阳光、争土地，造成产量和品质下降。有些杂草还是病虫害的中间寄主，有利于病虫害的蔓延与传播。还有一些杂草能威胁人、畜健康、甚至给水陆交通和工业区的发展造成困难。

人们为了和杂草作斗争，每年要付出巨大的人力、物力，在手工和半机械化操作的农业中，除草用工常常占整个田间管理用工的一半以上，人工除草效率低，劳动强度大；机械除草不彻底且伤苗，而化学除草高效、彻底、省工、增产，是大幅度提高劳动生产率实现农业机械化现代化的重要技术措施，对改革现有栽培制度也有重要意义。

化学除草，因除草彻底或有刺激作物生长作用，增效明显，一般比人工除草增产10%以上。草荒严重的地块，增产更多。稻田每公顷可节省劳动用工75～300个，旱田30～45个。化学除草技术的广泛应用促进了农业机械化、现代化和栽培制度与栽培技术的革新。出现了少耕法、免耕法、航空播种以及合理密植等先进的种植技术。在我国大豆、玉米、小麦、水稻、棉花等作物种植业方面都取得了较好效果。例如稻田采用化学除草，飞机播种获得成功，用化学除草不中耕，也较人工除草增产。在大豆田和棉花田进行化学除草不中耕，适当密植，增产也十分显著。所以化学除草技术的推广和应用，极大地解放了生产力，大幅度提高了经济效益和社会效益。

19世纪末期，欧洲在防治葡萄霜霉病时，发现喷到葡萄园附近禾谷类作物田中的波尔多液能杀死一些十字花科杂草而不伤害作物。进而在1895年法、德、美几乎同时发现硫酸铜的选择性除草作用，引起了人们的关注。翌年德、法、美等国开始小面积使用硫酸铜防除麦田杂草，一般认为这是农田化学除草的开端。1932年选择性除草剂二硝酚与地乐酚的发现，尽管它们的选择性不强，除草效果也不很理想，但却使除草剂由无机化合物向有机化合物转化迈出了一大步。直到1942年内吸选择性除草剂2，4－滴的发现，才真正开始了除草剂的发展新纪元。由于其选择性强，杀草活性高，合成比较简单，生产成本低，对人、畜毒性小因而迅速在农业生产中大面积应用，成为20世纪农业中的重大发现之一。2，4－滴的发现和作为除草剂的广泛应用，大大促进了除草剂的发展，到60年代以后，除草剂的产量和品种的增长速度都超过了杀虫剂和杀菌剂，特别在发达国家，除草剂的产量、产值、使用都超过杀虫剂和杀菌剂，如在美国，玉米、大豆、棉花、小麦、水稻田，在英国禾谷类和甜菜作物田，在日本水稻田都几乎全部使用除草剂，预计在今后几十年内，除草剂仍然会有较大发展。在我国，从1956年开始在稻、麦田使用2，4－滴防除杂草。60年代初开始试验五氯酚钠、敌稗、除草醚防除稻田杂草和用西玛津、莠去津防除玉米地杂草取得成功并在全国推广。70年代是我国除草剂发展比较快的时期。进入80年代末期化学除草面积达2000万hm^2以上，国内生产的除草剂也已达几十种，尽管如此，我国除草剂的用量与杀虫剂比还是很少的，仅占农药总量的10%左右。但随着整个国民经济的发展，除草剂的生产和应用都将会超过杀虫剂和杀菌剂的发展速度，这也是全世界除草剂的发展现实。

第一节　除草剂的选择性原理

除草剂在农田使用，要求尽可能多的杀死杂草而对作物无伤害，所以必须有很好的选择性。但选择性是相对的，部分除草剂在一定的剂量下本身就有很好的选择性，而大部分除草剂本身的选择性不强，只能通过使用方法的改变使其获得选择性，后者称为人为选择。除草剂的选择性原理大致可分为以下几个方面。

一、形态选择

植物的形态，如叶片的形状、直立程度、表面结构、生长点的位置等直接影响药液的附着量和吸收量。从而影响了药剂对植物的伤害程度。因此形成除草剂的形态选择。例如单子叶植物，叶片竖立、狭小、表面角质层和蜡质层较厚、表面积较小、药液易于滚落，顶芽被重重叶鞘所包围、保护，触杀性除草剂不易伤害分生组织等等，都使其耐药能力提高。相反双子叶植物，叶片平伸，面积大，表面的角质层较薄，药液易于在叶面上沉积，再加上幼芽裸露，没有叶片保护，很容易被药剂伤害，而使其对药剂更敏感。当然植物形态仅仅是影响除草剂选择性的一种因素。

二、生理选择

由植物茎叶或根系对除草剂的吸收和传导的差异产生的选择性，称为生理选择。易被植物吸收和传导的除草剂，植物对其更敏感。而植物不能吸收和传导的除草剂，则植物对其表现为安全。例如利用^{14}C标记的豆科威进行的试验证明，黄瓜易于从根部吸收豆科威，因此对其很敏感。而有些南瓜品种很难从根部吸收豆科威，因而表现出很强的耐药性。用黄瓜和南瓜嫁接的方法观察豆科威对其敏感性差异的原因（图 8－1）。嫁接试验表明，黄瓜和南瓜根部都接触豆科威时，黄瓜因易吸收豆科威而叶片枯萎，南瓜不吸收豆科威，而生长正常。凡以黄瓜为砧木的，不管接穗是黄瓜还是南瓜，均因根部易吸收豆科威，而使叶片枯萎；而砧木是南瓜的，不管接穗是黄瓜还是南瓜，均因根部不吸收豆科威，叶片都生长正常。

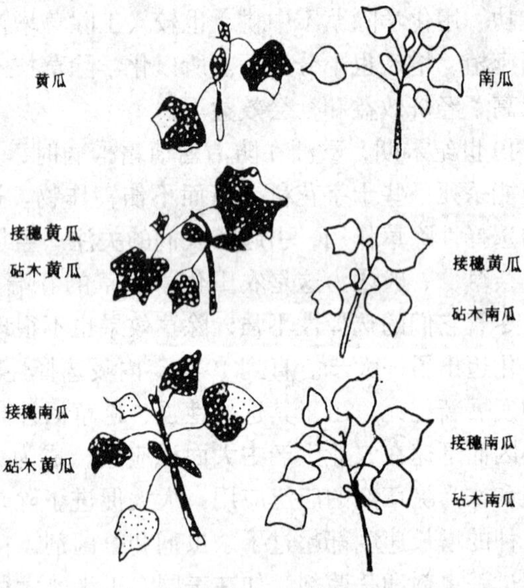

图 8－1　黄瓜与南瓜嫁接对豆科威的敏感性示意图
（引自《植物化学保护》1980）

利用^{14}C标记的 2，4－滴类除草剂试验证明，它们在双子叶植物体内的传导速度均高于单子叶植物，例如用 2，4－滴在菜豆和甘蔗叶片上局部施药，测定生长点中 2，4－滴的浓度，菜豆较甘蔗的浓度高 10 倍（图 8－2）。虽然大多数情况下除草剂在植物体内的输导快则表现毒杀作用强，但也有例外。如双苯酰草胺（diphenamid）在田旋花植物内，由根部很快传导至茎部，而茎部是其解毒代谢的部位，因而田旋花对双苯酰草胺有较强的耐药性，而燕麦对双苯酰草胺表现很敏感，主要是因为它不能把根部吸收的双苯酰草胺很快传导而使其根部受害死亡。

表 8-1 双子叶与单子叶植物形态差异与耐药性

植物	叶 片	生 长 点
单子叶	竖立、狭小、表面角质层和蜡质层较厚，表面积较小，叶片和茎秆直立，药液易于滚落	顶芽被重重叶鞘所包围、保护，触杀性除草剂不易伤害分生组织
双子叶	平伸，面积大，叶片表面的角质层较薄，药液易于在叶子上沉积	幼芽裸露，没有叶片保护，触杀性药剂能直接伤害分生组织

三、生化选择

除草剂在不同植物体内发生的生物化学反应不同，或活化使除草剂杀草活性增加，或降解使除草剂失去活性，因而造成除草剂对不同植物有明显的选择性，这种选择性被称为生物化学选择性。

（一）由于植物体内活化反应的差异产生选择性这一类除草剂本身并没有除草活性或活性很小。但在某些植物体内由于酶的作用而使其迅速代谢成活性很强的化合物，使植物受害死亡。而在另外一些植物体内，则没有这种活化反应或反应很弱，因而对这些植物很安全。具有此类选择性原理的除草剂举例如下：

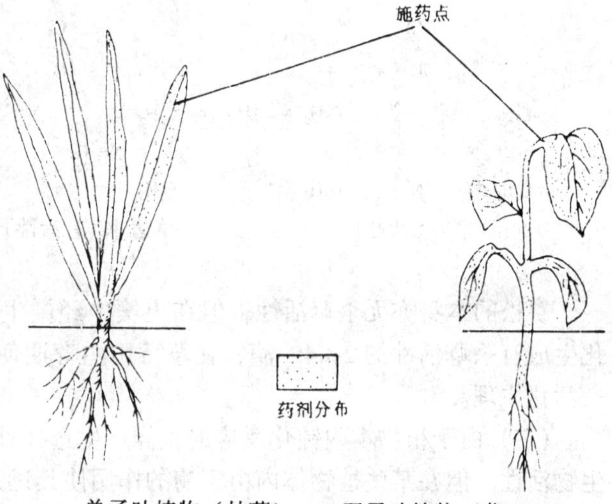

图 8-2 2，4-滴在单、双子叶植物体内的输导示意图

（引自《植物化学保护》1980）

2 甲 4 氯丁酸和 2，4-滴丁酸除草剂本身对植物并无毒害作用，但在植物体内如能进行 β-氧化反应，就会生成对植物活性很强的 2 甲 4 氯和2,4-滴。

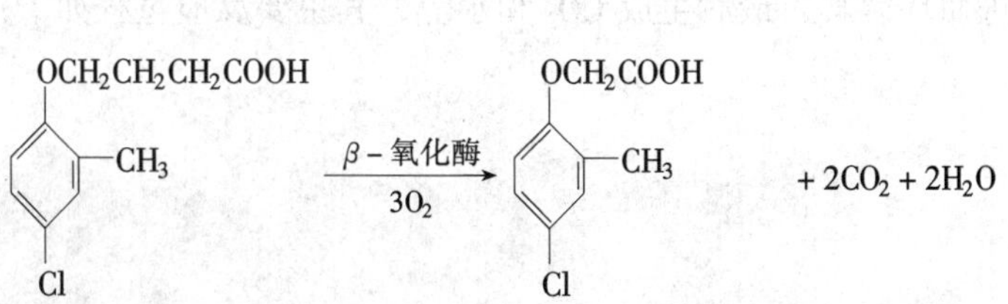

2 甲 4 氯丁酸（无活性）　　　　2 甲 4 氯（有活性）

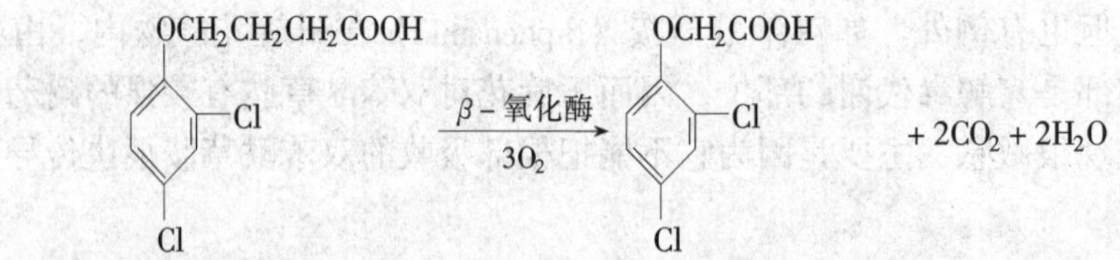

2，4－滴丁酸（无活性）　　　　2，4－滴（有活性）

由于不同植物体内β－氧化酶的活性差异很大。因而对2甲4氯丁酸或2，4－滴丁酸的活化能力也有很大差别。大豆、芹菜、苜蓿等植物体内β－氧化酶活性很低，不能将两种除草剂分别转化为2甲4氯或2，4－滴，因而对2甲4氯丁酸和2，4－滴丁酸耐药性很强，不会受害，而有些杂草，如荨麻、藜与蓟等则体内β－氧化酶活性很高，因而容易被杀死。

另外如可乐津其本身也无杀草活性，但经植物体内所含N－脱烷基酶系作用，则能脱烷基生成草达津，进而再行脱烷基变成杀草活性很高的西玛津。由于各种植物体内所含N－脱烷基酶的活性不同，因而产生了选择性。如棉花、茄科作物、草莓、胡萝卜等，因含N－脱烷基酶量很低，不能使可乐津活化，因而对可乐津耐药性强而安全。而很多杂草体内N－脱烷基酶活性高，能使可乐津脱烷基活化变成西玛津，使杂草受害死亡。

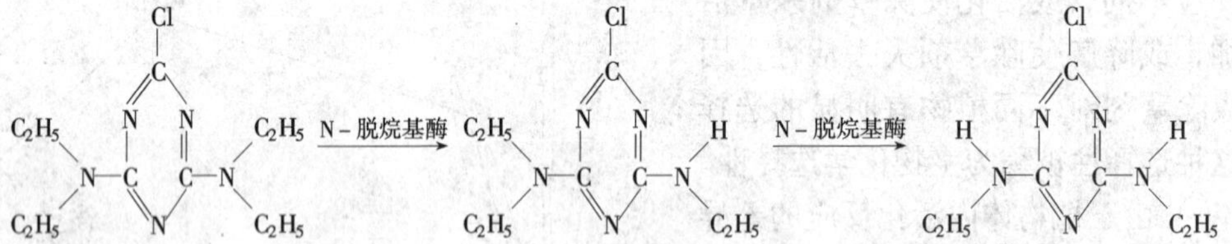

可乐津（无活性）　　　　草达津（有活性）　　　　西玛津（有活性）

赛松的本身亦无杀草活性，但在土壤中经微生物降解生成2，4－滴醇，再经进一步氧化生成有杀草活性的2，4－滴，在草莓田生育期使用赛松处理土壤防除杂草，就是利用这一活化原理。

（二）由于植物本内钝化反应的差异产生选择性　这一类除草剂本身对植物都有较强的生物活性。但在某些植物体内由于酶的作用使其迅速降解钝化而失去活性，也因此对这些植物安全，而在另外一些植物体内没有这种降解钝化反应，或反应很弱，因而保持了它原有的生物活性，能把这些植物杀死，从而产生了选择性。，具有此类选择性原理的除草剂品种较多。仅举几例加以说明。

对2，4－滴有耐药性的植物，一般是降解钝化2，4－滴快，首先在侧链降解，然后在芳环上羟基化，进而环裂解，最后生成CO_2和水等，其主要反应过程如下：

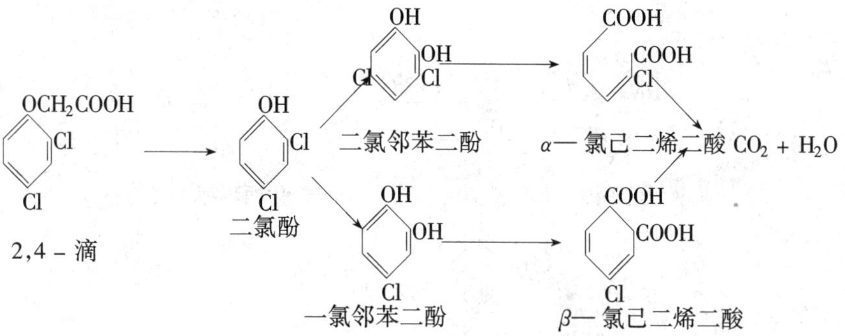

敌稗对水稻安全而对稗草有很好的防除作用，其选择原理是因为水稻叶内酰胺水解酶活性很高，能迅速使敌稗水解钝化失去活性，而稗草叶内酰胺水解酶活性很低，不能迅速降解钝化敌稗而受害。敌稗在水稻体内的水解反应如下：

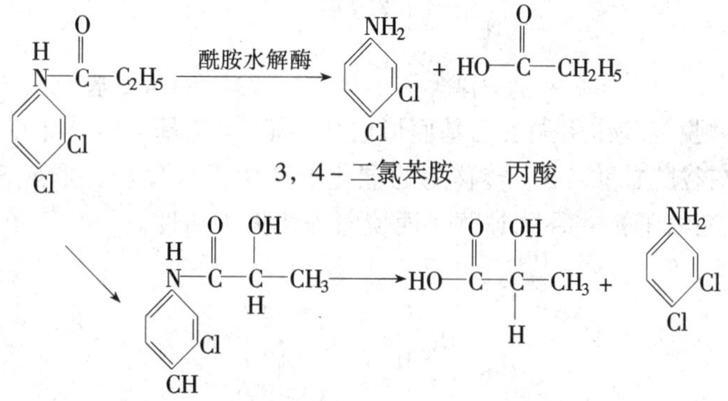

3，4－二氯乳酰胺　　乳酸

氟乐灵对胡萝卜安全而对多种杂草杀伤力强，其选择性原理是因为氟乐灵在胡萝卜体内易进行 N－脱丙基反应，迅速失去活性，而多种杂草则无此钝化反应。

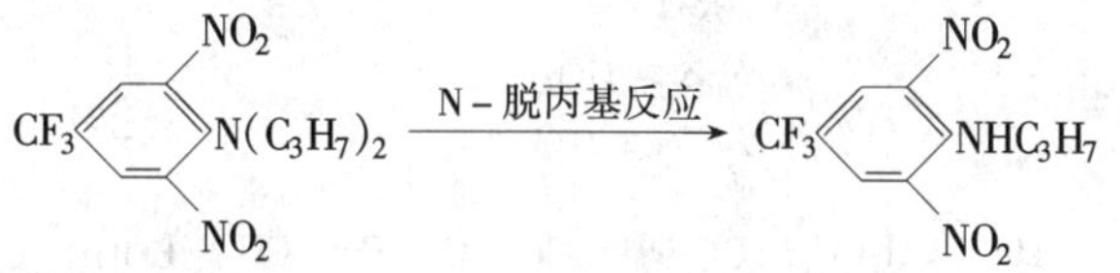

氟乐灵（活性强）　　脱丙基氟乐灵（失活）

西玛津和莠去津这两种除草剂在玉米田使用十分安全，可以防除玉米田中大部分杂草，其选择性原理是：①玉米根系中含有玉米酮，能使西玛津和莠去津迅速发生脱氯应反，生成羟基衍生物失去活性；②西玛津和莠去津在玉米体内有 N－脱烷基作用，使其对玉米的毒性大大降低；③西玛津和莠去津在玉米体内与谷胱甘肽轭合形成水溶性轭合物而失去活性。这三种钝化解毒的反应简式如下：

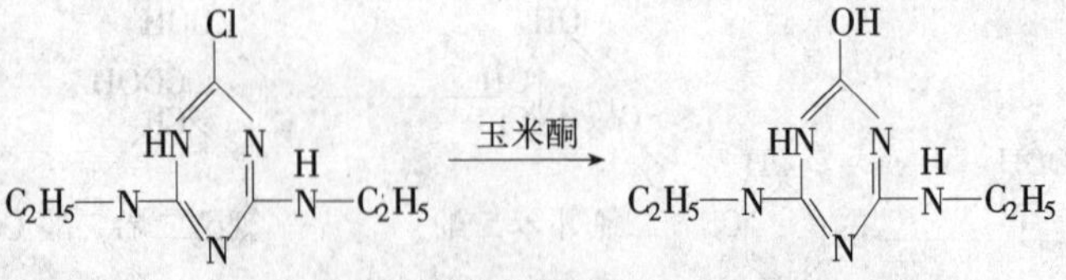

西玛津　　　　羟化西玛津

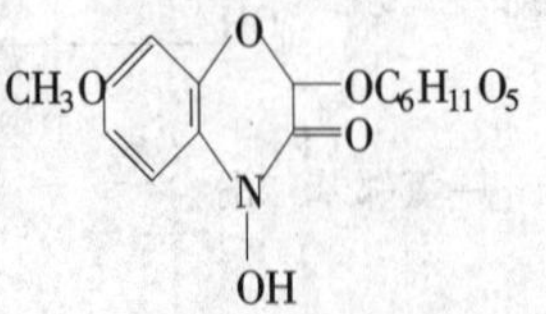

玉米酮（MBOA）

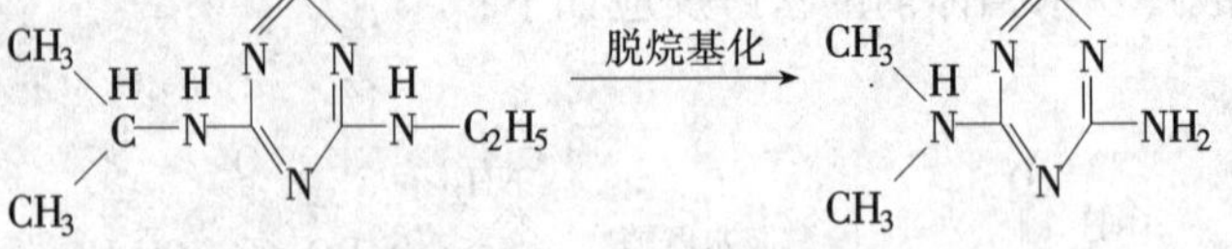

莠去津　　　　2－氯－4 氨基－6－异丙胺基－均三氮苯

莠去津经过脱烷基作用失去乙基而形成 2－氯－4 氨基－6－异丙胺基－均三氮苯；莠去津与谷胱甘肽在谷胱甘肽－S－转移酶的催化下产生轭合反应，形成 S－（4－乙氨基－6－异丙氨基－S－三氮苯）－谷胱甘肽，而使莠去津失去活性。

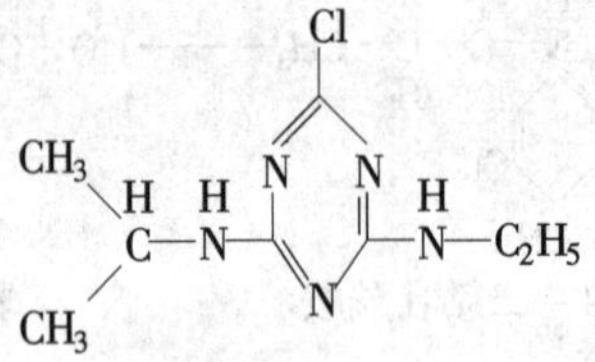

莠去津

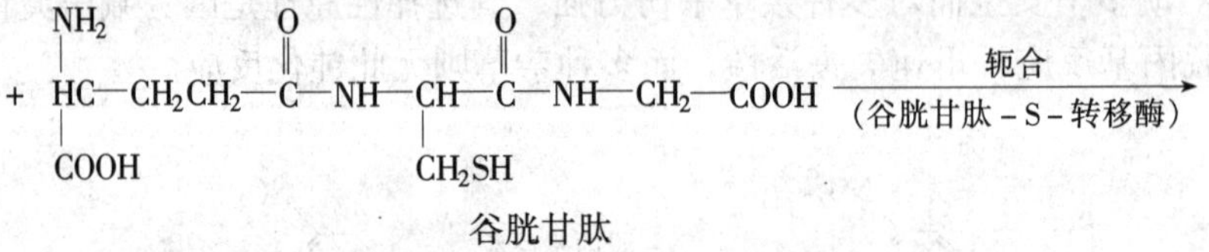

谷胱甘肽

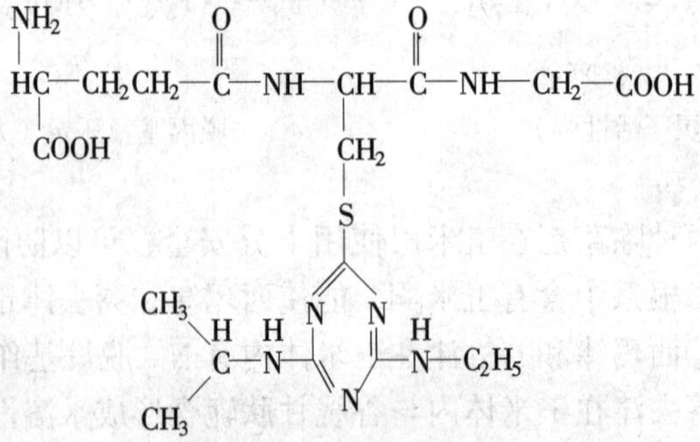

莠去津－谷胱甘肽共轭物

莠谷隆在耐药性强的植物体内，如棉花、车前、蚕豆和荞麦等，由于多功能氧化酶的活性高，可催化 N－脱烷基反应，使其失去活性。在玉米和马铃薯中，莠谷隆可同时产生脱烷基和脱烷氧基作用。生成无毒害的 4－溴苯脲。

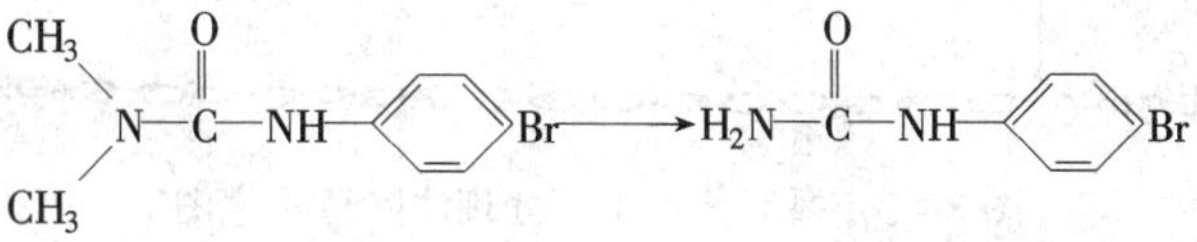

莠谷隆　　　　　　4－溴苯脲

灭草隆在棉花和车前草体内，易产生 N－脱甲基反应使毒性大减，因此棉花和车前对其不敏感，而玉米几乎对灭草隆不产生 N－脱甲基反应。故表现敏感，蚕豆对灭草隆的脱甲基作用慢，且只能脱去一个甲基，因此对灭草隆的敏感性居棉花和玉米之间。

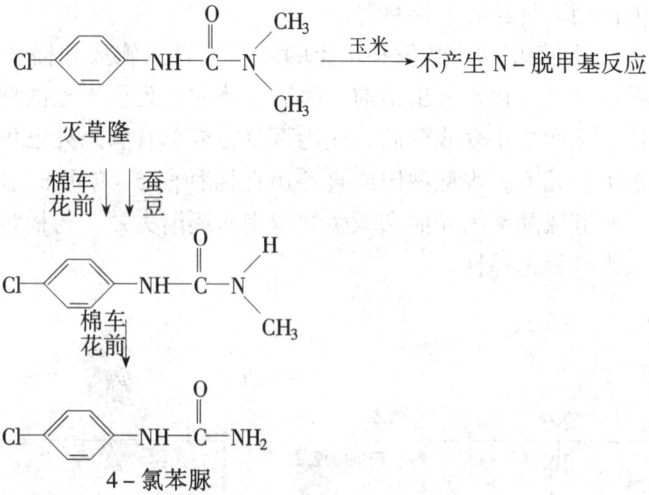

四、人为选择

人为选择是根据除草剂的性质和生物活性特点，土壤环境条件以及作物和杂草的生物学特点的差异，选择适当药剂和使用方法而形成的选择性。这种选择性受多种因素的制约，安全幅度小，使用技术要求高。但它可以使很多没有生理生化选择性的除草剂，甚至是灭生性的除草剂得以在农田使用。

（一）位差选择　利用作物和杂草种子根系在土壤中的位置差异以及作物和杂草在地面的分布差异，使除草剂与杂草种子、或根系或植株同位，使其接触较多的药剂，而作物分布的层 次不同，接触很少药剂，因此形成了选择性。具体施药方法有三种。

1. 播后苗前土壤处理法　在作物播种后出苗前，选用水溶性差，不易淋溶的除草剂喷撒在土壤表层（约 1～2 cm），使表层的杂草种子不能萌发或杀死在萌芽状态，而作物种子因处于土壤较深层次接触不到药剂，可正常发芽生长（图 8－3）。用利谷隆防除大豆田与麦田杂草，除草醚防除大豆田、花生田杂草都是利用位差选择性。

但小粒种子浅播，除草剂水溶性大的就不宜用此法处理，沙性土壤，降雨多的地区，应用这种方法应注意药剂淋溶可能产生的药害。

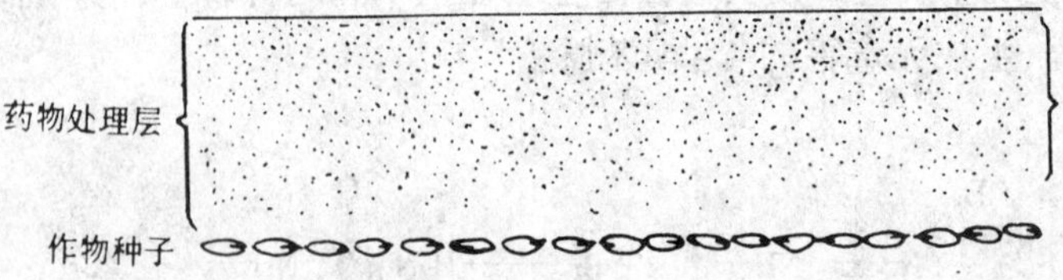

图 8－3　播后苗前土壤处理法除草示意图

2. 深根作物生育期土壤处理法　利用作物根深，杂草根浅的差异，把水溶性小不易淋溶的除草剂，施于土表，杀死杂草而不伤及作物（图 8－4），例如用西玛津、敌草隆防除果园杂草等。

3. 作物生育期行间处理法　在作物生育期使用非选择性除草剂，可用定向喷雾法或加保护罩（图 8－5），使药液不与作物接触，仅喷杂草，如在玉米、大豆、小麦生育期用百草枯防除行间杂草，棉田用草甘膦防除杂草等。

（二）时差选择　利用杂草和作物发芽出土的时间差异或施药和播种时间的差异而形成的选择性。例如水稻旱直播，在水稻出苗前，喷洒百草枯杀死已出土的稗草和其它杂草，不影响水稻出苗和生长。又如，小麦收割后，先用百草枯或草甘膦杀死已生长的杂草，然后再播种玉米，亦对玉米生长无害。水稻秧田或直播田在播种前 5～7 天施用五氯酚钠，可杀死土表层萌发的杂草，而五氯酚钠因光照和微生物作用而逐渐失效，再播种水稻就不会受药害等等，都是利用时差来获得选择性。

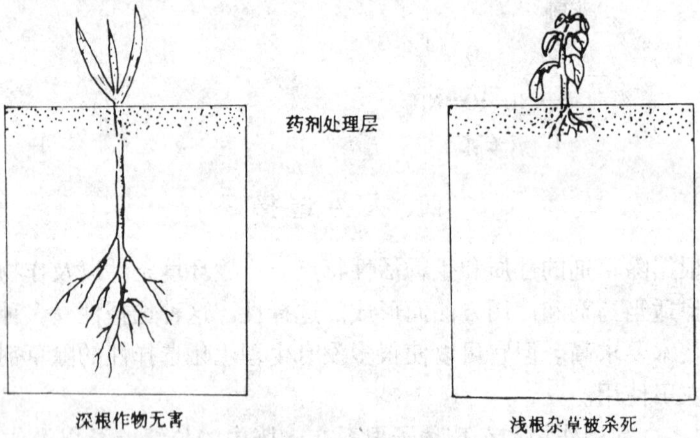

图 8－4　利用土壤位差除草剂杀死浅根杂草而无害于深根作物

（三）利用位差与施药等综合选择　水稻插秧后使用丁草胺、除草醚、杀草丹等除草剂能安全有效地防除稻田杂草，是利用了位差和施药方法等综合的选择性。因此时杂草处在敏感的萌发期易被除草剂杀死，而稻秧已是生长期对除草剂的耐性较强而不被伤害；施用除草剂时采用颗粒剂撒施或撒毒土，也使稻苗不易附着药剂而避免受害；另外使用的药剂水溶性很小，能固着在表土层，使萌动的杂草接触药剂而死亡，而插秧后的水稻根系和生长点均处在药层以下，接触不到药剂而安全。

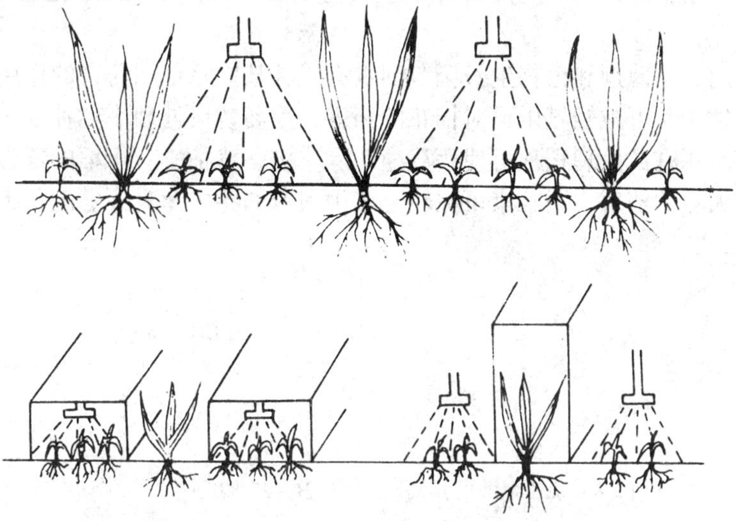

图 8-5　(上) 定向喷雾；(下) 保护性喷雾

(四) 利用保护物质或安全剂提高除草剂的选择性　某些除草剂选择性不强，易产生药害，可通过使用保护物质而提高选择性，例如水稻和玉米等种子用活性炭处理，因其对药剂有强烈的吸附性，因而可避免或降低取代脲类除草剂的药害。在播种沟里撒施活性炭也可以避免或减轻一些除草剂对作物的药害。

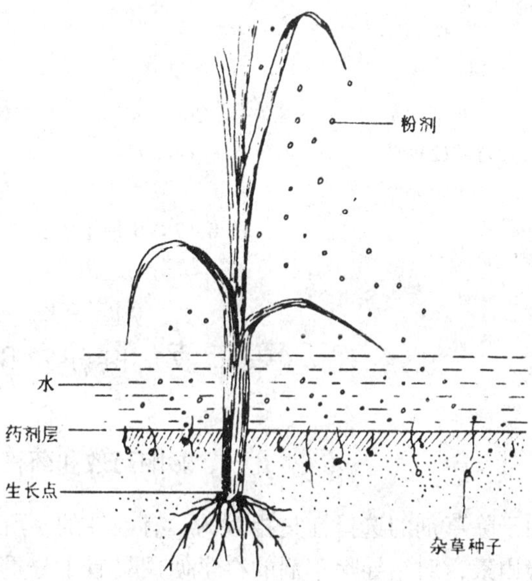

图 8-6　水稻本田施用除草剂除草原理示意图
(图 8-3～8-6　均引自《植物化学保护》1980)

利用安全剂提高某些除草剂的选择性，增加对作物的安全性，有更广泛的应用前景，早在 1947 年，Hoffmann 就发现 2，4，6-三氯苯氧乙酸可减轻2,4-滴对番茄的毒害，这是第一个发现的除草剂安全剂。之后陆续发现并商品化很多安全剂，如 1969 年发现 1972 年商品化的 NA (商品名为 Protect)，用于玉米、燕麦种子拌种，可减轻丙草丹、灭草丹、甲草胺等除草剂对玉米和燕麦的药害；1972 年美国施多福化学公司研制的 R-25788，用于水稻拌种，可提高丙草丹、燕麦灵、甲草胺、甲草丹等除草剂对玉米、水稻的安全性。丁草特、菌达灭单独使用时对玉米有药害，但与 R-25788 混用对玉米安全。商品莠丹 (sutan) 就是丁草特与 R-25788 的混剂；“Eradicane”是茵达灭与 R-25788 的混剂，都是用于玉米田的重要除草剂。丙草胺与安全剂 CGA-123407 混合，可安全地用于稻田，通常甲草胺和杜耳都不适用于高粱田，但高粱种子经安全剂 flurazole 和 Goncep 处理后，就可以使用，而不产生药害。

有些杀虫剂、杀菌剂和植物生长调节剂也有减轻某些除草剂药害的作用，如用甲拌磷或乙拌磷拌棉花种子，可减轻氟乐灵对棉花的药害。用萎锈灵处理小麦种子，可增强小麦对野麦畏的耐药性。恶霉灵处理稻种可使西草净、除草醚、草枯醚对水稻的毒害减轻。敌克松可减轻莠去津对大豆的药害，矮壮素可减轻土壤中残留的莠去津对小麦的药害等。

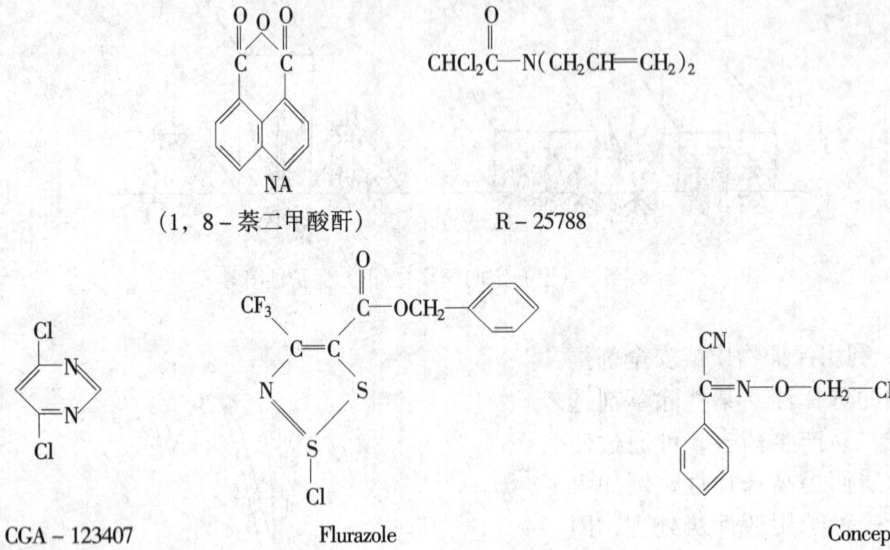

图 8-7　几种主要安全剂的化学结构

第二节　除草剂的科学使用

一、影响药效和药害的环境因素

由于除草剂的选择性是相对的、有条件的，所以深入研究和掌握影响除草剂药效和药害的环境因素，对指导除草剂的科学使用具有十分重要的意义。影响除草剂药效和药害的主要环境因素是土壤质地与有机质含量、土壤微生物以及气象条件。

（一）土壤因素的影响　以处理土壤为主要施药方法的除草剂，它的药效和药害与土壤质地、有机质含量、水分含量和土壤微生物的关系十分密切。

1.土壤质地与有机质含量　它们主要通过影响除草剂的吸附性和淋溶性而影响除草剂的药效和药害，同时土壤有机质含量多少也与微生物的多少有关。对除草剂吸附性小易淋溶的土壤，一般药效好，也易产生药害。土壤有机质多、微生物多、除草剂分解快。

土壤胶体微粒有极大的表面积，因而对除草剂的吸附性能也极强，特别是有机胶体微粒吸附性能更强，对除草剂的药效和药害影响更大。表 8-2 列出了几种除草剂在有机质含量 1%和 40%时，防除杂草 50%所需要的药量。充分说明随着土壤有机质含量的提高，除草剂的药效大大下降，为了保持一定的除草效果，必须增加施药量。

表 8-2　含有 1%与 40%有机质的土壤防除禾本科杂草 50%时所需药量

除草剂	含 1%有机质需药量（kg/hm²）	含 40%有机质需药量（kg/hm²）	每增加 1%有机质需药量（kg/hm²）
西 玛 津	0.48	20.33	0.52
敌 草 隆	0.38	7.26	0.18
氯苯胺隆	4.31	47.47	0.21

土壤对除草剂的吸附性大小，主要取决于土壤中胶体微粒，即粘土含量和有机质含量的多少。粘土对除草剂的吸附小于有机质，同时是可逆的，而有机质对除草剂的吸附不具可逆性，有机质和粘土含量对除草剂的吸附性与药效的影响，并不是彼此孤立的，在土壤有机质含量中等（2.5%～5%）的情况下，除草剂的用量主要受粘土含量的影响，粘土含量增加，除草剂的用量也要随着增加。而在土壤有机质含量比较低（小于 2.5%）或者比较高（5%～10%）的情况下，除草剂的有效用量则直接受有机质含量的影响。即随着有机质含量的增加而除草剂的用量也要增加。如果土壤有机质含量超过 12%或 15%时，多种除草剂均被强烈地吸附，尽管施药量增加也很难发挥除草效果。

土壤质地和有机质含量也影响除草剂在土壤中的淋溶性，从而影响除草剂的药效和药害。土壤质地粘重，有机质含量高，除草剂被吸附的量大，不易被淋溶，药效差，但不易产生药害。相反，土壤沙性强，有机质含量少，除草剂被吸附的量也少，易被淋溶，药效好，但也易产生药害。

2. 土壤微生物　土壤微生物对除草剂的作用是十分复杂的过程。但大体可以分为两大类型。一类为除草剂被微生物降解而失去活性。降解的过程有长有短，也影响着除草剂的持效期有长有短。敌稗在土壤中非常容易被土壤微生物分解而失去活性。因此不能作为土壤处理剂使用。另一类除草剂需要微生物的作用，才能产生活性。如赛松施于植物叶面没有杀草活性，但施于土壤，经微生物降解、氧化变成 2，4-滴就有良好杀草活性。

3. 土壤含水量　除草剂只有在土壤中处于溶解状态，才能被植物吸收发挥作用。土壤中含水量越多，被溶解的除草剂也越多，其药效会好，当然非选择性除草剂的过分淋溶下渗，也会加重作物的药害。

除草剂在土壤中的淋溶性，除受土壤含水量、降雨和土壤质地及有机质含量的影响外，还受除草剂本身的理化性质影响。呈负离子状的有机酸类除草剂，如茅草枯、三氯醋酸钠等，由于不易被土壤胶体颗粒吸附，因而易被淋溶。而除草醚、氟乐灵、草隆、氯谷隆等，则因土壤微粒对其有较强的吸附性，而不易被淋溶。同一类除草剂，水溶性强的易被淋溶。

（二）气象因素的影响　影响除草剂药效与药害的主要气象因素是温度、湿度、日照、风和雨等。

1. 温度　温度是影响除草剂药效和药害的重要因素。温度升高有利于植物对除草剂的吸收和传导，也有利于除草剂的化学性能提高，增加渗透性和对靶标的作用，人而增加除草活性。当然也可能使药害加重。敌稗在28℃以上时防除稗草效果很好，而在低温时，效果很差，甚至无效。

由于气温对除草剂药效的影响很大，所以不同气温条件的地区，同一种除草剂的施用量也有很大差别。例如在东北气温比较低，用50%西玛津或莠去津防除玉米田杂草，每公顷需用4.6~6.0 kg。而在北京、上海等地的夏玉米田使用，因气温高仅需2~3 kg。

除草剂品种不同，药效和药害受温度影响的程度也不一样。2，4－滴丁酯等一些挥发性强的除草剂受气温的影响大，气温高时，能显著提高除草效果，也会使药害加重。2，4－滴防除稻田双子叶杂草时，气温低效果差，而二甲四氯则受温度影响很小，在低温时，也表现出良好的除草效果。

2. 湿度　空气湿度影响药液在植物表面的干燥时间，从而影响除草剂进入植物体内的速度和量。空气湿度大，药液在植物表面的干燥时间延长，有利于叶面气孔开放，使除草剂易被吸收，从而提高除草效果。

3. 光照　光照通过对植物生长和药剂活性的影响，而影响除草剂的药效。光照强，有利于光合作用。对除草剂的吸收传导也有促进作用，再加上光照强时往往气温也相应提高，因而对大多数除草剂的药效发挥是有利的。如2，4－滴类除草剂、百草枯、除草醚等都是在强光照时效果更好。但也有例外，敌稗在施药前后如遇阴天，由于降低了药剂在杂草体内的酶解作用，反而会提高除草效果，氟乐灵等易挥发易光解的除草剂，则不能接受强光照，土壤处理时，要及时混土，以免光解失效。

4. 风雨　风雨通过影响施药质量和药剂的覆盖量及淋溶程度而影响除草剂的药效和药害。施药时遇大风，不管茎叶喷雾处理或土表喷雾处理，都很难保证喷撒均匀和足够的附着量，因而药效也得不到保证，但由于风大药剂飘移严重，则可能发生严重药害。施药后如果土表干燥遇大风，土表处理的除草剂会随风吹走，而使药效下降。茎叶处理的除草剂施药后如果遇大雨会使在杂草上的附着药量大大减少而影响药效。土壤处理剂，遇到连阴雨，药效可以保证，但往往药害也会随着加重。

降雨对除草剂药效和药害的影响程度，也与土壤质地、有机质含量和药剂本身的性质有密切相关。

二、除草剂在环境中的降解与消失

尽管大多数除草剂对高等动物的急性毒性并不高，但大量使用除草剂，对后茬作物、土壤微生物、植物群落及水生生物的影响，仍然不可忽视。因此，了解除草剂在环境中的降解和消失途径及过程，对科学安全使用除草剂，保护生态环境都有十分重要的意义。

除草剂在环境中的降解和消失途径，主要包括物理消失和化学及生物降解两大部分，如图8－8所示，分述如下。

（一）光解　除草剂在植物和土壤表面，都有不同程度的受光照，特别是紫外光部分的照射而分解。分解的程度，主要取决于除草剂本身化学结构对光照的稳定性。二硝基苯胺类除草剂，特别是氟乐灵很易光解，光解的过程参见第四章图4－6。其它各类除草剂光解缓慢。

（二）挥发　除草剂施于植物或土壤表面，部分可通过挥发而消失在大气中。挥发量的多少，主要取决于除草剂本身的挥发性大小，也与温度和湿度有关。二硝基苯胺类、硫代氨基甲酸酯类除草剂，挥发性强，施于土表，能迅速挥发而失去活性，而挥发的气体还易伤及敏感作物。温度升高促进除草剂挥发。湿度增加，有利于除草剂游离于溶液中，从而也促进了除草剂的挥发。

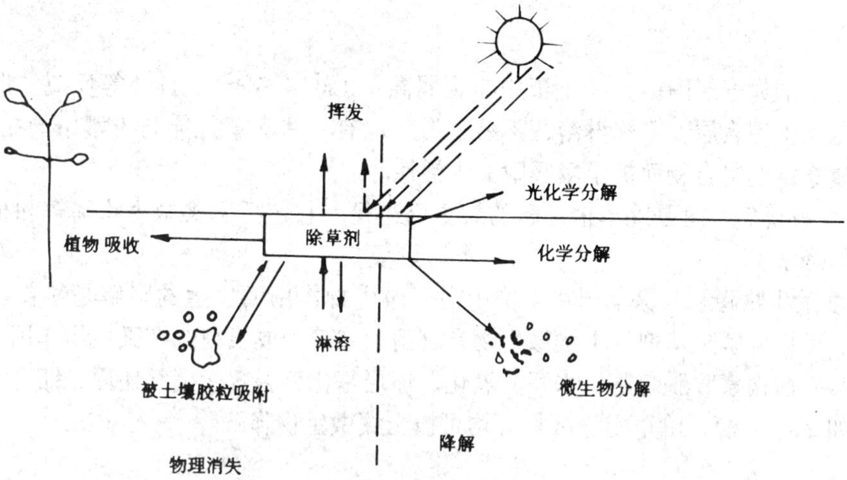

图 8－8　除草剂在土壤中的降解与消失示意图（引自《植物化学保护》1980）

（三）土壤吸附　除草剂在土壤中被吸附的程度直接影响其杀草效果、持效性、药害及环境污染的程度。除草剂可被土壤胶粒和有机质胶粒吸附。土壤胶粒吸附的除草剂，一部分是可逆的，即可分解被植物吸收；而有一部分是结合吸附，是不可逆的，植物也无法吸收。有机质胶粒对除草剂的吸附大都是不可逆的。因此其含量对除草剂的药效也影响极大。除草剂在土壤中被吸附的程度，除与土壤中有机质和粘土含量有关外，还与除草剂本身的结构和性质有关，脲类、均三氮苯类、硫代氨基甲酸酯类等除草剂易被土壤吸附，而磺酰脲类、咪唑啉酮类等除草剂则不易被吸附。易被土壤吸附的除草剂，持效期长，不污染地下水，位差选择性强，但对后茬作物，可能产生不良影响。

（四）淋溶　除草剂在土壤中的淋溶性，受多种因素影响。除草剂本身的水溶性是能否淋溶的基础，土壤中水分含量及流量是除草剂淋溶的基本条件；土壤质地、有机质含量、pH 值及透性都不同程度的影响着除草剂在土壤中的淋溶性。在相同条件下，水溶性强的除草剂更易被淋溶；土壤有机质含量少、质地沙性、透性好吸附性差也有利于除草剂的淋溶和渗透。土壤有机质含量多、质地粘重、透性差吸附性强，则除草剂不易被淋溶。土壤 pH 值主要通过影响除草剂与土壤的吸附与结合而间接影响除草剂的淋溶，磺酰脲类除草剂在土壤中的淋溶性随 pH 值的升高而增强，因此它在碱性土壤中更易被淋溶。

（）化学分解　化学分解是除草剂在土壤中降解的重要途径之一，其中包括氧化、还原、水解以及形成非溶性盐类与络合物。化学分解常常与微生物降解相伴发生。磺酰脲类除草剂，在酸性土壤中，主要通过水解作用而失去活性。化学分解式如下：

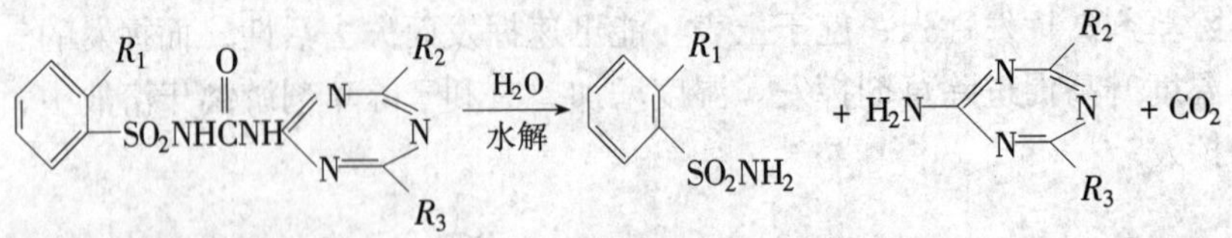

有些除草剂如五氯酚钠，在土壤中与金属离子 Ca^{2+}、Mg^{2+}、Fe^{2+} 等反应，形成非溶性盐类而固定在土壤表层，不被淋溶，不易下渗。也有一些除草剂能与土壤中的钴、铜、铁、镁、镍形成稳定的络合物而被土壤吸附失去活性。

（六）生物降解　这是除草剂降解的最主要途径。它包括土壤微生物降解和植物吸收后在其体内的降解。

1. 土壤微生物降解　除草剂在土壤中由于微生物作用而发生的降解是最普遍最重要的降解途径。可以降解除草剂的土壤微生物有真菌、细菌和放线菌。在微生物作用下，可发生的降解反应有脱卤素、脱烷基、水解、氧化、环羟基化、裂解、硝基还原、缩合以及形成轭合物等。如 2，4 – 滴、除草醚、敌稗等均可被土壤微生物降解。

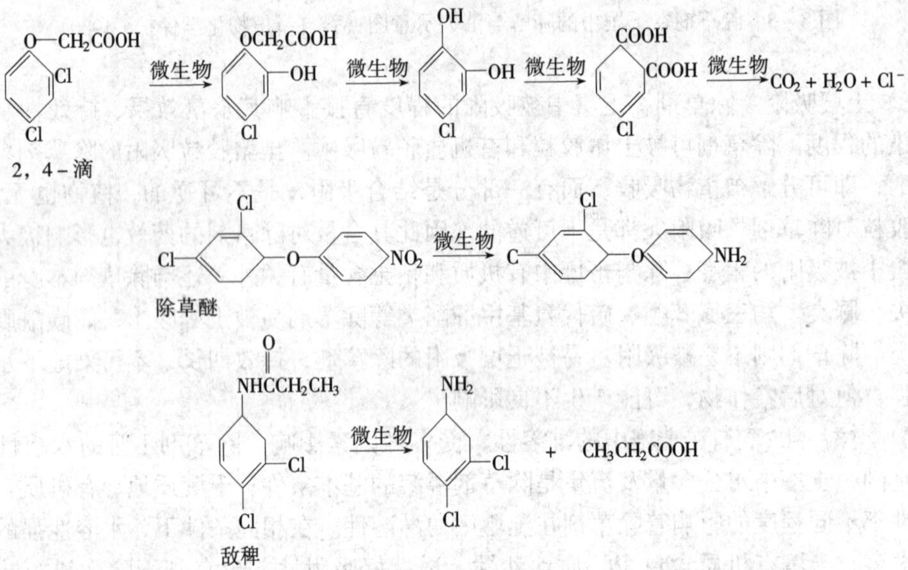

2. 在植物体内的降解　除草剂在植物体内的降解反应类型主要是氧化、还原、水解和轭合。降解反应过程分为两个阶段，第一阶段进行氧化、还原或水解反应，使分子引入 – OH，– NH_2，– SH，– COOH 等极性基团，使除草剂毒性降低，极性增强。其中有酶促反应，也有非酶促反应。第二阶段是进行轭合反应，即第一阶段反应产生的极性产物，进一步在谷胱甘肽 – S – 转移酶、尿苷二磷酸葡萄糖转移酶的作用下与植物体内低分子量物质，如葡萄糖、氨基酸、谷　胱甘肽等进行酶促轭合反应。使除草剂的活性进一步降低，形成的产物有高度的水溶性。例如 2，4 – 滴在植物体内的降解如图 8 – 9 所示。

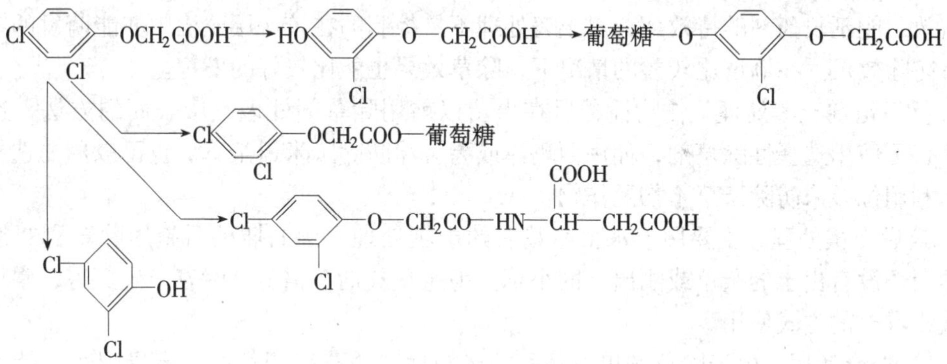

图 8－9　2，4－滴在植物体内的代谢

三、除草剂的使用方法

由于除草剂本身的理化性质，生物活性特点各异，使用目的又各有不同，特别是在农田作用，杀死的是植物（杂草），保护的也是植物（作物），而且受环境因素影响很大。因此对其使用方法的要求较杀虫剂、杀菌剂等更加严格，否则会使除草剂的药效不能很好发挥或产生严重药害。另外通过使用方法的改进，也可以提高除草剂的药效和选择性，除草剂的使用方法，主要有以下几种类型。

（一）茎叶处理法　将除草剂直接喷洒或涂抹到杂草植株上的施药方法，统称为茎叶处理法。茎叶处理的具体方法有播前茎叶处理和生育期的茎叶处理。

1. 播前茎叶处理　播种前针对农田已经长出的杂草实施药剂处理，一般是针对性喷雾，选用速效性好、杀草谱广、不影响播种的除草剂。如夏玉米播种前用百草枯喷雾防除田里已长出的杂草。

2. 生育期茎叶处理　在农田中已经生长着作物，为防除其中生长的杂草而实施的药剂处理，根据选用的药剂不同，具体的施药方法有三种：

（1）选用生理生化选择性比较好的除草剂，可直接针对茎叶喷雾。如选用 2，4－滴防除麦田阔叶杂草，用敌稗防除稻田稗草等。可有效防除杂草，不会伤害作物。

（2）定向喷雾。如果选用的除草剂选择性不好，易对作物产生药害，可使用带保护装置的喷雾器，使药液定向喷洒到杂草上，而不伤害作物。

（3）涂抹法。使用灭生性除草剂防除作物生育期中的杂草，用带保护装置的喷雾器喷雾也不安全，可用涂抹器。针对生长着的杂草涂抹药液。也可达到防除杂草而不伤害作物的目的。

（二）土壤处理法　将除草剂施于土壤防除杂草的方法，统称土壤处理法。用于土壤处理的除草剂品种很多，具体处理方法又分为播前土壤处理，播后苗前土壤处理和苗后土壤处理。

1. 播前土壤处理　作物播种或移栽前，用除草剂处理土壤防除杂草的方法，具体作法又分两种。即播前土表处理及混土处理。作物种植前将除草剂均匀喷雾或撒毒土于农田表面，防止杂草出土，如稻田插秧前施用除草醚或五氯酚钠防除杂草。播前混土处理是在作物播种前先在土表均匀喷洒一层不易淋溶的除草剂，然后用钉齿耙、圆盘耙或旋转耙等将除草剂与表土混拌均匀，药层 4～6 cm。这种处理方法，药剂损失少，特别对易挥发和光解的药剂更有效，能延长药剂的持效期，对土表处理不易控制的在较深层土壤中亦能萌发的杂草也有较好防除效果，在墒情比较差的情况下，除草效果也能比较好的发挥。

2. 播后苗前土壤处理　作物播种后在出苗以前用除草剂处理土壤表面的方法。这种处理方法，可使用选择性除草剂，如用西玛津或莠去津防除玉米田杂草。也可以用非选择性除草剂，利用位差来防除杂草不伤及作物。

3. 苗后土壤处理　主要用于水稻移栽后的土壤处理，例如插秧后施用除草醚或杀草丹防除稻田还没有出土的杂草或刚出土的小草。为避免药剂在稻苗上附着产生药害，常以撒颗粒剂或撒毒土的方式使用。

（三）混合使用　由于除草剂单一品种的选择性和杀草范围都有一定局限性，持效期长短也不同，理化性质常常也有一定差别，单独使用不能满足需要，或带来一些问题。因此，除草剂的混合使用，受到世界各国的重视。混合制剂品种亦在除草剂品种中占有相当大的比重，除草剂的科学合理混用。可以带来很多好处，其主要有以下几个方面。

1. 扩大杀草谱　一种除草剂常常只对一种或几种杂草有效，而田间往往是多种杂草同时出现，只用一种除草剂不能控制杂草危害。如果针对田间杂草的种类，选择几种有效除草剂混合使用，就能使大部分杂草得到控制。如在稻田单用除草醚不能控制鸭舌草与牛毛草，但除草醚与2甲4氯混用就能得到控制。杀草丹或草达灭单独使用，可有效防除稗草和牛毛草，但不能防除阔叶杂草与藻类。但与西草净混用，则两类杂草均可兼治。在玉米田单独使用甲草胺对禾本科杂草效果好，对阔叶杂草效果差，而单用莠去津效果正好相反，两者混合使用，彼此互补，可有效控制玉米田的禾本科和阔叶杂草，又如甲草胺、杀草胺等，仅能做土壤处理防除萌芽期的杂草，对已出土杂草效果很差。而百草枯仅能杀死已出苗的杂草，若两者混用，不仅能杀死已出苗杂草，也能控制以后萌发的杂草，使除草效果更彻底，持效期更长。

2. 增效作用　不少除草剂品种混合使用后，有提高药效的作用，其中多数为不同类型的除草剂混用，也有同类型除草剂的混用。由于增效作用，可使田间用药量减少，提高经济效益，受到普遍重视。例如除草醚与西玛津混用，对冬小麦田的鼠尾看麦娘有增效作用，以有效成分计，出苗前每公顷施1.40 kg除草醚 + 0.21 kg西玛津，对鼠尾看麦娘的除草率为98%，而每公顷单用2.1 kg除草醚，除草率才达到92%，单用0.21 kg西玛津的除草率只有2%，莠去津与2，4 - 滴混用对莎草科杂草亦有明显增效作用。草甘膦和调节膦都是有机磷类型的除草剂，混合使用对茅草和杂灌木也都有增效作用。

除草剂与化学肥料混用，也常常表现出增效作用。例如除草醚与氮肥混用防除稻田杂草有增效作用；2，4 - 滴与硫酸铵、硝酸铵或过磷酸钙混用防除麦田杂草，也有增效作用等。

3. 提高作物的安全性　有些除草剂的选择性差，易产生药害，通过混用可能降低药害提高作物的安全性。例如赛克津单用苗前土壤处理防除大豆田杂草，因其水溶性较大，在土壤pH高、沙性强的情况下，极易产生药害。但与氟乐灵混用，不但能提高药效也增加了赛克津对大豆的安全性。氟乐灵与甲拌磷或乙拌磷结合使用防除棉田杂草，可减轻氟乐灵对棉花根部发育的影响等等。

4. 降低对后茬作物的影响　有些除草剂在常用剂量下持效期太长，对后茬敏感作物有严重影响，也可以通过混用来解决。例如莠去津用于玉米田防除杂草，每公顷使用1～2 kg的常用剂量，对玉米十分安全，防除杂草效果也很好，但后茬不能播种敏感作物，否则药害

十分严重 。如果用甲草胺与莠去津混用，使莠去津的用药量减少3/4，仍可保证玉米田的除草效果，而对后茬作物的影响就大大减轻了。

第三节　常用除草剂类型及品种

一、酚　　类

酚类是最早应用的有机合成选择性除草剂。早在1932年Traffaut与Pastac发现，2.4－硝基酚与3.5－二硝－邻－甲酚能够有效地防除禾谷类作物田中多种一年生杂草，这是除草剂由无机化合物向有机化合物发展的开端，与无机除草剂相比它的用量大大减小，选择性有很大提高。

酚类除草剂的结构类型有两类，即取代酚和氯酚。所有酚类除草剂水溶性都比较小，脂溶性较强。大都有触杀作用。选择性比较差。

酚类除草剂的作用原理，主要是抑制呼吸作用使植物死亡，以五氯酚钠使用最多。

五氯酚钠（pcp－Na）　早在1841年即被合成，1950年以后日本开始作为稻田除草剂使用。工业品为白色或淡红色粉末。有酚味。熔点174℃以上，易溶于水，水溶液是碱性，易光解，对人、畜毒性中等，大鼠经口急性LD_{50}为126 mg/kg±40 mg/kg，对青蛙、鱼虾等水生动物剧毒，对水和环境有一定污染，是灭生性触杀型土壤处理除草剂，农田使用靠时差和位差选择除草。在植物体内与酸性物质反应形成五氯酚，使细胞死亡。五氯酚钠亦是氧化磷酸化的解偶联剂，抑制呼吸作用使植物死亡。主要用于水稻田土表处理，防除以种子繁殖的杂草和藻类，如稗草、鸭舌草等，同时可兼治钉螺、蚂蟥等有害水生生物。也可用于棉花、玉米、花生、果桑、茶园、苗前土表处理防除狗尾草、节节草、碱草、马唐、蓼等。

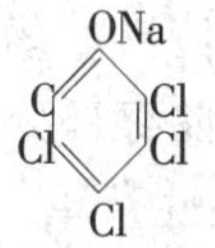

二、苯氧羧酸类

最早研究开发的苯氧羧酸类除草剂是2，4－滴。1941年被合成，1942年发现了它的植物生长调节和除草作用。由于其杀草活性高、选择性强，揭开了有机合成选择性除草剂的广阔领域，开创了化学除草的新纪元，促进了化学除草的高速发展。至今仍为一大类重要的选择性除草剂。

苯氧羧酸类除草剂的主要结构类型为苯氧乙酸类和苯氧基或杂环氧基苯氧基丙酸类。其共同特点是选择性强、杀草谱广、用量少、成本低、使用安全。多为茎叶处理剂。苯氧乙酸类主要对阔叶杂草有效，苯氧基或杂环氧基苯氧基丙酸类主要对禾本科杂草有效，它们的除草机制也不相同，苯氧乙酸类为植物激素型除草剂，而苯氧基或杂环氧基苯氧基丙酸类则为植物激素的拮抗剂。后者为70年代以后才开发的一类新型除草剂。

苯氧羧酸类除草剂在正常使用量的条件下，对人、畜和环境都很安全。但2，4，5－涕在合成中产生杂质二恶咽，有高度致畸作用，因此，2，4，5－涕在很多国家都限制或禁止使用。

苯氧羧酸类除草剂可以盐和酯的形式使用，但其在植物体内只有变成酸的形式才能发挥除草活性。

主要品种为：

1.2，4－滴（2，4－D） 1941年美国波科尔尼（N.pokorny）首次发表2，4－滴的合成方法，1942年齐莫曼（P. W. Zimmerman）等首先报道了2，4－滴的植物生长调节作用和除草作用。之后即投入工业化生产。纯品为白色无臭结晶，熔点141℃，工业品稍带酚类气味，对金属具有腐蚀作用，常温下稳定。2，4－滴微溶于水，其钠、铵与胺盐易溶于水。在硬水中，与钙、镁离子反应生成不溶盐，使药效降低。2，4－滴及其衍生物对人、畜低毒；大鼠急性口服 LD_{50} 为400～700 mg/kg；对鱼低毒，对蜜蜂较敏感。2，4－滴常以其钠盐、胺盐或酯的形式使用。盐溶于水，可以直接对水使用，挥发性小，对敏感作物影响小，但药效不如酯。酯不溶于水，一般加工成乳油使用，2，4－滴乙酯、丙酯、丁酯，挥发性较大，药效高，但对敏感作物影响也大。

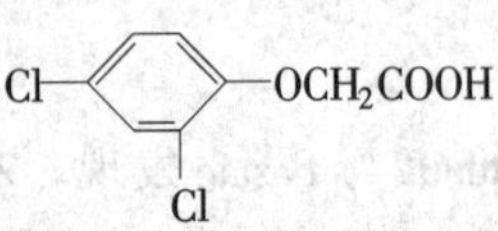

2，4－滴为内吸选择性高效杀阔叶草除草剂，对植物有强烈的活性，低浓度时可刺激植物生长，高浓度时则抑制植物生长，植物的根、茎、叶均可吸收传导。茎叶吸收的药剂随光合作用产物沿韧皮部筛管运送到根、茎、叶生长旺盛部分或营养储存部分。根部吸收药剂随蒸腾流沿木质部导管向上传导至茎叶的生长点。防治多年生宿根性杂草，在晚春早秋用药，药剂更多用到杂草下部叶片，低剂量多次用药会收到更好的防除效果。这是因为晚春或早秋时期，杂草可产生大量的光合作用物质向根部转移，同时杂草下部叶片产生的同化物质更多的转向根部，这样都有利于2，4－滴向根部集中，杀死杂草。过量使用2，4－滴防除多年生宿根性杂草，由于输导组织被杀死，而不能使2，4－滴向根部更好的转移，因此反而效果不好，低剂量多次用药则避免了输导组织的破坏，使2，4－滴更多的集中到根部，有利于根除杂草。

2，4－滴的作用机制十分复杂，几乎可影响植物的全部生命过程，但它是典型的植物激素型除草剂，它能干扰植物体内激素的平衡，造成植物死亡。

2，4－滴对分蘖期的禾谷类作物安全。在生育期作茎叶处理可有效防除稻、麦、玉米、高粱、甘蔗田的双子叶杂草，在玉米播后苗前作土壤处理可有效防除一年生双子叶及单子叶杂草，对双子叶作物非常敏感，特别是对棉花更敏感，使用时注意不要污染敏感作物产生药害。使用的喷雾器最好专用，以免对敏感作物产生药害。

2.2甲4氯（MCPA） 1945年英国卜内门（ICI）公司首先生产。纯品为白色结晶，熔点118～119℃，室温下在水中溶解度为825 mg/kg，易溶于乙醇、乙醚等有机溶剂，其钠盐和胺盐易溶于水，但遇硬水会形成钙、镁盐沉淀影响药效。碱金属盐溶液是碱性，能腐蚀铝和锌。2甲4氯对人、畜低毒，大鼠急性口服 LD_{50} 为700 mg/kg，对鱼低毒。生物活性特点和选择性原理同2，4－滴。

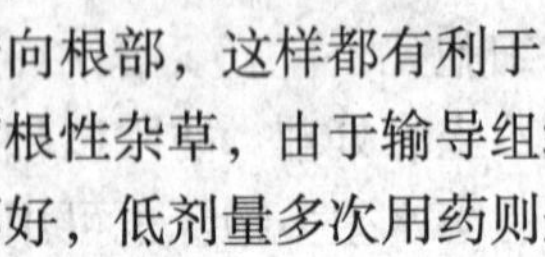

2甲4氯主要用于防除水稻、小麦、玉米 、高粱等禾谷类作物田中的莎草科杂草和其它阔叶杂草，效果优于2，4－滴，且受温度影响小，在较低温度下，同样有良好除草效果，

使用中注意事项同2，4－滴。其它重要品种见表8－4。

表8－4　其它重要苯氧其羧酸类除草剂品种

名　称	结构式	大鼠口服 LD_{50}（mg/kg）	适用范围	防除对象
2，4，5－涕（2，4，5－T）	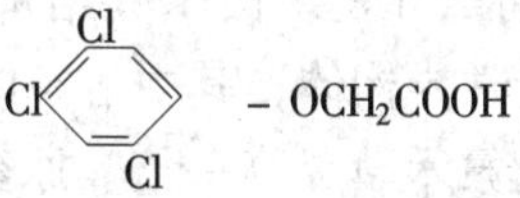	300	森林、非农田	灌木，木本植物、阔叶草杂
2，4－滴丙酸（dichlorprop）	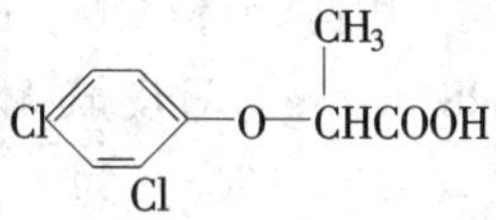	800	麦类、草场	猪殃殃、蓼、繁缕等阔叶草及水生杂草
2，4－滴丁酸（2，4－DB）	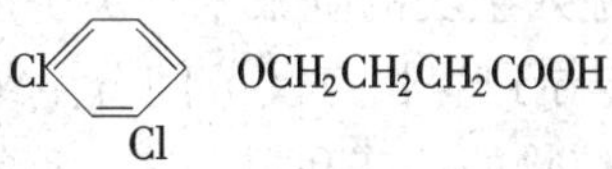	700	苜蓿、莱豆、三叶草、大豆	阔叶杂草
2，4－滴丁酯 2，4－Dbutylate	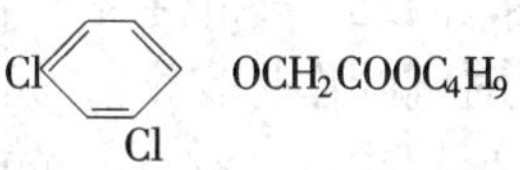	400～700	禾谷类作物	阔叶杂草
2，4－滴乙酯（2，4－D ethylte）	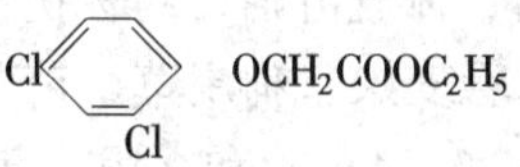	375	水稻	阔叶杂草
2，4－滴乙基硫酸钠（disul）	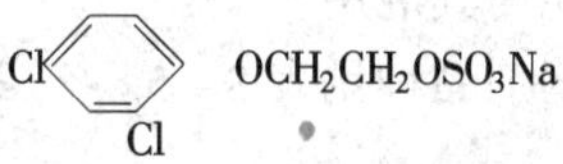	1 230	旱田，林地	阔叶杂草

3．禾草灵（diclofop－methyl）　1974年德国赫司特化学公司首先合成开发的苯氧苯氧基丙酸类除草剂。纯品为无色无臭结晶体。熔点39～41℃。易溶于丙酮、乙醚和二甲苯，难溶于水。对人、畜低毒，雌鼠口服急性 KD_{50} 为563 mg/kg。可被植物根茎叶吸收，但传导性差，主要作用部位为分生组织。主要杀草原理为抑制生长和对细胞膜的破坏，禾草灵是植物激素强拮抗剂，能抑制植物生长。其酸能使敏感植物的细胞膜破坏及细胞解体。禾草灵在单子叶与双子叶之间有良好选择性，在单子叶植物体内，禾草灵易发生芳基羟基反应，然后轭合为芳基葡萄糖苷而失去除草活性。在双子叶植物体内则轭合为仍具杀草活性葡萄糖酯。禾草灵在小麦体内能发生不可逆的芳基羟基化反应，在野燕麦体内则无这种反应。因而在小麦与野燕麦之间也有很好选择性。

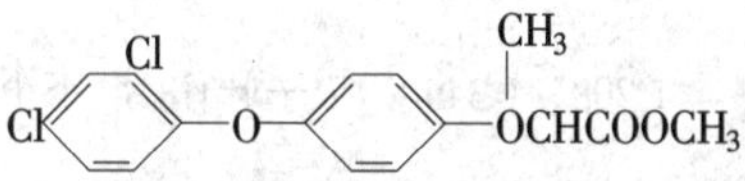

禾草灵适用于小麦、大麦、黑麦、大豆、甜菜、油菜、马铃薯、亚麻、花生等作物田间防除野燕麦、稗草、马唐、毒麦、看麦娘及狗尾草等一年生禾本科杂草，一般在杂草1～3叶期喷雾使用。对双子叶植物除棉花外，一般均安全。燕麦、高粱、谷子、玉米、甘蔗和水稻对禾草灵敏感，不能在其种植田中使用。

4. 吡氟禾草灵（fluazifop－butyl）

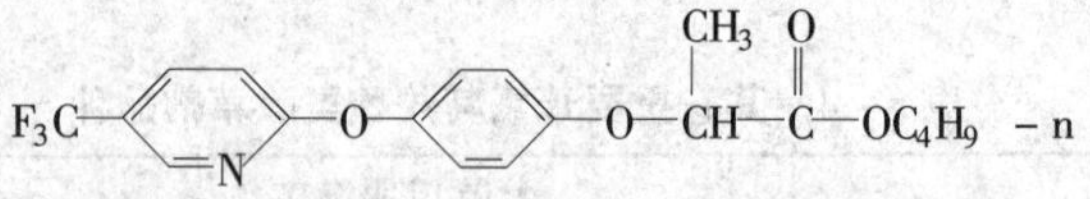

1978年英国卜内门公司和日本石原产业公司同期开发。由于其结构中丙酯的 α －碳原子为不对称碳原子，所以有 *R*－体和 *S*－体两种光学异构体，其中 *S*－体没有除草活性，只含有 *R*－体的产品称为精吡氟禾草灵。其药效较吡氟禾草灵高一倍。原药无色或浅黄色油状液体，沸点170℃。水中溶解度为2 mg/L，可与丙酮、甲醇、环己酮、己烷、二甲苯、二氯甲烷互溶。对人畜低毒，大鼠口服急性 LD_{50} 为3 328 mg/kg。对皮肤无刺激作用，对蚯蚓、土壤微生物影响很小，对蜜蜂鸟、类低毒，对虹鳟鱼 LC_{50}（96h）为1 .37mg 鲤鱼 LC_{50}（96 h），为3.5 mg/kg 可被禾本科植物的茎叶吸收，施入土壤的吡氟禾草灵也能被根吸收。进入植物体的药剂水解成酸的形态，经筛管和导管传导到生长点及节间分生组织，干扰植物的ATP的产生和传递，破坏光合作用和抑制禾本科植物的茎节和根、茎、芽的细胞分裂，阻止其生长。由于其吸收传导性强，可向下传至地下茎，因此对多年生禾本科杂草也有良好防除效果。选择性强，对禾本科杂草有很强杀伤作用，对阔叶作物安全。

常用于大豆、棉花、甜菜、马铃薯、甘薯、花生、豌豆、蚕豆、菜豆、烟草、亚麻、西瓜、阔叶蔬菜等多种作物，及橡胶、果树、种植园、林业苗圃，幼林抚育防除一年生和多年生禾本科杂草。如稗草、马唐、狗尾草、野燕麦、看麦娘、狗尾草、芦苇、宿根高粱、白茅等。一般在作物苗后，杂草2～5叶期作茎叶处理。2，4－滴和2甲4氯对吡氟禾草灵有拮抗作用。百草枯也能使吡氟禾草灵传导受阻，不能与其混用。

其它重要苯氧基或杂环氧基苯氧基丙酸类除草剂品种见表8－5。

表8－5　其它重要苯氧基或杂环氧基苯氧基丙酸类除草剂品种

名　称	结构式	大鼠口服 LD_{50}（mg/kg）	适用范围	防除对象
禾草灵异丁酯（clofopisobutyl）	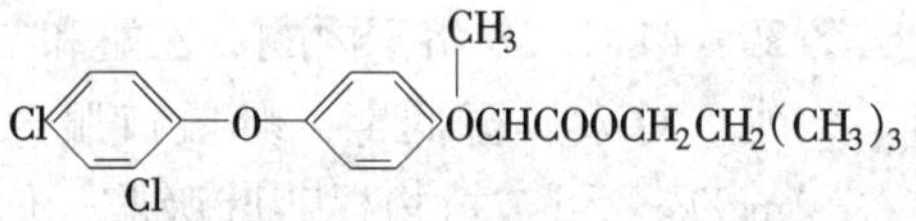	1 208～1 345	双子叶作物	禾本科杂草
吡氟乙草灵（haloxyfop）	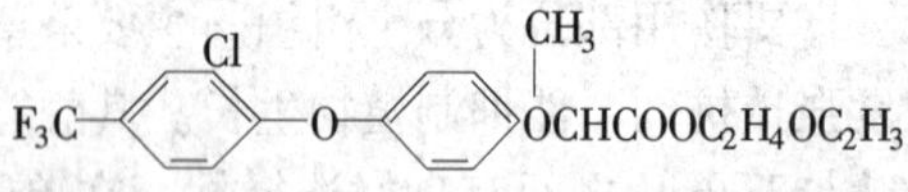	518～531	双子叶作物	禾本科杂草
喹禾灵（quinofopethyl）	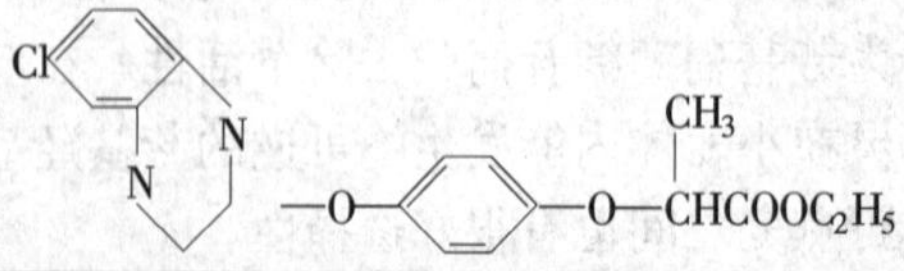	1 480～1 670	双子叶作物	禾本科杂草

三、苯甲酸类

早在1942年就发现了取代苯甲酸衍生物具有植物生长调节活性，到40年代末50年代初开始发现其有除草活性。1956 年 Amchem 公司开发出用于大豆田除草的苯甲酸类除草剂草灭平。1960 年开发了敌草索与麦草畏，其后又相继开发出若干新品种。

此类除草剂除个别品种如草灭平外，大多数品种既有叶面处理活性，也有土壤处理活性。大多数品种既有除草活性，也有植物激素作用。都可被植物根、茎、叶吸收并传导。选择性比较好。主要品种如下：

1. 草灭平（Chloramben） 又名豆科威。1956 年 Amchem 公司首先开发。纯品为白色结晶，熔点 200 ~ 201℃，25℃时在水中的溶解度为 700 mg/L，在乙醇中的溶解度为17.23%。

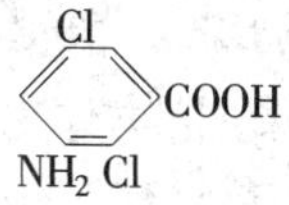

其碱金属盐可溶于水。工业品为淡紫红色粉末，纯度约 90%，熔点在 195℃以上。对热、氧化和在酸碱介质中都较稳定，但可被次氯酸钠溶液分解，对人、畜低毒，大鼠急性经口 LD_{50}为 5 620 mg/kg。对鱼类、鸟类、蜜蜂无毒害。土壤处理可迅速被种子吸收，也能被幼芽和根吸收，在 5 ~ 30℃范围内，随温度升高吸收作用增强。药剂的吸收和传导随植物而异。耐药性植物例如大豆是由于草灭平与其体内物质形成轭合物而解毒，根吸收后也很少传导。南瓜主要是不易吸收草灭平表现耐药性强；敏感植物如黄瓜等则很易吸收并迅速导。主要作用部位为根部，作用原理为干扰内源激素的作用。使植物根芽生长畸形以至死亡。土壤中有机质对灭草平的吸附性强。随着土壤有机质含量的增加，其灭草效果逐渐下降。土壤含水量增加有利于药效发挥。

一般加工成 20%水剂、21%铵盐水剂、20%乳油及 10%颗粒剂使用。主要用于大豆田，也用于花生、玉米、甘蓝、菜豆、胡萝卜等作物播后苗前，番茄、辣椒、甘薯等移栽后，杂草出土前进行土壤处理，防除一年生阔叶杂草和禾本科杂草，如稗草、马唐、狗尾草、牛筋草、粟米草、苘麻、野芥、蓼、藜、苋、猪毛菜、肠草、马齿苋、繁缕等。一般对阔叶草效果更好一些。不能防除已出苗杂草和多年生杂草。

2. 麦草畏（dicamba） 又名敌草威，百草敌。1965 年美国贝尔西可化学公司（Velsicochemical corp）首先开发。纯品为白色结晶，熔点 114 ~ 116℃，25℃时水溶解度为 6.5 g/L。二甲苯中溶解度为中等，易溶于乙醇和丙酮；二甲基胺盐在水中的溶解度加大；原药在正常情况下稳定，具有抗氧化和抗水解能力；在酸碱条件下稳定；对人、畜低毒，大鼠急性口服 LD_{50}1 879 ~ 2 740 mg/kg，在推荐剂量下使用对鸟类、蜜蜂和水生生物安全。

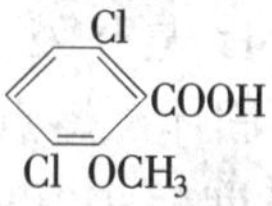

麦草畏是具有高度选择性的芽后除草剂，根茎叶都可吸收并在植物体内迅速传导。根吸收通过木质部向上传导，叶吸收通过韧皮部向下传导，有效成分多集中在分生组织及代谢活动旺盛的部位。阻碍植物激素的正常活动，抑制植物的正常生长。禾本科植物吸收药剂后传导缓慢，而降解很快，因而耐药性强。

一般加工成 48.2%二甲基胺盐水剂苗后喷雾使用。主要用于小麦、谷子、玉米、水稻等禾本科作物上防除一年及多年生宿根阔叶杂草。对禾本科杂草无效。小麦、大麦 3 叶期前及拔节后禁用，以免造成药害。在玉米田使用适期为玉米苗后 5 ~ 6 叶期至株高 60 cm，一年生杂草株高 2 ~ 5 cm，多年生杂草株高 10 ~ 25 cm。对豆类、棉花、葡萄、果树、向日葵、烟草、番茄等阔叶作物敏感。使用时注意安全。

四、二苯醚类

早在1930年Raiford等就合成了除草醚，但直到1960年Rohm&Haas公司进行再合成并发现其除草活性后，才开创了二苯醚类除草剂的前景。30多年来此类除草剂有很大发展，并出现了若干高活性含氟二苯醚新品种，如乙氧氟草醚、三氟羧草醚、氟磺胺草醚、克阔乐等。

此类除草剂水溶性低，易被土壤胶体吸附，淋溶性小，不易移动，持效期中等。多为土壤处理剂，苗前处理防治一年生杂草。大多数品种起触杀作用，在植物体内传导性差。邻位取代的品种大都需要在有光照条件下才有除草活性，如除草醚、草枯醚、甲氧醚、甲羧除草醚、乙氧氟草醚等。对鱼贝低毒，大都可用于稻田除草。主要品种如下：

1. 除草醚（nitrofen） 1963年由美国Rohm&Haas公司首先工业化。由于除草醚对动物有潜在毒性，80年代以来，美国、日本、欧洲等国相继禁用或限制使用。纯品为淡黄色针状结晶，熔点70～71℃，22℃时在水中溶解度为0.7～1.2 mg/L易溶于甲醇、乙醇、丙酮和苯等有机溶剂，性质稳定，对人、畜低毒，大鼠急性口服 LD_{50} 为1 894 mg/kg，对鱼类低毒。

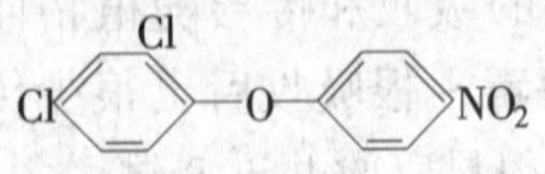

除草醚是一种触杀性除草剂，主要作用部位是幼芽，干扰呼吸作用，抑制ATP的生成，幼芽能量缺乏而死亡。只有在光照条件下才能产生除草作用，除草活性随光照强度增强和温度升而增强。只能作土表处理而不能混土处理。主要通过位差选择，对大多数一年生禾本科杂草和阔叶杂草有较好防除效果，但对多年生杂草效果较差。

一般加工成25%，50%可湿性粉剂，25%，40%乳粉，20%微粒剂，35%乳油使用。主要用于水稻、棉花、大豆、花生、豇豆、芹菜、胡萝卜、洋葱、茴香、甘蓝、菜花、油菜、果、茶、桑、松树苗圃等多种水旱田作物防除稗草、鸭舌草、异型莎草、藜、节节草、蓼、狗尾草、早熟禾等一年生杂草。

2. 三氟羧草醚（acifluorfen sodium） 商品名称为杂草焚（Blazer）、达克尔（Tackle）。1975年美国Rohm&Haas公司首先开发，含量78%的原药外观为浅褐色固体。熔点142～160℃，24℃时在水中溶解度为0.012%，在丙酮和乙醇中约为50%，二甲苯中为1%，煤油中为1%。化学性质稳定。其钠盐易溶于水。对人、畜低毒。大鼠急性口服 LD_{50} 为1 540 mg/kg，但对皮肤眼睛有较强刺激性，对鸟类及蜜蜂毒性低。

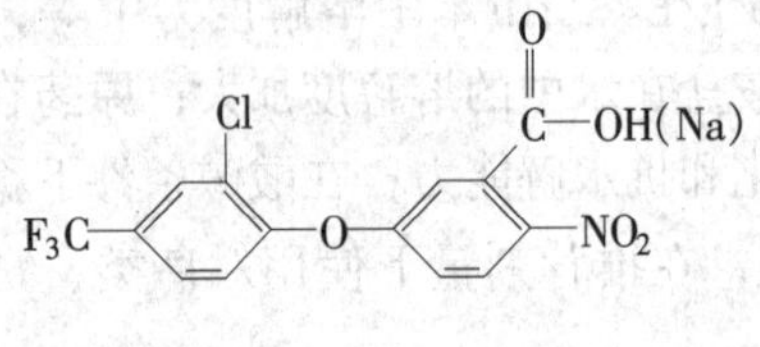

三氟羧草醚是触杀选择性芽后除草剂。主要通过茎叶吸收，在光的作用下发挥除草活性。能使气孔关闭，增高植物体温，引起坏死，并抑制线粒体电子传递，引起呼吸系统和能量生产系统的停滞，抑制细胞分裂使杂草死亡。在土壤中不能被植物吸收，而被微生物分解，因而不能作土壤处理使用。大豆能使其分解失效，因而耐药性强。

一般以其钠盐水溶液喷雾使用，剂型有21.4%水溶液，24%水剂。主要用于大豆、花生等作物地防除马齿苋、铁苋菜、鸭跖草、龙葵、藜、蓼、苋、苍耳、水棘针、粟米草、辣子草、鬼针草、香薷、𬞟草、牵牛花、曼陀罗、蒿属等多种阔叶杂草。对芽后1～2叶期的狗尾草、稷属等禾本科草也有效。施药适期为大豆 1～3 复叶期，阔叶杂草出齐 5～10 cm 高，约在大豆播后 20 天左右。如大豆超过 3 复叶期用药，可能遮避杂草使药效降低，而大豆叶接触药剂过多易造成接触性药害。

3. 氟磺胺草醚（fomesafen） 商品名称有虎威、除豆莠等。1979 年英国卜内门化学工业有限公司（ICILtd）首先开发。纯品为白色结晶，熔点 220～221℃，能溶于多种有机溶剂，水溶性随 pH 值变化而变化。pH 为 1.0 时在水中溶解度小于 1 mg/L，pH 为 7.0 时溶解度 50 mg/L。对人、畜低毒，大鼠急性经口服（雌）LD_{50} 为 1 600 mg/kg，（雄）1 250～2 000 mg/kg，但对皮肤和眼睛有一定刺激作用。对鱼类、鸟类及蜜蜂毒性很低。

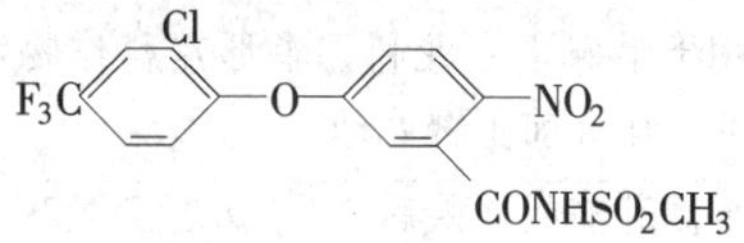

氟磺胺草醚是选择性很强的触杀型除草剂，可被杂草叶和根迅速吸收，但在其体内移动性很小。能破坏植物的光合作用，使杂草枯死。大豆吸收后能迅速降解，因而耐药性强。

常以其钠盐制成 25% 水剂使用。主要用于大豆、果园、橡胶园、豆科覆盖作物地防除双子叶杂草，对禾本科杂草防效差。大豆苗后 1～3 复叶期，杂草 2～5 叶期，茎叶喷雾处理，也可在大豆播前或播后苗前处理。果园或橡胶园使用方法同大豆田，但应注意不要把药液直接喷到果树上。以免造成药害。

4. 乙氧氟草醚（oxyfluorfen） 商品名称为果尔（Goal）。1974 年美国 Rohm&Hass 公司首先开发。有效成分含量为 80% 的原药熔点为 68～83℃，在常温下几乎不溶于水，在丙酮、乙醇、二甲苯中的溶解度大于 50%，易光解。对人、畜低毒，大鼠急性口服 LD_{50} 大于 5 000 mg/kg。对皮肤和眼睛有一定刺激作用。对鱼毒性大，对鸟类和蜜蜂毒性较低。

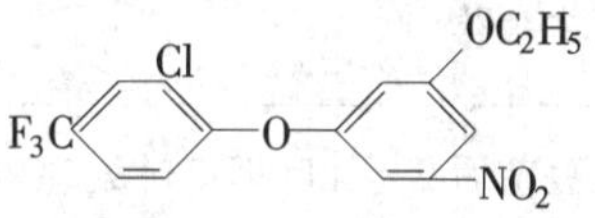

乙氧氟草醚是触杀型除草剂，主要通过胚芽鞘、中胚轴进入植物体内，经根部吸收较少。在有光的情况下发挥杀草作用。一般加工成乳油喷雾或撒毒土进行芽前或早期芽后处理。主要用于水稻、甘蔗、大豆、花生、棉花、森林苗圃、葡萄、果树、玉米等作物地防除一年生阔叶杂草、莎草科及禾本科杂草。水稻移栽田适用于秧龄 30 天以上，苗高 20 cm 以上的一季中稻和双季晚稻移栽后 4～6 天，稗草芽期至 1.5 叶期，每公顷用有效成分 35～54 g,药土法均匀撒施。稻田水层 3～5 cm，保持 5～7 天。陆稻、大豆、花生、甘蔗、棉花、针叶苗圃、某些蔬菜等旱地作物掌握在播后苗前，杂草萌发出土前施药。葡萄园、果树、茶、桑园、幼林抚育，使用低压喷雾器进行喷雾土壤处理。

5. 其它重要品种简列于表 8－6。

表 8-6　二苯醚类除草剂其它重要品种

名　称	结构式	应　　用
草枯醚 (Chloronitrofen)	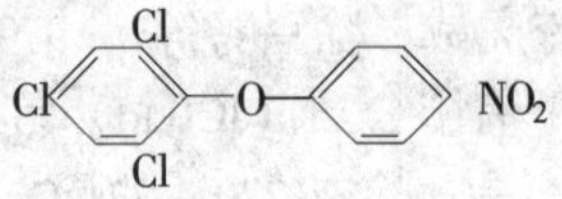	水稻芽前或插秧后 3～5 天土壤封闭处理，防除稗草、鸭舌草等一年生杂草，也可用于旱田十字花科、伞形花科作物和蔬菜，作芽前土壤处理
甲氧除草醚 (Chloromethoxynil)	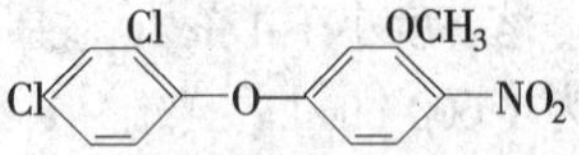	水犍芽前或插秧后 3～6 天土壤处理，也可用于小麦、花生、甘蔗、菜豆、马铃薯芽前防除稗草，牛毛草、节节草等一年生杂草
甲羧除草醚 (bifenox)	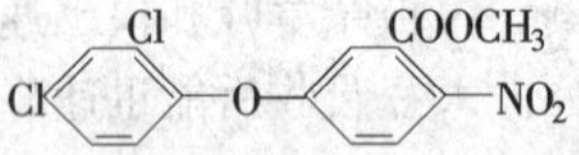	水稻芽前或早期芽后、插秧后土壤处理，大豆、玉米、高粱等芽前使用，防除一年生阔叶草和部分禾本科杂草
甲草醚 (attackweed)	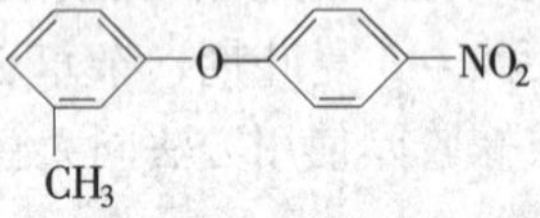	水稻芽前早期芽后防除发芽至 2 叶期一年生杂草
二甲草醚 (farmaid)	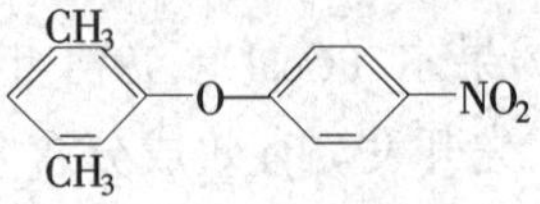	水稻、小麦、芽前作土壤处理，防除一年生杂草
克阔乐 (lactofen)	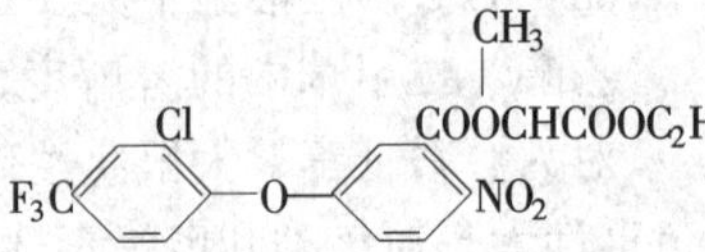	大豆苗后 2 ～4 叶期茎叶处理防除阔叶杂草，也可用于花生、玉米、水稻等作物田
乙羧氟草醚 (fluoroglycofen)	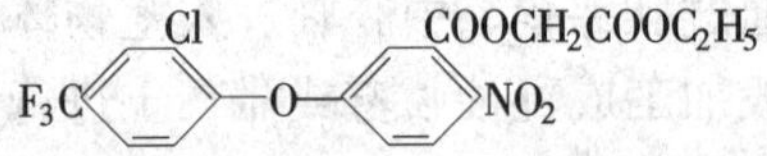	大豆、小麦、大麦 、花生、水稻芽前和芽后处理，防除阔叶杂草和某些禾本科杂草

五、二硝基苯胺类

二硝基苯胺类除草剂是从 1953 年开始筛选的，1959 年从 80 种化合物中筛选出了具有高度活性与选择性的氟乐灵。从此开创了在化学除草中据重要地位的二硝基苯胺类除草剂，此类除草剂的共同特点是：

1. 所有二硝基苯胺类除草剂品种都是以 2，6－二硝基苯胺为基本骨架。

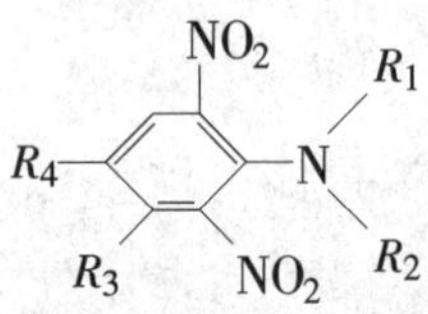

2. 杀草谱广，除对一年生禾本科杂草有特效外，还可防除一些一年生阔叶杂草及宿根高粱等多年生根茎杂草。

3. 所有品种都是土壤处理剂，防除杂草幼芽，多在作物播种前或作物播种后出苗前施药。

4. 易于挥发和光解，因此田间喷药后应立即耙地拌土。

5. 除草效果稳定。在土壤中挥发的气体也起着重要杀草作用，因而在干旱条件下也能发挥除草效果。

6. 应用范围广，不仅是大豆、棉花的主要除草剂，也能用于豆科、十字花科作物及果园、森林苗圃等。有的品种还可用于稻田除草。

7. 在土壤中的持效期中等（半衰期 2～3 个月），对大多数后茬作物安全。

8. 水溶性低并被土壤吸附，不移动，不污染水源，也不积累。

9. 对人畜低毒，使用安全。

10. 药效高，单位面积用药量少，一般 0.5～1.0 kg/hm^2。

主要品种为：

1. 氟乐灵（trifluralin）　商品名称有特福力（ Treflan 4EC）、氟特力（Flutrix 48EC）、茄科宁等。

1959 年美国礼来公司（Eli－lilly Co.）首先开发。使用面积和应用范围很大，为旱田除草剂的骨干品种。全世界使用量在万吨以上，原药为橙黄色晶状体，具芳香族化合物气味，熔点 48.5～49℃，水溶性很低，可溶于大多数有机溶剂。挥发性强，紫外光照射易分解，无腐蚀性，避光、密封保存稳定。能与大多数农药混用，对人、畜低毒，原药大鼠急性经口服 LD_{50} 大于 10 000 mg/kg。对皮肤和眼睛有一定刺激作用，对鱼类高毒，对鸟类、蜜蜂低毒。

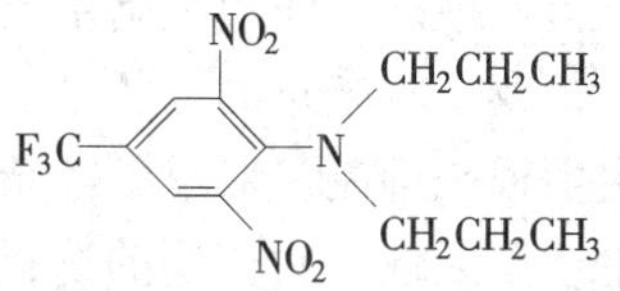

氟乐灵是选择性芽前土壤处理剂，主要通过杂草的胚芽鞘与下胚轴吸收，影响激素的生成和传递，抑制细胞分裂而使杂草死亡。对已出土杂草无效。只有杂草种子发芽后及在出土过程中吸收药剂而被杀死。能有效地防除一年生禾本科杂草和部分小粒种子的阔叶杂草，同时持效期较长，一般用药一次基本能控制整个生育期的杂草。

一般加工成 24%，48%乳油；5%，50%颗粒剂，于作物播种前或播种后出苗前喷雾或撒毒土，施药后立即进行混土，混土深度为 2～5 cm。混土后即可播种或移栽作物。适用于大豆、棉花　玉米、小麦、旱稻、甘蔗、甜菜、向日葵、番茄、菜豆、胡萝卜、芹菜、香菜等 40 余种作物及果园、林业苗圃、花卉、草坪、种植园等防除稗草、野燕麦、狗尾草、马唐、牛筋草、碱茅、千金子、早熟禾、看麦娘、藜、苋、繁缕、猪毛菜、宝盖草、马齿苋等一年生禾本科杂草及部分双子叶杂草。不可在百合科、菊科、茄科、葫芦科、藜科蔬菜上直播育苗中应用。

2. 丁乐灵（butralin）　又名双丁乐灵、地乐安。1968 年美国 Amchem 公司首先开发。原药为橘黄色结晶，熔点 55～60℃，25℃时在水中溶解度为 188 mg/L。易溶的于甲苯、二甲苯、丙酮等有机溶剂。溶于乙醇、异丙醇。分解温度 265℃，易挥发和光解。挥发性小于氟乐灵。对人、畜低毒，大鼠急性口服 LD_{50} 为 2 500 mg/kg。鱼毒中等，对眼睛粘膜有轻度刺激作用，对皮肤无刺激作用。

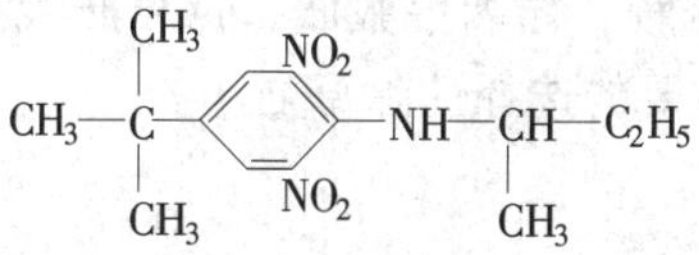

丁乐灵属触杀型除草剂，作用方式及机制与氟乐灵相似，幼芽吸收，抑制分生组织的细胞分裂，从而抑制杂草幼芽及幼根的生长，使杂草死亡。

通常加工成 48%乳油喷雾或撒毒土处理土壤使用。主要用于大豆、花生、豌豆、甘蔗、棉花、玉米、马铃薯、旱稻、茴香、胡萝卜、芹菜等多种作物播前或播后苗前土壤处理，番茄、青椒、茄子在移栽前作土壤处理，防除稗草、马唐、狗尾草、牛筋草、苋、马齿苋、藜、龙葵、地肤等一年生禾本科杂草及部分双子叶杂草。也可在苗后期用48%乳油150~200倍液，针对性喷雾防治大豆菟丝子，用2%的药液在烟草摘顶后针对性喷雾，可抑制烟草腋芽生长。

3. 二甲戊乐灵（pendimethalin） 商品名有除草通、施田补、胺硝草。1972年美国氰胺公司（American Cyanamid Co.）首先开发。纯品为橙黄色结晶体，熔点54~58℃，难溶于水，溶于大多数的有机溶剂中，如丙酮、二甲苯、氯代烃、芳香烃类等溶剂。在酸碱条件下稳定，不易挥发，不易光解。对人、畜低毒，大鼠急性口服LD_{50}为1 250 mg/kg。对皮肤和眼睛无刺激作用。对鱼类及水生动物高毒，对蜜蜂和鸟类毒性低。

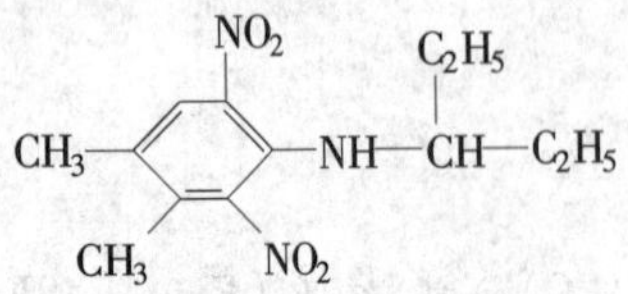

二甲戊乐灵是选择性触杀型芽前和移植前或移植后土壤处理剂，作用机制主要是抑制分生组织细胞分裂，不影响种子萌发。杂草种子萌发过程中，双子叶杂草的下胚轴、单子叶杂草的幼芽是吸收药剂的主要部位。其受害症状为幼芽和次生根被抑制。对单子叶杂草的防效优于双子叶杂草。杂草超过二叶期用药效果差。对多年生杂草无效。对作物的选择性有两种情况，一种是有些作物如棉花、大豆、花生和豌豆等，本身就具有耐药性，而另外一种情况是作物本身对二甲戊乐灵是敏感的，如玉米、小麦、洋葱和马铃薯等。可通过位差选择。

一般加工成乳油或粒剂使用。可用于大豆、玉米、花生、豌豆、棉花、烟草、向日葵、马铃薯、甘蔗、水稻、多种蔬菜及果园中防除稗草、马唐、狗尾草、早熟禾、牛筋草、藜、苋等一年生杂草。大豆播前土壤处理，可混土。玉米播后苗前施于土表不混土。棉花播前或播后苗前土壤处理，混土或不混土。花生播后苗前土壤处理。蔬菜中的胡萝卜、菜豆可采用播前混土或播后苗前土壤处理。茴香、洋葱、大蒜可采用播后苗前处理。茄子、辣椒和十字花科蔬菜可采取移栽前混土处理。水稻移栽后3~5天撒毒土亦可防治一年生禾本科和阔叶杂草。烟草打顶后初花期，每株用药60~80 mg，可有效抑制烟草腋芽的生长。

六、酰 胺 类

1956年哈姆（P. C. Hamm）等报道了酰草胺能防治玉米与大豆田一年生禾本科及若干阔叶杂草，同年孟山都公司正式生产推广，这是酰胺类除草剂发展的开始。60年代以来，此类除草剂发展迅速，特别是1960年发现的稻田属间选择性除草剂敌稗最负盛名。其后又发现很多选择性强、活性高的新品种，如新麦灵，甲氟胺、异丙甲氟胺、毒草胺、丁草胺、甲草胺、乙草胺、异丙甲草胺、丙草胺等，形成一类重要的选择性除草剂。

此类除草剂的重要特点是：

1. 分子都含有酰胺结构，化学结构通式为：

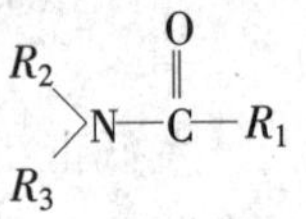

2. 大都为防治一年生禾本科杂草特效药，对阔叶杂草防效差。

3. 多数品种为土壤处理剂，单子叶杂草靠幼芽，双子叶杂草主要通过根；其次通过幼芽吸收，只能防除一年生禾本科杂草幼芽，对成株杂草无效。部分品种如敌稗、新燕灵等只能进行茎叶处理，土壤处理无活性。

4. 作土壤处理的品种，一般持效期较短，1~3个月。个别品种如双苯胺和炔草胺持效期可达6~9个月。土壤微生物几乎能降解所有的酰基酰替苯胺类除草剂，形成相应的苯胺。

5. 在植物体内易降解，主要通过 N－脱烷基化作用、水解、氧化和轭合作用使其降解失去活性。

6. 多数品种有一定水溶性，不挥发，不电离，低毒，使用安全。

7. 选择性原理有三：吸收与传导的差异、体内降解的差异和位差选择。

主要品种为：

1. 敌稗（propanil） 商品名称斯达姆（stam）。1960 年由罗门－哈斯公司首先开发。纯品为白色结晶，熔点 92 ~ 93℃。室温下水中溶解度为 225 mg/kg，25℃时在乙醇中的溶解度为 54%。在酸碱条件下易分解。在土壤中亦能很快分解。不能作土壤处理剂使用。对人畜低毒，大鼠急性经口服 LD_{50} 为 1 400 mg/kg。对皮肤和眼睛有刺激作用，对鱼低毒。

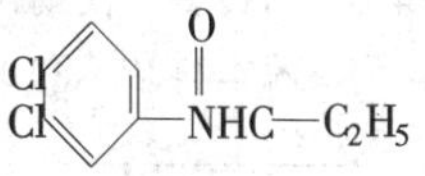

敌稗是具高度选择性的触杀型除草剂。在水稻体内可被酰胺水解酶迅速水解而失去活性，因而对水稻安全。稗草体内缺乏酰胺水解酶，因而对敌稗敏感。敌稗进入稗草体内，抑制光合作用，破坏其体内的水分平衡，造成细胞质壁分离而死亡。

敌稗主要加工成乳油，通过喷雾作茎叶处理，应用于水稻田秧田、插秧田和直播田防除稗草。对水马齿、鸭舌草和旱田马唐、狗尾草、野苋等杂草的幼苗也有效。在秧田和直播田使用，一般在稗草一叶一心至二叶一心期，落水喷药，喷药后晒田 1 ~ 2 天，然后灌水淹稗 2 天，但不要淹没稻心。插秧本田在稗草一叶一心期以同样的方式施药。由于有机磷和氨基甲酸酯类杀虫剂能抑制水稻水解酶的活性，因此在使用敌稗前后 10 天内不能使用这两类药剂。更不能与之混用，以免发生药害。

2. 甲草胺（alachlor） 商品名称有拉索（Lasso）、草不绿。1966 年由美国孟山都（Mon san to）公司首先开发。原药为无味非挥发性白色结晶，熔点 39.5 ~ 41.5℃，25℃时在水中溶解度为 242 mg/L，易溶于丙酮、乙醚、苯、氯仿、乙醇、乙酸乙酯等有机溶剂。对光照稳定，在强酸强碱条件下水解。对人畜低毒，大鼠急性口服 LD_{50} 为 1 800 mg/kg。对眼睛和皮肤有刺激作用。大鼠慢性经口无作用剂量为 2.5 mg/kg·天，在试验条件下未见致畸、致突变作用。但在 15 mg/kg 和 240 mg/kg 剂量下的小白鼠致癌试验中，出现支气管肺泡肿瘤和肝、肺肿瘤。

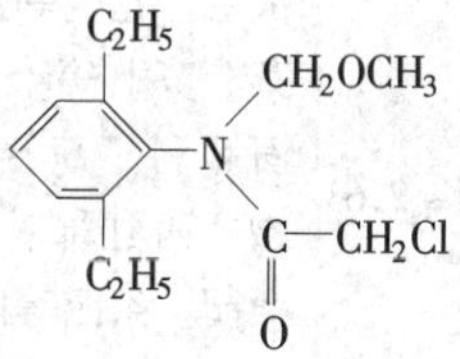

甲草胺为选择性芽前土壤处理剂。主要经幼芽吸收，单子叶杂草为下胚轴吸收。出苗后则靠根吸收向上传导。通过抑制蛋白酶破坏蛋白质合成使杂草死亡。主要杀死在土壤中萌发的杂草，对已出土的杂草基本无效。不易淋溶，不易挥发，但可被土壤微生物分解，一般控制杂草时间为 35 天左右。甲草胺的选择性是基于其在不同植物体内的降解速度不同所致。在玉米、大豆、花生等作物体内降解速度很快。因而耐药性强，即使用较高剂量仍不产生药害，使用安全。甲草胺可有效防治一年生禾本科杂草及部分阔叶杂草，对多年生杂草无效。

一般加工成乳油或粒剂使用。主要用于大豆、玉米、花生、棉花、马铃薯、甘蔗、油菜等防除稗草、马唐、蟋蟀草、狗尾草、秋稷、臂形草、马齿苋、苋、轮生粟米草、藜、蓼等一年生禾本科杂草和阔叶草。对菟丝子也有一定防效。也可用于洋葱、萝卜、番茄、辣椒等蔬菜地防除杂草。一般有播前或播后苗前作土壤处理。

3. 其它重要品种列于表 8 – 7。

表 8 – 7　其它重要的酰胺类除草剂品种

通用名称	结构式	大鼠口服 LD_{50}（mg/kg）	用　量（kg/hm^2）	应　　用
乙草胺（acetochlor）	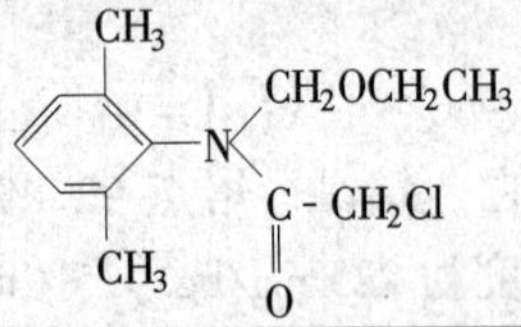	1 160	0.75 ~ 4.0	玉米、大豆、花生、棉花、马铃薯等作物田防除一年生禾本科杂草和部分阔叶杂草
丁草胺（butachlor）	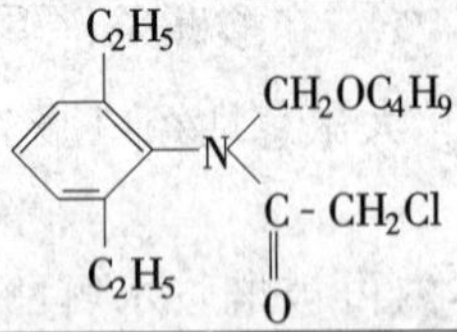	3 300	0.75 ~ 4.0	水稻、小麦、大麦、棉花、花生、白菜、甜菜等作物田防除一年生禾本科和部分莎草科及阔叶杂草
异丙甲草胺（metolachlor）	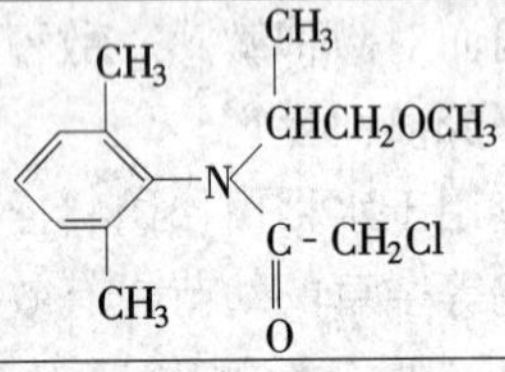	2 780	1.7 ~ 3.5	大豆、花生、豌豆、菜豆、向日葵、芝麻、玉米、甜菜、甘蔗、十字花科作物田防除一年生禾本科杂草
丙草胺（pretilacholr）	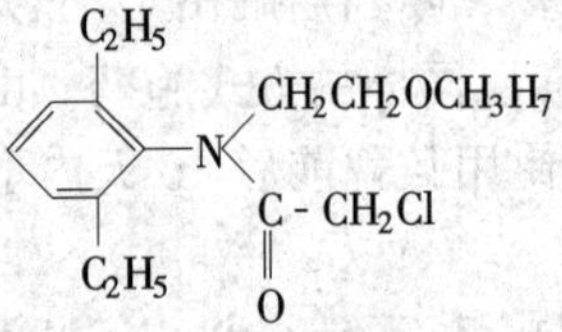	6 099	0.6	水稻田防除稗草、异型莎草、萤蔺、牛毛草、鸭舌草、繁缕和节节草等
萘丙酰草胺（naproparnide）	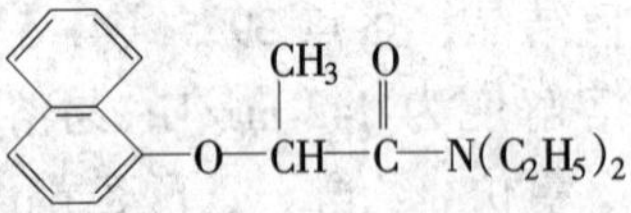	> 5 000	0.35 ~ 2.63	大豆、花生等豆科作物，油菜、萝卜等十字花科蔬菜，石蒜科、葫芦科蔬菜，辣椒、西红柿、茄子、果园、桑园、茶园等防除一年生禾本科杂草和部分阔叶杂草
氟草胺（mefluidide）	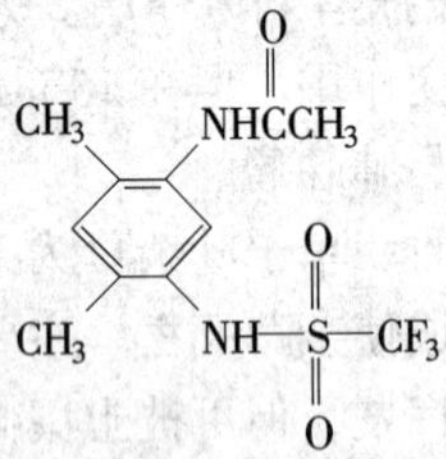	19 20	0.30 ~ 1.20	大豆、花生、棉花等作物田防除禾本科和阔叶杂草。
吡氟草胺（diflufenican）	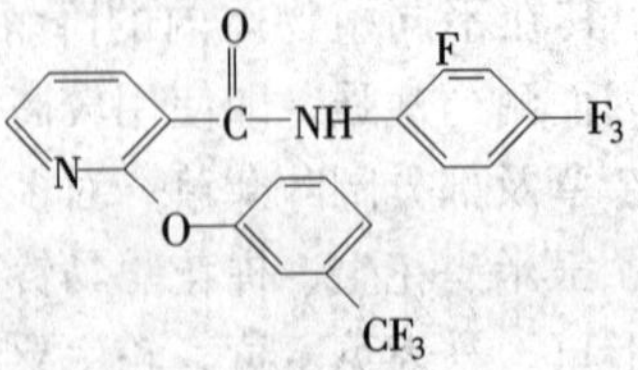	> 2 000	0.062 ~ 0.250	麦类苗前或苗后使用防除禾本科和阔叶杂草

新燕灵（benzoylpr－opethyl）	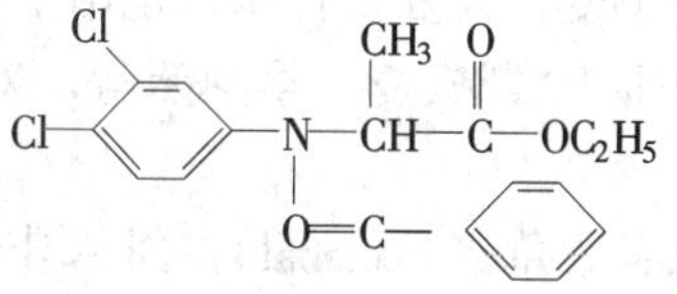	1 555	1～2	麦田、甜菜、油菜、蚕豆、和大田谷类作物田苗后防除野燕麦

七、氨基甲酸酯类

氨基甲酸酯类除草剂是从 1945 年 Templeman 与 Sexton 发现苯胺灵的除草特性以后逐渐发展起来的一类重要除草剂。1951 年报道了氯苯胺灵的除草作用，以后又陆续开发了炔草灵、燕麦灵、灭草灵、甜菜宁、磺草灵、甜菜安、双安灵、阔叶宁等。

这一类除草剂的共同特点是：

1. 从结构上看都是多种基团取代氨基甲酸的氢原子而形成的酯，其通式如下：

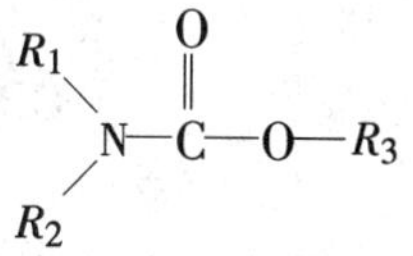

R_1 为 H，R_2 为苯基或取代苯基，R_3 为烃基。

2. 多数品种可被植物根、胚芽鞘及叶片吸收，并在体内传导。

3. 主要作用部位是植物的分生组织，抑制根、芽生长，根尖肿大、矮化、幼芽畸形等使杂草死亡。

4. 主要作用机制是抑制细胞分裂，其次是抑制光合作用和氧化磷酸化作用。干扰蛋白质与叶绿素合成，抑制核酸及若干酶的活性。

5. 在土壤中易被微生物降解，持效期不长，3～6 周。

6. 主要防除杂草幼芽及幼苗，对成株杂草的防治效果差。

7. 其选择性是由于药剂在植物表面滞留、渗入和传导及在植物体内的代谢速度不同而引起。耐药性植物可使药剂酯键或氨基键水解断裂而失效。

主要品种为：

1. 燕麦灵（barban）　又名巴尔板，1958 年美国 Spencer 化学公司首先开发。纯品为白色结晶。熔点 75～76℃，难溶于水，易溶于苯、甲苯、二甲苯和二氯甲烷等有机溶剂。在酸碱条件下分解，在空气中对铁制品有腐蚀作用。对酚醛树脂制品和铝制品不腐蚀。对人畜低毒，大鼠急性口服 LD_{50} 为 1 141～1 706 mg/kg，人接触后，转氨酶增高，血小板减少，对少数人可产生过敏性皮炎。

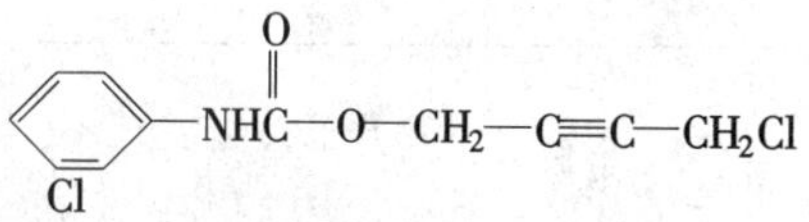

燕麦灵是内吸苗后选择性除草剂。主要通过叶面吸收进入植物体并传导致生长点，抑制细胞线粒体对氧的吸收，抑制氧化磷酸化，影响蛋白质和 RNA 的合成。破坏细胞有丝分裂，造成细胞壁破裂，生长锥分生组织肿大，产生巨形细胞，阻止叶腋分蘖和生长点的生长，使杂草死亡。对野燕麦有效，一叶一心至二叶一心时对药敏感。三叶期以后耐药性增强，仅抑制不能致死，土壤处理无效。小麦耐药性强，对燕麦灵有很强的降解能力，用药初期受到抑制，但能很快恢复生长。

主要加工成浓乳剂苗后喷雾使用。主要用于小麦、大麦、青稞，也用于亚麻、甜菜、豌豆、大豆、芥菜、红花、油菜、向日葵等作物田防除野燕麦、早熟禾等。对双子叶杂草无效。用药适期为小麦三叶期，野燕麦二叶期。

2. 甜菜宁（phenmedipham）　商品名称有苯敌草（Bentanal）、凯米丰（Kemifan）等。1968年德国先灵公司（Schering AG.）首先合成。1970年以来在世界主要甜菜生产国登记开发。纯品为白色结晶。熔点143～144℃。室温下难溶于水和大部分有机溶剂，在丙酮和环己酮中的溶解度为20%。难挥发。对人畜低毒，大鼠经口 LD_{50} 为8 000～12 000 mg/kg。对皮肤和眼睛有轻度刺激作用，对鸟类和蜜蜂低毒。对鲤鱼的无作用浓度为2.4 mg/L。

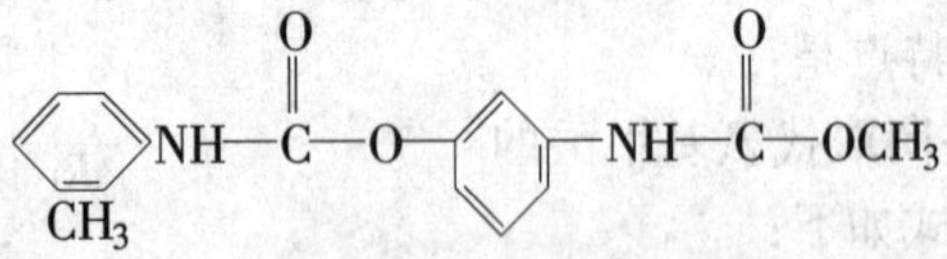

甜菜宁为内吸选择性芽后处理剂。叶片吸收并能传导到植物各部，抑制光合作用中希尔反应的电子传递。使杂草的光合同化作用遭破坏而死亡。甜菜能迅速降解甜菜宁为无效化合物。因而耐药性很强。温度对甜菜宁的药效和药害影响很大。气温在20℃以上时用药有利于药效发挥，气温过高或过低作物生长受抑制，易产生药害。

一般加工成乳油芽后喷雾使用。主要用于甜菜、草莓等作物田防除多种双子叶杂草。如藜属、荠菜、野芝麻、扁蓄，卷茎蓼、繁缕、野萝卜等。对禾本科、莎草科杂草和未萌发的杂草无效。用药适期为甜菜子叶至二真叶期，杂草2～4叶期。

3. 其它重要品种见表8-8。

表8-8　其它重要氨基甲酸酯除草剂品种

通用名称	结构式	大鼠急性口服 LD_{50}(mg/kg)	应　用
苯胺灵（prophan）	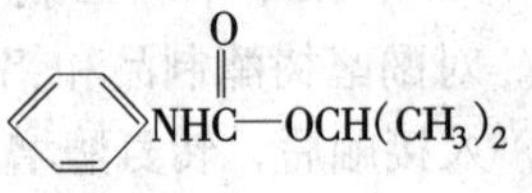	5 000	芽前土壤处理，根、芽吸收传导，有丝分裂毒剂，甜菜、豌豆、大豆、棉花、烟草、莴苣、菜豆、洋葱、番茄等作物地，防除一年生禾本科杂草和部分阔叶杂草
氯苯胺灵（chloropropham）	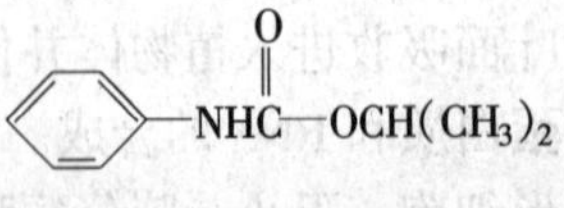	3 800	芽前土壤处理，根吸收为主并传导，有丝分裂毒剂。小麦、玉米、大豆、向日葵、马铃薯、甜菜、菜豆、胡萝卜等作物地防一年生禾本科及蓼科、石竹科杂草，菟丝子种子、幼苗。亦可作马铃薯抑芽剂使用

续表

通用名称	结构式	大鼠急性口服 LD_{50}(mg/kg)	应　　用
炔草灵 (chlorbufam)	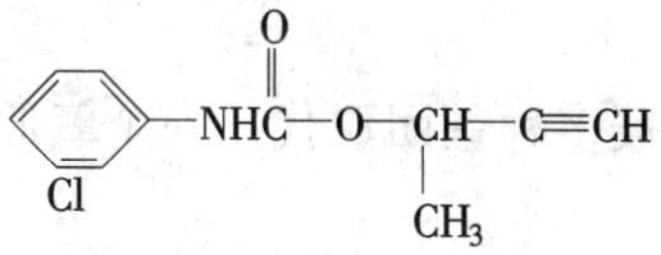	2 500	芽前土壤处理，抑制细胞分裂。甜菜、菠菜等蔬菜地、观赏植物园地和苗圃，防除一年生禾本科杂草和部分阔叶杂草
灭草灵 (sweep)	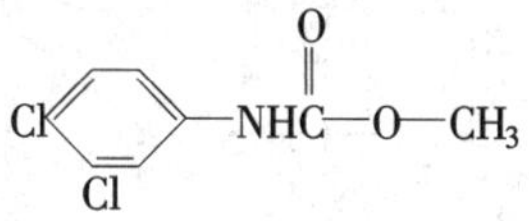	4 197	芽前或芽后早期处理，根、叶吸收并传导，抑制细胞分裂。水稻、大豆、花生、甜菜、小麦、玉米等作物地，防除一年生禾本科杂草和部分阔叶杂草
抑草灵 (dichlormate)	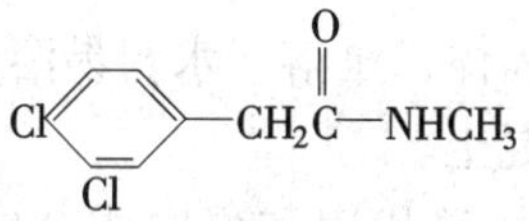	1 879	芽前或芽后苗期处理，破坏叶绿素形成，定植芦笋、菜豆、西瓜、小麦、玉米等作物地，防除一年生禾本科和阔叶杂草
特草克 (terbucarb)	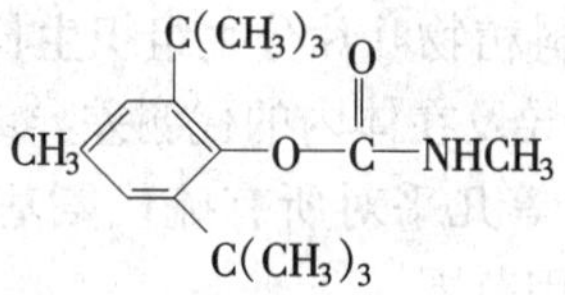	>34 000	芽前土壤处理，根吸收抑制分生组织细胞生长，定植草坪除一年生禾本科杂草
甜菜安 (desmedipham)	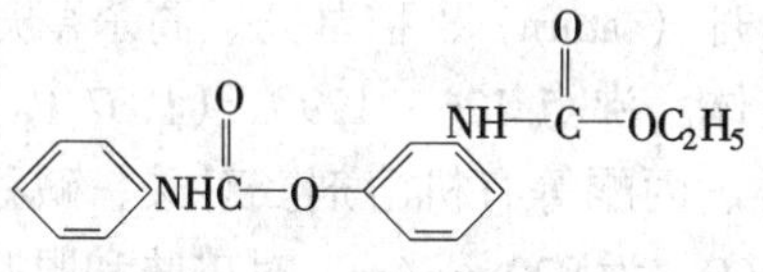	>10 250	苗后 2～4 叶期叶面处理，内吸传导，抑制希尔反应。甜菜地防除阔叶杂草、藜、苋、荠菜属等，常与甜菜宁混用
双安宁	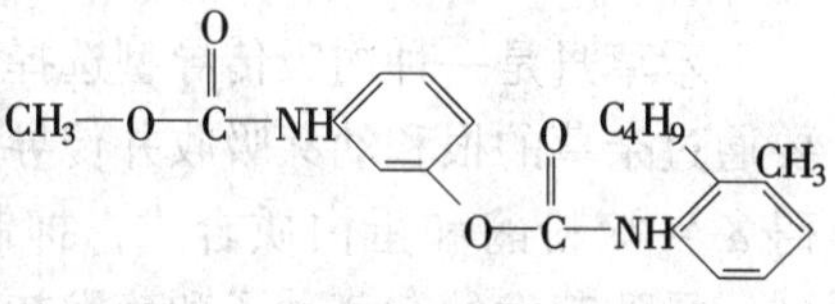	>4 000	芽前或芽后处理，抑制希尔反应。玉米、花生、菜豆、豌豆等作物地防除阔叶杂草
磺草灵 (asulam)	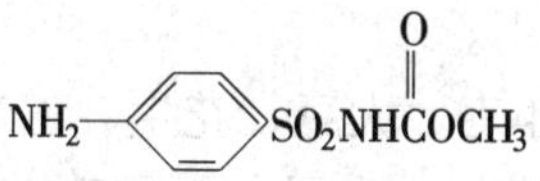	>5 000	芽前或芽后处理，根、茎、叶吸收并传导。破坏蛋白质合成，干扰细胞分裂，抑制生长。甘蔗、亚麻、果、林等作物地使用防除一年生单双子叶杂草多年生狗牙

八、硫代氨基甲酸酯类

硫代氨基甲酸酯类除草剂是从 1954 年 Stauffer 公司发现了丙草丹的除草活性以后开始发

展起来的一类重要除草剂。之后又开发了环草丹、灭草丹、克草丹、异丁草丹、硫烯草丹等品种。1960 年和 1961 年 Monsanto 公司又先后开发了防治野燕麦的新品种燕麦敌 1 号和燕麦畏。1965 年日本组合化学公司研制成功高效除稗剂禾草丹，这是此类除草剂发展的一大突破，此类除草剂的特点是：

1. 从结构上看，都是氨基甲酸上的氢原子被多种基团取代，一个氧原子或两个氧原子被硫置换形成的酯类除草剂。

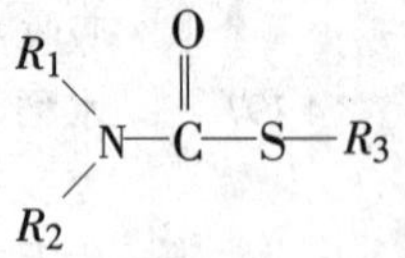

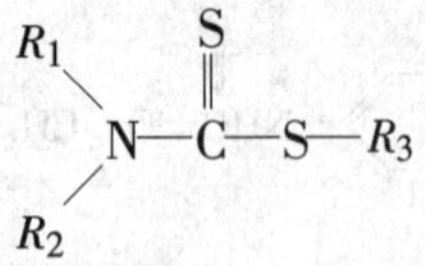

2. 大多数品种为具芳香味透明液体或低熔点固体，难溶于水，易溶于多种有机溶剂。

3. 都是易挥发的化合物，土表处理后应立即混土。

4. 大多数品种通过根吸收并传导。通过干扰核酸代谢和蛋白质合成，抑制细胞有丝分裂，干扰类脂物形成，影响膜的完整性，使禾本科植物叶片分生组织生长受到抑制。

5. 选择性是由于不同植物对药剂的吸收、传导及在体内的代谢差异或位差引起的。

6. 除草剂解毒剂苯二甲酐（NA）、R－25788 等几乎对所有硫代氨基甲酸酯类除草剂品种都能起解毒作用。从而扩大了这类除草剂的使用范围。

主要品种为：

1. 禾草丹（thiobencarb）　商品名有杀草丹（saturn）、稻草完、高杀草丹等，1965 年日本组合化学公司首先开发。纯品为淡黄色液体。沸点 126～129℃（1.07 Pa），熔点 3.3℃，闪点 172℃。难溶于水，易溶于二甲苯、醇类、丙酮等有机溶剂。对酸、碱稳定，对光热稳定。对人、畜低毒，大鼠（雄）经口服急性 LD_{50} 为 920 mg/kg。对皮肤和眼睛有一定刺激作用，但短时间内即可消失，在动物体内易排出，无累积作用。对鸟类低毒，对鱼有一定毒性。鲤鱼 48 h TLM 为 3.4 mg/L。

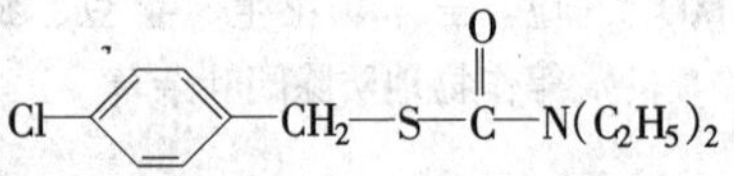

禾草丹是一种内吸传导型选择性除草剂，主要通过杂草的根和幼芽吸收并传导至生长点。阻碍 α－淀粉酶和蛋白质合成，抑制细胞有丝分裂，导致萌发的杂草种子和萌发初期的杂草死亡。稗草吸收、传导禾草丹的速度较水稻快，而且禾草丹在水稻体内很快降解失效，在稗草体内部积累很高浓度，因而对水稻安全，对稗草有良好防治效果。禾草丹对杂草种子萌发没有作用，只有当杂草种子萌发后吸收药剂才起作用。

主要加工成乳油或粒剂，用于水稻、大麦、小麦、大豆、花生、玉米、蔬菜、果园等防除稗草、牛毛草、异型莎草、千金子、马唐、蟋蟀草、狗尾草、早熟禾、碎莎草、马齿苋、看麦娘等。水稻秧田和直播田可在播前做土壤处理。亦可在苗期，稻苗一叶一心至二叶一心，稗草一叶一心至二叶一心期作茎叶处理。移栽田在栽后 3～5 天，稗草萌动高峰至二叶期茎叶喷雾或撒毒土。麦类作物可在播后苗前做土表处理。

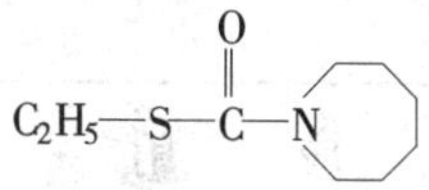

2. 禾草特（molinate） 商品名有禾大壮（ordram）、草达灭、环草丹、杀克尔（Sakkimol）等。1964年美国施多福化学公司首先开发。纯品为有芳香味的透明液体。沸点202℃（1333.2 Pa）。20℃时在水中溶解度为800 mg/kg，易溶于丙酮、苯、二甲苯等多种有机溶剂，无腐蚀性，但可溶解低密度的塑料，故不可用聚氯乙烯瓶装运。性质稳定，不光解，但挥发性较强，对人、畜低毒，大鼠急性经口服 LD_{50} 为468～705 mg/kg对皮肤和眼睛有刺激作用。鱼毒低，对蜜蜂、鸟类及天敌无害。无慢性毒性问题。

禾草特是内吸传导型选择性稻田专用除草剂，对稗草特效，不但能防除低叶龄稗草，而且对三叶期以上稗草也有较理想防除效果。土壤处理不影响杂草种子发芽，而在杂草出芽时由胚根、芽吸收而发挥药效。苗后茎叶处理，可通过茎叶吸收，传至其它部位，并积累于根芽 的分生组织中。抑制 α －淀粉酶活性，停止或减弱淀粉的水解，使蛋白质合成及细胞分裂失去能量供应而死亡。

禾草特常加工成乳油或粒剂做土表处理或苗后茎叶处理使用。主要用于稻田防除稗草、牛毛草、异型莎草等。播前处理用于秧田和直播田，整好田做好秧板后，施药于土表并混土耙平灌浅水，2～3天后即可播已催芽露白的稻种；苗期处理，一般在秧田、直播田长到三叶期以上，稗草2～3叶期，撒毒土，保持水层6～7天。移栽本田使用，一般移栽后4～5天茎叶喷雾或撒毒土，保持水层6～7天。禾草特杀草谱窄，可与杀阔叶草的2甲4氯、西草净等混合使用。

3. 灭草猛（vernolate） 商品名称为卫农（Vernam）、灭草丹等。1954年美国施多福化学公司首先开发。原药为黄褐色油状透明液体。具轻微刺激臭味。难溶于水，可溶于多种有机溶剂，制剂在pH3～10之间稳定，不光解，室温下保存10年不变质。挥发性强，无腐蚀性。对人、畜低毒，大鼠急性口服 LD_{50} 为1 500 mg/kg，鱼毒低，对蜜蜂、鸟类及天敌无害。

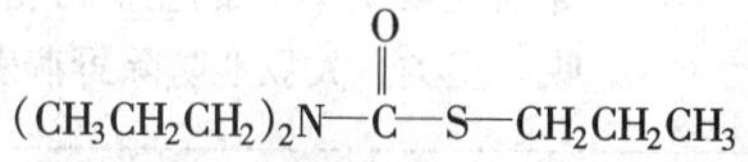

灭草猛是选择性芽前土壤处理剂，杂草幼芽吸收药剂，并在体内传导。单子叶的主要吸收部位为胚芽鞘，双子叶为下胚轴。抑制和破坏敏感性植物细胞的核糖核酸和蛋白 质的合成，使杂草死亡。大豆、花生也能吸收一定量灭草猛并转移到茎叶。但一般6～7天即被降解，因而耐药性强不受害。灭草猛的选择性还可以通过位差来实现。由于灭草猛挥发性强，施药后应及时混土。土壤微生物分解灭草猛，持效期1～3个月。 一般加工成乳油或粒剂作土壤处理使用。主要用于大豆、花生、甘薯、马铃薯、甘蔗等作物田防除稗草、野燕麦、狗尾草、马唐、石茅高粱、野高粱、香附子、油莎草、粟米草、猪毛菜、马齿苋、鸭跖草、苘麻等一年生禾本科杂草和部分阔叶杂草。大豆田一般在播种前整好地，土表喷雾或撒毒土，立即混土。混土后即可播种，播种深度不超过5 cm，否则易产生药害。

4. 其它重要品种见表8－9。

表 8-9　其它重要硫代氨基甲酸酯类除草剂品种

通用名称	结构式	大鼠急性口服 LD_{50}（mg/kg）	应　用
丙草丹（EPTC）	$(CH_3CH_2CH_2)_2N-C(=O)-S-CH_2CH_3$	3 160（小鼠）	芽前土壤处理，混土，种子、根、幼芽吸收传导。亚麻、大豆、甜菜、向日葵等作物地防除一年生禾本科杂草、阔叶草
异丁草丹（butylate）	$[(CH_3)_2CHCH_2]_2N-C(=O)-S-C_2H_5$	4 569	芽前土壤处理，混土，幼芽吸收传导。玉米地防除一年生禾本科杂草
克草丹（pebulate）	$(CH_3CH_2CH_2CH_2)(CH_3CH_2)N-C(=O)-S-CH_2CH_2CH_3$	1 120	芽前土壤处理，混土。根吸收传导。甜菜、番茄、移植烟草等作物地，防除一年生禾本科杂草、阔叶草
环草特（cycloate）	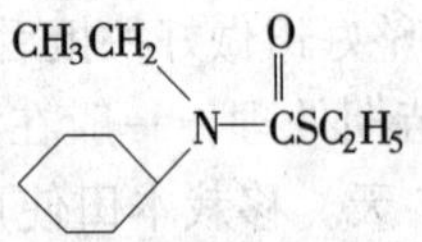	2 000 ~ 3 190	芽前土壤处理，混土。胚芽鞘、下胚轴吸收。甜菜、菠菜地防除一年生禾本科杂草和莎草
燕麦敌（diallate）	$[(CH_3)_2CH]_2NC(=O)SCH_2CCl=CHCl$	395	芽前土壤处理，混土。胚芽鞘吸收。小麦、甜菜、莴苣、玉米、大豆、亚麻地防除野燕麦
野麦畏（triallate）	$[(CH_3)_2CH]_2N-C(=O)-SCH_2CCl=CCl_2$	1 400	芽前土壤处理，混土。胚芽鞘吸收。麦类、大豆地防除野燕麦
哌草丹（dimepiperate）	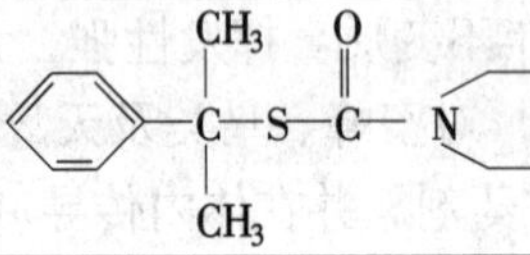	946 ~ 959	稻田防除发芽至二叶期稗草。根茎、叶吸收传导。芽前土壤处理，芽后茎叶处理
硫草丹（kaback）	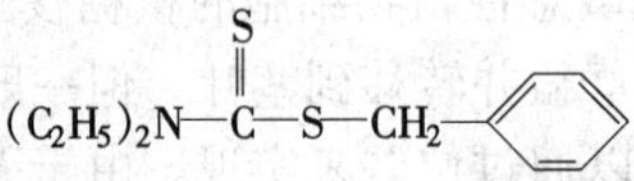	1 000（小鼠）	芽前土壤处理，混土。幼芽吸收，稻田防除一年生禾本科杂草及某些阔叶杂草
硫烯草丹（sulafllate）	$(C_2H_5)_2N-C(=S)-S-CH_2-CCl=CH_2$	850	芽前土壤处理，根吸收。菜豆、甘蓝、菜花、菠菜、番茄等作物地防除一年生及多年生刚萌发杂草。对已出苗杂草无效
异丙硫草丹	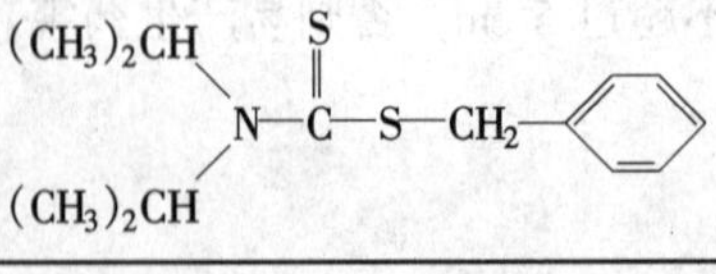	3 300（小鼠）	芽前土壤处理、混土，保水层水稻田防除一年生禾本科杂草，部分阔叶杂草

九、脲　　类

早在40年代中期，已有人报道了取代脲类一些化合物有抑制植物生长的活性。但并没有发现它们的除草作用。直至1951年布查（H.C.Bucha）和托德（C.W.Todd）发现了灭草隆（monuron）的除草作用后，脲类除草剂才逐渐发展起来，并成为除草剂品种多、使用广泛的重要一类。其主要特点有以下几方面：

1. 从结构上看都是以脲为核心结构的衍生物（见右图）。R_1为芳基、脂环基或杂环基，大多数情况下为苯基或取代苯基。R_2，R_3分别为低烷基及烷氧基等。

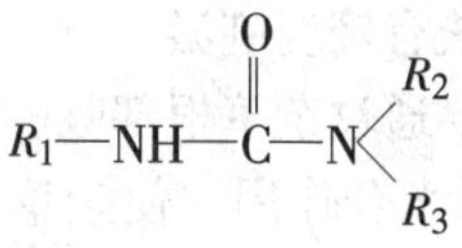

2. 大多数品种水熔性低、脂溶性差。化学性质稳定、耐酸碱、抗光解、不挥发。多为土壤处理剂、不易淋溶、持效期长，一般数月到一年以上。

3. 不抑制种子萌发，植物根吸收，随蒸腾流向上传导，防治杂草幼苗，芽前土壤处理最有效。

4. 除草效果与土壤含水量密切相关。土壤含水量高，除草效果好。

5. 药剂从茎叶进入植物体的效果差。但加入湿润剂，能促进吸收，提高茎叶处理的杀草效果。

6. 主要防治对象为一年生阔叶杂草。

7. 大多数品种的作用机制为抑制光合作用中的希尔反应。光照强有利于药效的发挥。通过位差选择可增加此类药剂的选择性。

’8. 在土壤中主要通过微生物降解、挥发及化学分解较少，但在干燥、炎热的气候条件下，亦可光解。

主要品种为：

1. 敌草隆（diuron）　商品名有DCMU、Diurex、DMU、Karmex等。1954年杜邦公司首先开发。纯品为无臭白色结晶，熔点158～159℃，180～190℃分解。难溶于水和有机溶剂，在热酒精中有一定溶解度。在空气中稳定，无腐蚀性，不易燃，遇强酸强碱分解。对人畜低毒，大鼠急性口服LD_{50}为3 400 mg/kg。高浓度药液对眼睛和粘膜有刺激作用。对鱼和鸟类低毒。

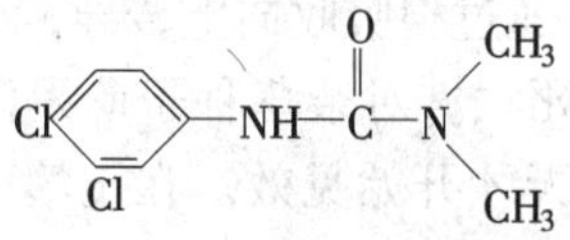

敌草隆具内吸传导作用，有一定选择性。低剂量使用时有选择性，高剂量使用时则表现灭生性。在棉花、大豆、甘蔗等作物田作为选择性除草剂使用。杀草谱广，持效期长，一般棉田使用一次，即能防除整个生育期杂草。对棉花还有一定刺激生长作用。其除草原理主要是抑制光合作用，使杂草饥饿死亡。

一般加工成粉剂和可湿性粉剂，撒毒土或喷雾处理土表。用于棉花、玉米、高粱、甘蔗、水稻、茶园、果园、葡萄园以及非耕地。防除马唐、狗尾草、稗草、旱稗、野苋菜、蓼、藜、莎草等一年生禾本科杂草和阔叶杂草，也可防治水田眼子菜等。水稻分蘖时撒毒土使用。棉花播种前后2～5天，出苗前做土壤处理，每公顷用药量600～750 g。出苗后严禁喷雾，只能在行间撒毒土。玉米、高粱等旱地使用，播种要适当加深。苗前土壤处理，扩大位差选择。茶园、果园、葡萄园处理土壤每公顷可用 750 ~ 900 g，非耕地使用剂量可达 1 200 ~ 12 000 g。

2. 利谷隆（linuron） 商品名有 Lorox、Afalon、Prefalon 等，1960 年杜邦公司和赫司特公司首先开发。纯品为白色无臭结晶，熔点 93 ~ 94℃，难溶于水，微溶于烷烃中，中等程度溶于乙醇、苯、二甲苯，易溶于丙酮。通常条件下化学性质稳定，无腐蚀性，但遇酸、碱及在潮湿的土壤中则可缓慢分解。对人、畜低毒，大鼠急性口服 LD_{50} 为 4 000 mg/kg。对鸟类和鱼类低毒。浓药液对皮肤有轻度刺激。

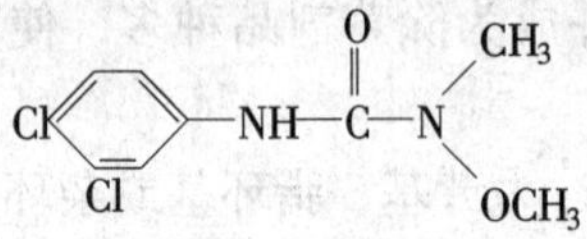

利谷隆为选择性芽前芽后除草剂，具有内吸和触杀作用。主要通过杂草根部吸收，也可被杂草的叶片吸收。根部吸收向上传导至含叶绿素的茎叶，抑制光合作用，使杂草饥饿死亡。对种子萌发没有影响。

一般加工成可湿性粉剂，用于大豆、玉米、高粱、棉花、马铃薯、胡萝卜、芹菜、小麦、花生、甘蔗、果树、葡萄以及苗圃等防除稗草、牛筋草、狗尾草、马唐、蓼、藜、马齿苋、鬼针草、苋菜、卷耳、猪殃殃等。对香附子、空心苋也有较好防效。一般作播种前土壤处理。苗后茎叶处理，喷药位置不得超过作物高度的 1/3，防止药液落到作物叶子上引起药害。敏感作物有甜菜、向日葵、甘蓝、莴苣、甜瓜、小萝卜、烟草、茄子、辣椒等。土壤有机质含量低于 1%、沙质、雨水多的地区不宜使用。

3. 绿麦隆（chlortoluron） 商品名有 Dicuran，Tolurex，Clortokem 等。1969 年瑞士汽巴 – 嘉基（Ciba – Geigy）公司首先开发。纯品为白色无味结晶。熔点 147 ~ 148℃，难溶于水，20℃时溶解度丙酮 5%、苯 2.4%、二氯甲烷 4%。常温下稳定，不易燃，无腐蚀性，遇强酸强碱可分解。对人、畜低毒，大鼠急性口服 LD_{50} 为 1 626 ~ 2 056 mg/kg。对鱼类和鸟类低毒，对蜜蜂无毒。

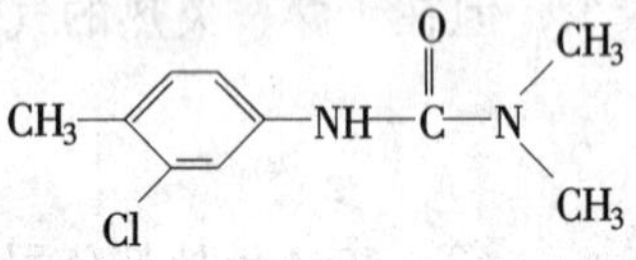

绿麦隆为高选择性内吸传导兼具触杀作用的除草剂。主要通过根吸收向上传导，破坏杂草的光合作用，使杂草饥饿死亡。茎叶处理使绿色部分触杀死亡。对杂草种子萌发没有影响，只有当种子贮藏的养分耗尽时才能死亡。所以施药后 10 天才开始见效。在土壤中的持效期 70 天以上。

一般加工成可湿性粉剂，用于小麦、大麦、玉米、青稞田，防除看麦娘、早熟禾、野燕麦、繁缕、牛繁缕、雀舌草、狗尾草、马唐、稗草、苋、铁苋菜、马齿苋、附地菜、藜、苍耳、婆婆纳等一年生杂草，对棒头草、硬草也有一些效果，对田旋花、蓼、刺儿菜、问荆、锦葵等杂草无效。主要作播后苗前土壤处理。也可在麦苗三叶期作茎叶处理。

4. 其它重要品种见表 8 – 10。

表 8-10　其它重要脲类除草剂品种

通用名称	结构式	大鼠急性口服 LD_{50} (mg/kg)	应　用
甲氧隆 (metoxuron)	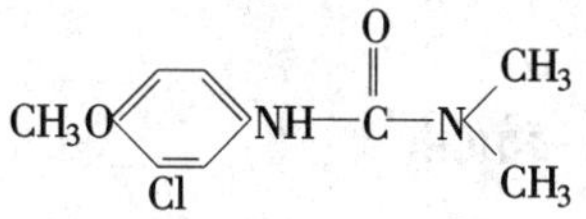	3 200	大麦、小麦、亚麻、马铃薯、胡萝卜地中防治单双子叶杂草
甲氧醚隆 (difenoxuron)	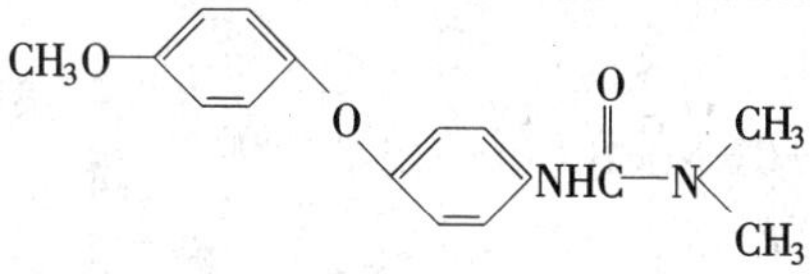	>7 750	防除大豆、玉米、苜蓿地杂草
灭草隆 (monuron)	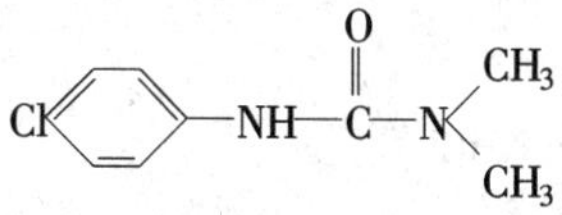	3 600	非耕地灭生性除草
播土隆 (buturon)	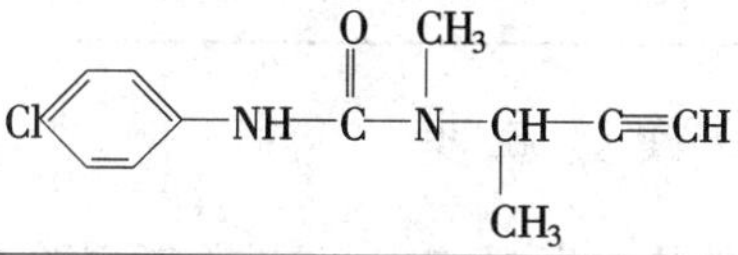	5 800	禾谷类、玉米、胡萝卜地防除一年生杂草
秀谷隆 (metobromuron)	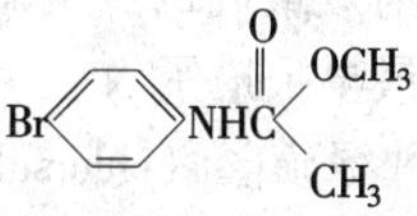	3 000	大豆、马铃薯、烟草、花生田地防除一年生杂草
伏草隆 (fluimeturon)	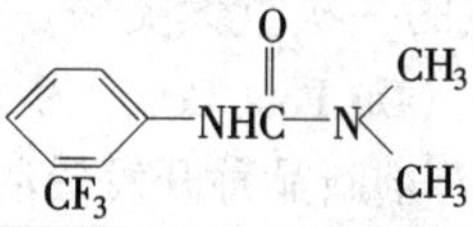	8 900	棉花、甘蔗、玉米、洋葱、马铃薯地防除一年生杂草
甲草隆 (methiuron)	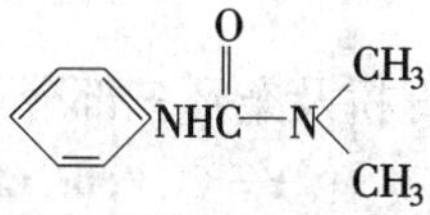	2 200	甜菜、马铃薯、洋葱地除草
异丙隆 (isoproturon)	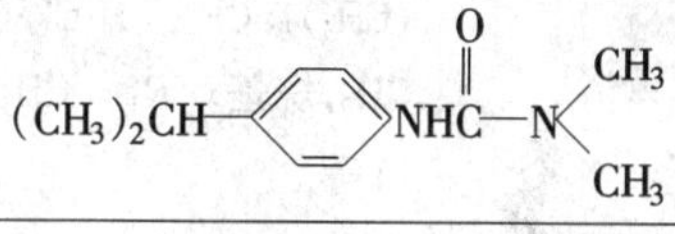	1 826	冬麦田防除一年生单双子叶杂草
氯醚隆 (chloroxuron)	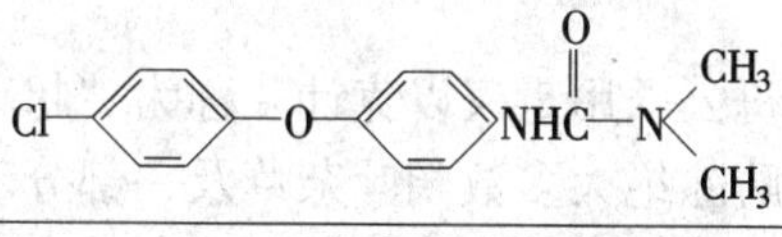	5 400	大豆、花生、豌豆、胡萝卜、草莓地除草
莎草隆 (cyperon)	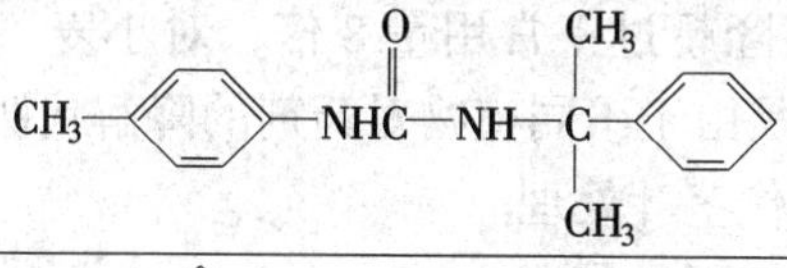	4 000	水稻、棉花、大豆、玉米地防除莎草科杂草
甲基苯噻隆 (methabenzthiazuron)	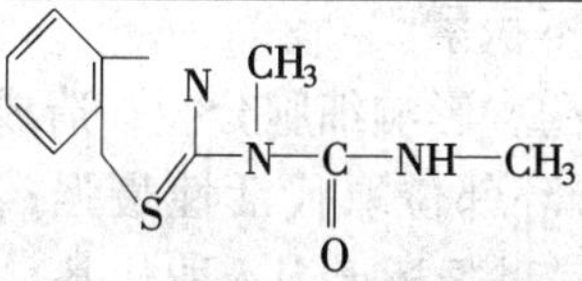	>2 500	麦类、豌豆、大蒜、洋葱地防除一年生单双子叶杂草

表 8－10 其它重要脲类除草剂品种 续表

通用名称	结构式	大鼠急性口服 LD_{50}（mg/kg）	应 用
磺噻隆（sulfodiazol）	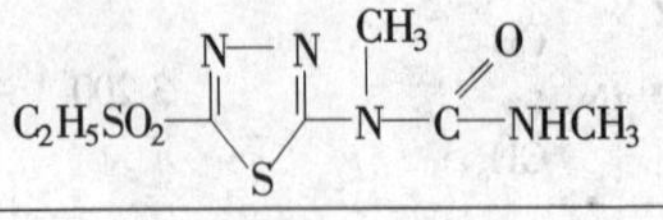	>5 000	防除甘蔗、非耕地杂草
噻氟隆（tfhiazafluron）	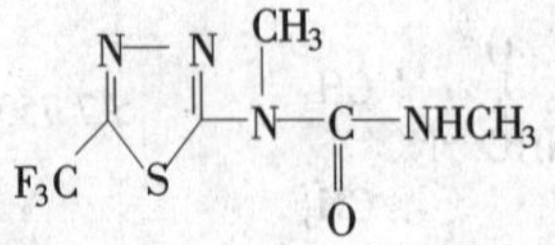	600	果园、非耕地防除杂草
丁磺隆（buthiuron）	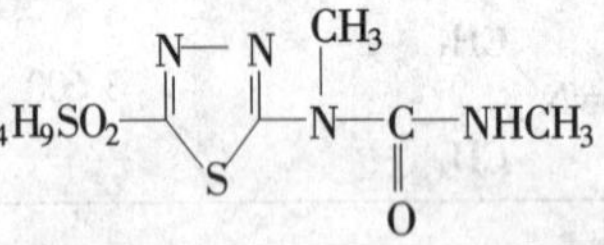		大麦、小麦、棉花、甘蔗、胡萝卜田防除杂草

十、磺 酰 脲 类

磺酰脲类除草剂是 80 年代以来发展最快，药效最高的一类新兴除草剂。1978 年列维特（G. Levitt），1979 年芬纳蒂（D. W. Finnerty）最早报道了 N－（1，3，5－三氮苯基氨基羰基）苯磺酰胺的活性，并开发了第一个高效品种绿磺隆（chlorsulfuron），从此开创了磺酰脲类的除草剂的新领域。也是除草剂发展历史上的一次重大突破，使除草剂品种进入“超高效”发展阶段。在此基础上，以美国杜邦公司（Du Pont Co.）为主，在近 10 多年来，相继开发了一系列用途各异的高效新品种。成为除草剂新品种开发最活跃、最有成绩的领域。此类除草剂的突出特点是：

1. 此类除草剂从结构上来看由芳环、磺酰脲桥及杂环三部分组成。其中 X ＝N，CH；

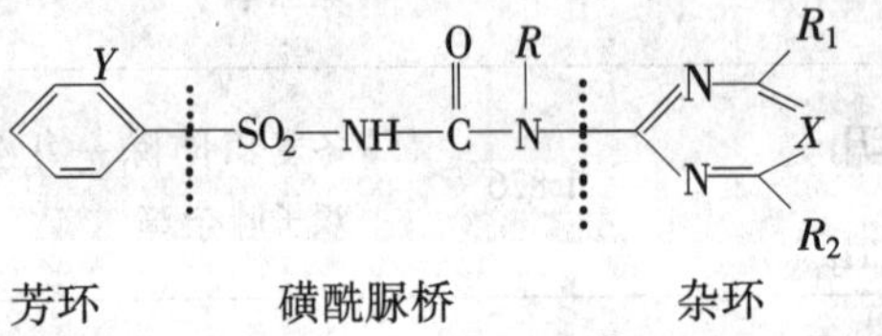

Y = Cl, F, Br, CH_3, $COOCH_3$, SO_2CH_3, SCH_3, $SO_2N(CH_3)_2$, CF_3, CH_2Cl, OCH_3, OCF_3, NO_2 等；R = CH_3，烷基；R_1 = CH_3，Cl 等；R_2 = OCH_3 CH_3，Cl 等。

2. 活性极高，单位面积用量极少，每公顷用量仅以克计。称为“超高效”除草剂。

3. 杀草谱广，所有品种都能有效地防除绝大多数阔叶杂草及一部分禾本科杂草。

4. 选择性强，对作物安全。如绿磺隆超过正常用量 8 倍，对小麦、亚麻仍无药害。但对后茬敏感作物有影响。其选择性原理是由于不同植物对药剂的降解代谢不同。

5. 使用方便，可作土壤处理，也可作茎叶处理。

6. 对高等动物安全，在环境中易分解不积累。

7. 除草机制为通过抑制乙酰乳酸合成酶，影响细胞分裂，造成杂草生长停止而死亡。

8. 从结构与活性的关系上来看。以芳环邻位取代活性最强；将苯环改为吡啶、噻吩、呋喃、萘环时，化合物也有较强活性；在磺酰脲桥上引入取代基。活性下降；当杂环嘧啶环时，环上第 4，6 位含取代基如 CH_3，OCH_3 时，化合物活小生最强，用芳环取代杂环，活性显著下降。

主要品种为：

1. 氯磺隆（chlorsulfuron） 商品名有嗪磺隆、绿磺隆、Glean、Dpx－4189等。1978年由美国杜邦公司首先开发。也是最早开发的磺酰脲类除草剂品种。纯品为无味白色结晶，熔点174～178℃，分解温度192℃。性质较稳定，不易挥发，不易光解。难溶于水和大多数有机溶剂。对人、畜低毒，大鼠急性口服 LD_{50} 为5 545～6 293 mg/kg。对皮肤无刺激作用，对鱼毒低。

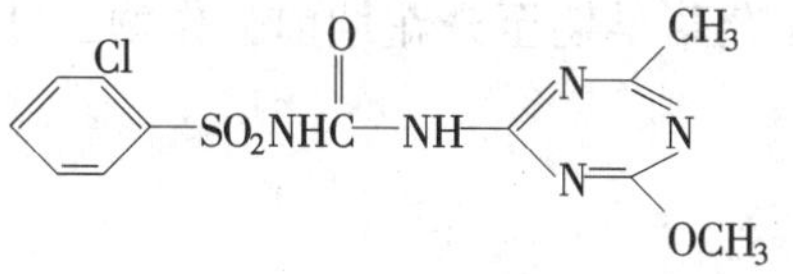

氯磺隆为内吸传导选择性高效除草剂。根、茎、叶都能吸收并在体内上下传导。当用于土壤处理时，并不抑制杂草发芽，而主要是由胚根或芽吸收后抑制其生长。它的除草原理是通过抑制乙酰乳酸合成酶，阻碍支链氨基酸（缬氨酸、亮氨酸 、异亮氨酸）生物合成，从而影响细胞有丝分裂，造成生长严重受抑制而死亡。其选择性与其在植物体内的代谢速度密切相关，在小麦和亚麻体内迅速化谢失活，因而安全。对多数阔叶杂草表现出高度活性，对部分一年生禾本科杂草也有一定效果。

一般加工成可湿性粉剂、悬浮剂使用。主要用于麦类及亚麻田防除阔叶杂草，每公顷用量10～30 g由于其在土壤中的持效期超过一年，因而后茬不能种植甜菜、油菜等十字花科作物和蔬菜。可与多种除草剂和硫铵混用。

2. 甲磺隆（metsulfuron－methyl） 商品名有Dpx－T6376，Super，Glean，Ally，1980年美国杜邦公司首先开发。原药为无味白色结晶，熔点163～166℃。在水中溶解随pH值的变化而变化。pH值为4.59时为270 mg/kg，pH值为5.42时为1 750 mg/kg，pH值为6.41时为9 500 mg/kg。对人、畜低毒，大鼠急性口服 LD_{50} ＞5 000 mg/kg。对皮肤和眼睛有轻微刺激作用。

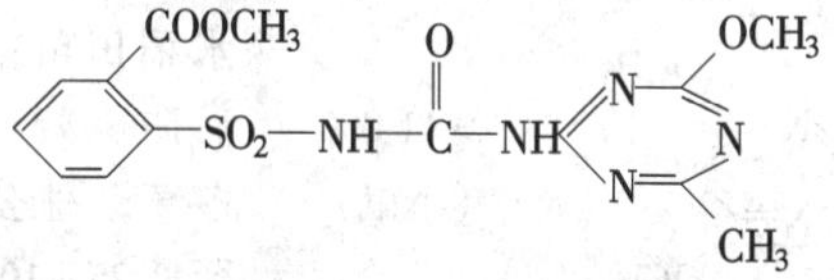

甲磺隆为内吸传导选择性高效麦田除草剂，药效较氯磺隆还高出3倍。植物根、茎、叶均可吸收传导。其除草原理和选择性原理均同氯磺隆。在土壤中通过水解和微生物降解而消失，半衰期4周，在酸性土壤中降解更快一些，持效期较氯磺隆短，每公顷用量2～8 g，施药后7～44周已测不出残留量，因此对后茬作物较氯磺隆安全。

一般加工成可湿性粉剂、悬浮剂使用。适用于各类土壤进行苗前土壤处理或苗后茎叶处理。主要用于麦类田防除大多数宽叶杂草，对禾本科杂草也有显著抑制作用。干旱条件下进行土壤处理时，适当混土可提高防治禾本科杂草的作用。一般用量，每公顷4～8 g有效成分。

3. 苯磺隆（tribenuron－methyl） 商品名有阔叶净、巨星、Dpx－L5300，Express TM等。1984年美国杜邦公司首先开发。纯品为无味白色固体。熔点141℃，挥发性低，难溶于水和常用有机溶剂，腐蚀性强。对人畜低毒，大鼠口服 LD_{50} ＞5 000 mg/kg。对眼睛有刺激作用。对鱼毒低。

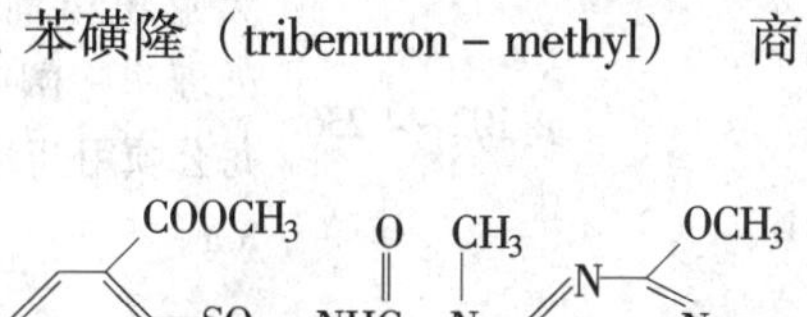

苯磺隆为内吸传导选择性高效麦田除草剂。植物根、茎、叶均可吸收传导。除草原理和选择性原理同氯磺隆。在土壤中通过水解而迅速消失。在酸性土壤中水解更快。pH值为7

时半衰期6天，pH为4~3时半衰期仅一天。在正常用量下，施药后60天。可正常种植各种作物。因而适用于多熟地区的麦田使用。

一般加工成可湿性粉剂和悬浮剂使用。主要用于小麦、大麦、燕麦等禾谷类作物田防除多种阔叶杂草，每公顷用药量9~35 g有效成分，在杂草早期至开花期前，作物二叶期至孕穗期施药为宜。

4. 其它重要品种表8-11。

表8-11　其它重要磺酰脲类除草剂品种

通用名称	结构式	大鼠急性口服 LD_{50}（mg/kg）	应　用
醚苯磺隆（triasulfuron）	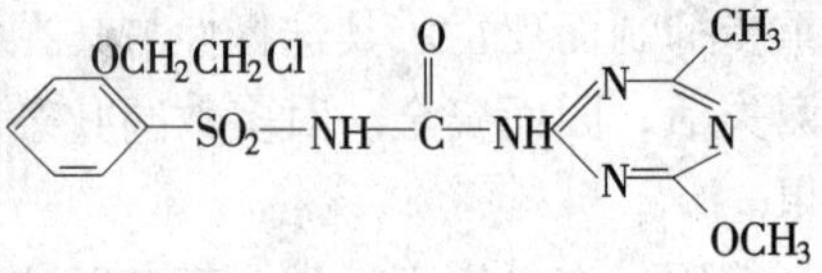		麦类作物防除阔叶草，每公顷用药量10~20 g
噻磺隆（harmony）	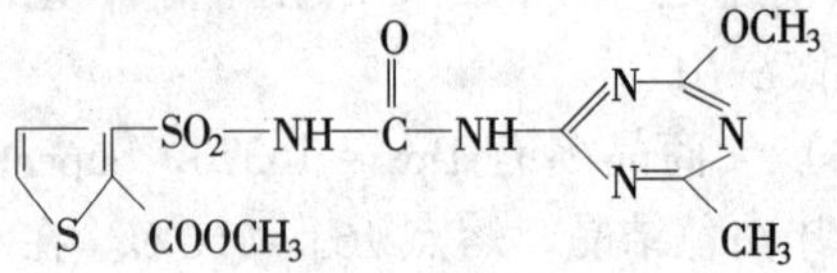	>5 000	麦类作物防除阔叶草，每公顷用药量10~30 g
苄嘧磺隆（benswlfuron methyl）	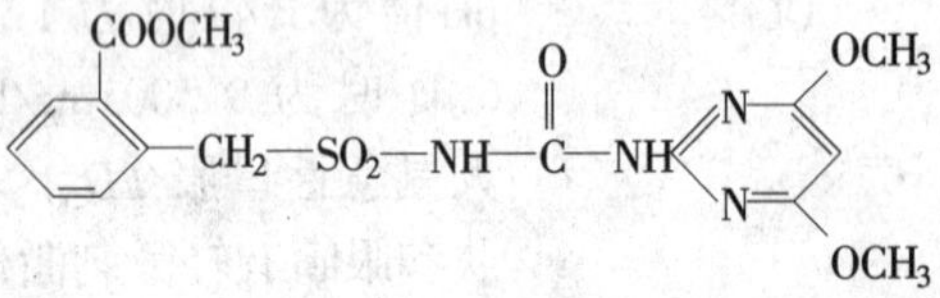	>11 000（小鼠）	水稻田苗前或苗后防除阔叶草及莎草，每公顷用药量25~100 g
吡嘧磺隆（pyrazoswlfluron methyl）	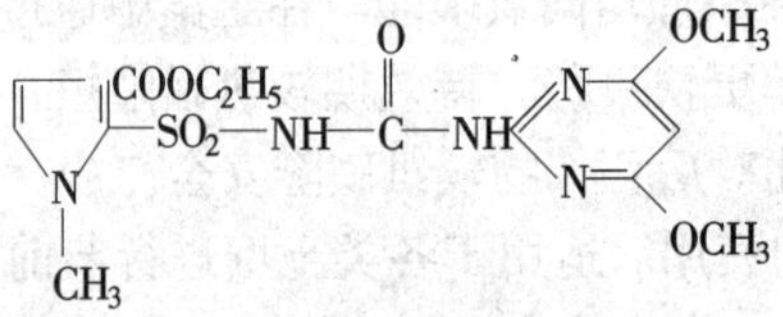	5 000	水稻田苗前或苗后处理防除阔叶草及莎草，每公顷用药量14~30 g
氯嘧磺隆（Dpx-F6025）	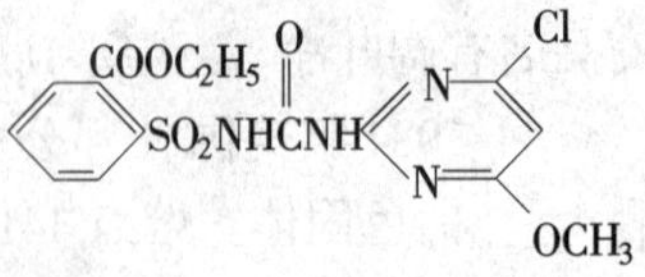	4 102~4 236	大豆田苗前苗后处理防除阔叶草，每公顷用药量2~3 g

续表

通用名称	结构式	大鼠急性口服 LD_{50}（mg/kg）	应　　用
氟嘧磺隆（CGA－136872）	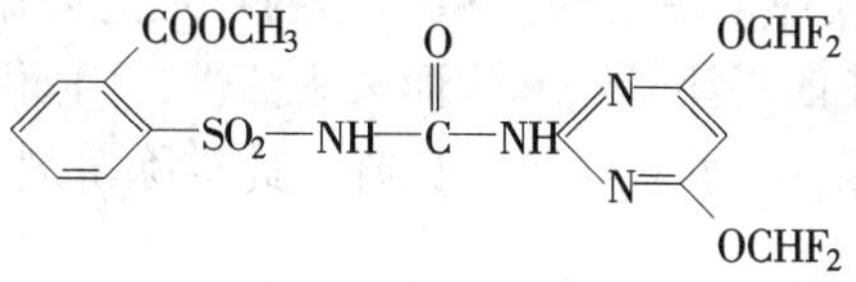	4 000	玉米田苗后（3～7叶期）处理防除阔叶草，每公顷用药量 10～20 g
胺苯磺隆（Dpx－A7881）	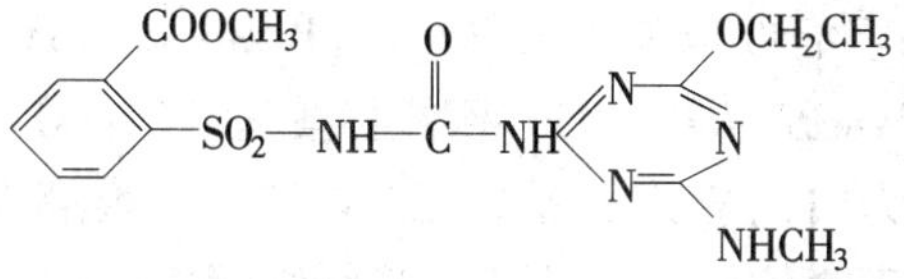	11 000	油菜田苗后防除阔叶杂草，每公顷用药量 10～40 g
甲嘧磺隆（sulfometuron methyl）	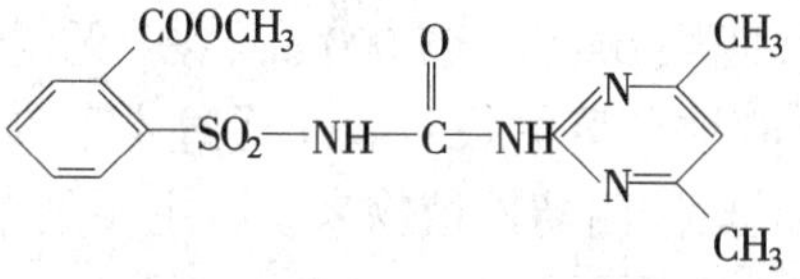	＞5 000	果园、林地、草场防除一年生和多年生单双子叶杂草。每公顷用药量 70～800 g

十一、三氮苯类

三氮苯类除草剂是 1932 年加斯特（A.Gast）等人首次发现可乐津（chlorazine）的除草活性后开始发展起来的，特别是 1956 年西玛津和草达津的高度除草活性被发现并投入工业化生产以后，进一步促进了此类除草剂的迅速发展，使其成为现代除草剂中最主要的类型之一。其杀草谱之广，适应范围之大，选择性之强，产量和销量之大都在各类除草剂之首。

此类除草剂的特点是：

1. 从结构上来看是以三氮苯为基本结构，按 N 原子在苯环上分布均匀与否，可分为均三氮苯和非均三氮苯两类，现在的品种主要为均三氮苯类，其化学结构通式是：

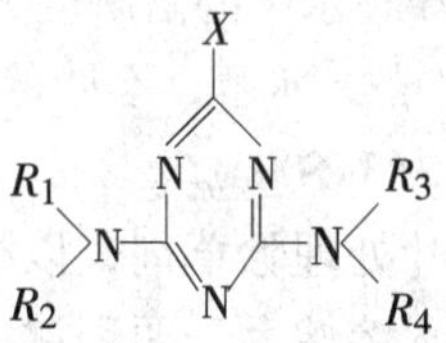

X ＝Cl（“津”类），OCH_3（“通”类），SCH_3（“净”类）；

R_1，R_2，R_3＝H，低级烷基或烯烃基；

R_4＝低级烷基或烯烃基。

2. 一般原药为白色结晶体，难溶于水，也不易在多数有机溶剂中溶解。它们在水中的溶解度，通常是通类＞净类＞津类。性质稳定，有较长持效期。

3. 对人、畜低毒，鱼毒性小。

4. 都具有内吸传导作用，土壤处理经根部吸收向上传导至叶片。而自叶片吸收的药剂基本上不传导。其中西玛津等“津”类除草剂是靠根吸收，只能作土壤处理。只有莠去津从叶片吸收的能力较强，扑草净等“净”类则较容易从根、茎、叶部吸收，作用迅速，除草活性较强、对刚出土的杂草杀伤力大，在土壤中较易分解，持效期较短，一般 1 ~ 2 个月。“通”类的水溶性最大，除草活性也大，但位差选择性差。

5. 除草原理是抑制光合作用，阻碍同化产物合成使杂草死亡。

6. 选择性原理，主要是生化选择，在耐药性植物体内可迅速降解而失效。如玉米体内含苯并恶嗪酮（又称玉米酮）能使西玛津等羟基化而失去活性，因而耐药性很强。而敏感植物体内不存在这种物质，或含量很少，而被杀死。此外，此类除草剂的水溶性小，位差选择也能起到一定作用。

主要品种为：

1. 西玛津（simazine）　商品名有西玛嗪、Aquazine，Bitemol，CAT，Gasatop，Simater，Weedex 等。1956 年瑞士嘉基（Geigy）公司首先开发。纯品为白色结晶，熔点 225 ~ 227℃，难溶于水和石油醚中，微溶于氯仿、二恶烷和乙基纤维素中。性质稳定，在微酸或微碱介质中不分解，不易燃，无腐蚀作用。对人畜低毒，大鼠急性口服 LD_{50} 大于 5 000 mg/kg。无刺激性，对鸟类和鱼低毒。

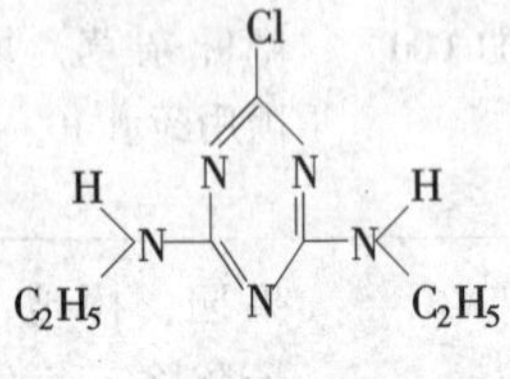

西玛津是内吸选择性除草剂。能被杂草的根吸收，通过木质部向上传导。抑制光合作用，使杂草死亡。西玛津的选择性，对于耐药性植物来说，主要是靠生化选择，如玉米体内含有大量苯并恶嗪酮，可使西玛津在氯原子位置上羟基化而失去活性。因而对玉米十分安全。另外，玉米、高粱、甘蔗等体内含有谷胱甘肽—S 转移酶，能与西玛津轭合形成无毒的轭合物。对于某些敏感作物也可通过位差选择，因为西玛津水溶性很小，在土壤中的移动性差，可杀死在表土层的一年生杂草，处于较深层的作物种子、根系吸收不到药剂而安全。西玛津能有效地防除一年生阔叶杂草和部分禾本科杂草，对玉米安全。持效期长，用量高时易对后茬作物产生药害。

一般加工成可湿性粉剂、悬浮剂使用。用于玉米、高粱、甘蔗、菜园、橡胶园、果园、苗圃防除一年生阔叶草和部分禾本科杂草。作物田在播后苗前作土壤处理。园林在开春后 4 ~ 5月份，杂草处于萌发高峰时作土壤处理。

2. 莠去津（atrazine）　商品名有阿特拉津，Artrex，Primatola，Gesaprim，Weedexa 等，1958 年瑞士嘉基（Geigy）公司首先开发。纯品为无色无味结晶，熔点 173 ~ 175℃，难溶于水但较西玛津在水中的溶解度大 6 倍。化学性质稳定，在碱性或酸性介质中加热才水解，不易燃，无腐蚀性。对人、畜低毒，大鼠口服 LD_{50} 为 3 080 mg/kg。

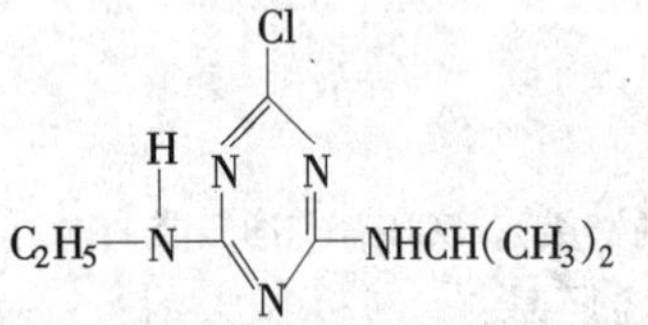

莠去津是内吸选择性土壤兼茎叶处理除草剂，以根吸收为主，茎叶也可以吸收。其除草原理和选择性原理同西玛津。因其水溶性大于西玛津，土壤处理其药效较西玛津高，也较容易产生药害。莠去津对动物有降低谷胱甘肽转移酶的活性，影响免疫功能，对胃、肾、肝组织有损伤，对遗传物质 DNA 有不良影响，通过淋溶可污染地下水。因此，在一此国家已停止或限制使用。

一般加工成可湿性粉剂或悬浮剂使用。主要用于玉米、甘蔗、茶树、果树地防除一年生禾本科杂草和阔叶杂草。也可用于非耕地、公路、铁路线上做灭生性除草剂使用。以播后苗前土壤处理为主，也可在杂草出土后早期作茎叶处理。

3. 扑草净（prometryne）　商品名有 Gesagard，Caparol，G34161，Merkazin，Solektin 等。

1959 年瑞士嘉基公司首先开发。纯品为白色结晶。熔点 118 ~ 120℃，有臭鸡蛋味，难溶于水，易溶于有机溶剂，常温下稳定，高温下遇酸碱能分解。不易燃，无腐蚀性，对人、畜低毒，大鼠口服 LD_{50} 为 2 500 ~ 3 750 mg/kg。对鸟类、蜜蜂低毒，对鱼毒性中等。

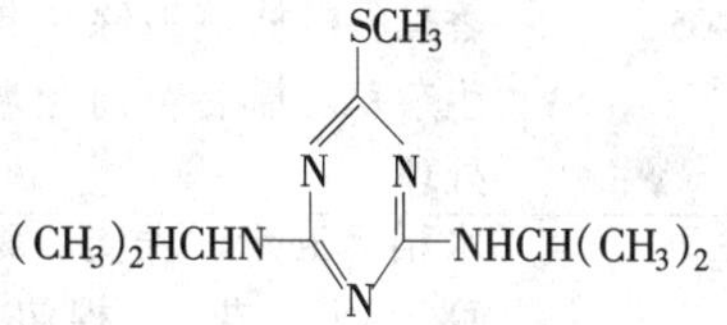

扑草净是内吸选择性除草剂。以根吸收为主，也可以从茎叶渗入。抑制光合作用，使植物失绿而死亡。其选择性是由于不同植物的吸收传导降解不同引起的。棉花根吸收扑草净，但很少传导，不能达到叶绿体部位抑制光合作用，因而耐药性强。扑草净在耐药性强的植物 体内也能进行羟基化和脱烷基化而失去活性。扑草净在土壤中的持效期较西玛津和莠去津短，因此对后茬作物影响小。

一般加工成可湿性粉剂，用于棉花、大豆、向日葵、马铃薯、水稻、果树、茶树等防除一年生禾本科杂草和阔叶杂草；对部分多年生杂草亦有一定防治效果。在棉花、大豆、水稻秧田和直播田使用，在播后出苗前作土壤处理。水稻移栽后，一般 4 ~ 5 天后撒毒土，保持水层 3 ~ 4 天。

4. 其它重要品种见表 8 - 12。

表 8 - 12　其它重要三氮苯类除草剂品种

通用名称	结构式	大鼠急性口服 LD_{50} (mg/kg)	应　用
氰草津 (cyanazine)	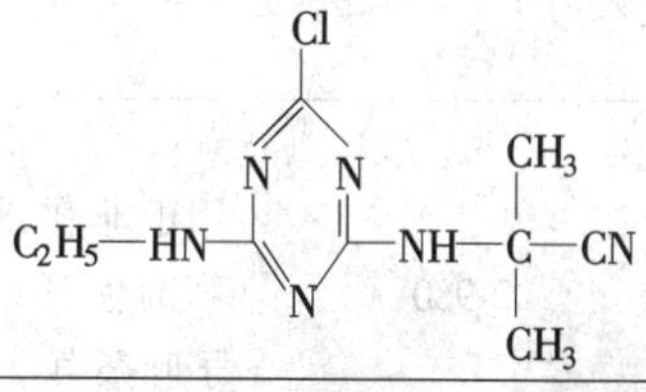	182	玉米、高粱、黍 、棉花、花生、豌豆、蚕豆、马铃薯等地防除一年生单子叶杂草，播后苗前及苗期定向喷雾
扑灭津 (propazine)	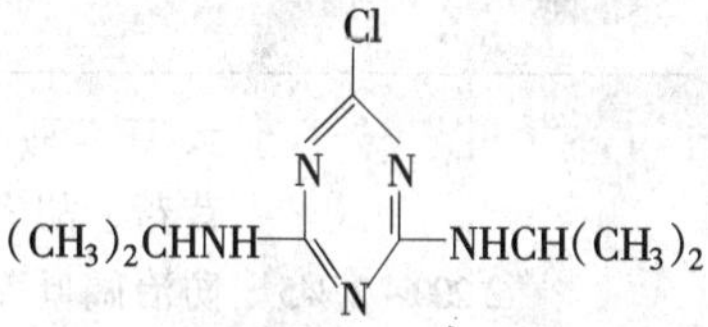	5 000	谷子、胡萝卜、芹菜、果园、苗圃、玉米田等防除一年生单、双子叶杂草幼芽。一般播后苗前作土壤处理
草达津 (trietazine)	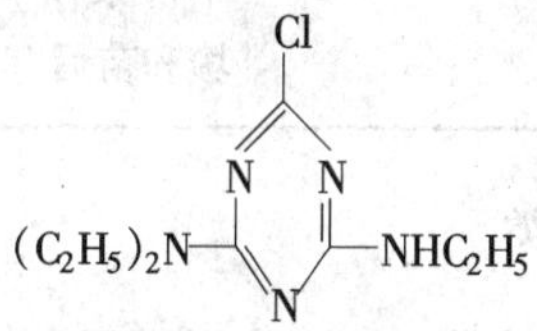	3 750	花生、大豆、马铃薯、烟草、胡萝卜、向日葵等田防除一年生禾本科和阔叶杂草
可乐津 (chlorazine)	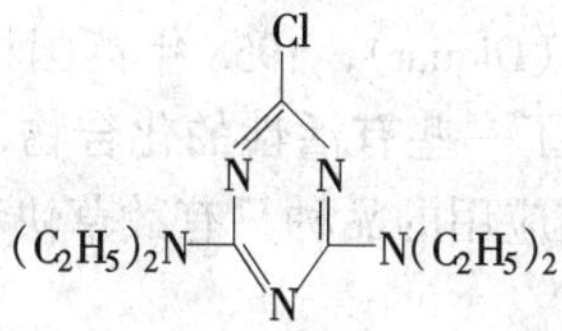	2 000	棉花、玉米、马铃薯等田防除一年生单、双子叶杂草

续头

莠灭津 (ametryne)	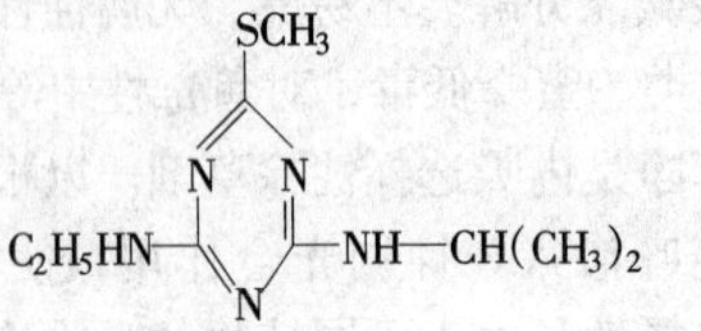	1 405	玉米、大豆、马铃薯、豌豆、胡萝卜、甘蔗、香蕉、柑橘等地除一年生杂草。播后苗前土壤处理
西草净 (simetryne)	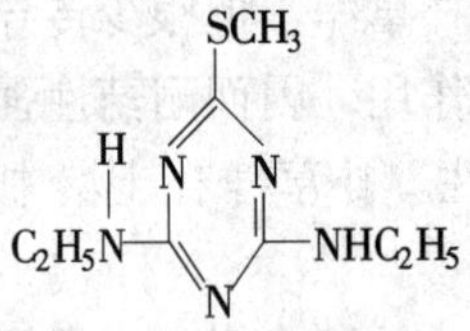	750	水稻、玉米、麦类、豌豆、大豆、花生、棉花、草坪等地防治眼子菜、稗草、牛毛草、野慈姑、瓜皮草、三棱草、藜、苋、蓼等杂草
特丁净 (terbutryne)	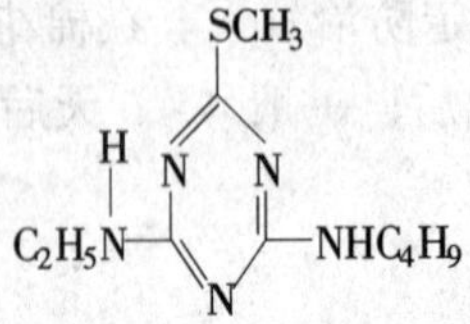	2 680	麦类、高粱、向日葵、马铃薯、豌豆、大豆、花生等地防治马唐、看麦娘、狗尾草等
莠去通 (atraton)	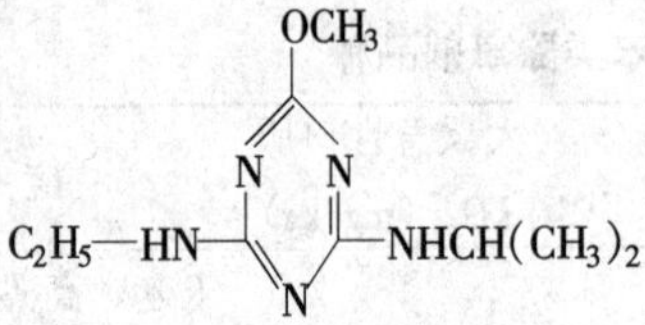	1 465	玉米、甘蔗、棉花、菠萝及非耕地防治一年生和多年生杂草
扑灭通 (prometone)	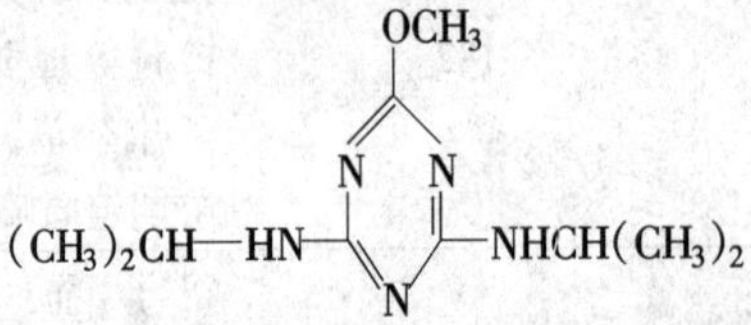	2 980	用于非耕地作灭生性除草剂使用，防除单、双子叶杂草
赛克津 (metribuzin)	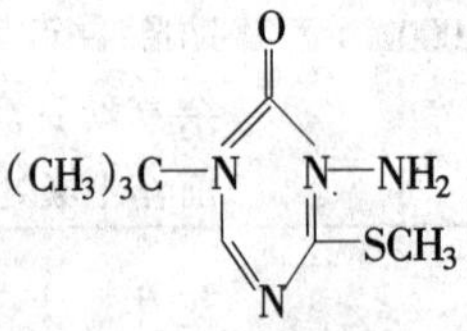	2 200 ~ 2 345	大豆、马铃薯、番茄、苜蓿、胡萝卜、甘蔗田防治阔叶杂草和部分禾本科杂草。可作苗前土壤和苗后茎叶处理

十二、季胺盐类

委胺盐类，又称联吡啶类除草剂，开发于50年代中期。ICI公司最早研究了这一类化合物的生物活性，1957年工业化了第一个品种敌草快（Diquat），1958年英国植物保护公司又工业化了第二个品种百草枯（paraquat）。之后又发现了一些有活性的化合物，也陆续工业化了一些品种，但大多数没有形成规模。至今得到广泛应用的品种只有敌草快和百草枯。

这类除草剂的特性是：

1. 杀草谱广，敌草快对绝大多数双子叶杂草有特效，而百草枯对双子叶和单子叶杂草都有效。

2. 是触杀性除草剂，作用特别迅速，主要杀伤植物绿色部分。茎叶处理后仅 1 ~ 2 h，即可出现明显受害状。

3. 灭生性除草剂，多在作物播种前或出苗前作茎叶处理，或出苗后定向处理。接触土壤后迅速被土壤胶粒吸附而失去活性。

4. 在植物体内不降解，在植物表面可进行光解。

5. 除具有高度除草活性外，还可作为脱叶剂、干燥剂及杀藻剂应用。

6. 多为水溶性盐类，一般加工成水剂使用。

7. 杀草原理为干扰植物细胞内光合作用中的电子传递系统。

主要品种为：

1. 百草枯（paraquat）

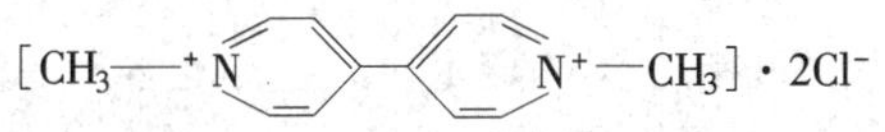

商品名有克芜踪，对草快，Dextronex，Dualparquat 等。1958 年由英国植物保护公司首先开发。原药为白色结晶，大约在 300℃分解。易溶于水，微溶于低级醇类，不溶于烃类。在酸性条件下稳定，在碱性条件下易分解。对金属有腐蚀性，制剂中含有抑制腐蚀剂，不会腐蚀喷药机器。对人、畜毒性中等，大鼠口服 LD_{50} 为 112 ~ 150 mg/kg。对皮肤和眼睛有中等刺激作用。对指甲有暂时损害。吸入后可能导致鼻出血。

百草枯为触杀型灭生性除草剂。茎叶处理杀死绿色部分。其除草原理是在植物体内干扰植物细胞内光合作用中的电子传递系统，产生有毒的 H_2O_2 或 OH^- 基，使杂草死亡。

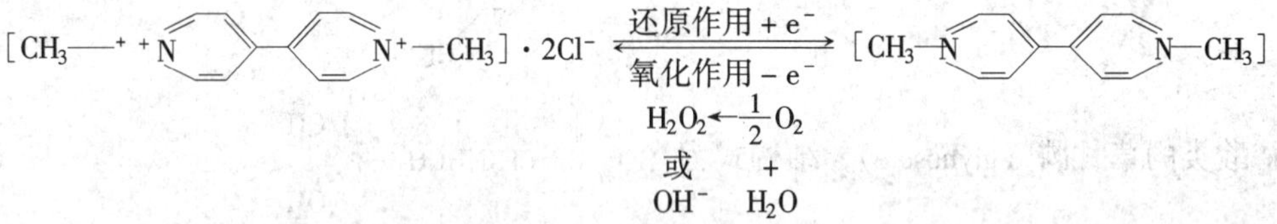

百草枯在营养液中可被植物根吸收，但在土壤中被胶粒吸附，根就不能吸收，因此对种子萌发和地下根茎都无作用。

主要做成水剂，在农田、果园、蔬菜、橡胶园及非耕地作灭生性除草。对多年生杂草只能杀死地上部分。也可用于牧场更新，杀死害草，繁殖新草。还可用于大豆、棉花、马铃薯等收获前作干燥剂使用。

2. 敌草快（diquat） 商品名有杀草快，Reglone，Aquacide，Dextrone 等，1957 年英国 ICI 公司首先开发。敌草快二溴盐以单水合物形式存在。是白色到黄色结晶，在 300℃以上分解。20℃时在水中的溶解度为 70%，微溶于乙醇和羟基溶剂，不溶于非极性溶剂。无挥发性。在中性、酸性介质中稳定。在碱性条件下分解。

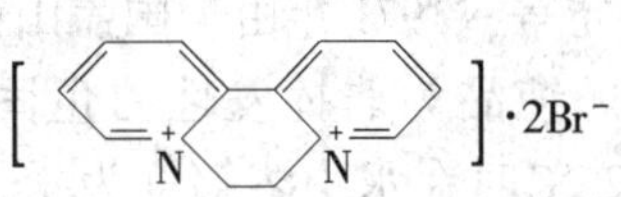

与惰性粉或某些阴离子表面活性剂起反应而钝化。对金属有腐蚀作用。制剂中常加有防腐蚀剂。对人、畜中等毒性，大鼠急性口服 LD_{50} 为 231 mg/kg。对皮肤、粘膜有刺激作用，可使鼻出血，指甲暂时损伤。据试验，饲料中含 35 mg/kg 药量饲喂老鼠 124 天后出现白内障病变。但含 7.5 mg/kg 的药量饲料则终生未见不良影响。

敌草快的除草原理与百草枯相似，但杀草谱较百草枯窄。对禾本科杂草效果较差。

一般加工成水剂，主要用于大豆、豌豆、芝麻、向日葵、油菜、亚麻、水稻、高粱、玉米、麦类、棉花等收获前的催枯剂使用。加速种子干燥、枝叶枯死以利收获。

十三、有机磷类

有机磷类除草剂的开发始于 1958 年 Uniroyal 公司发现的第一个有机磷除草剂品种伐草磷（2，4 – DEP）。此后陆续开发了一些用于旱地、水田及非耕地使用的品种，其中草甘膦（glyphosate）以其高效、杀草谱广、低毒、易分解、低残留、对环境安全等优点受到普遍重视，应用十分广泛。80 年代以来开发的有机磷除草剂品种活性有很大提高，莎稗磷（anilofos）用于稻田除草，杀草活性超过杀草丹 6 倍以上。

有机磷类除草剂的结构类型较多，但真正形成大吨位广泛应用的品种并不多。其主要结构类型及代表性品种有：

硫代磷酸酯类的砜草磷（bensulide），结构式为

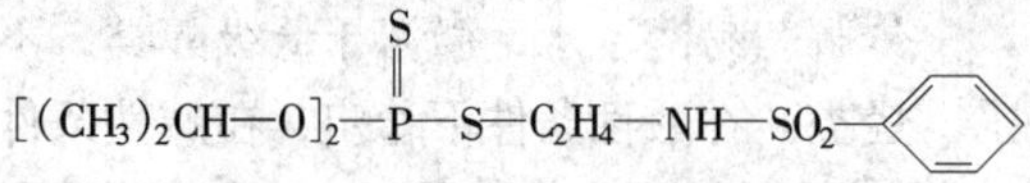

磷酰胺类的胺草磷（amiprophos），结构式为 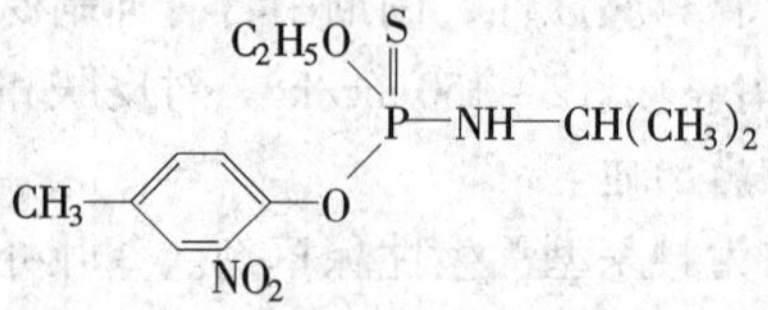

亚磷酸酯类的伐草磷（2，4 – DEP），结构式为 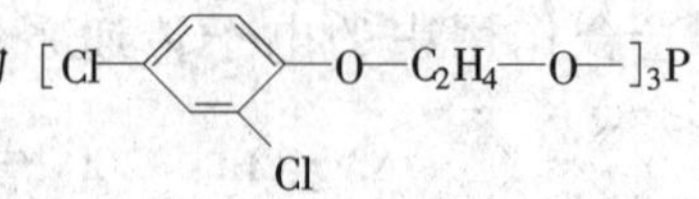

胺基膦酸类的草甘膦（glyhosate），结构式为 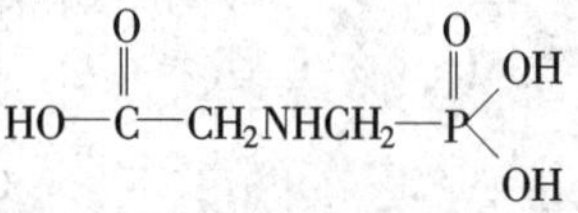

有机磷类除草剂品种不同，植物吸收和传导途径也不同。砜草磷被植物根吸收，但不向叶面传导，或传导作用很差；哌草磷通过根、胚芽鞘及幼叶吸收，传导作用亦差；草甘膦可从根吸收向茎叶传导，也可从茎叶吸收向根传导。这一类除草剂的主要作用部位是植物分生组织，通过抑制细胞分裂而控制杂草。在土壤中容易被降解失效，但品种之间差异很大。哌草磷、砜草磷、特草磷、伐草磷、胺草磷、甲基胺草磷等在土壤中降解较慢，可作土壤处理使用，而草甘膦、调节磷等则只能作茎叶处理使用。主要品种为：

1. 草甘膦（glyphosate） 商品名有农达（Roundup）、镇草宁等。1971 年由美国孟山都公司（Monsanto）首先开发。纯品为非挥发性白色固体，近 230℃时溶化并分解。25℃时在水中溶解度为 1.2%，不溶于常用有机溶剂，但其钠盐、胺盐易溶于水。不易燃，在常温下稳定。对人、畜低毒，大鼠经服口急性 LD_{50} 为 4 320 mg/kg。对皮肤和眼睛有刺激作用。

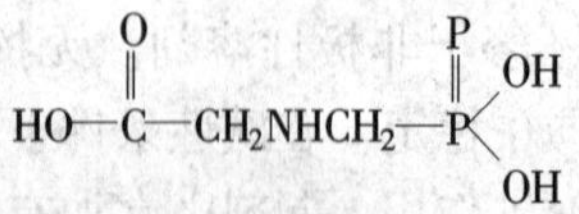

草甘膦是内吸传导型灭生性除草剂。主要通过杂草的茎叶吸收传导到全株，其突出的特点是可由茎叶吸收向下传到地下根茎和分蘖中，对多年生深根杂草的地下组织破坏力极强。

在土壤中与铁、铝等离子络合而失去活性。对未出土的杂草无效。其杀草原理主要是通过抑制烯醇丙酮基莽草素磷酸合成酶的活性，破坏莽草素向苯丙氨酸、酪氨酸、色氨酸的转化，从而使蛋白质的合成受到干扰而导致植株死亡。

一般加工成钠盐、异丙胺盐、二甲胺盐水剂作茎叶处理使用。主要用于非耕地、林地、田边、路旁等一年生和多年生杂草及灌木丛的控制；改良和更新牧场；果园、甘蔗、橡胶、油棕、茶、菠萝等作物园一年生和多年生杂草防除；农田播前、播后苗前或生育期作定向喷雾、涂抹等方法使用，可防除大部分杂草。也是免耕法常用除草剂。

2. 莎稗磷（anilofos） 商品名有双硫磷、Arozin、Rico 等，德国 Hoechst 公司开发品种。

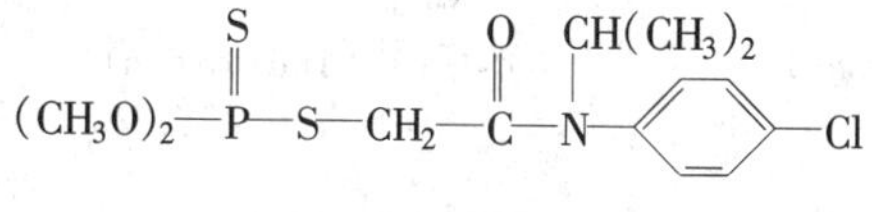

纯品为结晶体，熔点 50.5～52.5℃，22℃时在水中的溶解度为 13.6 mg/kg，在丙酮、氯仿、甲苯中 > 1 kg/L，在苯、乙醇、乙酸乙酯、二氯甲烷中 > 200 g/L。对人、畜低毒，大鼠急性口服 LD_{50} 为 472～830 mg/kg，鱼毒较低。

莎稗磷是选择性内吸传导型除草剂，主要通过根部吸收传至植株全身。抑制生长，使杂草死亡。莎稗磷使用适期较长，能有效的防除三叶期内的稗草和莎草科杂草。对水稻安全。

常加工成乳油和粒剂，用于水稻田防除稗草、异型莎草、碎米莎草、鸭舌草、尖瓣花等。一般在水稻移栽后 4～8 天，杂草二叶一心期以内，喷雾或撒颗粒。保持水层 4～5 天。

十四、其它化学结构类型的除草剂

除上述 13 类外，还有：

1. 腈类除草剂 其母体结构为 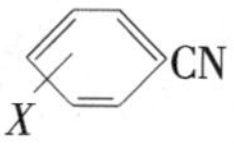，主要品种有敌草腈（dichlorobenil），碘苯腈（ioxynil），辛酰碘苯腈（ioxynil－octanoate），溴苯腈（bromoxynil）等。主要用于麦类作物田防除阔叶杂草。

2. 脂肪族除草剂 其主要品种的母体结构为氯代低级脂肪酸。如一氯醋酸（MCA）、三氯醋酸（TCA）、茅草枯（dalapon）化学名称为 2，2－二氯丙酸等。大都为灭生性除草剂。

3. 咪唑啉酮类 是 80 年代初发现的一类新型除草剂，其结构特点是，有咪唑啉酮环，环上有一个甲基和异丙基，咪唑啉酮环与邻位有一个羧基的芳环相联。可在植物的叶片和根系吸收并传导，杀草谱极广，可以防治一年生及多年生阔叶和禾本科杂草。主要品种有：

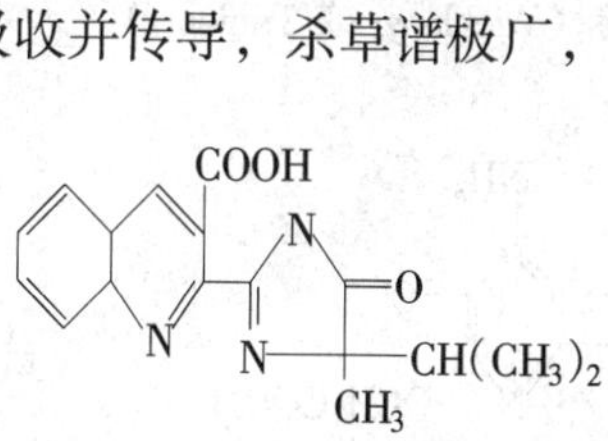

灭草喹（Scepter）

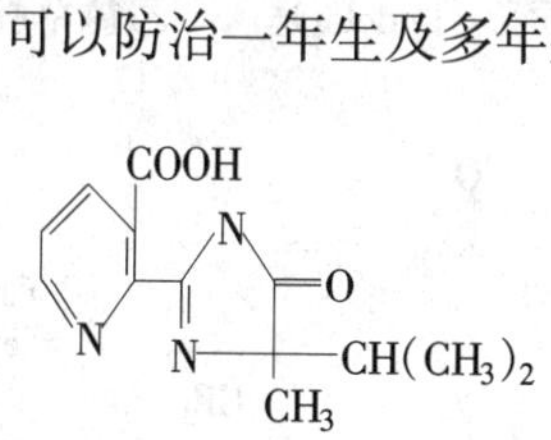

灭草菸（Arsenal）

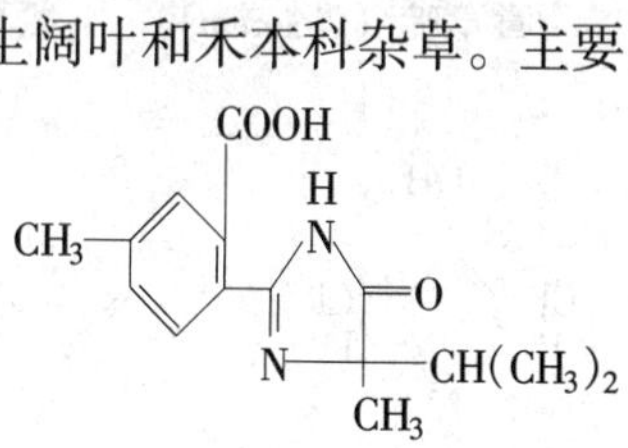

咪草酯（Assert）

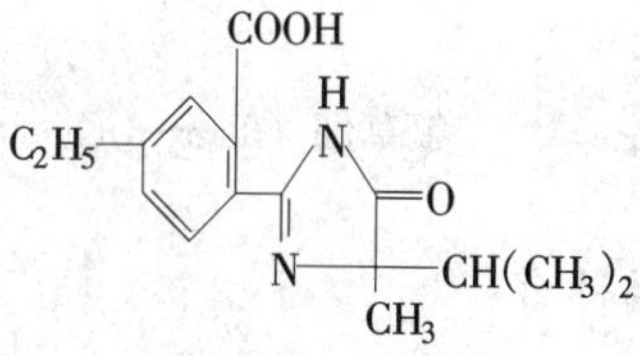

咪草烟（Imazathapyr）

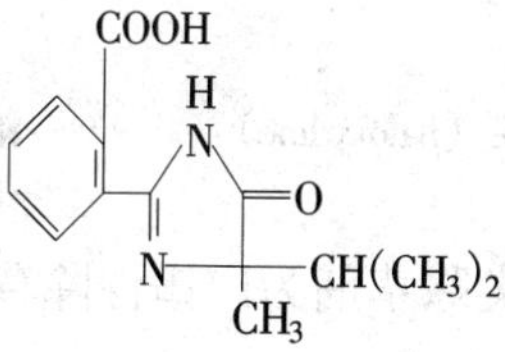

AC222162

4. 环已烯酮类　此类除草剂是以克螨特的结构为基础开发的品种，对双子叶作物安全，茎叶处理防治禾本科杂草，主要品种有：

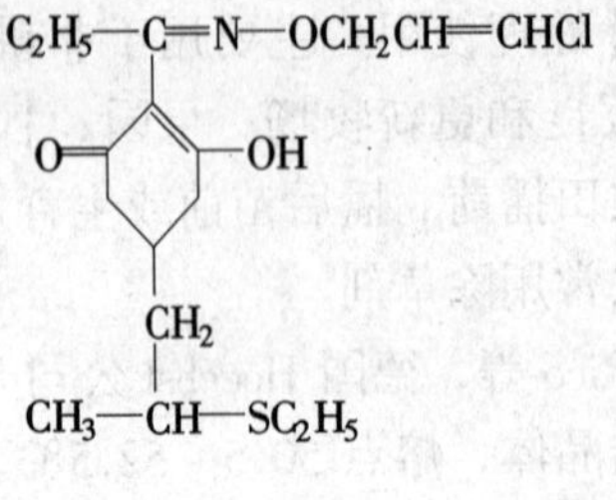

烯草酮（Clethodim）

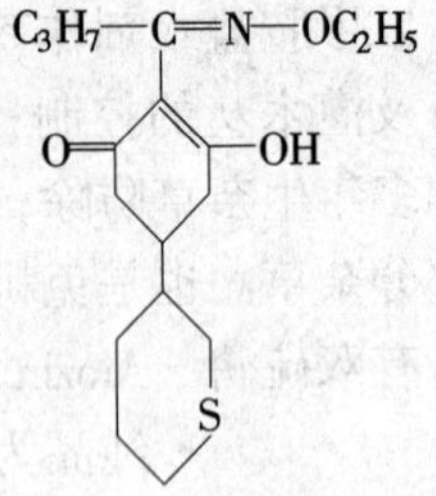

噻草酮（Cgcloxydim）

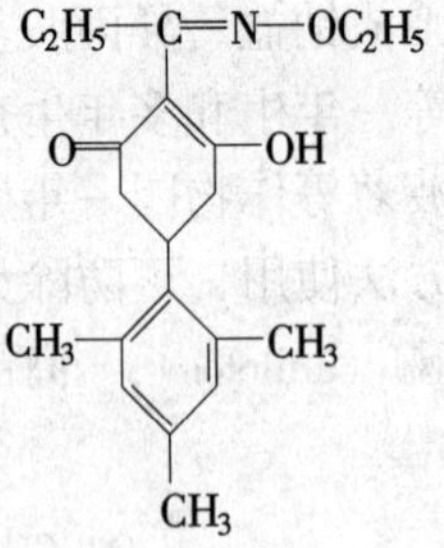

苯草酮（Tralkoxydim）

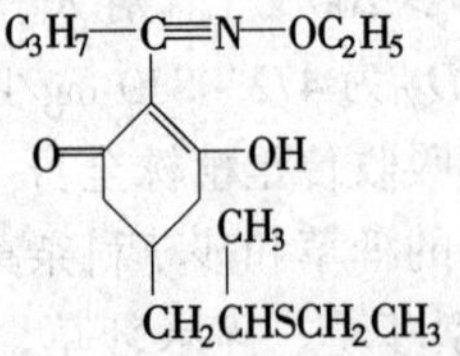

稀禾定（Sethoxydim）

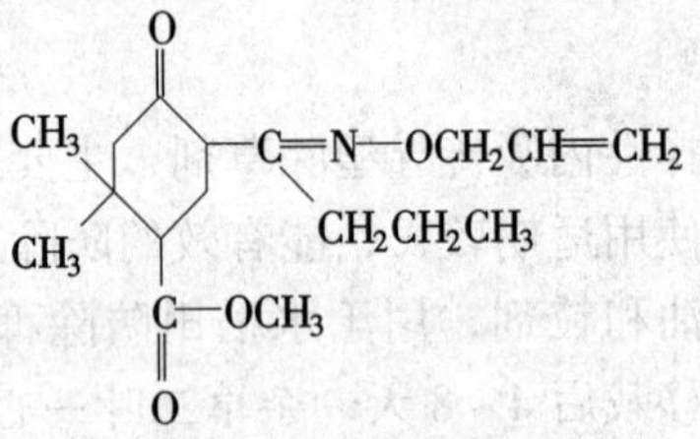

枯草多（Alloxydim）

5. 吡啶类　此类除草剂为60年代开发的一类灭生性除草剂，水溶性强，有内吸传导作用，在土壤中稳定，作土壤处理使用。

主要品种有：

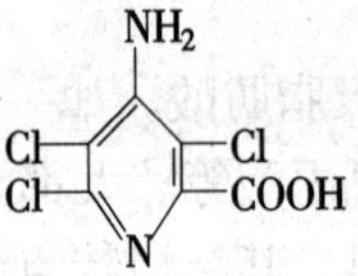

毒草啶（Picloram）

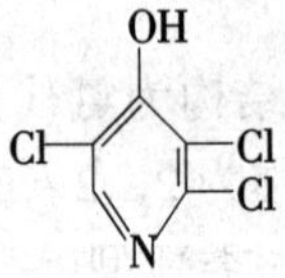

氯草啶（Pyriclor）

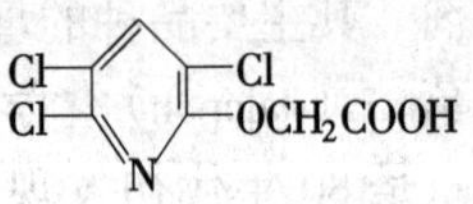

乙氯草啶（Trichlopyr 或 Triclopyr）

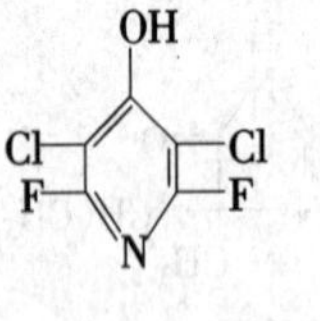

氟氯草啶（haloxydine）

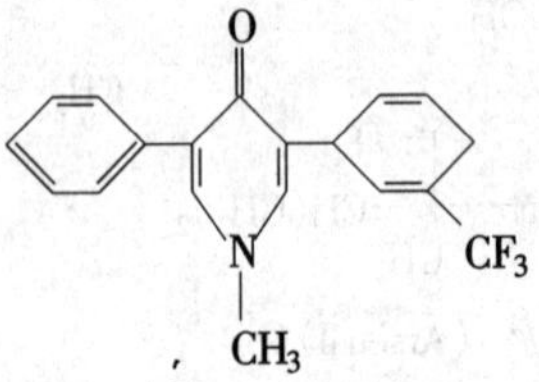

氟啶酮（fluridone）

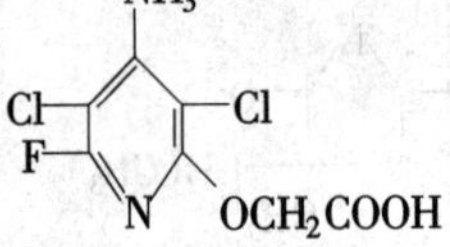

氟草烟（fluroxypyr）

6. 吡唑类　此类除草剂为广谱性除草剂，主要品种有：

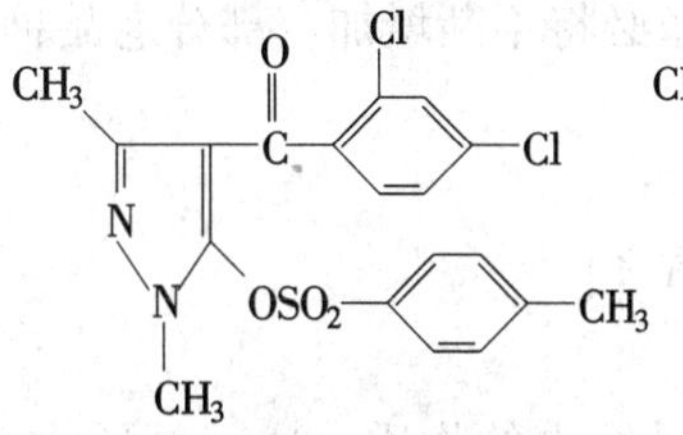

吡唑特（pyrazolate）

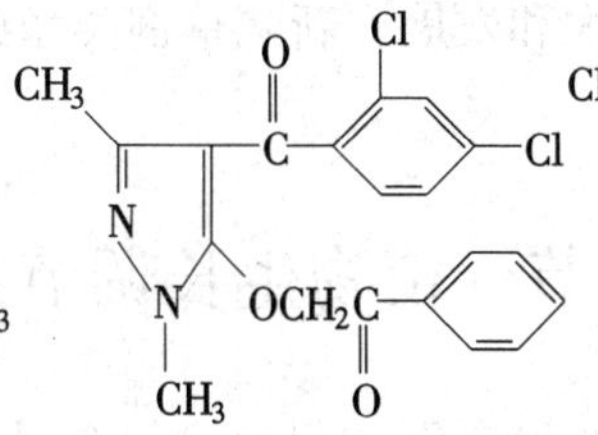

苄草唑（pyrazoxyfen）

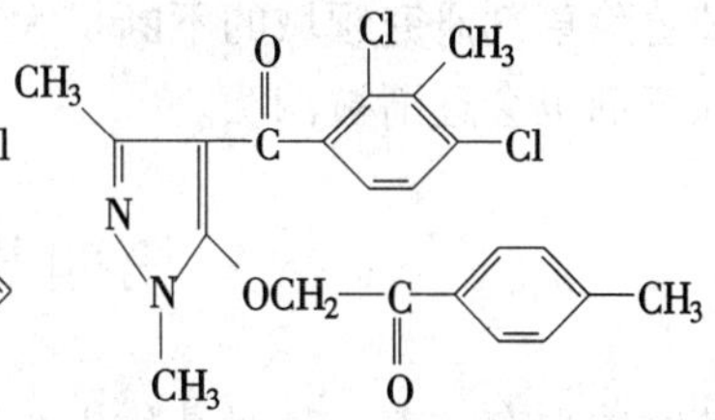

吡草酮（benzofenap）

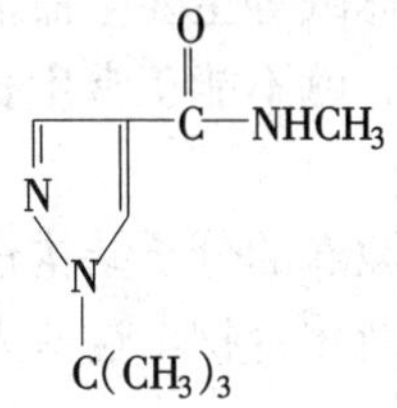

吡氰草胺（EL－177）

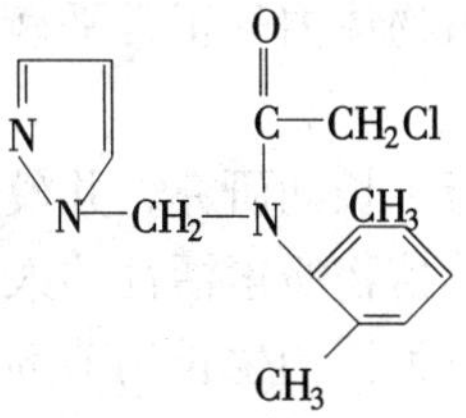

吡草胺（metazachlor）

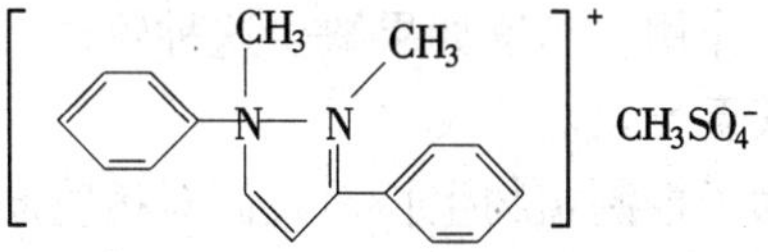

双苯唑快（difenzoquat）

7. 嘧啶类　此类除草剂是60年代发展起来的高效低毒土壤处理剂，主要通过杂草根吸收并传导，防治杂草幼芽，持效期长。主要品种有：

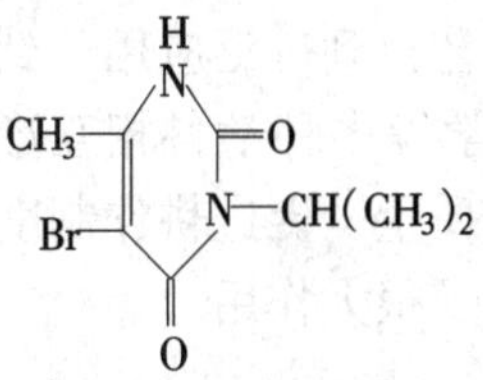

丙溴啶（isocil）

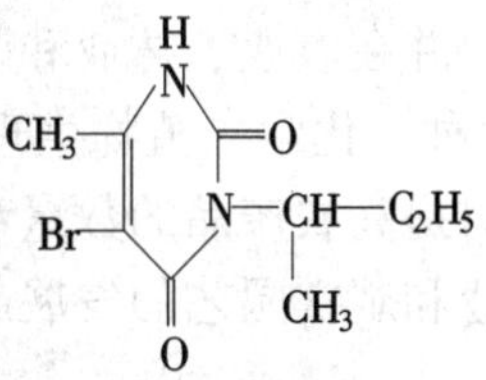

丁溴啶（bromaci）

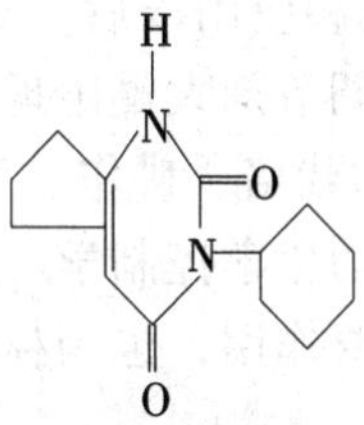

环草啶（lenacil）

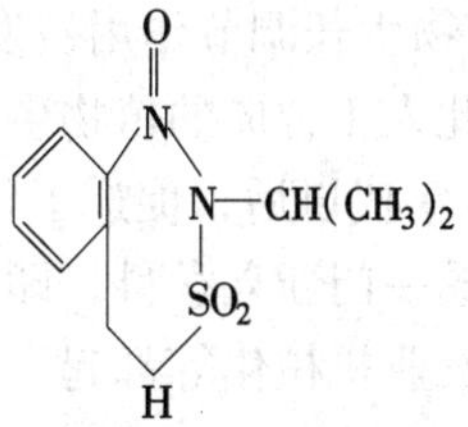

苯达松（bentazon）

8. 喹啉羧酸类　是80年代新开的一类选择性除草剂。主要品种有：

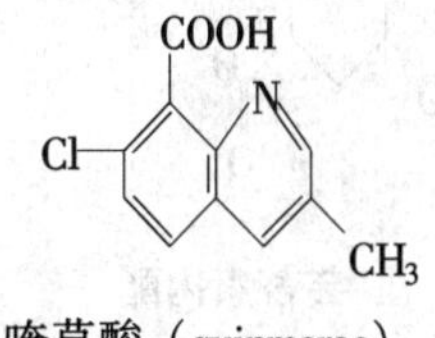

喹草酸（quinmerac）

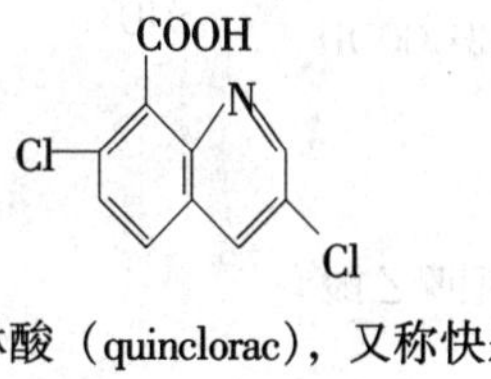

二氯喹啉酸（quinclorac），又称快杀稗

9. 其它杂环类　主要品种有：

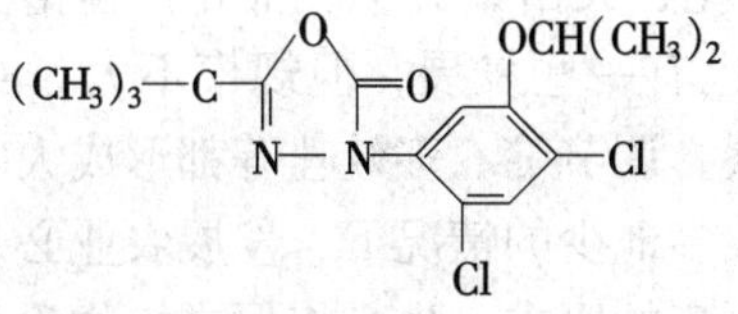

恶草灵（oxadizaon）

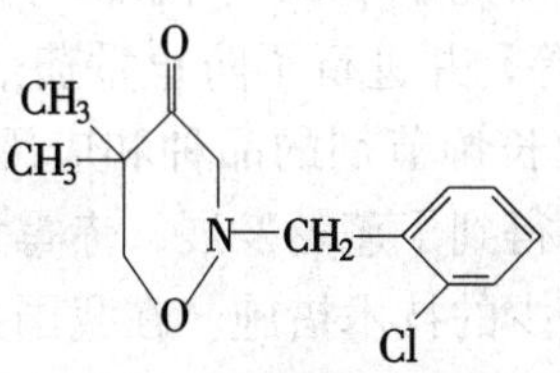

广灭灵（dimethazone）

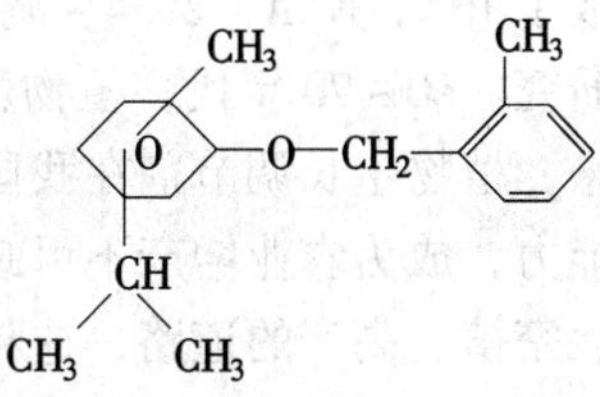

庚草烷（cinmethylin）

随着除草剂研究领域的不断扩大和发展，新除草剂类型必将不断增加，部分老品种或某一类除草剂也会逐渐被淘汰。

第四节　植物生长调节剂

植物体内存在着一种对植物生长发育影响很大，但含量很少的物质，这就是植物激素。它对植物的发芽、生根、生长、器官分化、开花、结果、成熟、脱落、休眠等主要生命活动起调控作用，植物如果缺少这种物质，则在植物体内的正常平衡被打破，就不能正常生长发育，甚至死亡。

为了控制植物生长，人们对植物激素进行了长期研究，并模拟植物激素的分子结构进行了人工合成，同时也筛选出一些具有类似天然植物激素活性的人工合成新化合物。这些人工合成的、具有调控植物生长的化学物质，统称为植物生长调节剂。

早在 1928 年文特（F.W.Went）就发现了植物体内存在生长素活性物质，1934 年柯格尔（F.Kogl）和哈根—史密特（A.J.Haagen – Smit），1935 年西曼（K.V.Thimann）分别从人尿和根霉菌的培养基中提取出吲哚乙酸（IAA），不久，人工合成了吲哚丁酸（IBA）和萘乙酸（NAA），并首先应用于柑橘插条生根。其后又先后发现了赤霉素、细胞分裂素、脱落酸、乙烯及生理活性极高的芸苔素内酯（brassinolide）等多种植物激素。特别是 20 世纪 40 年代 2，4 – 滴的植物生长调节作用被发现和应用以后，对合成、筛选植物生长调节剂起了重要推动作用。从此人工合成的植物生长调节剂大量出现，并在农业、林业和园艺得到广泛应用。到 20 世纪 70 年代以后，促进了作物栽培、耕作、育种、化学，植物生理学等多种学科相互渗透，发展成一门新兴学科，即作物化学控制学。对提高农产品的数量和质量，促进耕作制度的改变和农业机械化等都起了重要作用，也为林业和观赏园艺的发展起了很大作用。

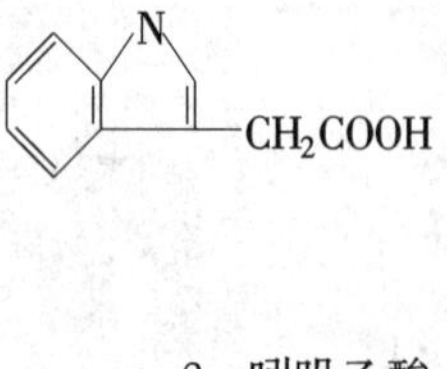

β—吲哚乙酸

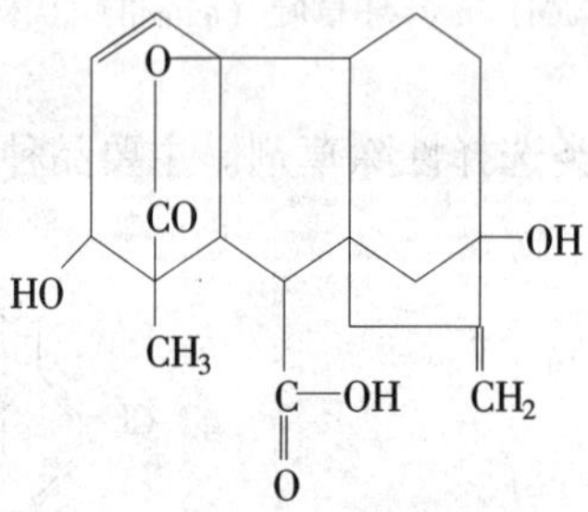

赤霉素

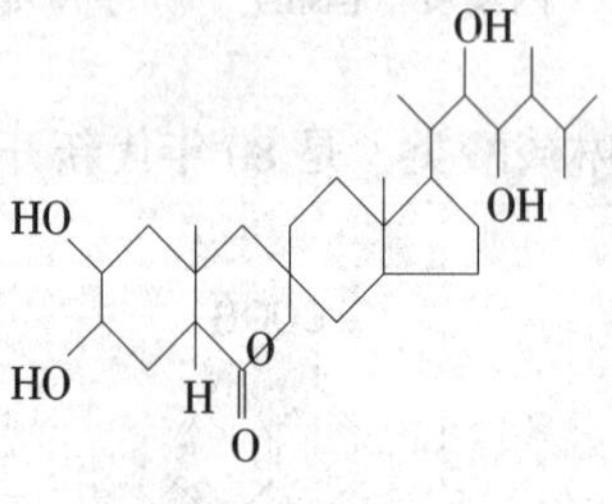

芸苔素内酯

我国植物生长调节剂的应用研究始于 30 年代末，用于插枝生根和无籽果实诱导。50 年代合成了 IBA，NAA，2，4 – 滴等，并进行了防止番茄落花、大白菜脱帮、棉花落蕾落铃等应用研究。60 ~ 70 年代，植物生长调节剂的品种和应用也有一些发展，但规模不大。80 年代以来，植物生长调节剂在我国得到了蓬勃发展，赤霉素、调节啶、多效唑等都形成大吨位生产能力，成为农业增产不可缺少的技术措施。在我国人多地少的情况下，发展农业必须走多熟、密植、高产的道路，这将对植物生长调节剂提出更高的要求，也必将促进植物生长调节剂的研究、开发、生产和应用的更大发展。

一、品种类型及主要品种

植物生长调节剂品种多、化学结构各异、生理效应和用途又各有不同。所以分类的标准也有多种。通常有按化学结构分类，按植物激素类型分类，按照生理效应和用途分类等。

（一）按照生理效应和用途分类

1. 矮化剂　主要用于控制作物生长使其矮化健壮增加抗逆性或控制株型的一类药剂，这一类药剂都有减缓植物营养生长、缩短节间、矮化茎秆的作用。作用原理是抑制植物体内赤霉素的生物合成。如矮壮素能使小麦、黑麦节间缩短，茎秆增粗，叶片变小呈直立型，通风透光，抗倒伏，千粒重增加，产量提高；多效唑对水稻的矮化特别有效，用于二季稻培育壮秧，已广泛推广。多效唑对小麦控制生长，增加分蘖、抗倒伏的效果也很明显，并兼有防治白粉病的作用，还可用于果树，草地控制树型和矮化生长。也可用于花卉等观赏植物矮化控制生长。调节啶用于棉花使节间缩短、株型紧凑、叶片变小、防止徒长，改善棉铃生育条件，成铃数增加，铃重增加，产量提高。比久用于果树防止新梢生长、促进花芽分化和坐果。防止落果、增加果色、提高果品的产量和质量。也可用于观赏植物控制生长，提高观赏价值。

2. 生根剂　能促进切条产生不定根的植物生长调节剂，对加快果树、园林和花卉苗木的无性繁殖有重要意义。常用的生根剂有吲哚乙酸、吲哚丁酸、萘乙酸等。低浓度 2，4－滴可促进茶树插条生根。比久、脱落酸可通过叶片减少蒸发而促进生根。多效唑和调节啶也有促进生根作用。

3. 摘心剂　对植物顶端生长点有强烈破坏作用。能使顶端停止生长的一类植物生长调节剂。主要品种有抑芽丹、抑芽敏、三碘苯甲酸等。用于控制花卉、绿篱和树木造型，也用于果树、棉花、烟草摘心打顶控制生长。

4. 疏花蔬果剂　可以使一部分花蕾或幼果脱落的化学药剂。常用品种有二硝基甲酚、萘乙酸、萘乙酸胺、乙烯利等，杀虫剂甲萘威也有疏花疏果作用。萘乙酸常用于苹果和梨树，乙烯利用于苹果树，甲萘威用于苹果和桃树。

5. 催熟剂　促进作物产品器官内部生化反应，加速成熟的一类植物生长调节剂。主要品种有乙烯利和增甘膦等。乙烯利可用于番茄、辣椒、香蕉、柿子、桃、梨、苹果、西瓜、菠萝、柑橘等瓜果催熟，也可用于棉花催熟早收增产。增甘膦主要用于甘蔗催熟，加速成熟增加含糖量。

6. 脱叶剂　是能使植物叶片加速脱落的植物生长调节剂。主要品种有脱叶磷（mephos）、脱叶亚磷、乙烯利、赛苯隆等。用于棉花、大豆、马铃薯、甜菜等作物加速脱叶、便于机械收获。

7. 干燥剂　能促进作物产品器官快速脱水成熟，便于集中采收和贮藏的药剂，常用的干燥剂有百草枯、敌草快、乙烯利等。

8. 杀雄剂　可使雄性不育的药剂。主要用于杂交育种。促进自花授粉的植物实现异花受粉，获得杂交后代，常用的杀雄剂有 2，4－滴丁酸，2，3－二氯异丙酸等。

（二）按化学结构分类

1. 吲哚类化合物其母体结构含吲哚环（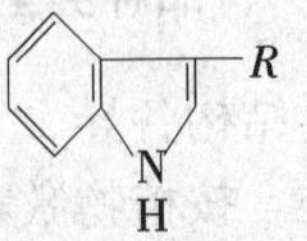

）。主要品种有吲哚乙酸（IAA）、吲哚丁酸（IBA）等。

2. 萘类化合物其母体结构含萘环（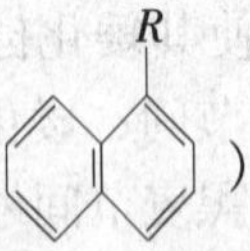

）。主要品种有萘乙酸（NAA）、萘氧乙酸（BNOA）、萘乙酰胺（NAD）、抑芽醚（belvitan）等。

3. 苯氧乙酸类其母体结构为苯氧乙酸（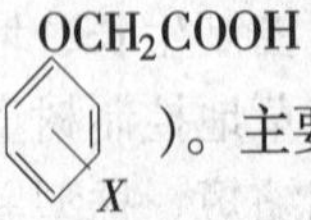

）。主要品种有2,4－滴(2,4－D)等。

4. 嘌呤衍生物：这一类植物生长调节剂的分子中都含嘌呤环（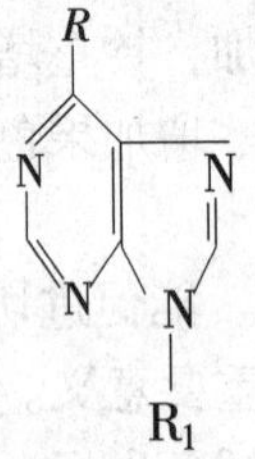

）。主要品种有玉米素（zeatin）、激动素（kinetin）、6－苄基氨基嘌呤等。

5. 萜烯及萜类化合物这一类植物生长调节剂的代表品种是赤霉素（gibberellic acid）。

6. 芴－9－羧酸衍生物这一类植物生长调节剂的结构通式为（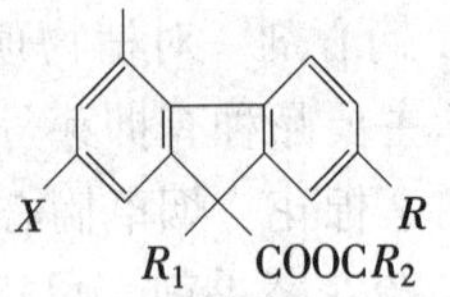

）。代表品种为整形素（cllorflurecol）。

7. 季胺盐主要品种有矮壮素（chlormaguat），AMO－1618等。

8. 嗡盐主要品种有哌壮素（piproctanyl）、助壮素（mepiguat－ohloride）等。

9. 芳香羧酸及其衍生物主要品种有三碘苯甲酸（TIBA）、三溴苯甲酸和三氯苯甲酸等。

10. 内酯主要品种有油菜内酯、香豆素等。

11. 脱落酸主要品种有脱落酸、菜豆酸等。

12. 肼类衍生物主要品种有β－羧基乙肼、比久（B_9）、抑芽丹等。

13. 磷类主要品种是三丁基－（2，4－二氯苄基）氯化磷（phosphon D）。

14. 乙烯及乙烯释放剂主要品种为乙烯利（ethephon）。

15. 脂肪酸和脂肪醇类一般为C_8—C_{12}的脂肪酸和C_8—C_{10}的脂肪醇。

16. 三唑类含有三唑环，主要品种有多效唑（paclobutrazol）、烯效唑（uniconazole）等。

17. 嘧啶类含嘧啶环，主要品种有嘧啶醇（flurprimidol）等。

（三）按植物激素类型分类

1. 生长素类 生长素类的主要作用特点是促进细胞伸长或加速细胞分裂，广泛应用于促进插条生根、促进果实膨大、减少花果脱落、疏花疏果、诱导开花等。主要品种见表8－13。

表 8－13　生长素类植物生长调节剂

农药名称	化学结构	作用及应用
萘乙酸（NAA）	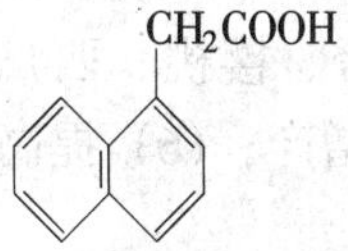	促进生根，疏花疏果，防止落果，诱导菠萝开花，促进生长，延长马铃薯休眠期
防落素（4－CPA）	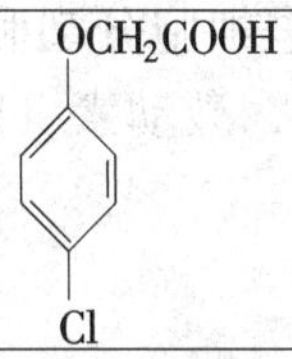	促进植物生长，防止落花落果，加速果实发育，形成无籽果实，提早成熟，增加产量，改善果质。主要用于番茄、茄子、柑橘、茶叶、水稻、小麦等作物
增产灵	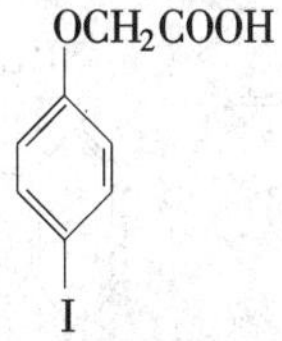	加速细胞分裂，刺激植物生长，防止落花落果，提早成熟，增加产量。主要用于水稻、大豆、棉花、花生、玉米、苹果等
2，4－滴（2，4－D）	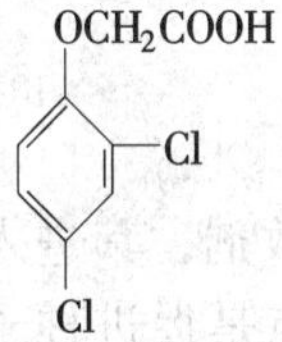	刺激生根，保花保果，形成无籽果。主要应用于番茄、茄子、小麦、水稻、花生等
吲哚丁酸（IBA）	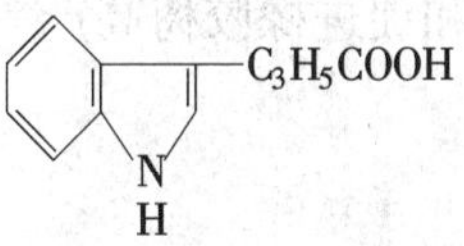	促进插条生根，提高成活率
石油助长剂	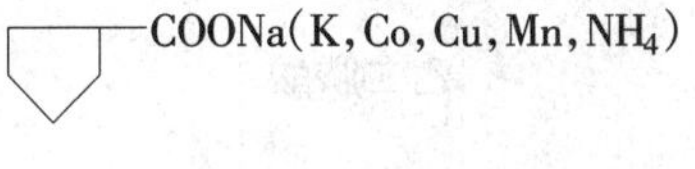	刺激种子发芽，促进发根，加速籽粒灌浆，促进细胞分裂，诱导愈伤组织形成，加速分化出苗

2. 赤霉素类　赤霉素是植物体内存在的内源激素。1926 年日本黑泽英一确认赤霉素是赤霉素菌的分泌物。1935 年日本薮田贞次郎又从水稻恶苗病的代谢物中获得赤霉素结晶，到目前为止，已发现的植物内源赤霉素有 72 种。用赤霉素菌进行人工发酵生产的赤霉素，主要活性成分是赤霉素 3（GA_3）即赤霉酸。赤霉素 4（GA_4）、赤霉素 7（GA_7）在生产上也有应用。

赤霉素的作用特点是刺激茎叶生长、扩大叶面积、加快侧枝生长，有利于代谢产物在韧皮部内积累，活化形成层；改变某些植物雌雄花的比例，诱导单性结实，形成无籽果实，加速某些作物果实生长，促进坐果；打破种子、块茎、块根休眠，提早发芽时间；抑制成熟、衰老、侧芽休眠及块茎形成等。其作用机制是促进 DNA、RNA 的合成，提高 DNA 的模板活性，增加 DNA、RNA 聚合酶的活性和染色体酸性蛋白质，诱导 α－淀粉酶、脂肪合成酶、肮酶等的活性，抑制过氧化酶、吲哚乙酸氧化酶，增加自由生长素含量，延缓叶绿体分解，提高细胞膜透性，促进细胞分裂和伸长，加快同化物和贮藏物的流动。主要用于（1）促进番茄、茄子、梨及葡萄坐果及无籽果的形成；（2）增加菠菜、花叶生菜、苋菜等的营养生长提高产量和质量；（3）打破土豆、大麦、豌豆、扁豆、凤仙花、人参及一些禾本科种子的休眠，促进发芽；（4）延缓蒜苔、柑橘、柠檬、脐橙、樱桃、西瓜和香蕉等的衰老和保鲜；（5）调节观赏植物和瓜果开花期，提高观赏价值的增产；（6）提高三系杂交水稻植种的结实率等。

3. 细胞分裂素类　细胞分裂素的作用特点是促进细胞分裂和扩大，诱导芽分化、延缓衰老、促进侧芽萌发等。主要品种有玉米素（zeatin），激动素（kinetin），6－苄基氨基嘌呤（6BA）、异戊烯基腺嘌呤（ipA）等。

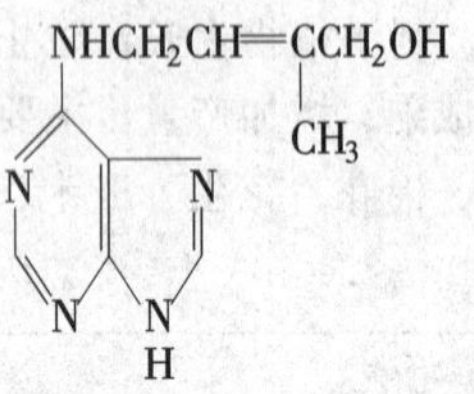
玉米素

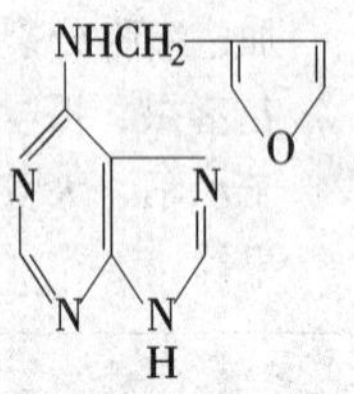
激动素

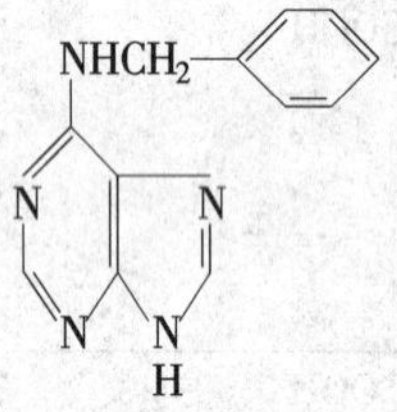
6BA

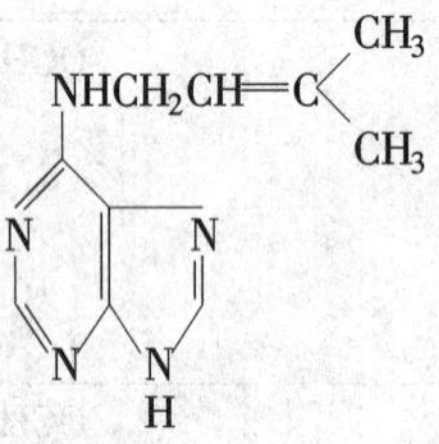
IPA

4. 乙烯类　乙烯类植物生长调节剂都是乙烯释放剂，其进入植物体内都要经水解释放出乙烯发挥生理效应。如图 8－13 所示。其作用特点是促进种子发芽、控制伸长、培育壮苗；促进开花、果实早熟、器官脱落、雄性不育和促进橡胶树高产等。主要的品种有乙烯利（ethephon）、乙二膦酸等。

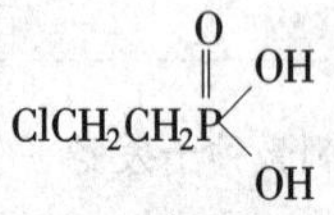
乙烯利

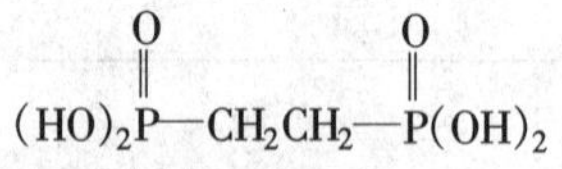
乙二膦酸

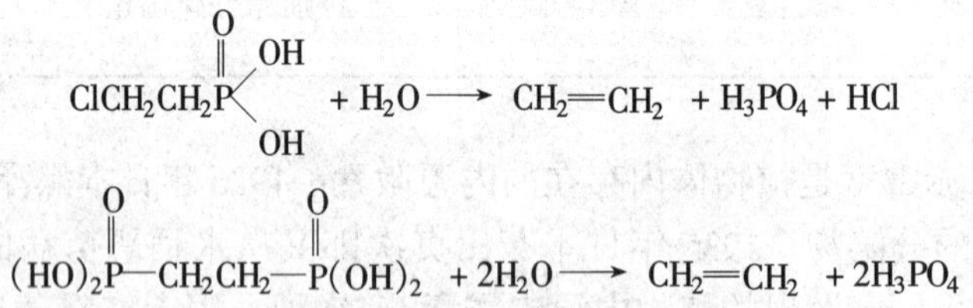

图 8－13　乙烯利和乙二膦酸在植物内释放乙烯的反应

5. 脱落酸类　这一类植物生长调节剂的作用特点是促进离层形成，导致器官脱落，促进植物芽和种子休眠；促进气孔关闭，增加植物抗逆性。此类化合物结构比较复杂，虽已合成，但价格较贵，尚未大量用于生产。一个近似品种赛苯隆（thidiazuron）已工业化生产，它能促使棉花叶柄与茎之间的分离组织自然形成而脱落。便于机械收获，并使棉花收获期提前 10 天，棉花品质也得到提高。

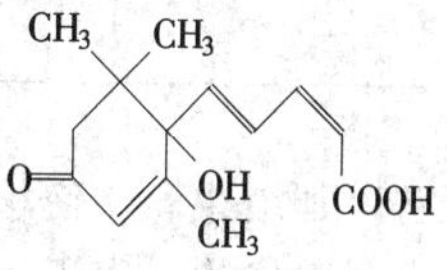

脱落酸（abscisin Ⅱ）

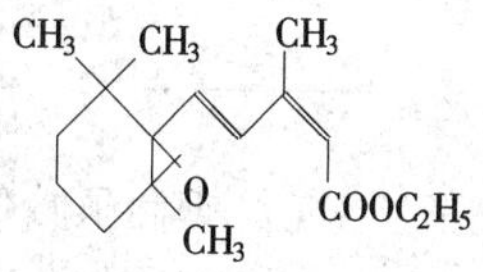

脱落酸类似物Ⅰ

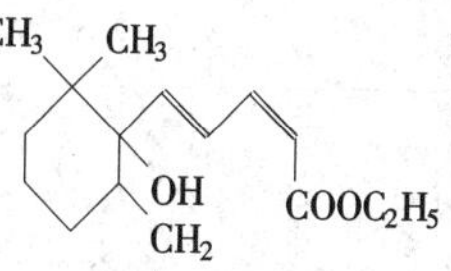

脱落酸类似物Ⅱ

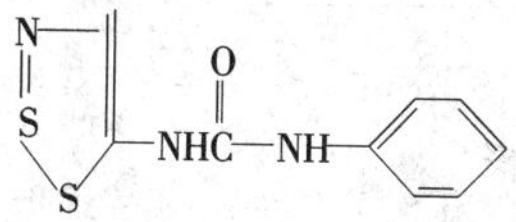

赛苯隆

6. 生长抑制剂类 生长抑制剂类化合物种类较多，作用机制也不尽相同，大体可以分为两大类，一类对植物顶端生长点有强烈的破坏作用，能使顶端停止生长。失去顶端优势，并且不能被赤霉素所逆转。如青鲜素、增甘膦、三碘苯甲酸等，称为植物生长抑制剂；另一类对植物茎部分生组织细胞分裂和扩大有抑制作用，使节间缩短，植物矮小、紧凑，但对节数、叶片数及顶端优势保持不变，其效应可被赤霉素逆转。如矮壮素、比久、调节啶等，称为植物生长延缓剂。自 80 年代以来，调节啶在我国棉花种植业上大面积推广应用，控制营养生长，促进生殖生长，使株型紧凑，通风透光，减少落铃，提高产量和质量，已成为大面积丰产技术措施。多效唑也在水稻培养壮秧，小麦、油菜控制倒伏，苹果、桃树控制树冠，观赏植物控制茎秆伸长和花期等方面得到广泛应用，在提高产量和产品质量方面起了重要作用。植物生长抑制剂的主要品种见表 8－14。

表 8－14　植物生长抑制剂的主要品种

农药名称	化学结构	作用及应用
用矮壮素（chlormequat）	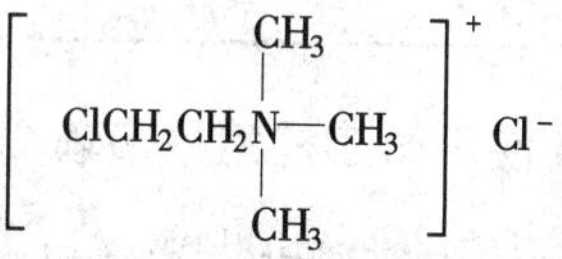	抑制细胞伸长和茎叶生长，使植物矮壮，茎秆增粗，抗倒伏、抗寒、抗旱、抗盐碱能力增强，不影响生殖器官发育。常用于小麦、棉花、玉米、马铃薯、番茄等
调节啶（mepiquat）	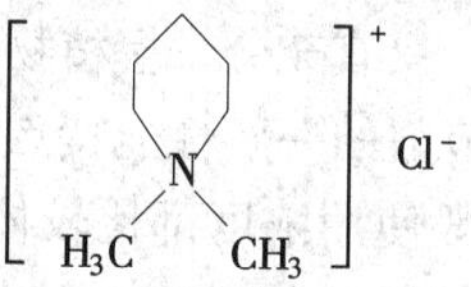	抑制细胞和节间伸长，延缓营养生长，使植株矮化，株形紧凑，促进果实和块茎生长。常用于棉花、马铃薯、果树等，有明显增产作用。
多效唑（paclobutrazol）	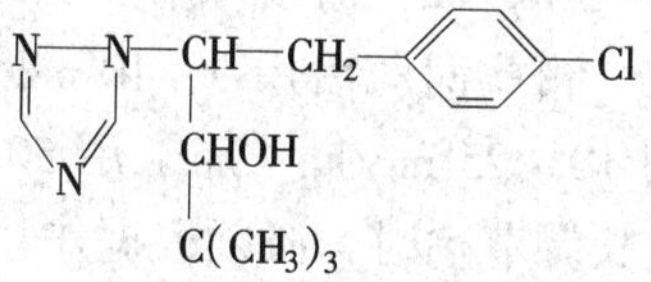	抑制茎秆伸长，控制树冠，提高抗倒伏能力，还有抑菌作用，常用于水稻、小麦及果树等
比久	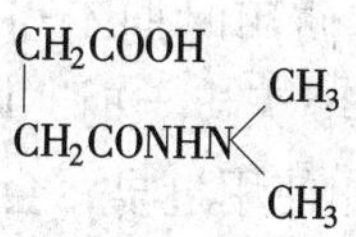	抑制细胞分裂和纵向生长，使植物矮化粗壮，增强抗旱、抗寒能力，促进生殖生长；防止落花落果，促进果实着色。常用于果树、花卉以及部分蔬菜

续表

整形素（chlorflurend）	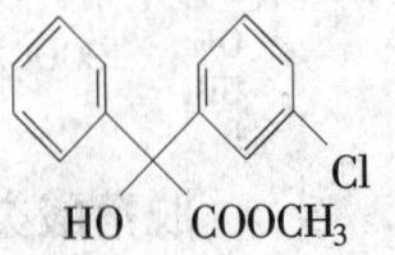	抑制顶端优势，延缓生长，使植株矮化，促进侧芽发生。用于桃树，可使果实着色
调节膦（fosamine）	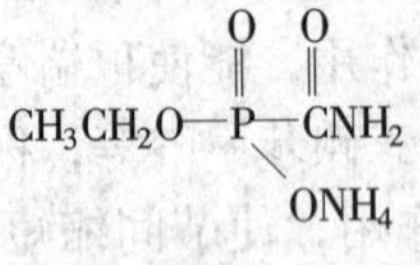	抑制细胞分裂和伸长，在一定浓度下能抑制或杀死植物旺盛的分生组织，如顶芽侧芽等。用于果树有矮化和化学修剪作用，用于花卉可延长插花和开花时间
抑芽敏（flumetralin）	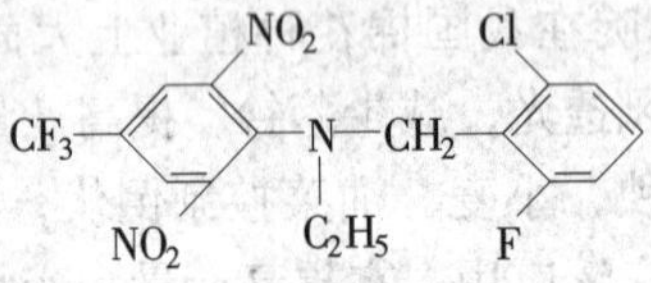	高效烟草侧芽抑制剂，打顶施药一次能抑制烟草腋芽发生直至收获
抑芽丹（青鲜素）（maleic hydrazide）		抑制顶端分生组织细胞分裂，破坏顶端优势，不抑制细胞膨大。主要用于防止鳞茎和块茎在贮藏期发芽，控制烟草侧芽生长，抑制草莓徒长

二、性能特点及使用时应注意的事项

植物生长调节剂一般具有促进和抑制生长两种效应。其结果随用药浓度、剂量、时期、植物种类、器官、生育期、生理状态、栽培条件和环境条件等的变化而有很大差异。甚至产生截然相反的结果，因此在实际应用过程中，只有充分掌握植物生长调节剂的性能特点，科学地使用，才能达到预期目的。植物生长调节剂的一般性能特点可归纳为以下几点。

1. 植物生长调节剂的生物活性很强，一般使用浓度都比较低，常以百万分之几(mg/kg)的浓度计，而且使用浓度与产生的效果密切相关。如 2，4 – 滴用于防止落花，对水稻、小麦、番茄用 10 ~ 25 mg/kg，棉花只能用 2 ~ 3 mg/kg，荔枝可用 150 ~ 200 mg/kg；用于防止落果，苹果用 5 ~ 10 mg/kg，梨用 2.5 mg/kg，柑橘谢花后用 5 ~ 10 mg/kg，生理落果期用 15 ~ 20 mg/kg。形成无籽或小籽果实，番茄用 10 ~ 25 mg/kg，茄子用 50 ~ 100 mg/kg，无花果用 100 ~ 250 mg/kg 等等。因此在使用植物生长调节剂时，必须根据作物种类、生育时期、使用部位等选择适宜的品种，确定合适的使用浓度，否则会出现无效或产生药害的严重后果。

2. 使用植物生长调节剂的时期至关重要，使用时期不当，不但不能收到应有的效果，反而会出现坏作用。如在棉田大部分棉铃达到 45 天以上时，喷施乙烯利有很好的催熟和丰产作用，使棉花提早吐絮，提高产量和质量。如使用过早，会使铃重减轻，幼铃脱落，造成减产。黄瓜使用乙烯利诱导雌花形成，多结瓜，必须在幼苗 1 ~ 3 叶期喷施，过迟用药，早期花的雌雄性别已定，就起不到诱导雌花的目的了。

3. 使用植物生长调节剂必须与良好的栽培措施结合起来，才能获得理想的效果。植物生长调节剂不是植物营养物质。不能代替植物生长必须的水、肥、光、热、气。只有采取良好的栽培措施培育出生长发育很好的植株，才能使植物生长调节剂充分发挥作用。如黄瓜早期用乙烯利处理能多开雌花多结瓜，但同时需要供给更多的水肥，才能显著提高黄瓜产量，如果水、肥等营养条件不能满足，则会造成黄瓜后劲不足而早衰，达不到预期增产目的。调节啶控制棉花生长也是在棉花营养条件好，生长旺盛时使用，能控制营养生长，使更多的营养输向蕾铃，提高结铃率，增加铃重，提高产量。如果棉花营养条件差，长势瘦弱，使用调节啶，就会适得其反，产量反而下降。

4. 使用植物生长调节剂的效果与温、湿度、光照等环境条件也密切相关。一般温度升高有利于植物生长调节剂的渗透和传导。而使效果增加。有些植物生长调节剂在特殊温度条件下使用更有效。如番茄在高温或低温时会大量落花，造成减产，这时使用 2，4 – 滴或防落素，防止落花的效果会非常好，而在番茄生长适宜温度时使用，效果就不明显。

湿度增加能延长叶面对药剂的吸收时间，增加吸收量，从而提高药效。光照使叶片气孔开放，促进光合作用，从而有利于植物生长调节剂进入植物体内并传导，发挥作用。但阳光过强会使药液很快干燥，不利于叶片对药剂的吸收，反而影响药效。因此要充分发挥植物生长调节剂的作用，还要注意适宜的环境条件。

参考文献

[1] 华南农业大学主编．植物化学保护．(第二版) 农业出版社，北京，1990
[2] 苏少泉．除草剂概论．科学出版社，北京，1989
[3] 李孙荣．杂草及其防治．北京农业大学出版社，北京，1991
[4] 弗朗茨·米勒著，江树人译．植物药理学．北京农业大学出版社，北京，1988
[5] 沈岳清，马永编．植物生长调节剂与保鲜剂．化学工业出版社，北京，1990

第九章 熏蒸剂和杀鼠剂

第一节 熏 蒸 剂

利用有毒的气体、液体或固体所挥发出来的蒸气毒杀害虫或病菌称为熏蒸，应该与熏烟区别。用于熏蒸的药剂称熏蒸剂。显然这是以药剂的作用方式而不是以防治对象为分类根据的。熏蒸剂的特点是可以更有效的防治相对集中而隐蔽的病菌和害虫，对于防治贮粮害虫以及土壤中的病、虫，温室消毒或植物检疫工作都有很大用途。有些有机合成杀虫剂，其有效成分本身毒效大，常温下蒸气压也大，所以有熏蒸作用。这些药剂已在杀虫剂章节中述及，本章不再重复。例如有机磷剂中的敌敌畏、异丙磷等均属于这种情况。

熏蒸剂有其自身的特点，要想充分发挥作用，就必须在适当气温下和有密闭的条件，使气态药剂充分发挥作用。因此，熏蒸一般都在仓库、温室中进行，如果没有这些固定设施，也要用帐幕包盖严密后才能进行。苗床土壤熏蒸也常在施药后加以覆盖以便能充分发挥药剂的作用。70年代后期，我国曾试验利用在田间作物生长达到一定隐蔽程度时，利用具有高熏蒸作用的杀虫剂，在田间进行熏蒸杀虫。例如，利用异丙磷防治封垄后的高粱蚜虫，收到了很好的效果。

一般熏蒸剂在常温下可有三种物态：①固体熏蒸剂如萘、对二氯苯等，可直接撒布在被熏蒸的场所发挥熏杀作用；另一些固体熏蒸剂不是直接挥发，而是缓慢吸收水分放出有毒气体，例如磷化铝、磷化钙等；②液体熏蒸剂，例如氯化苦、二硫化碳等；这类药剂一般都封装于密闭容器内，使用时喷洒使其挥发成气态进行熏蒸；③气态熏蒸剂，例如溴甲烷常温下为气体，但可以压缩成液体贮存于耐压的容器内，使用时打开放出气体进行熏蒸。

一、影响熏蒸效果的因子

影响熏蒸效果的因子有多种，但大体上可分为三个方面。即药剂本身的理化性质、防治对象对药剂的抵抗力以及环境条件、熏蒸时间等。

（1）熏蒸剂的挥发性　除气态熏蒸剂外，药剂的挥发性是影响效果的重要因子，因为在一定空间内，药剂的挥发性决定能杀死病虫的有效浓度。挥发性可用药剂在一定温度下的蒸气压来表示。沸点愈低，蒸气压愈高，挥发性愈强，如表9－1所示。

表9－1　几种熏蒸剂的物理性质

熏蒸剂	蒸发量（g/m^3）	沸点（℃）	蒸气压（hPa/25℃）	
氯化苦（液体）	206	112		32
溴甲烷	3 850	4.5	>760	1013
二硫化碳	1 400	4.6	361	481
固体萘	0.6	218	0.1	0.13

(2) 气体的渗透性和扩散性　熏蒸剂挥发成气体后，必须均匀而迅速地分布于整个熏蒸空间，而且要穿透到被熏蒸物体的间隙和内部，才能有效的发挥毒效。所以扩散性和渗透性也是决定效果的重要因素。气体扩散和透渗能力受本身分子量和密度的影响，在同温同压下，蒸汽的扩散速率与分子量或密度的平方根成反比；因此，分子量愈大气体愈重也越难弥散，渗透速度也越慢。较空气重的气体熏蒸时应放在高处，以利蒸汽向下弥散；渗透力与熏蒸剂的沸点也有关系，沸点越低渗透性越大。溴甲烷沸点很低，所以较一般液体熏蒸剂渗透力大。但是熏蒸效果并不完全决定药剂本身的物理性质，除药剂的毒力外，被熏物体的吸附力也常影响熏蒸效果。

(3) 被熏蒸物体的性质对熏蒸效果的影响　任何物体表面都有吸附气体的能力，这是一种表面现象。单位重量的同一物质，颗粒愈小表面积愈大，吸附能力也强。另外也与物体的疏密质地有关。例如，在粮食中以面粉的表面积最大，吸附性也最强（表 9－2)。

表 9－2　面粉对几种熏蒸剂的吸附比率（杂拟谷盗，25℃，常压）

药剂	沸点	LC_{50} (mg/L)		吸附比率
		空仓	有面粉	
溴甲烷	4.5	10.2	21	2
二硫化碳	46	64	147	2.5
二氯乙烯	84	46	240	5
氯化苦	112	3.9	35.5	9

这种吸附力可使大量熏蒸剂气体被吸附在表面，阻碍了气体的渗透，因此熏蒸需要较长时间。但是在熏蒸后同样需要较长时间通风散发，才能使毒气消除。一般情况毒气必先被物体和仓库墙壁吸附达饱和后，才能在空气中达到一定浓度。所以面粉仓库熏蒸时比空仓熏蒸时所用药剂量要多数倍，才能获得同样效果。固体对气体的吸附除与物体的表面性质有关外，与熏蒸剂的沸点、浓度、温、湿度以及压力都有关系。其它条件相同时，沸点愈高越容易被吸附。例如氯化苦较溴甲烷沸点高，物体对氯化苦的吸附量就大（见表 9－2)。

有一些熏蒸剂有时可与熏蒸物体发生化学作用，结果也会影响效果。例如溴甲烷当挥发成蒸汽后，溴离子可与物体所含脂肪的不饱和双键起加成作用，影响了蒸气的浓度。

(4) 温、湿度及气压对熏蒸效果的影响　一般温度升高药剂挥发性增加，气压也增大，被熏物体的吸附性则减小。所以温度高时熏蒸容易获得较好效果。另一方面，温度高害虫也趋于活跃，呼吸率增加使之容易中毒。一般情况下气温高于 10℃，如果提高温度可大大提高熏蒸效果。在 10℃左右害虫极不活跃，呼吸率降低，对熏蒸药剂的抵抗力增强，效果降低。但有时温度低于 10℃熏蒸效果反而增加，这是因为低温时对昆虫本身不利；另外低温使昆虫表皮对气体的吸附力增强，因此气体熏蒸剂在低温时也可表现较好效果。

湿度对熏蒸效果的影响并不重要。因为一般的仓库熏蒸多在湿度较小的情况下进行。对一些生长期的植物进行熏蒸时，湿度的影响因所用药剂不同而异，没有一定的规律可循。

减压可提高熏蒸效果和减少熏蒸时间，因为在密闭条件较好时，先行减压可使熏蒸剂气体分子易于扩散渗入物体空隙，并饱和物体表面的吸附力，故熏蒸时间可大为减少，一般可减少到原熏蒸时间的 1/10。

(5) 昆虫种类、不同发育阶段对熏蒸效果的影响　不同种类的昆虫对同一药剂的敏感性不同，原因比较复杂。可能与呼吸有关，例如米象的呼吸率较谷象高，因此前者对一般熏蒸剂均较后者敏感。同一种昆虫的发育阶段不同抵抗力也不一样，这也与呼吸率有关，一般是成虫呼吸率最强；其次是幼虫和蛹，卵的呼吸率最小。所以卵和蛹对熏蒸作用抵抗力最强。例如粉螨用氯化苦熏蒸，成虫只需 8 min 即可死亡；而螨卵却需要 25 个日夜，当然不同的药剂也有差别。

为了提高熏蒸效果，常采用熏蒸剂混用的办法。混合使用还可达到减少燃烧、爆炸的危险以及对人的毒性。例如各种熏蒸剂都可混以 CO_2 进行熏蒸，这不仅可减少燃烧性，而且 CO_2 还可以刺激害虫使呼吸加快而容易中毒。另外溴甲烷和氯化苦混用，不仅药效增加而且增加了警戒性，使安全性提高。大多数熏蒸剂对人都有剧毒，有的熏蒸剂有“警戒性”，但许多熏蒸剂并无“警戒性”。所谓警戒性是指药剂本身具有一种容易觉察的刺激气味，在极低浓度时对人即有难以忍受的刺激作用，这无疑是一种危险的警告。例如氯化苦当浓度极低时，即可刺激眼睛粘膜而流泪。氯化苦的高度催泪性使其成为具有很好警戒性的熏蒸剂。相反，无警戒性的熏蒸剂因无特殊气味，不易被觉察，甚至在较高浓度下，工作人员还不能察觉以至造成人身中毒事故。为了安全操作，加入警戒性毒气是较好的办法。但是在任何情况下进行熏蒸都必须注意个人和公共的安全，要严格按安全操作规程去做，例如必须戴防毒面具等等。

二、常用熏蒸剂的品种和性质

1. 氯化苦（CCl_3NO_2）　氯化苦为氯化苦味酸的简称，化学名称为三氯硝基甲烷，是一种著名的催泪性毒气，很早就用作熏蒸剂。它不仅对多种贮粮害虫有防治效果，并可同时防治多种真菌和细菌病害，我国曾普遍推广使用。氯化苦常温下为无色或微黄液体，沸点为 112.4℃，装入玻璃瓶中贮运。25℃时蒸气压为 32 hPa，蒸气比空气重 4.67 倍，因此使用时必须置于高处以利向下挥散渗透。它在水中几乎不溶，但易溶于酒精、乙醚等有机溶剂，也易溶于脂肪中。使用时无爆炸、燃烧危险，其缺点是易为多种被熏蒸物体吸附，不易渗入粮堆深处。例如 16～19℃时，浓度为 80 g/m^3，100 h 后侵入各物体的深度仅有 1.6 m。尤其是面粉吸附力更强，不仅需要较长熏蒸时间，而且熏蒸后的发散时间也较长。在粮食加工厂进行熏蒸必须注意对机器的保护，因为氯化苦对金属有腐蚀作用，温度高时腐蚀作用更强。

用氯化苦对种子粮进行熏蒸可影响种子的发芽率，尤其种子含水分高、熏蒸浓度大和密闭时间长可严重影响种子发芽率。例如，以 70 g/m^3 浓度对稻谷熏蒸 72 h，稻谷水分含量为 16%时，可降低发芽率达 90%左右。如果含水量较低，但密闭时间长也可使发芽率降低很多，所以必须掌握水分含量在 13%以下，密闭时间不超过 72 h，浓度以 70 g/m^3 为宜。氯化苦的应用非常广泛，除可用以熏蒸粮食消灭多种害虫外，对粮食中霉菌的生长也有显著抑制作用。我国的试验证明，用氯化苦熏蒸保藏高水分的薯干，对防霉有明显的效果。此外还可用作土壤熏蒸剂以及施于鼠穴灭鼠。

氯化苦对昆虫的成虫和幼虫毒效大，但对虫卵和蛹毒效较差。毒效不仅与施用浓度和密闭时间有关外，温度影响也很大。对高等动物剧毒，经呼吸进入人体后，首先使肺部中毒，然后逐渐引起心脏机能的破坏以及胃炎、肾炎等病的症状，重者肺部水肿、充血导致死亡。

氯化苦液对皮肤有腐蚀作用，如侵入皮肤可引起红斑和溃疡，少量的氯化苦蒸气即可刺激眼睛而流泪。

表 9-3　空气中氯化苦浓度对人体引起中毒情况

浓度（g/m^3）	中毒情况
0.019	催泪
0.430	一刻也不能忍受
0.200	10 min 后可致死
1.000 以上	可以立即致死

氯化苦的施用方法有多种，除可用喷雾法外，还可用挂袋法，即将氯化苦按计算用量均匀撒布于空麻袋上，拉起粗绳将麻袋挂于粮仓上方；熏蒸散装粮，可用探管法，即将木制探管插于粮堆，探管四壁有许多小孔，管内填充棉絮或其它吸附物，将氯化苦倒入管内，蒸气即可逐渐自小孔向粮堆扩散。

2. 溴甲烷（CH_3Br）　也叫甲基溴，它是使用较广泛的另一个重要熏蒸剂，主要特点是沸点低、易挥发、渗透力强、适用范围广、散毒较快、不易燃烧等。溴甲烷在常温下是无色带有一些香甜气味的气体，对人无警戒性，所以常加入一些氯化苦（1%）混合使用。溴甲烷气体比重为 3.27，沸点 4.6℃，一般贮存在低压铁桶内或特制玻璃容器内。溴甲烷熏蒸因种子种类不同有不同的影响，也与种子的含水量及药剂的浓度、施用量有关。许多试验结果差别较大原因就在于此。一般最好不用于种子粮的熏蒸，尤其对水稻、小麦种子可严重影响发芽率。用溴甲烷熏蒸棉籽水分含量应在 10%以下；菜籽和芝麻应在 8%以下，一般用量在 15~20 g/m^3，密闭 36~48 h。杀虫毒力很高，但作用不快，对仓库害虫的各虫期都有强大毒力，对螨不如氯化苦，对各种真菌无效。由于对人、畜毒性强大，（大鼠急性口服 LD_{50} 为 100 mg/kg，吸入 LC_{50} 为 3 120 mg/L·15 min），因此无论低浓度长期接触或高浓度短期接触，都容易使人中毒，当空气中含有 50~70 mg/kg 时即可使人表现中毒症状。2 000~4 000 mg/kg 经 30~40 min 可致严重中毒造成死亡；而且无警戒性，因此在操作时必须戴防毒面具、穿防护衣物；浓度高时，例如与空气比为 13.4∶14.5 时，遇火花仍可引起燃烧爆炸，必须严格遵守各项安全规定。

溴甲烷除用于粮食熏蒸外，还广泛用于加工食品、苗木温室内的灭虫熏蒸，也可用于土壤熏蒸消灭地下害虫。在仓库熏蒸时必须十分密闭，因为溴甲烷容易扩散，如有孔隙不仅影响效果而且不安全。一般用量为 30~48 g/m^3，温度高用量可减少，密闭时间不少于 48 h，对米象、谷象、麦蛾等有优良效果。使用压缩于钢筒中的液体溴甲烷，只要打开阀门毒气即可放出，操作十分简便。检疫上熏蒸苗木、果品用量 15~50 g/m^3；棉籽熏蒸用量 30~60 g/m^3，密闭 96 h。

3. 硫酰氟（sulphuryl fluoride，Vikane SO_2F_2）　硫酰氟是后来受到广泛重视的熏蒸剂，它的主要优点是杀虫效果快、用量少、吸附量低、对作物种子安全；尤其是因沸点低、易挥发和渗透，在低温条件下仍能表现良好效果，已大量用于港口多种进出口产品的熏蒸，应用范围十分广泛。

硫酰氟在常温下为无色气体，沸点 -55℃，比重为 2.88，25℃时蒸气压为 0.45 MPa，-5℃时蒸气压仍 3 倍于 40℃的溴甲烷，因此极易扩散和渗透。水中溶解度为 0.075%，可溶于酒精、氯仿等有机溶剂；性质稳定不易分解，对金属无腐蚀作用；对高等动物为剧毒，但比溴甲烷低，小鼠 LD_{50} 为 3.36 g/m^3。

硫酰氟能有效地防治多种仓库害虫，例如，赤拟谷盗、谷象、谷长蠹、墨西哥豆瓢虫、麦蛾、锯皮盗、黑皮蠹、地中海粉螟和多种蜚蠊等，而且对各种虫期都有效。对植物种子的发芽无不良影响。在正常应用情况下对金属、橡胶、尼龙、涤纶、天然或人造纤维、纸张、皮革均无影响。我国的试验证明可用于粮食、棉花、油料、中药材、林木种子、烟草、竹木器、文史档案及标本等20多种贮藏期害虫的防治。药量 5～40 g/m^3，温度在 11～12℃以上，处理 24～72 h，对成虫、卵、幼虫、蛹均可达到100%死亡。

我国1976年开始进行硫酰氟的试制以及各种药效和毒性试验，在应用技术上获得了大量资料和经验，一致认为是一种有发展前途的优良熏蒸剂。

4. 其它熏蒸剂

(1) 磷化氢 (PH_3) 为无色气体，一般是由磷化物分解产生。早期用磷化钙水解产生磷化氢进行熏蒸，现多用磷化铝产生磷化氢。

$$Ca_3P_2 + 6H_2O \longrightarrow 3Ca(OH)_2 + 2PH_3\uparrow$$

$$AlP + 3H_2O \longrightarrow Al(OH)_3 + PH_3\uparrow$$

磷化氢有特殊的电石和大蒜气味，微溶于水，比重 1.185，接近于空气的比重，因此容易向上向下和向左右扩散，渗透力强。但空气中浓度达到每升 26 mg 时可自燃。商品磷化铝可制成片剂，使用时吸收空气中水分而逐渐放出磷化氢，对多种仓库害虫均有效。磷化铝片剂每吨粮食用 5～10 g；由于磷化氢不易溶于脂肪中，对油料粮食种子发芽无影响，熏过的物质不变质，也不沾染气味。磷化铝、磷化钙对人、畜安全，但要保持干燥。磷化氢对人、畜剧毒，要注意防护，安全操作。

(2) 四氯化碳、二硫化碳等均能作为熏蒸剂使用，前者有不易燃烧的特点，常与易燃易爆的熏蒸剂如二硫化碳、二氯乙烯等混合使用，单独使用用量大，药效缓慢而且温度要求也高。

二硫化碳是较老的熏蒸剂之一，常温下为液体，沸点 46.2℃，蒸气比空气重 2.6 倍。缺点是极易燃烧起火，混有空气时燃烧可引起爆炸，因此不宜单独使用。

第二节　杀　鼠　剂

通常称为鼠类的动物属啮齿目 (Rodentia)，故也叫啮齿类动物。据世界卫生组织 (WHO) 的资料，全世界共有 1 687 种，其中大多数种都与人类疾病有关，每年被损耗的库存谷物，估计全世界可达 3 300 万吨。另外破坏草原、咬坏物品、电缆，破坏堤坝等引起的损失还难于估算；所以鼠类的为害不容忽视。

鼠害发生的原因，归根到底是一个生态学问题。人类为了生产和生活的须要而进行种种经济活动，这些活动本身常常在提供人类生活必需品的同时，也给鼠类创造了良好的隐藏、筑巢条件和丰富的食物来源。但是一个地区或一个场所的鼠类种群密度，又不是能无限增大的。因为种群的增长还受环境阻力的影响，尤其是种间、种内的斗争，天敌捕食。疫病流行以及不良气象条件影响最大。所以鼠类的种群数量总在一定幅度内波动，这个极限就是一个地区或场所的负荷能力。减少这种负荷能力，即改变鼠类的生存环境是防治鼠害的根本性措施，但实际上是不容易做到的。因此，利用其它灭鼠方法是十分必要的，在短期内大量消灭鼠类个体，虽然以后数量还会增加，但比较缓慢，可以达到在一定时期内鼠类不再造成危害的水平。对鼠类的综合防治有许多方法，大体上可分为以下几类：①改造鼠类的生活环境：包括修建防鼠建筑，改变有利于鼠类生存筑巢的农业技术措施等等；②生物防治：养猫驯狗，保护狐、鼬、猫头鹰等天敌，利用鼠类的致病菌或寄生虫等；③遗传防治及化学绝育：利用先天不育的雄性个体，引入鼠群使其繁殖力下降；利用化学药物使鼠类绝育等；④化学药剂灭鼠；⑤器械灭鼠如鼠夹、鼠笼等。以上各种方法有的不容易做到，有的则在探索的过程中，是否有效尚待进一步研究。生物防治是近些年来谈论最多的，应该说啮齿类动物的天敌、寄生物或致病微生物，在调节鼠类数量上是起作用的；很早就有养猫捕鼠的记载，微生物灭鼠也有70余年的历史；但生物防治同样也要受生态学规律的制约，因为牺牲者的数量决定着捕食者的数量。换言之，天敌数量取决于鼠类的数量。如果试图大量增加天敌以控制鼠类的数量显然是不现实的，搞不好有时会起反作用；天敌不断把鼠类种群中有病的个体或带菌个体捕食消灭，从而使鼠群更健康，减少了鼠类疫病的流行。在鼠类种群密度高时，天敌只是捕食掉种群中多余的个体，对种群密度的控制作用很小，只有当种群密度很低时，天敌的作用才能显示出来。看来大量灭鼠降低种群数量仍然需要用化学方法。化学灭鼠也有自己的缺点，例如、人畜中毒或二次中毒等问题也必须认真对待。

化学灭鼠主要是采用杀鼠剂进行灭鼠，对杀鼠剂要求的条件应该是以鼠类毒性强大并有选择性，作用缓慢不易产生二次中毒现象；在正常使用浓度下对人、畜安全，无累积毒性，在价格方面比较便宜。全面符合这些条件的杀鼠剂并不多，尤其是早期使用的杀鼠剂，大多对高等动物毒性大，无选择性，因此很容易产生人、畜中毒以及对非靶标动物的伤害。40年代末50年代初出现的抗凝血杀鼠剂，标志着杀鼠剂的重大进展。以下按急性杀鼠剂和慢性杀鼠剂（抗凝血剂）分类，分别介绍主要的杀鼠剂品种。

一、急性杀鼠剂

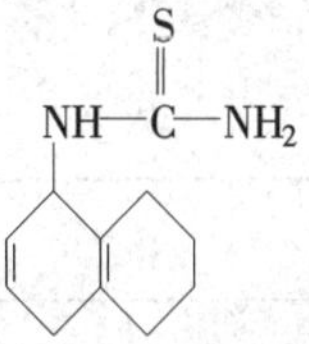

安妥（α-萘硫脲）

1. 安妥（Antu）及其类似化合物　纯品为白色结晶，工业品常为灰色粉末；化学性质稳定，熔点180～198℃，微溶于水和油，溶于有机溶剂。1942年Richer首先合成了该化合物，1945年开始用于防治褐家鼠。它对各种动物的毒力如表9-3所示。根据9-3表可知安妥对褐家鼠的毒性较大，有一定的选择性，因此适用于防治褐家鼠。但毒力也可由于鼠的体重和年龄的不同而异，来源不同的鼠其敏感性也会有差异。对犬、猫和猪的毒性较大比较危险，使用时应注意。一般防治褐家鼠常配制成1%～2%毒饵使用。

安妥一次采食足够的剂量时，可引起动物肺水肿和大量积液，6～40 h内死亡。如果摄食为亚致死剂量，鼠类会产生惊人的耐药性，再采食高达正常量的50倍，仍可生活6个月之久。另外鼠类对安妥容易产生拒食现象，这种拒食性可以遗传给后代；所以在同一地区重复使用应间隔6个月以上，否则难于收到良好效果。

与安妥类似的化合物最主要的是对氯苯偶氮基硫脲，商品名“Muritan”。

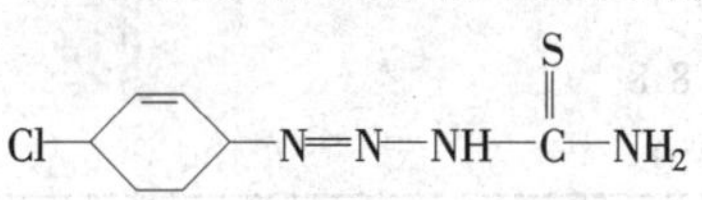

对氯苯偶氮基硫脲

表 9-3 安妥对各种动物的毒力

动物名称	口服 LD_{50}（mg/kg）
大白鼠	6.25 ± 0.7
褐家鼠	6.90 ± 0.5
屋顶鼠	250（75 ~ 450）
小白鼠	35
小家鼠	56 ± 4
豚　鼠	350（300 ~ 400）
家　兔	7 400
大狗	38（20 ~ 50）
猫	500（75 ~ 1 000）
猪	< 50
鸡	4 250（2 500 ~ 5 000）
猴	4 250（3 500 ~ 5 000）

这个化合物的药理作用与安妥类似，但毒力比安妥大，鼠的适口性较差，主要用于草原防治野鼠；毒饵浓度为 0.05% ~ 1.0%。此化合物性质不稳定，光、热、水均可使其分解，因此在野外使用不致污染环境；在草原上使用只要禁止放牧一周，即可安全无害。

2. 磷化锌（Zn_3P_2）　磷化锌是最常用的无机杀鼠剂，早在 1911 ~ 1912 年意大利即首先用于防治野鼠，1930 年开始也用于防治家栖鼠类，至今仍广泛使用。成品为灰黑色粉末，有蒜臭气味，不溶于水和乙醇，在干燥条件下性质稳定，有水存在时可缓慢水解生成磷化氢。由于药品呈灰黑色，所以有警戒作用，但对鼠类却有一定的引诱力，因此是急性杀鼠剂中适口性最好的一种，而且容易做到安全使用。对多种高等动物的毒性虽不如上述药剂，但鼠类容易取食，效果往往也很好。

表 9-4 磷化锌对各种动物的毒性

动物名称	口服 LD_{50}（mg/kg）
大白鼠	55.5
褐家鼠	27 ~ 40
黑家鼠	21.0
屋顶鼠	2.9 ~ 40.5
长爪沙鼠	12.0
黄毛鼠	29.7
东方田鼠	17.0
莫氏田鼠	9.1
大狗、猪	40.0
牛	50.0
鸡	8.8
鸭	13.0

据推断对人的致死剂量大约为 120 g，少量摄入可引起恶心，在一定程度上可起警戒作用，实际使用证明是比较安全的。

磷化锌在动物胃内可释放出磷化氢使其中毒死亡。一般毒鼠配制毒饵时浓度为1%～3%，防治野鼠浓度可提高至3%～5%。加入一些植物油可使药剂沾附于谷物饵料表面，又能起防潮作用，因此在野外使用最为合适，如果用含水分较多的鲜饵，例如红薯、水果或蔬菜等，饵料容易变质，鼠类拒食，尤其是夏天毒鼠最好不用这种饵料。一般磷化锌不会引起二次中毒，但有时鼠胃内仍残留有药物，天敌或其它动物吃了鼠尸也有时可产生二次中毒，不过这种现象并不多见。鸟类对磷化锌较敏感，野外使用对鸟的繁殖力可能产生影响，使产卵或孵化率下降。

3. 灭鼠优（Pyrinuron）和灭鼠安（RH－945）

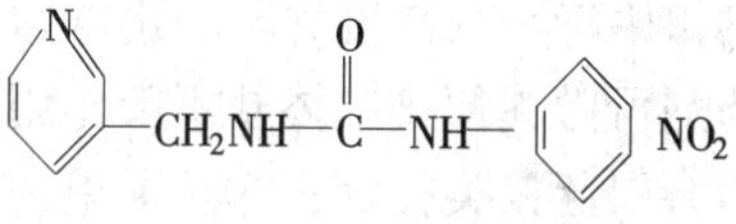

灭鼠优

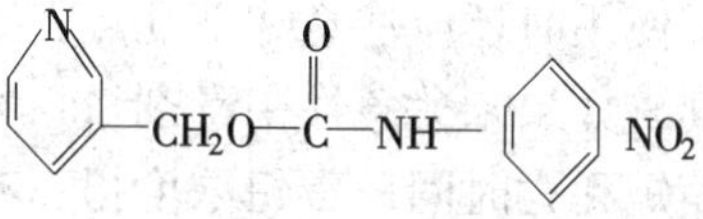

灭鼠安

灭鼠优纯品为淡黄色晶状粉末，无臭无味，熔点 223～225℃，性质稳定，不溶于水和油，溶于有机溶剂。它是一种作用缓慢对家栖鼠和部分野鼠有选择性的杀鼠剂。用于防治家栖鼠类时，毒饵浓度为0.5%～2%，效果与磷化锌差不多，使用时也比较安全。

灭鼠安与灭鼠优类似，纯品也是淡黄色晶状粉末，熔点 232～234℃，无臭无味，性质稳定，不溶于水和油，溶于有机溶剂。它对黑线姬鼠和黄毛鼠较敏感，用于防治家栖鼠、野鼠时，使用方法与灭鼠优相同。

二、抗凝血杀鼠剂

抗凝血剂是指一类慢性或多剂量杀鼠剂。最早出现的抗凝血杀鼠剂是杀鼠灵（Warfarin）。它的发现可追溯到 1943 年，当时研究牛的一种叫“甜苜蓿病”，这是因为牛吃了败坏的甜苜蓿（*Melilotus alba*）而得的病。研究发现这种饲草中含有抗凝血作用的双香豆素（dicumarol），后来即用此化合物防治褐家鼠。1950 年用毒力大 50 倍的双香豆素衍生物进行试验，获得了优良效果，美国农业部将此衍生物命名为“Warfarin”并推广使用。

抗凝血杀鼠剂的特点是作用缓慢，须使鼠类连续几天多次取食才能累积中毒致死，连续小剂量给药产生的毒力比一次大剂量给药产生的毒力大。例如褐家鼠一次给药急性口服 LD_{50}为 186 mg/kg；而每日一次小剂量给药连续 5 天的 LD_{50} 总量仅为 5 mg/kg。采用低浓度毒饵，让鼠类反复多次取食，既符合鼠类的摄食行为又减少了其它非靶标动物以及人中毒的机会，所以公认是最安全的一类杀鼠剂。由于药剂作用缓慢，症状不明显，不会引起鼠类拒食，灭鼠效果优于急性杀鼠剂。急性杀鼠剂常不能安全控制局部地区的鼠患，例如，褐家鼠的幼鼠3～4个月后即开始参加繁殖，一年平均 3～6 窝，每窝产仔 8～10 只，如果一次灭鼠效果为 80%，每季度灭鼠一次，很明显防治效果几乎完全被鼠的繁殖力所抵消。存活的鼠类个体对急性杀鼠剂很快产生拒食性，效果会越来越差。相反，抗凝血剂连续投毒饵 3～10 天，就能控制局部地区的鼠患。投饵的第 3～4 天，毒饵消耗量达到高峰，第 6～7 天鼠尸大量出现，第 10～15 天可完全毒杀所有鼠类，50 年代大量推广使用杀鼠灵以来，许多地区已证明完全可以控制鼠害。鼠类为害的损失估计可减少 75%。不过长期使用单一抗凝血剂也会使鼠类产生抗药性，使防治效果变差。

现已开发的抗凝血杀鼠剂主要是两大类，即香豆素类（Coumarin rodenticides）和茚满二酮类（Indandione rodenticides），前者如杀鼠灵、杀鼠迷、大隆等，后者如敌鼠、氯敌鼠等。

抗凝血剂的药理作用主要有二：一是降低血液的凝固能力。药剂作用于肝脏阻碍凝血酶的生产；主要是竞争性的抑制维生素 K 的作用，使凝血酶原的产生受阻。温血动物血液中的凝血酶原，每天约有 50%是从肝脏中新产生的，连续数天给药即可引起致命的低凝血酶原血症，破坏了正常的血凝功能，造成内出血而死亡。人、畜如果中毒，可大量注射维生素 K 来解救；二是损害毛细血管，使管壁渗透增加，中毒动物死于内出血。

使用抗凝血剂灭鼠必须有足够的毒饵，使其取食无间隔才能充分发挥药效，这是灭鼠能否取得成功的关键。使用时还应注意如下几点：①增加毒饵中毒剂的浓度并不一定能增加灭鼠效果。因为加大剂量如果未达急性中毒剂量，大部分药剂可随粪便排出体外不起作用；②大剂量给药并不能缩短死亡时间，毒饵浓度提高有时反而会引起鼠类拒食；③长期单一使用抗凝血剂，可引起鼠类的抗药性，最好和急性杀鼠剂交替使用。

（1）香豆素类抗凝血剂

①杀鼠剂（Warfarin） 纯品为无臭无味的白色结晶粉末，工业品略带粉红色，熔点 159～161℃，不溶于水，在碱液中形成水溶性的钠盐，工业品为两个旋光异构体的混合物。1944 年 Link 首先合成，1950 年 Cratree 第一次报道用于杀鼠，后由美国威士康辛州大学校友研究基金会（Wisconsin Alumni Research Foundation）专利推广，并以该机构的缩写命名为“Warfarin”。

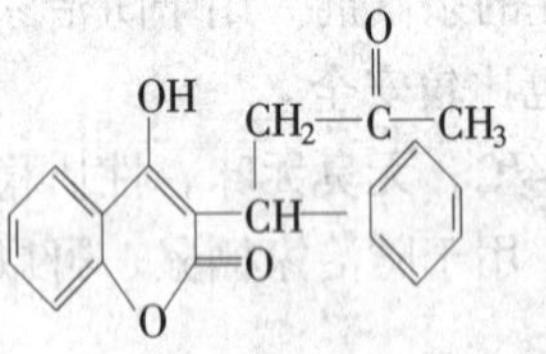

杀鼠灵

鼠类和猪对杀鼠灵敏感，禽类有较大的耐受力；例如褐家鼠急性口服 LD_{50} 为 186 mg/kg；慢性口服 LD_{50} 为 0.75～1.0 mg/kg；猪的慢性口服 LD_{50} 为 1～3 mg/kg 防治褐家鼠的毒饵浓度为 0.005%～0.025%，黄胸鼠和小家鼠用 0.025%～0.05%，毒水可用 0.025%～0.05%钠盐水溶液。毒水适口性差，应加入 2%～5%的食糖做引诱剂。提高毒饵浓度减低适口性不能提高效果，浓度太低中毒鼠类存活时间明显延长。

（2）比猫灵（氯杀鼠灵，Coumachlor） 纯品为白色结晶粉末，熔点 169～171℃，不溶于水，微溶于苯和乙醚，溶于丙酮、乙醇，可形成水溶性的钠盐。1950 年瑞士 Stoll 和 Litven 首先合成，1953 年用于灭鼠。对褐家鼠急性口服 LD_{50} 为 900～1 200 mg/kg，慢性毒性为 0.1～1 mg/kg。猪对此药很敏感，灭鼠效果不如杀鼠灵。

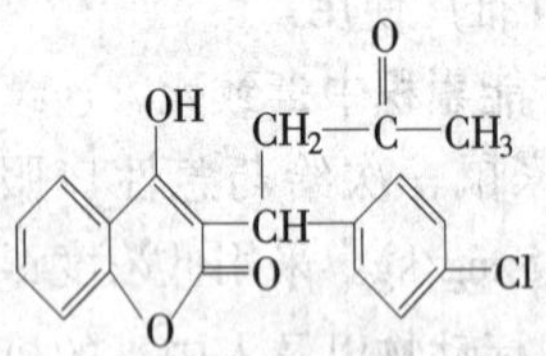

比猫灵

（3）其它类似物 这类杀鼠剂还有克灭鼠（Cumafuryl），又名糠醛杀鼠灵，1952 年德国发展的杀鼠剂，美国曾用 0.025% 毒饵灭鼠，对褐家鼠、小家鼠和屋顶鼠平均有 94.6%的效果。

另一杀鼠剂名为杀鼠迷（Cumatetralyl）。1957 年前后开始用于灭鼠，广泛用于杀灭家栖鼠，适口性优于杀鼠录，毒饵浓度为 0.03%～0.05%，对有抗药性的鼠也有效。

这类的化合物还有多种，但很少为各国实际应用，本文从略。

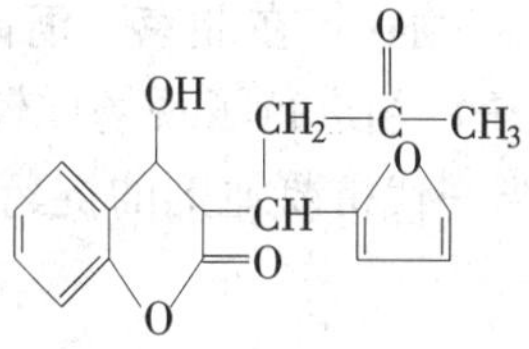

克灭鼠

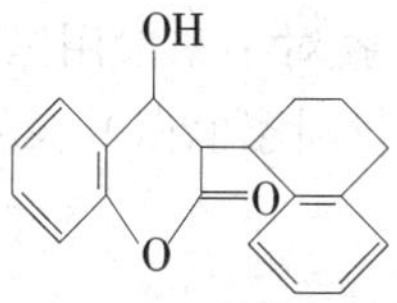

杀鼠迷

(4) 第二代抗凝血杀鼠剂

大隆 (Talon，brodifacoum)　大隆是1976年英国卜内门公司开发的抗凝血杀鼠剂。它是目前抗凝血剂中毒力最大的一种，对各种啮齿类动物的口服急性毒性 LD_{50} 都不超过 1 mg/kg，对褐家鼠的慢性 LD_{50} 为 0.07 mg/kg。由于毒力大，又有累积毒性，所以一般认为是最理想的杀鼠剂，可兼用为急性灭鼠和慢性灭鼠剂。采用0.005%大隆毒饵一次投毒或一周投毒一次，防治农田及其它野鼠可收到良好效果，并且可节省人力和毒饵。也可用0.001%～0.005%毒饵毒杀家栖鼠类，投药6～10天后据称可完全控制鼠害。

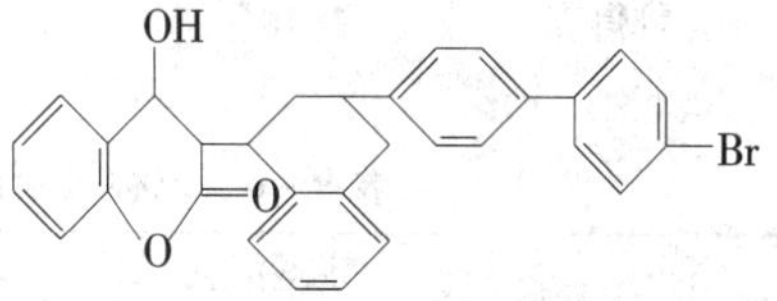

大隆

如果杀鼠灵是第一代抗凝血杀鼠剂的代表，则大隆是第二代抗凝血杀鼠剂的代表。其它还有鼠得克和溴地隆等，第二代抗凝血剂的特点是既有急性毒性又有慢性毒性。第一代一般急性毒性小，须多次投药，虽然效果好、安全，但耗费人力和毒饵很大；第二代抗凝血杀鼠剂改进了这方面的不足（表9－5），另外第二代抗凝血剂对产生抗药性的鼠类仍然有效。还有一定的选择毒力，对鼠类毒力大而对非靶标动物安全。

表9－5　各种杀鼠剂对各种动物的急性 LD_{50} (g/只)

动物	体重 (kg)	磷化锌 2.5%	灭鼠优 2.0%	敌鼠 0.025%	杀鼠灵 0.025%	鼠得克 0.005%	大隆 0.005%
褐家鼠	0.25	0.45	0.15		186	9	1.35
小家鼠	0.025		0.12	119.5	37	0.4	0.2
家兔	1.0		＞15.0		3 200	40	5.8
猪	50	40～80	＞1 250	30 000	200～1 000	40 000	500～2 000
犬	5	4～8	＞12.5	120－130	400～5000	5 000	25～415
猫	2	1.6～3.2	＜10.0	117.6	48～420	4 000	1 000
鸡	1	0.8～1.2	38	117.6	4 000	1 000	200～2 000

属于第二代抗凝血杀鼠剂的商品化品种还有鼠得克 (Difenacum) 和溴敌隆 (Bromadiolone)。

第一代抗凝血剂的突出优点是慢性毒力比急性毒力大，例如杀鼠灵前者比后者大4～6倍，而第二代抗凝血剂这种差别就不明显，但第二代抗凝血剂的价格很贵是其主要缺点，例如大隆约比杀鼠灵贵40～50倍。另外，大隆等第二代抗凝血剂虽然对抗性鼠有较好效果，但是大隆广泛使用以后如果一旦产生抗药性，目前还缺少替换药剂。因此结合我国具体情况，发展使用哪几种杀鼠剂值得慎重考虑。1979~1980 年在北京、河南对褐家鼠和小家鼠，在福建对黄胸鼠，在新疆对小家鼠用三种抗凝血杀鼠剂进行了现场比较试验，结果没有明显差别（表 9-6），说明我国家栖鼠并没有产生对第一代抗凝血剂的抗药性。

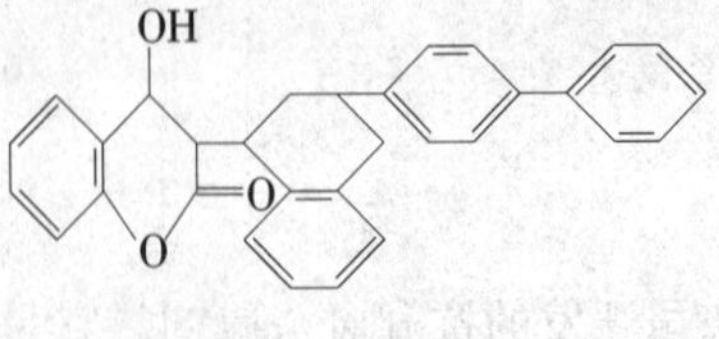

鼠得克

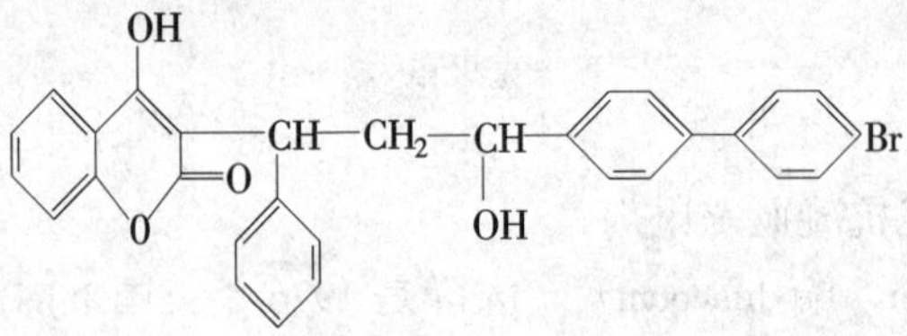

溴敌隆

表 9-6　三种抗凝血剂现场灭鼠试验结果

药　　剂	毒饵消耗峰值（平均天数）	鼠群下降 70%~80% 所需平均天数	鼠群全部消灭所需平均天数
大隆（0.005%）	4（3~5）	6	12（8~16）
鼠得克（0.005%）	4（3~5）	7.3（6~8）	15（8~16）
杀鼠灵（0.025%）	4（3~5）	7（6~9）	14（10~21）

在我国进行的用大隆防治野鼠的试验，证明大隆对野鼠也有较好的防治效果，一次投毒（0.005%谷物毒饵）对黄毛鼠可有 86.7%的灭鼠效果，对长爪沙鼠为 82.9%。对达乌尔黄鼠效果为 84.1%。实际证明也很少有二次中毒危险。

表 9-7　我国用大隆防治野鼠试验（一次投毒）

鼠种	毒饵浓度（%）	灭鼠效果（%）	效果调查方法
黄毛鼠	0.005	86.7	食饵消耗法
长爪沙鼠	0.05	100	计算鼠洞口方法
	0.02	98	计算鼠洞口方法
	0.01	98.1	计算鼠洞口方法
	0.005	82.9	计算鼠洞口方法
达乌尔黄鼠	0.005	84.1	计算鼠洞口方法

2. 茚满二酮类抗凝血剂

(1) 敌鼠（diphacinone）及其有关化合物

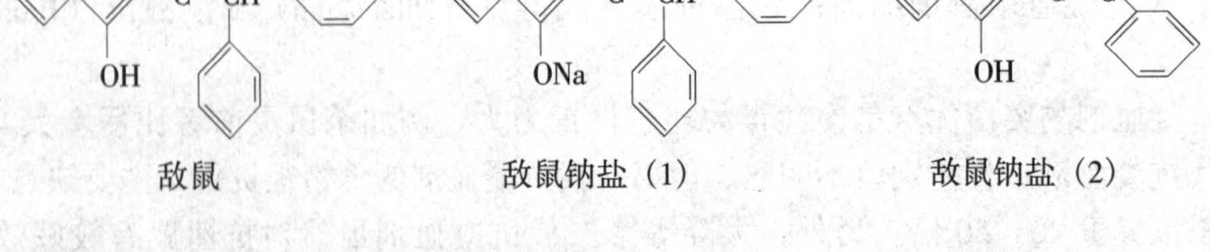

敌鼠　　敌鼠钠盐（1）　　敌鼠钠盐（2）

敌鼠通常由邻苯二甲酸二甲酯和二苯基丙酮缩合而成。产品为黄色无臭结晶，熔点

145℃，微溶于水，溶于丙酮，性质稳定；和碱作用生成钠盐。

我国生产的敌鼠为其钠盐称为敌鼠钠，结构式如上敌鼠钠盐（1），我国有关单位报道的化学结构式为敌鼠钠盐（2）。

敌鼠钠的毒力约比敌鼠大3倍，但适口性不如敌鼠。钠盐纯品为淡黄色粉末，无明显熔点，无臭，在热水中溶解度为5%，溶于丙醇、乙醇，性质稳定。

表9-8 敌鼠及钠盐对各种动物的毒力 LD_{50} (kg/mg)、

动物名称	敌鼠 急性	慢性	钠盐 急性	慢性
大鼠	1.4~2.5	0.5×6		
小鼠	119.5	3.16×4	78.5	0.81×4
黄毛鼠		0.81×4		
高原鼠兔	8.68	3.17×4		
黑线姬鼠			37.6	4.2×3
长爪沙鼠			1.0	0.09×3
黄胸鼠			49.33	0.87×3
猫	4.7		2.5	
犬	3~7.5		2.5	
猪	150		83.2	

注：×3~6=给药次数

（2）鼠完（pindone）和杀鼠酮（volone）

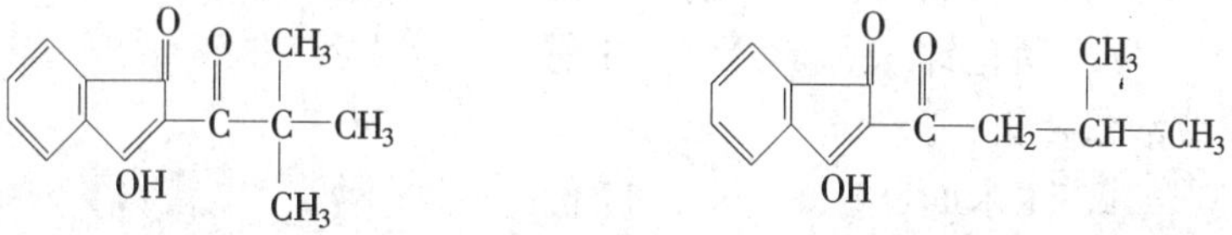

鼠完　　　　　　杀鼠酮

鼠完可由磷苯二甲酸二乙酯和二甲基丁酮缩合而成。产品呈黄色结晶粉末，熔点108.5~110.59℃;几乎不溶于水，溶于常用的有机溶剂，在碱性溶液中形成发亮的黄色水溶性盐类。

1944年，Kabat报道鼠完具有和香豆素一样的抗凝血作用。1953年证明有灭鼠效果后，开始作为杀鼠剂推广使用。对屋顶鼠和小家鼠的效果和杀鼠灵大致相同，但对褐家鼠效果差，使用时的毒饵浓度要大于0.025%。

杀鼠酮可由邻苯二甲酸二乙酯和异丁基甲基酮缩合而成。产品呈黄色结晶粉末，熔点67~68℃，不溶于水，溶于常用有机溶剂；溶于碱性溶液或氨水中形成黄色发亮的盐类。

1956年，美国报道用10%杀鼠酮粉剂处理禽类饲养场，可完全控制鼠患，对禽类却十分安全。杀鼠酮比杀鼠灵毒力小的多，对褐家鼠仅为杀鼠灵的1/10，对小家鼠仅为1/50，按此比例放大毒饵浓度，鼠类一般都拒食。因此，不应作为毒饵使用，使用2%粉剂令鼠舐食最好。

三、杀鼠剂的使用方法

1. 毒饵　毒饵是最广泛使用的毒鼠方法，基本上由杀鼠剂、诱饵和添加剂三部分组成。

毒饵中使用的诱饵应该对鼠类有高度的引诱力，以便和鼠类经常取食的食物竞争，这样才能使鼠类摄入足够的致死剂量。诱饵的好坏常是影响效果的主要因素。鼠类是杂食动物，最好通过现场选饵试验找出最喜食的毒饵；另外选用时还要考虑非防治对象的安全，最好选用的毒人饵非防治对象不喜欢吃。另外也要考虑配制毒饵方便等问题，常用的毒饵有谷物、蔬菜、薯类等。毒饵中的添加剂有用引诱剂（味觉增效剂），例如食糖、植物油、少量食盐等，也有用天然香料和化学香料作引诱剂的报道，效果还难于肯定，有时还会适得其反。杀鼠增效剂的研究也很多；主要用于抗凝血剂，因为这类药剂的作用机制比较清楚，可以在作用过程的各个环节增强其作用；例如加用抑制肠道产生维生素 K 菌丛的药剂（5－羟四环素），用水杨酸使胃粘膜溃疡，促使内出血等等。

粘着剂可使杀鼠剂均匀地粘附于诱饵表面，例如植物油、浆糊和米汤等。另外还须加防霉防腐剂，例如硝基酚、苯甲酸等，但也容易引起鼠类拒食；除非在下水道或热带地区夏季炎热时灭鼠，加用极少量以外，一般多不用。为了使用安全在毒饵中可加警戒剂，鼠类是色盲动物，加入红色或蓝色染料如亚甲蓝（methylene blue）、曙红（eosin red）等，鼠类不能警觉出来，而对人尤其是鸟类可起警戒作用。鼠类无呕吐中心，毒饵中加入吐酒石可使误食毒饵的动物呕吐，不致中毒。

现举几种毒饵的配制比例如下：

（1）磷化锌毒饵：

a．水泡麦料	39 份
磷化锌	1 份
b．玉米面（含 5%糖）	39 份
磷化锌	1 份

（2）杀鼠灵或敌鼠毒饵：

a．玉米面	17 份
食糖	1 份
b．植物油	1 份
0.5%杀鼠灵或敌鼠	1 份

2. 毒水　家栖鼠类缺水不能生活，褐家鼠每天需饮水 10～25 ml，在夏天、干旱季节或地区，水对鼠类更具有引诱力，采用毒水比毒饵效果还好。例如用 0.025%敌鼠钠水溶液毒鼠可有很好效果，如果加入 5%食糖作引诱剂效果会更好，另外还应须加 0.1%～0.5%的警戒剂。

3. 毒粉　毒粉是利用鼠类的修饰行为而达到灭鼠的方法。当药剂粘附于鼠爪上或腹毛上时，鼠即用舌舐爪或整理腹毛将药带入口中吞服，通常是将高浓度杀鼠剂的粉剂撒于鼠洞口或鼠道上。这一方法的优点是不受取食行为的影响，缺点是用量大，耗费人力，污染环境而且不安全。在毒饵灭鼠不起作用时，改用毒粉往往能有满意的效果。常用的毒粉有 1%杀鼠灵、1%敌鼠、5%～10%灭鼠优等。

四、毒饵投放方法

1. 急性杀鼠剂毒饵投放方法　急性毒饵灭鼠如果不讲究方法，往往得不到预期的效果。由于鼠类取食时十分警惕，因此必须先投放“前饵”（不含杀鼠剂的饵料），选定投放点，每点放塑料布一块，3～5天后再放一次前饵，每日检查消耗的饵料并加以补充，完全吃掉的要加倍补充，观察3～6天，连续两天消耗量不减少说明鼠类已失去警惕，能自由取食，这时即可将前饵改为毒饵投放两天；安全可靠的地方可投放7天；毒饵投放距离，小家鼠为1～2 m，褐家鼠为5～10 m。毒饵处理结束后，应彻底收集剩余的毒饵和鼠尸，深埋或烧毁以防二次中毒。

急性杀鼠剂毒饵不可能完全毒杀一个地区的所有鼠群，灭鼠工作必须连续进行，一般灭鼠一次后先停止投毒一周，等亚致死剂量中毒的个体恢复后，再改用另一种杀鼠剂，同一种杀鼠剂在6个月内不要重复使用；如能急性慢性杀鼠剂毒饵配合使效果更好。

防治野鼠可以直接投毒饵，不必投前饵；鼠洞易发现的草原和耕地，可采取见洞投毒方法，每洞1～2 g。不易找到鼠洞地区可采取等距离投毒方法，每5～10 m投毒饵一堆，每堆5～6 g,大面积灭鼠也可用飞机撒毒饵。

2. 慢性抗凝血剂毒饵投放方法　防治家栖鼠类应优先采用抗凝血剂毒饵，使用得当可完全杀灭局部地区的鼠类。投饵方法和急性毒饵大致相同，但不必投前饵。投毒时间一般是3～4天至3～4周，直到毒饵停止消耗为止。量重要的是在鼠类停止摄食之前要有充足毒饵供鼠取食。

投放毒饵采用毒饵盒、毒饵盆有许多优点，便于鼠类取食又能防止非防治对象动物盗食，毒饵盒可用木板或铁皮制作，也可用竹管或塑料管等。

抗凝血剂毒饵灭鼠失败时，其可能原因如下：①投放的毒饵太少；②毒饵质量差；适口性不好；③投饵点选择不当，鼠类不易发现；④投饵的面积太小鼠类不断从外面迁入；⑤鼠类对抗血凝剂产生了抗药性。在我国目前情况下，失败原因主要应考虑前四个问题，抗药性问题还不是主要的。

参考文献

[1]　汪诚信，潘祖安．灭鼠概论．人民卫生出版社，北京，1981

[2]　郭全宝等．中国鼠类及其防治．农业出版社，北京，1984

[3]　华南农业大学主编．植物化学保护（第二版）．农业出版社，北京，1990

图书在版编目(CIP)数据

农药概论/韩熹莱主编.—北京:中国农业大学出版社,1995(2017.11 重印)
全国高等农业院校必修教材
ISBN 978-7-81002-697-0

Ⅰ.农… Ⅱ.韩… Ⅲ.农药-基本知识 Ⅳ.TQ45:S48

中国版本图书馆 CIP 数据核字(94)第 00438 号

出版发行 中国农业大学出版社
经销 新华书店
印刷 涿州市星河印刷有限公司
版次 1995 年 6 月第 1 版
印次 2017 年 11 月第 11 次印刷
开本 16 16.75 印张 418 千字
规格 787×1 092
定价 22.00 元

图书如有质量问题本社负责调换
社址 北京市海淀区圆明园西路 2 号 邮政编码 100193
电话 010-62732633 网址 www.cau.edu.cn